高等学校电子与通信类专业"十二五"规划教材

通信原理及 SystemView 仿真测试

主　编　尹立强　张海燕

副主编　高　玲　王晓红　张　佳

参　编　苏新红　宋　蕊　魏　征

U0266239

西安电子科技大学出版社

内 容 简 介

本书系统地介绍了通信的基本概念和基本理论。在简要介绍模拟通信原理的基础上,以数字通信原理为重点,讲述了通信系统的组成、性能指标、工作原理、性能分析和设计方法。

全书共 10 章,内容包括绪论、确知信号、随机过程、信道、模拟调制系统、数字基带传输系统、数字带通传输系统、新型数字带通调制技术、模拟信号的数字传输、数字信号的最佳接收。

本书既可作为普通高等学校工科电子信息类专业的教科书或参考书,也可作为从事通信专业工作的工程技术人员的参考资料。

图书在版编目(CIP)数据

通信原理及 SystemView 仿真测试/尹立强,张海燕主编.

—西安:西安电子科技大学出版社,2012.6

高等学校电子与通信类专业"十二五"规划教材

ISBN 978 - 7 - 5606 - 2778 - 6

Ⅰ. ① 通… Ⅱ. ① 尹… ② 张… Ⅲ. ① 原信原理—高等学校—教材

② 通信系统—系统仿真—应用软件,System View—高等学校—教材 Ⅳ. ① TN911 ② TN914

中国版本图书馆 CIP 数据核字(2012)第 054522 号

策　　划	毛红兵
责任编辑	毛红兵　樊新玲
出版发行	西安电子科技大学出版社(西安市太白南路 2 号)
电　　话	(029)88242885　88201467　　邮　编　710071
网　　址	www. xduph. com　　　　电子邮箱　xdupfxb001@163.com
经　　销	新华书店
印刷单位	陕西天意印务有限责任公司
版　　次	2012 年 6 月第 1 版　2012 年 6 月第 1 次印刷
开　　本	787 毫米×1092 毫米　1/16　印 张　20.5
字　　数	485 千字
印　　数	1～3000 册
定　　价	36.00 元

ISBN 978 - 7 - 5606 - 2778 - 6/TN · 0650

XDUP 3070001 - 1

* * * 如有印装问题可调换 * * *

前　　言

通信是人类社会传递信息、交流思想、传播知识的重要手段。在古代，人们通过驿站、飞鸽传书、烽火报警、符号、身体语言、眼神、触碰等方式进行信息传递。到了今天，随着科学技术的飞速发展，相继出现了无线电、固定电话、移动电话、互联网甚至视频电话等各种通信方式，尤其是通信与计算机的结合，更为通信技术的飞跃发展注入了新的生机和活力。通信技术拉近了人与人之间的距离，提高了工作效率，深刻地改变了人类的生活方式和社会的发展。

通信原理是一门专业基础课，其任务是介绍现代通信系统的基本原理、基本技术、基本分析方法和基本性能。本书在简要介绍了模拟通信原理的基础上，以数字通信原理为重点，深入透彻地讲述了通信系统的组成、性能指标、工作原理、性能分析和设计方法。

本书在内容选取上注重基础性、先进性、实用性、系统性和方向性，理论联系实际。在叙述上力求概念清晰、重点突出、层次分明、深入浅出、通俗易懂。除必要的数学分析外，本书尽量避免繁琐的数学推导。

全书共分 10 章。第 1 章是全书的基础，主要介绍通信系统的基本模型、主要指标；第 2 章和第 3 章扼要介绍本书后面章节所需的确知信号和随机信号的数学知识；第 4 章介绍信道；第 5 章介绍模拟调制原理，为学习数字调制奠定基础。第 6、7 章主要介绍数字传输的基本原理和技术，这一部分也是全书的重点。第 8 章主要介绍几种新型的数字调制技术。第 9 章介绍模拟信号的数字传输；第 10 章介绍数字信号的最佳接收。

本书参考学时为 56～68 学时。选用本书作为教材，可根据课程设置的具体情况、专业特点和教学要求的侧重点，对书中内容进行适当的取舍。

本书自成系统，便于自学，可作为高等学校计算机、网络工程、通信工程、信息技术和其他相近专业的教材，也可供从事这方面工作的广大科技工作者阅读和参考。

本书由尹立强、张海燕主编，其中第 1、7 章由尹立强编写，第 2、9 章由王晓红和张海燕共同编写，第 3 章由高玲编写，第 5 章由高玲和张佳共同编写，第 4 章由宋蕊编写，第 6 章由张海燕编写，第 8 章由苏新红编写，第 10 章由魏征编写。全书由尹立强统稿，张海燕审定。

西安电子科技大学出版社对本书的出版给予了极大的帮助和支持，在此我们表示诚挚的感谢。

由于编者水平有限，书中难免存在疏漏，殷切希望广大读者批评指正。

编　者
2012 年 3 月

目　　录

第 1 章　绪　　论

教学目标：

❖ 熟悉通信基本概念（通信、消息、信号、信息等）；
❖ 理解通信系统的模型、分类和通信方式；
❖ 了解通信的发展历史；
❖ 掌握信息量和通信系统主要性能指标的计算。

1.1　通信的基本概念

1.1.1　什么是通信

通信是指从一个地方向另一个地方进行消息的有效传递与交换，其目的是传递消息中所包含的信息。消息在不同的时期具有不同的表现形式，它是物质或精神状态的一种反映；信息是指消息中所包含的有效内容，它是人们真正关心的；而通信是指传输信息的手段或方式，它与电子技术、计算机技术以及传感技术等的发展息息相关，且相互融合。在高速发展的信息化社会，信息和通信已成为现代社会的命脉，不管是现在还是未来，通信对人们的生活方式和社会的发展都会产生重大和深远的影响。

1.1.2　通信的发展历程

说到通信的历史，我们可以追溯到远古时期。那时，人们就通过简单的语言、壁画等方式交换信息。千百年来，人们一直在用语言、图符、烟火、钟鼓、竹简、纸书等传递信息。在古代，人们用结绳的方式来传递信息，用点燃烽火来传递战情，用飞鸽来传信……这些都可以说是通信的原始方式。在现代社会中，航海中采用的旗语、交通警察的指挥手势等也是古老通信方式的进一步发展和延伸。

19 世纪中叶，随着电报、电话的发明以及电磁波的发现，通信产生了根本性的巨大变革，人类开始利用电磁波来传输信息。利用电磁波通信的历史大致可划分为三个阶段。

（1）电报的开始标志着进入了通信的初级阶段。1837 年，美国人塞缪乐·莫尔斯（Samuel Morse）成功地研制出世界上第一台电磁式电报机。他利用自己设计的电码，先将信息转换成一串或长或短的电脉冲传向目的地，在目的地再将电脉冲转换为原来的信息。

1844 年 5 月 24 日，莫尔斯在国会大厦联邦最高法院会议厅用"莫尔斯电码"发出了人类历史上的第一份电报，从而实现了长途电报通信。1864 年，英国物理学家麦克斯韦（J. C. Maxwell）建立了一套电磁理论，预言了电磁波的存在，说明了电磁波与光具有相同的性质，两者都是以光速传播的。1875 年，苏格兰青年亚历山大·贝尔（A. G. Bell）发明了世界上第一台电话机，并于 1876 年申请了发明专利。1878 年，贝尔在相距 300 km 的波士顿和纽约之间进行了首次长途电话实验，并获得了成功，后来就成立了著名的贝尔电话公司。1888 年，德国青年物理学家海因里斯·赫兹（H. R. Hertz）用电波环进行了一系列实验，发现了电磁波的存在，他用实验证明了麦克斯韦的电磁理论。这个实验轰动了整个科学界，成为近代科学技术史上的一个重要里程碑，促使了无线电的诞生和电子技术的发展。

（2）1948 年香农提出的信息论标志着近代通信的开始。信息论的奠基人香农曾说过，"通信的基本问题就是在一点重新准确地或近似地再现另一点所选择的消息"。他提出的香农定理解决了过去很多悬而未决的问题，对通信系统模型的建立、信道的研究等起到了巨大的推动作用。

（3）20 世纪 80 年代以后光纤通信的应用、综合业务数字网的崛起标志着通信进入了现代通信阶段。当今人们对通信的要求越来越高，除原有的语音、数据、传真业务外，还要求综合传输高清晰度电视、广播电视、高速数据传真等宽带业务。综合业务数字网的出现为满足这些迅猛增长的通信需求奠定了基础。另外，光纤传输的应用也极大地改善了通信的模式，为用户提供了更快、更准确的通信。

经过 100 多年的发展，通信已经深入渗透到了人类的生活中，只要人们打开电脑、手机等就很容易实现彼此之间的联系。未来的通信将是移动与宽带的统一、融合以及演进，可以说，未来的通信是"一切皆有可能"。

1.2　通　信　系　统

1.2.1　通信方式

通信方式是指通信双方之间的信号传输方式或工作方式。

1. 并行传输和串行传输

进行通信时，根据一次传输数据的多少可将数据传输方式分为并行传输和串行传输。

1）并行传输

并行传输是指将代表信息的数字信号码元序列以成组的方式在两条或两条以上的并行信道上同时传输，如图 1-1(a) 所示。

并行传输的优点是节省传输时间，速度快，这是因为并行传输不需要字符同步措施。其缺点是传输时需要 n 条通信线路，成本相对较高。并行传输一般用于短距离设备间的通信或设备内部的通信。

2）串行传输

串行传输是指将数字信号码元序列以串行方式一个码元接一个码元地在一条信道上传输，如图 1-1(b) 所示。

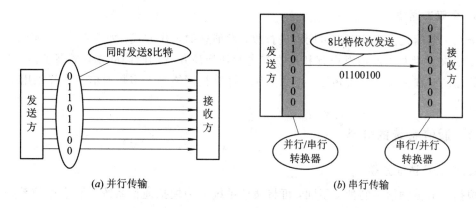

图 1-1 并行、串行传输示意图

2. 单工、半双工和全双工通信

根据通信线路上的传输方向及其与时间的关系，串行通信可分为三种方式：单工、半双工、全双工方式。

1) 单工通信

单工通信是指消息只能单方向传输的工作方式，如图 1-2(a)所示。在这种工作方式下，数据始终只能在一个方向上传输，任何时间不能进行反向传输。常见的单工通信如广播电视。

2) 半双工通信

半双工通信是指通信双方都能收发消息，但不能同时收发的工作方式，如图 1-2(b)所示。在这种工作方式下，允许数据在设备间两个方向上传输，但在某一时刻只允许数据在一个方向传输，即设备间只有一条传输通道，所以信号只能分时传输。常见的半双工通信如对讲机。

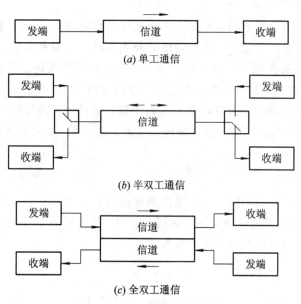

图 1-2 串行通信方式示意图

3. 全双工通信

全双工通信是指通信双方可同时进行收、发消息的工作方式，如图 1-2(c) 所示。全双工通信解决了半双工通信发送方和接收方之间切换所花费的时间问题，提高了传输速率，允许数据同时在两个方向上传输。电话系统、计算机网络等大多数通信系统都采用全双工通信方式。

1.2.2　通信系统的分类

1. 按信号特征分类

根据信道传输信号的种类不同，可将通信系统分为模拟通信系统和数字通信系统。模拟通信是指用模拟信号来表示和传递消息的通信方式。数字通信是指用数字信号来表示和传递消息的通信方式。

2. 按传输介质分类

按传输信号时所用的介质不同，可将通信系统分为有线通信系统和无线通信系统。通常我们把利用导线，如电缆、光纤等作为介质的通信系统叫做有线通信系统，如市话系统、闭路电视系统、普通的计算机局域网等。所谓无线通信，是指传输消息的媒质为看不见、摸不着的媒质（如电磁波）的一种通信形式。无线通信常见的形式有微波通信、短波通信、移动通信、卫星通信、散射通信和激光通信等，其形式较多。

3. 按调制方式分类

根据是否采用调制，可将通信系统分为基带传输和频带（调制）传输。基带传输是将没有经过调制的信号直接传送，如音频市内电话；频带传输是对各种信号调制后再送到信道中传输的总称。

4. 按照通信业务和用途分类

根据通信业务和用途的不同，可将通信系统分为常规通信、控制通信等。其中常规通信又分为话务通信和非话务通信。话务通信业务主要以电话服务为主，程控数字电话交换网络的主要目标就是为普通用户提供电话通信服务。非话务通信主要包含分组数据业务、计算机通信、传真、视频通信等。在过去很长一段时期内，由于电话通信网最为发达，因而其他通信方式往往需要借助于公共电话网进行传输，但是随着因特网的迅速发展，这一状况已经发生了显著的变化。控制通信主要包括遥测、遥控等，如卫星测控、导弹测控、遥控指令通信等。

5. 按工作频段分类

按通信设备工作频率的不同，可将通信系统分为长波通信、中波通信、短波通信、微波通信等。表 1-1 列出了通信中使用的频段、常用传输介质及主要用途。

工作频率和工作波长可互换，其关系为

$$\lambda = \frac{c}{f}$$

式中：λ 为工作波长，单位为 m；f 为工作频率，单位为 Hz；$c = 3 \times 10^8$ m/s，为电波在自由空间中的传播速度。

表 1 - 1 通信频段、常用传输介质及主要用途

频率范围	波 长	频段名称	常用传输介质	用 途
3 Hz～30 kHz	10^4～10^8 m	甚低频 (VLF)	有线线对超长波无线电	音频、电话、数据终端、长距离导航、时标
30 kHz～300 kHz	10^3～10^4 m	低频 (LF)	有线线对长波无线电	导航、信标、电力线通信
300 kHz～3 MHz	10^2～10^3 m	中频 (MF)	同轴电缆中波无线电	调幅广播、移动陆地通信、业余无线电
3 MHz～30 MHz	10～10^2 m	高频 (HF)	同轴电缆短波无线电	移动无线电话、短波广播、定点军用通信、业余无线电
30 MHz～300 MHz	1～10 m	甚高频 (VHF)	同轴电缆超短波/米波无线电	电视、调频广播、空中管制、车辆通信、导航、集群通信、无线寻呼
300 MHz～3 GHz	10～100 cm	特高频 (UHF)	波导微波/分米波无线电	电视、空间遥测、雷达导航、点对点通信、移动通信
3 GHz～30 GHz	1～10 cm	超高频 (SHF)	波导微波/厘米波无线电	微波接力、卫星和空间通信、雷达
30 GHz～300 GHz	1～10 mm	极高频 (EHF)	波导微波/毫米波无线电	雷达、微波接力、射电天文学
10^5 GHz～10^7 GHz	3×10^{-6} cm～3×10^{-4} cm	红外、可见光、紫外	光纤激光空间传播	光通信

另外，还有其他一些分类方法，如按收发信者是否运动，可将通信分为移动通信和固定通信；按多地址方式，可分为频分多址通信、时分多址通信、码分多址通信等；按用户类型，可分为公用通信和专用通信；按通信对象的位置，可分为地面通信、对空通信、深空通信、水下通信等。

1.2.3 通信系统的模型

通信系统的一般模型如图 1-3 所示。

图 1-3 通信系统的一般模型

下面对图中各部分的作用作一简要描述。

(1) 信息源。信息源简称信源，它是消息的产生地，其作用是把各种消息转换成原始

电信号。按照信息源产生的消息形式不同，可将信源分为模拟信源和数字信源。模拟信源也称连续信源，输出连续的模拟信号，如电话机、电视摄像机等属于模拟信源；数字信源，也称离散信源，输出离散的数字信号，如电传机、计算机等各种数字终端设备属于数字信源。

（2）发送设备。发送设备的基本功能是将信源和信道匹配起来，即将信源产生的消息信号变换成适合在信道中传输的信号。变换方式是多种多样的，在需要频谱搬移的场合，调制是最常见的变换方式。对数字通信系统来说，发送设备常常又可分为信源编码和信道编码。

（3）信道。信道是指传输信号的物理介质，用来将发送设备输出的信号传送到接收端。在有线信道中，信道可以是明线、电缆和光纤；在无线信道中，信道可以是大气（自由空间）。有线信道和无线信道均有多种物理介质，不同介质的固有特性及引入的干扰和噪声将直接影响通信的质量。

（4）噪声源。噪声指的是信道中不需要的电信号，它是通信系统中各种设备以及信道所固有的，即使没有传输信号，通信系统中也有噪声，噪声永远存在于通信系统中。噪声的来源是多种多样的，它对信号的传输是有害的，它会使模拟信号发生失真，使数字信号发生错码。关于信道和噪声的具体分析，我们将在第 4 章中一一讲解。

（5）接收设备。接收设备的基本功能是完成发送设备的反变换，其目的是从接收到的衰减信号中正确地恢复出原始的电信号。对于多路复用信号，它还包括解除多路复用，实现正确分路的功能。

（6）受信者。受信者简称信宿，它是信息传输的归宿点，其作用与信源相反，即把恢复的原始电信号转换成相应的消息。

图 1-3 概括地描述了一个通信系统的组成，它反映了通信系统的共性，因此称之为通信系统的一般模型。根据所关注的问题和研究对象的不同，模型中的各小方框的内容和作用也将有所不同，与之对应的也有更加具体的通信模型，后面的讨论将围绕系统的模型来展开。

根据前面介绍的通信系统的分类可知，按照信道中传输的是模拟信号还是数字信号，可将通信系统相应地分为模拟通信系统和数字通信系统。下面分别介绍这两种通信系统。

1. 模拟通信系统

模拟通信系统是利用模拟信号来传递信息的通信系统。模拟通信系统的模型如图 1-4 所示。它是由图 1-3 所示的一般模型略加演变而来的。图中的调制器和解调器就代表图 1-3 所示的发送设备和接收设备。

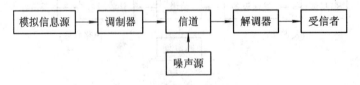

图 1-4 模拟通信系统模型

在通信系统中，有两种重要的变换和反变换过程。一是在发送端要将信源发出的连续消息变换成原始电信号，即基带信号，在接收端要作相反的处理，能够完成这种变换和反变换的是信源和信宿；二是要将基带信号变换成调制信号，这是因为通常基带信号具有频率很低的频谱分量，如语音信号的频率范围为 300 Hz～3400 Hz，它们一般不适宜直接传输，这就需要把基带信号变换成适合在信道中传输的信号，并在接收端进行相应的反变换。完成这种变换和反变换作用的通常是调制器和解调器。有关模拟信号调制和解调的内容我们将在第 5 章详细讲解。

经过调制的信号称为已调信号。已调信号有三个基本特征：一是携带有信息；二是适合在信道中传输；三是信号的频谱具有带通形式且中心频率远离零频，所以又称已调信号为频带信号。

模拟通信系统的优点是：信号频谱较窄，信道利用率高。

其缺点是：

（1）信号连续混入噪声后不易清除，即抗干扰能力差，不宜保密；

（2）设备不易大规模集成化，不适应飞速发展的计算机通信要求。

2. 数字通信系统

数字通信系统是利用数字信号来传递信息的通信系统，如图 1-5 所示。

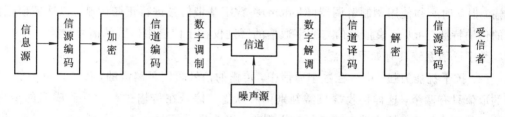

图 1-5　数字通信系统模型

数字通信涉及的技术问题较多，其中主要包括信源编码与译码、信道编码与译码、数字调制与解调、加密与解密、同步与复接等。

1）信源编码与译码

当信源给出的是模拟语音信号时，通过信源编码器将其转换成数字信号，以实现模拟信号的数字化传输，对于数字信号进行数据压缩，提高通信效率。接收端的信源译码器按一定规则解码。

2）信道编码与译码

数字信号在信道中传输时，由于噪声、衰落以及人为干扰等影响，将会引起差错。为了减少差错，信道编码器对传输的信息码元按一定的规则加入保护成分（监督码元），组成所谓"抗干扰编码"。接收端的信道译码器按一定规则进行译码，在译码过程中发现错误或纠正错误，从而提高通信系统的抗干扰能力，实现可靠通信。

3）加密与解密

在需要实现保密通信的场合，为了保证所传信息的安全，人为地将被传输的数字序列扰乱，即加上密码，这种处理过程称为加密。在接收端，利用与发送端相同的密码复制品对收到的数字序列解除密码，恢复原来信息，称为解密。

4）数字调制与解调

数字调制就是把数字基带信号的频谱搬移到高频处，形成适合在信道中传输的频带信号。基本的数字调制方式有振幅键控（ASK）、频移键控（FSK）、绝对相移键控（PSK）、相对(差分)相移键控(DPSK)。对这些信号可以采用相干解调或非相干解调,将其还原为数字基带信号。对高斯噪声下的信号检测,一般用相关接收机或匹配滤波器实现。

5) 同步与复接

同步是保证数字通信系统有序、准确、可靠工作的不可缺少的前提条件,它使收、发两端的信号在时间上保持步调一致。按照功用的不同,可将同步分为载波同步、位同步、群同步和网同步。

数字复接是指依据一定的复用基本原理(如时分复用、频分复用、码分复用等),把若干个数字信号合并成一个数字信号,以扩大传输容量和提高传输效率。

图 1-5 所示是数字通信系统的一般模型。实际的数字通信系统不一定包括图中的所有环节。如在某些有线信道中,当传输距离不太远且通信容量不太大时,数字基带信号无需调制,可以直接传送,称之为数字信号的基带传输,其模型中就可以不包括调制与解调环节。还应该指出的是,模拟信号经过数字编码后可以在数字通信系统中传输,数字电话系统就是以数字方式传输模拟语音信号的例子。

当然,数字信号也可以在模拟通信系统中传输,如计算机数据可以通过模拟电话线路传输,但这时必须使用调制解调器(Modem)将数字基带信号进行正弦调制,以适应模拟信道的传输特性。可见,模拟通信与数字通信的区别仅在于信道中传输的信号种类。

数字通信系统具有如下优点:

(1) 抗干扰能力强。由于在数字通信中,传输的信号幅度是离散的,以二进制为例,信号的取值只有两个,这样接收端只需判别两种状态。信号在传输过程中受到噪声的干扰,必然会使波形失真,接收端对其进行抽样判决,以辨别是两种状态中的哪一个。只要噪声的大小不足以影响判决的正确性,就能正确接收(再生)。而在模拟通信中,传输的信号幅度是连续变化的,一旦叠加上噪声,即使噪声很小,也很难消除它。

数字通信抗噪声性能好,还表现在微波中继通信时,它可以消除噪声积累。这是因为数字信号在每次再生后,只要不发生错码,它仍然像信源中发出的信号一样,没有噪声叠加在上面。因此,即使中继站再多,数字通信仍具有良好的通信质量。而模拟通信中继时,只能增加信号能量(对信号放大),而不能消除噪声。

(2) 差错可控。数字信号在传输过程中出现的错误(差错),可通过纠错编码技术来控制,以提高传输的可靠性。

(3) 易加密。与模拟信号相比,数字信号容易加密和解密。因此,数字通信保密性好。

(4) 易于与现代技术相结合。由于计算机技术、数字存储技术、数字交换技术以及数字处理技术等现代技术飞速发展,许多设备、终端接口均为数字信号,因此极易与数字通信系统相连接。

数字通信系统的缺点有:

(1) 频带利用率不高。数字通信中,数字信号占用的频带宽。以电话为例,一路模拟电话通常只占据 4 kHz 带宽,但一路接近同样话音质量的数字电话可能要占据 20 kHz～60 kHz 的带宽。因此,如果系统传输带宽一定,则模拟电话的频带利用率是数字电话的5～15 倍。

(2) 系统设备比较复杂。数字通信中,要准确地恢复信号,接收端需要严格的同步系统，以保持收端和发端严格的节拍一致、编组一致。因此，数字通信系统及设备一般都比较复杂，体积较大。

另外，数字通信系统对于同步的要求也比较高。

不过，随着新的宽带传输信道（如光导纤维）的采用、窄带调制技术和超大规模集成电路的发展，数字通信的这些缺点已经弱化。随着微电子技术和计算机技术的迅猛发展和广泛应用，数字通信在今后的通信方式中必将逐步取代模拟通信而占主导地位。

1.2.4　通信系统的主要性能指标

对一个通信系统性能的好坏进行评估时，我们通常要考虑通信系统的很多性能指标，如有效性、可靠性、适应性、标准性、经济性以及维护的方便性等。因为通信的主要任务是快速、准确地传递信息，所以，从研究信息传输的角度来说，有效性和可靠性是评价通信系统优劣的主要性能指标。有效性是指传输的"速度"问题，而可靠性是指传输的"质量"问题。本节就着重讨论这两个性能指标。

通信系统的有效性和可靠性指标是相互矛盾而又相对统一的。一般情况下，要增加系统的有效性，就得降低可靠性，反之亦然。在实际中，常常依据实际系统的要求采取相对统一的办法，即在满足一定可靠性指标下，尽量提高消息的传输速率，即有效性；或者，在维持一定有效性的条件下，尽可能提高系统的可靠性。

对于模拟通信系统，其有效性可用消息占用的有效带宽来度量，可靠性可用接收端输出的信噪比来度量。数字通信系统的有效性用码元传输速率、信息传输速率和频带利用率来表示，其可靠性通常用误码率和误信率来表示。下面分别讨论之。

1. 码元传输速率

码元传输速率指单位时间内传送码元的数目，简称传码率，又称为码元速率和调制速率，单位为波特，记作 Baud。如果每个码元的长度为 T 秒，则根据码元传输速率的定义，可得

$$R_B = \frac{1}{T} \quad \text{（Baud）} \tag{1-1}$$

2. 信息传输速率

信息传输速率定义为单位时间内传递的平均信息量或比特数，单位为比特/秒，简记为 b/s。

3. 码元传输速率和信息传输速率之间的关系

在 M 进制数字通信系统中，若 $M = 2^k$，它表示每 k 个二进制符号与 M 进制符号之一相对应，则 M 进制的码元速率与二进制的信息速率之间的关系为

$$R_b = R_B \, \text{lb} M \tag{1-2}$$

或者

$$R_B = \frac{R_b}{\text{lb} M} \tag{1-3}$$

它表示每秒传送 R_B 个 M 进制符号，相当于每秒传送 $R_B \, \text{lb} M$ 个二进制符号。在二进制中，码元传输速率和信息传输速率在数值上是相等的，但是单位不同，意义也是不同的，两者

不可混淆。

4. 频带利用率

频带利用率指单位频带内的码元传输速率，即

$$\eta = \frac{R_B}{B} \quad (\text{Baud/Hz}) \tag{1-4}$$

或者定义为

$$\eta_b = \frac{R_b}{B} \quad (\text{b/s} \cdot \text{Hz}) \tag{1-5}$$

对不同通信系统的有效性进行衡量时，除了考虑它们的传输速率之外，还应该考虑其在相应的传输速率下所占用的信道频带宽度。所以频带利用率是衡量数字通信系统有效性的另一个重要指标。

5. 误码率

误码率指码元在传输过程中被传错的概率，即

$$P_e = \frac{\text{错误接收码元数}}{\text{传输总码元数}} \tag{1-6}$$

6. 误信率

误信率指发生差错的比特数在传输总比特数中所占的比例，即

$$P_b = \frac{\text{错误接收比特数}}{\text{传输总比特数}} \tag{1-7}$$

对于二进制，误码率和误信率在数值上相等。

1.3 信　息

1.3.1 信息的基本概念

在 1.1 节中已经介绍过，信息是消息中包含的有效内容。为了帮助读者理解消息、信息和信号三者之间的区别和联系，这里我们把三个概念阐述一下。

消息(message)是表达信息的形式，是通信系统中传输的具体对象。消息的形式是多样的，它包括符号、文字、语音、数据、图像、视频等。

信息(information)是消息所包含的内容。例如，每天的天气预报是一种消息，预报中告知某日某时的真实天气情况如何，就是该消息所包含的"信息"，即消息的含义。同一种信息的内容可用不同形式的消息来表达。例如，天气预报可用文字消息来表达，也可用话音消息来表达。

信号(signal)是传播消息的一种载体(例如一种随时间变化的波形)。电(光、声)通信中，消息的自然形式必须转换成电(光、声)信号形式以后才能进行传递和识别。

消息有可能包含丰富的信息，但也可能包含的信息甚少，若这种信息并未给人们带来新的知识，那么这种消息所包含的信息实际等于零。所以信息是给人们带来新知识的消息，消息是外壳，信息是消息的内核。

1.3.2 信息的度量方法

1. 信息量

在通信系统中，传输信息的多少可以采用信息量来度量，信息量的大小取决于信息内容消除人们认识的不确定程度。比如，在炎热的夏天，天气预报说"明天下雪"，我们一定会感觉很惊讶，因为这一事件发生的概率极小；反过来如果预报说"明天 37 摄氏度"，我们就觉得不足为奇了。相比这两条消息，第一条消息的不确定性更大，它提供给我们的信息量也更大。

由此可见，消除的不确定程度大，则发出的信息量就大；消除的不确定程度小，则发出的信息量就小。如果事先就确切地知道消息的内容，那么消息中所包含的信息量就等于零。

事件的不确定程度可以用其出现的概率来描述，所以我们可以利用概率来度量信息：消息出现的概率越小，则消息中包含的信息量就越大。

设某消息发生的概率为 $P(x)$，该消息中所包含的信息量为 I，则信息量和概率的关系可定义如下：

$$I = \log_a \frac{1}{P(x)} = -\log_a P(x) \tag{1-8}$$

信息量的单位与对数的底数 a 有关。当 $a=2$ 时，信息量的单位为比特（bit）；当 $a=\mathrm{e}$ 时，信息量的单位为奈特（nit）；当 $a=10$ 时，信息量的单位为哈特莱（Hartly）。

例 1-1 已知二进制信源码元"0"和"1"出现的概率分别为 1/4 和 3/4，试求"0"和"1"的信息量各为多少。

解 "0"的信息量为

$$I_0 = -\mathrm{lb}\,\frac{1}{4} = 2(\mathrm{b})$$

"1"的信息量为

$$I_1 = -\mathrm{lb}\,\frac{3}{4} = 0.412(\mathrm{b})$$

从这个例题可以看出，码元出现的概率越小，信息量越大。

2. 平均信息量

1）离散信源的平均信息量

设一个离散信源是由 M 个符号组成的集合，其中每个符号 $x_i(i=1, 2, \cdots, M)$ 按一定的概率 $P(x_i)$ 独立出现，即

$$\begin{bmatrix} x_1, & x_2, & \cdots, & x_M \\ P(x_1), & P(x_2), & \cdots, & P(x_M) \end{bmatrix}$$

且有

$$\sum_{i=1}^{M} P(x_i) = 1$$

则 $x_1, x_2, \cdots, x_M$ 所包含的信息量分别为

$$-\mathrm{lb}P(x_1), -\mathrm{lb}P(x_2), \cdots, -\mathrm{lb}P(x_M)$$

于是，每个符号所包含的平均信息量为

$$H(x) = P(x_1)[-\mathrm{lb}P(x_1)] + P(x_2)[-\mathrm{lb}P(x_2)] + \cdots + P(x_M)[-\mathrm{lb}P(x_M)]$$

$$= -\sum_{i=1}^{M} P(x_i)\mathrm{lb}P(x_i) \tag{1-9}$$

由于 $H(x)$ 与热力学中的熵形式相似，故称它为信息源的熵。

例 1-2 设有四个消息符号 A、B、C、D，系统传送字母的符号速率为 100 Baud，求：

(1) 若不同的字母是等可能出现的，计算传输的平均信息速率；

(2) 若每个字母出现的可能性分别为 $P_A = \dfrac{1}{5}$，$P_B = \dfrac{1}{4}$，$P_C = \dfrac{1}{4}$，$P_D = \dfrac{3}{10}$，计算传输的

平均信息速率。

解：(1) 等概率出现时，每个符号的信息量为 $I_0 = -\mathrm{lb}\dfrac{1}{4} = 2(\mathrm{b})$

所以传输的平均信息速率为

$$R_b = R_B \times 2 = 200(\mathrm{b/s})$$

(2) 由条件可知，每个符号所包含的平均信息量为

$$H = \frac{1}{5}\mathrm{lb}5 + \frac{1}{4}\mathrm{lb}4 + \frac{1}{4}\mathrm{lb}4 + \frac{3}{10}\mathrm{lb}\frac{10}{3}$$

$$= 1.985(\mathrm{b})$$

传输的平均信息速率为

$$R_b = R_B \times 1.985 = 198.5(\mathrm{b/s})$$

由例 1-2 可以看出，等概率时平均信息量即熵有最大值，码元速率一定时，信息传输速率也最大。

2) 连续信源的平均信息量

连续信源的信息量可用概率密度函数来描述。可以证明，连续信源的平均信息量为

$$H(x) = -\int_{-\infty}^{\infty} f(x)\log_a f(x)\mathrm{d}x \tag{1-10}$$

式中：$f(x)$ 为连续信源出现的概率密度。

◦●◦◦●◦◦●◦◦●◦◦●◦ **思 考 题** ◦●◦◦●◦◦●◦◦●◦◦●◦

1. 结合本章所学内容，说说你对"通信"的理解。

2. 列举几种你所了解的通信系统，简单说明相应的通信原理。

3. 比较模拟通信系统和数字通信系统，说明二者的差别和优缺点。

4. 设某数字通信系统的信息传输速率为 64 kb/s，求：

(1) 传输二进制码元时的码元传输速率；

(2) 若用同样的码元传输速率，改用八进制的码元传输，试计算信息传输速率。

5. 对照图 1-1 所示的通信系统一般框图，举出一个你熟悉的通信系统，并说明系统中各单元的作用和功能。

◇●○○◆○◆○◆○◆○◆○◆○ **练　习　题** ◇●◆○◆○◆○◆○◆○◆○◆◇

1. 二进制信源(0，1)，每一符号波形等概率独立发送，求传送二进制波形之一的信息量。

2. 设一离散无记忆信源的输出由四种不同的符号组成，它们的出现概率分别为 1/2、1/4、1/8、1/8，则此信源平均每个符号包含的信息熵为多少？若信源每毫秒发出一个符号，那么此信源平均每秒输出的信息量为多少？

3. 一离散信源由 0、1、2、3 四个符号组成，它们出现的概率分别为 3/8、1/4、1/4、1/8，且每个符号的出现概率都是独立的。求消息 20102013021300120321010032101002310 2002010312032100120210 的信息量。

4. 一个由字母 A、B、C、D 组成的字，对于传的每个字母用两个二进制符号编码，以 00 表示 A，01 表示 B，10 表示 C，11 表示 D，二进制比特间隔为 0.5 ms，若每个字母出现的概率分别为：$P_A = 1/8$，$P_B = 1/4$，$P_C = 1/4$，$P_D = 1/8$，试计算每秒传输的平均信息量。

5. 设某一数字通信系统每隔 0.1 ms 以独立等概率方式在信道中传送 128 个可能电平之一，该系统的符号传输速率为多少？相应的信息传输速率为多少？

6. 已知某八进制数字传输系统的信息传输速率为 2400 b/s，接收端在一个小时内共接收到 300 个错误码元，试计算该系统的误码率 P_e。

第 2 章　确 知 信 号

教学目标：

❖ 掌握确知信号的特性及其类型；

❖ 掌握确知信号频域中的四种性质：频谱、频谱密度、能量谱密度以及功率谱密度；

❖ 掌握确知信号时域中的特性：自相关函数和互相关函数。

2.1　确知信号的类型

一切物体都在不停地运动着，而信号是物体运动的表现形式。信号可以是声信号、光信号、电信号等。比如，打雷过程产生声音信号，闪电过程产生光信号，大脑运动产生脑电信号等。在通信过程中，信号是传递各种消息的工具，即通信系统发射和接收的电信号是携带消息的电信号。信号有确知信号和随机信号之分。确知信号是指在任何时间都可以确定的信号，一般可以用数学函数来表达，如正、余弦信号。如果信号的取值在不同时刻是随机变化的，不可预知其确切的变化规律，这样的信号称为随机信号，如通信过程中的噪声信号。实际的信号通常是随机的，但确知信号的分析方法是信号分析的基础，本章只讨论确知信号。

按照是否具有周期重复性，确知信号可以分为周期信号和非周期信号。周期信号按照某固定周期重复出现，可表示为

$$x(t) = x(t + nT) \tag{2-1}$$

式中：T 为周期；$n=0, \pm 1, \pm 2, \cdots$。只要知道任一周期内信号的变化规律，就可以确定它在其他时间内的规律。例如一无限长的正弦波信号 $x(t) = 4 \sin(2t+1)$，$t \in (-\infty, \infty)$，就属于周期信号，其周期为 π。如果信号不满足式(2-1)，则为非周期信号，例如矩形脉冲信号。

按照能量是否有限，可以把信号分为能量信号和功率信号。若信号 $x(t)$（电流或电压）作用在 $1\ \Omega$ 电阻上，则其瞬时功率为 $|x(t)|^2$，在有限的时间间隔 $(-T/2, T/2)$ 内消耗的能量（归一化能量）及平均功率可以分别表示为

$$E = \int_{-\frac{T}{2}}^{\frac{T}{2}} |x(t)|^2 \mathrm{d}t \tag{2-2}$$

$$P = \frac{1}{T} \int_{-\frac{T}{2}}^{\frac{T}{2}} |x(t)|^2 \mathrm{d}t \tag{2-3}$$

　　当 $T \rightarrow \infty$ 时，如果 E 存在，则 $x(t)$ 为能量信号，此时 $P=0$；当 $T \rightarrow \infty$ 时，如果 E 无穷大，而 P 存在，则 $x(t)$ 为功率信号。

　　周期信号一定是功率信号；非周期信号可能是功率信号，也可能是能量信号。

2.2　确知信号的频域性质

　　对于确知信号，频谱分析是研究它的有效工具；对于随机信号，则用统计的方法来分析。本节主要介绍确知信号的频谱分析方法。

2.2.1　功率信号的频谱

　　对于一满足狄利克雷条件的周期性功率信号 $x(t)$，可以将其展成傅里叶级数的形式，即

$$x(t) = \frac{a_0}{2} + \sum_{n=1}^{\infty} \left[a_n \cos\left(\frac{2\pi n}{T}t\right) + b_n \sin\left(\frac{2\pi n}{T}t\right) \right] \tag{2-4}$$

式中：T 为功率信号 $x(t)$ 的周期；$\frac{a_0}{2}$ 是 $x(t)$ 的直流分量。

$$a_n = \frac{2}{T} \int_{-\frac{T}{2}}^{\frac{T}{2}} x(t) \cos\left(\frac{2\pi n}{T}t\right) \mathrm{d}t, \qquad n = 0, 1, 2, \cdots$$

$$b_n = \frac{2}{T} \int_{-\frac{T}{2}}^{\frac{T}{2}} x(t) \sin\left(\frac{2\pi n}{T}t\right) \mathrm{d}t, \qquad n = 0, 1, 2, \cdots$$

　　由欧拉公式可以把傅里叶级数写成复数形式，即式（2-4）可以写为

$$x(t) = \sum_{n=-\infty}^{\infty} C_n \mathrm{e}^{\mathrm{j}\frac{2\pi n}{T}t} \tag{2-5}$$

式中：

$$C_n = \begin{cases} \dfrac{a_n - \mathrm{j}b_n}{2}, & n > 0 \\[2mm] \dfrac{a_0}{2}, & n = 0 \\[2mm] \dfrac{a_n + \mathrm{j}b_n}{2}, & n < 0 \end{cases}$$

　　对于周期性功率信号 $x(t)$，将其频谱函数定义为

$$C_n = \frac{1}{T} \int_{-\frac{T}{2}}^{\frac{T}{2}} x(t) \mathrm{e}^{-\mathrm{j}\frac{2\pi n}{T}t} \mathrm{d}t \tag{2-6}$$

式中：n 为整数。由上式可以看出，在一般情况下，频谱函数 C_n 是一个复数，可以表示为

$$C_n = |C_n| \mathrm{e}^{\mathrm{j}\theta_n} \tag{2-7}$$

式中：$|C_n|$ 是频率为 n/T 的信号分量的振幅；θ_n 是频率为 n/T 的信号分量的相位。由上式可以看出，对于周期性功率信号来说，其频谱函数是离散的，只在 $1/T$ 的整数倍上有取值。

　　例 2-1　试求图 2-1 所示周期性方波的频谱。

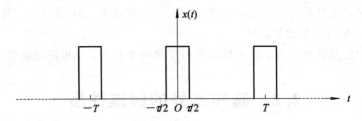

图 2-1 信号 $x(t)$ 的波形图

解：图中的周期性方波可以表示为

$$\begin{cases} x(t) = \begin{cases} A, & -\dfrac{\tau}{2} \leqslant t \leqslant \dfrac{\tau}{2} \\[2mm] 0, & \dfrac{\tau}{2} < t < T - \dfrac{\tau}{2} \end{cases} \\[4mm] x(t) = x(t-T), \quad -\infty < t < \infty \end{cases}$$

由式(2-6)可以求出其频谱：

$$C_n = \frac{1}{T} \int_{-\frac{\tau}{2}}^{\frac{\tau}{2}} A e^{-j\frac{2\pi n}{T}t} \, dt = \frac{A}{T}\left(-\frac{T}{j2\pi n} e^{-j\frac{2\pi n}{T}t}\right)_{-\frac{\tau}{2}}^{\frac{\tau}{2}} = \frac{A}{\pi n}\sin\frac{\pi n\tau}{T} = \frac{A\tau}{T}Sa\left(\frac{n\pi\tau}{T}\right)$$

式中：$Sa(t) = \dfrac{\sin t}{t}$（抽样函数）。频谱图如图 2-2 所示，是一些幅值不等的离散线条。

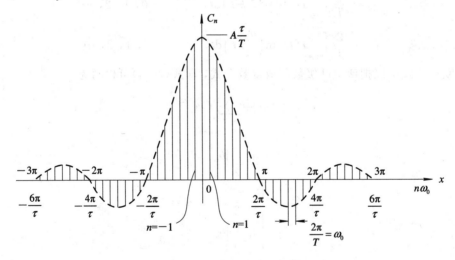

图 2-2 周期性方波的频谱

2.2.2 能量信号的频谱密度

将一能量信号 $x(t)$ 的傅里叶变换 $X(\omega)$ 定义为信号的频谱密度，即

$$X(\omega) = \int_{-\infty}^{\infty} x(t) e^{-j2\pi\omega t} \, dt \tag{2-8}$$

原信号 $x(t)$ 为 $X(\omega)$ 的逆傅里叶变换，即

$$x(t) = \int_{-\infty}^{\infty} X(\omega) e^{j2\pi\omega t} \, d\omega \tag{2-9}$$

由式(2-8)可以看出，能量信号的频谱密度是连续的。对于能量信号来讲，其频谱密度和原信号组成一个傅里叶变换对。

例 2-2 试求单位冲激函数的频谱密度。

解：单位冲激函数 $\delta(t)$ 的表达式为

$$\begin{cases} \delta(t) = 0, & t \neq 0 \\ \int_{-\infty}^{\infty} \delta(t)\mathrm{d}t = 1 \end{cases}$$

根据式(2-8)可以写出其频谱密度 $\sigma(\omega)$ 为

$$\sigma(\omega) = \int_{-\infty}^{\infty} \delta(t)\mathrm{e}^{-\mathrm{j}2\pi\omega t}\mathrm{d}t = 1$$

上式表明，单位冲激函数的频谱密度等于 1，它的各频率分量连续分布在整个频率轴上，如图 2-3 所示。

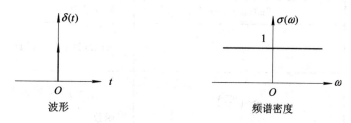

图 2-3 单位冲激函数的波形和频谱密度

信号的傅里叶变换具有一些重要特性，若灵活运用，则可以较容易地求出很多复杂信号的频谱或由频谱求出原信号。较为重要且常用的几个特性见表 2-1。为方便起见，表 2-2 列出了常用的傅里叶变换对。

表 2-1 傅里叶变换的性质

性质	时域函数	频谱函数	备注
线性	$a_1 x_1(t) + a_2 x_2(t)$	$a_1 X_1(\omega) + a_2 X_2(\omega)$	a_1、a_2 为常数
时移	$x(t \pm t_0)$	$X(\omega)\mathrm{e}^{\pm\mathrm{j}\omega t_0}$	t_0 为常数
频移	$x(t)\mathrm{e}^{\pm\mathrm{j}\omega_0 t}$	$X(\omega \mp \omega_0)$	ω_0 为常数
比例	$x(at)$	$\dfrac{1}{\|a\|}X\left(\dfrac{\omega}{a}\right)$	$a \neq 0$ 的实常数
对偶	$X(t)$	$2\pi x(-\omega)$	
时域微分	$\dfrac{\mathrm{d}^n x(t)}{\mathrm{d}t^n}$	$(\mathrm{j}\omega)^n X(\omega)$	n 为自然数
频域微分	$(-\mathrm{j}t)^n x(t)$	$\dfrac{\mathrm{d}^n X(\omega)}{\mathrm{d}\omega^n}$	n 为自然数
时域积分	$\displaystyle\int_{-\infty}^{\infty} x(t)\mathrm{d}t$	$\dfrac{X(\omega)}{\mathrm{j}\omega} + \pi X(0)\delta(\omega)$	
频域积分	$\dfrac{x(t)}{-\mathrm{j}t} + \pi x(0)\delta(t)$	$\displaystyle\int_{-\infty}^{\infty} X(\xi)\mathrm{d}\xi$	
复共轭	$x^*(t)$	$X^*(-\omega)$	
时域卷积	$x_1(t) * x_2(t)$	$X_1(\omega) \cdot X_2(\omega)$	
频域卷积	$x_1(t) \cdot x_2(t)$	$\dfrac{1}{2\pi}\left[X_1(\omega) * X_2(\omega)\right]$	

表 2 - 2 常用傅里叶变换对

$x(t)$	$X(\omega)$	备注
1	$2\pi\delta(\omega)$	
$\delta(t)$	1	
$u(t)$	$\pi\delta(\omega)+\dfrac{1}{j\omega}$	$u(t)$ 为单位阶跃函数
$e^{-at}u(t)$	$\dfrac{1}{a+j\omega}$	a 为常数
$e^{j\omega_0 t}$	$2\pi\delta(\omega-\omega_0)$	ω_0 为常数
$\mathrm{sgn}(t)$	$\dfrac{2}{j\omega}$	$\mathrm{sgn}(t)$ 为正负号函数
$\mathrm{rect}\left(\dfrac{t}{\tau}\right)$	$\tau \mathrm{Sa}\left(\dfrac{\omega\tau}{2}\right)$	$\mathrm{rect}\left(\dfrac{t}{\tau}\right)$ 是高度为 1、宽度为 τ 的矩形函数
$\mathrm{tri}(t)$	$\mathrm{Sa}^2\left(\dfrac{\omega}{2}\right)$	$\mathrm{tri}(t)$ 是高度为 1、底为 2τ 的三角形函数
$\cos(\omega_0 t)$	$\pi[\delta(\omega-\omega_0)+\delta(\omega+\omega_0)]$	ω_0 为常数
$\sin(\omega_0 t)$	$j\pi[\delta(\omega+\omega_0)-\delta(\omega-\omega_0)]$	ω_0 为常数
$\cos(\omega_0 t)u(t)$	$\dfrac{\pi}{2}[\delta(\omega-\omega_0)+\delta(\omega+\omega_0)]+\dfrac{j\omega}{\omega_0^2-\omega^2}$	ω_0 为常数
$\sin(\omega_0 t)u(t)$	$\dfrac{\pi}{2j}[\delta(\omega+\omega_0)-\delta(\omega-\omega_0)]+\dfrac{\omega_0}{\omega_0^2-\omega^2}$	ω_0 为常数
$e^{-a|t|}$	$\dfrac{2a}{a^2+\omega^2}$	a 为常数

2.2.3 能量信号的能量谱密度

设一能量信号 $x(t)$ 的傅氏变换为 $X(\omega)$，则此信号的归一化能量 E 可表示为

$$E=\int_{-\infty}^{\infty}x^2(t)\mathrm{d}t=\int_{-\infty}^{\infty}x(t)\left[\frac{1}{2\pi}\int_{-\infty}^{\infty}X(\omega)e^{j\omega t}\mathrm{d}\omega\right]\mathrm{d}t$$

$$=\frac{1}{2\pi}\int_{-\infty}^{\infty}X(\omega)\left[\int_{-\infty}^{\infty}x(t)e^{j\omega t}\mathrm{d}t\right]\mathrm{d}\omega$$

$$=\frac{1}{2\pi}\int_{-\infty}^{\infty}X(\omega)X(-\omega)\mathrm{d}\omega=\frac{1}{2\pi}\int_{-\infty}^{\infty}|X(\omega)|^2\mathrm{d}\omega \qquad (2-10)$$

定义

$$F(\omega)=|X(\omega)|^2 \qquad (2-11)$$

为信号 $x(t)$ 的能量谱密度。此时信号能量可由下式表示：

$$E = \frac{1}{2\pi} \int_{-\infty}^{\infty} F(\omega) \mathrm{d}\omega = \int_{-\infty}^{\infty} F(2\pi f) \mathrm{d}f \tag{2-12}$$

对于实信号 $x(t)$，$F(\omega)$ 是 ω 的偶函数，因此有

$$E = 2 \int_{0}^{\infty} F(2\pi f) \mathrm{d}f \tag{2-13}$$

2.2.4 功率信号的功率谱密度

因为功率信号的能量不存在，所以不能计算功率信号的能量谱密度，但可以求其功率谱密度。假设将一时间无限信号 $x(t)$ 截短为长度为 T（有限值）的一个截短信号 $x_T(t)$，$-\frac{T}{2} < t < \frac{T}{2}$，即

$$x_T(t) = \begin{cases} x(t), & |t| < \frac{T}{2} \\ 0, & t \text{ 为其他} \end{cases} \tag{2-14}$$

此时，$x_T(t)$ 具有有限的能量，可表示为

$$E = \int_{-\infty}^{\infty} x_T^{\,2}(t) \mathrm{d}t = \frac{1}{2\pi} \int_{-\infty}^{\infty} |X_T(\omega)|^2 \mathrm{d}\omega \tag{2-15}$$

式中：$X_T(\omega)$ 为截短信号 $x_T(t)$ 的傅氏变换。

根据平均功率的定义得

$$P = \lim_{T \to \infty} \frac{1}{T} \int_{-\frac{T}{2}}^{\frac{T}{2}} x_T^2(t) \mathrm{d}t = \frac{1}{2\pi} \int_{-\infty}^{\infty} \lim_{T \to \infty} \frac{|X_T(\omega)|^2}{T} \mathrm{d}\omega \tag{2-16}$$

将 $\lim\limits_{T \to \infty} \dfrac{|X_T(\omega)|^2}{T}$ 定义为信号的功率谱密度，用 $P(\omega)$ 表示，即

$$P(\omega) = \lim_{T \to \infty} \frac{|X_T(\omega)|^2}{T} \tag{2-17}$$

信号功率为

$$P = \lim_{T \to \infty} \frac{1}{T} \int_{-\frac{T}{2}}^{\frac{T}{2}} x_T^2(t) \mathrm{d}t = \frac{1}{2\pi} \int_{-\infty}^{\infty} \lim_{T \to \infty} \frac{|X_T(\omega)|^2}{T} \mathrm{d}\omega \tag{2-18}$$

周期为 T 的信号 $x(t)$ 的瞬时功率等于 $|x(t)|^2$，则周期 T 内的平均功率为

$$P = \frac{1}{T} \int_{-\frac{T}{2}}^{\frac{T}{2}} |x(t)|^2 \mathrm{d}t \tag{2-19}$$

因为 $|x(t)|^2 = x(t)x^*(t)$，其中 $x^*(t)$ 是 $x(t)$ 的复数共轭值，再用傅氏级数代替 $x(t)$，式(2-19)可以改写为

$$P = \frac{1}{T} \int_{-\frac{T}{2}}^{\frac{T}{2}} x^*(t) \sum_{n=-\infty}^{\infty} C_n \mathrm{e}^{\mathrm{j}\frac{2\pi n}{T}t} \mathrm{d}t = \frac{1}{T} \sum_{n=-\infty}^{\infty} C_n \int_{-\frac{T}{2}}^{\frac{T}{2}} x^*(t) \mathrm{e}^{\mathrm{j}\frac{2\pi n}{T}t} \mathrm{d}t$$

$$= \sum_{n=-\infty}^{\infty} C_n C_n^* = \sum_{n=-\infty}^{\infty} |C_n|^2 \tag{2-20}$$

式中：C_n 表示周期信号的傅里叶级数的系数。上式表明，周期信号的归一化平均功率等于信号所有谐波分量幅值的平方和，即总功率等于各频率分量单独贡献的功率之和。另外，$|C_n|^2$ 可以由 δ 函数表示，得

$$P = \int_{-\infty}^{\infty} |C(\omega)|^2 \delta(\omega - n\omega_0) \mathrm{d}\omega \tag{2-21}$$

式中：ω_0 是信号的基波角频率。则信号的功率谱密度可以写成

$$P(\omega) = |C(\omega)|^2 \delta(\omega - n\omega_0) \qquad (2-22)$$

2.3 确知信号的时域性质

确知信号在时域中的性质主要是自相关函数和互相关函数。本节将对能量信号和功率信号的自相关函数和互相关函数逐一作介绍。

2.3.1 能量信号的自相关函数

定义能量信号 $x(t)$ 的自相关函数为

$$R(\tau) = \int_{-\infty}^{\infty} x(t)x(t+\tau)\mathrm{d}t, \qquad -\infty < \tau < \infty \qquad (2-23)$$

自相关函数 $R(\tau)$ 只和时间差 τ 有关，和时间 t 没有关系。自相关函数反映了一个信号与延迟 τ 后的同一信号间的相关程度。当 $\tau = 0$ 时，信号波形重叠，相关性最好，此时自相关函数值最大，即

$$R(0) = \int_{-\infty}^{\infty} x(t)^2 \mathrm{d}t = E \qquad (2-24)$$

由式(2-24)可以看出，$\tau = 0$ 时，能量信号的自相关函数 $R(0)$ 等于信号的能量 E。

又因为

$$R(-\tau) = \int_{-\infty}^{\infty} x(t)x(t-\tau)\mathrm{d}t = \int_{-\infty}^{\infty} x(t+\tau)x(t)\mathrm{d}(t+\tau)$$

$$= \int_{-\infty}^{\infty} x(t)x(t+\tau)\mathrm{d}t = R(\tau) \qquad (2-25)$$

故自相关函数 $R(\tau)$ 是 τ 的偶函数。

能量信号的自相关函数和能量谱密度之间也有比较简单的关系，即能量信号的能量谱密度 $F(\omega)$ 和能量信号的自相关函数 $R(\tau)$ 构成一个傅里叶变换对。推导过程如下：

$$\int_{-\infty}^{\infty} R(\tau)\mathrm{e}^{-\mathrm{j}2\pi\omega\tau}\mathrm{d}\tau = \int_{-\infty}^{\infty}\int_{-\infty}^{\infty} x(t)x(t+\tau)\mathrm{e}^{-\mathrm{j}2\pi\omega\tau}\mathrm{d}t\,\mathrm{d}\tau$$

$$= \int_{-\infty}^{\infty} x(t)\mathrm{d}t\left[\int_{-\infty}^{\infty} x(t+\tau)\mathrm{e}^{-\mathrm{j}2\pi\omega(t+\tau)}\mathrm{d}(t+\tau)\right]\mathrm{e}^{\mathrm{j}2\pi\omega t}$$

$$= \int_{-\infty}^{\infty} x(t)\mathrm{d}t\left[\int_{-\infty}^{\infty} x(t')\mathrm{e}^{-\mathrm{j}2\pi\omega t'}\mathrm{d}t'\right]\mathrm{e}^{\mathrm{j}2\pi\omega t}$$

$$= X(\omega)\int_{-\infty}^{\infty} x(t)\mathrm{e}^{\mathrm{j}2\pi\omega t}\mathrm{d}t = X(\omega)X(-\omega)$$

$$= |X(\omega)|^2 = F(\omega) \qquad (2-26)$$

反之，下式也成立

$$R(\tau) = \int_{-\infty}^{\infty} F(\omega)\mathrm{e}^{\mathrm{j}2\pi\omega\tau}\mathrm{d}\omega \qquad (2-27)$$

2.3.2 功率信号的自相关函数

定义功率信号 $x(t)$ 的自相关函数为

$$R(\tau) = \lim_{T \to \infty} \frac{1}{T} \int_{-\frac{T}{2}}^{\frac{T}{2}} x(t) x(t + \tau) \, dt, \qquad -\infty < \tau < \infty \tag{2-28}$$

$$R(0) = \lim_{T \to \infty} \frac{1}{T} \int_{-\frac{T}{2}}^{\frac{T}{2}} x(t)^2 \, dt = P \tag{2-29}$$

由式(2-29)可以看出，$\tau = 0$ 时，功率信号的自相关函数 $R(0)$ 等于信号的平均功率 P。功率信号的自相关函数 $R(\tau)$ 也是 τ 的偶函数。

对于周期性功率信号 $x(t)$（周期为 T_0），其自相关函数 $R(\tau)$ 可以定义为

$$R(\tau) = \frac{1}{T_0} \int_{-\frac{T_0}{2}}^{\frac{T_0}{2}} x(t) x(t + \tau) \, dt, \qquad -\infty < \tau < \infty \tag{2-30}$$

另外，周期性功率信号 $x(t)$（周期为 T_0）的自相关函数 $R(\tau)$ 及其功率谱密度 $P(\omega)$ 之间也是一个傅里叶变换对。推导过程如下：

$$R(\tau) = \frac{1}{T_0} \int_{-\frac{T_0}{2}}^{\frac{T_0}{2}} x(t) x(t + \tau) \, dt = \frac{1}{T_0} \int_{-\frac{T_0}{2}}^{\frac{T_0}{2}} x(t) \left[\sum_{n=-\infty}^{\infty} C_n e^{\frac{j 2 \pi n (t + \tau)}{T_0}} \right] dt$$

$$= \sum_{n=-\infty}^{\infty} \left[C_n e^{\frac{j 2 \pi n \tau}{T_0}} \cdot \frac{1}{T_0} \int_{-\frac{T_0}{2}}^{\frac{T_0}{2}} x(t) e^{\frac{j 2 \pi n t}{T_0}} \, dt \right] = \sum_{n=-\infty}^{\infty} \left[C_n C_n^* \right] e^{\frac{j 2 \pi n \tau}{T_0}}$$

$$= \sum_{n=-\infty}^{\infty} |C_n|^2 e^{\frac{j 2 \pi n \tau}{T_0}} = \int_{-\infty}^{\infty} \sum_{n=-\infty}^{\infty} |C(\omega)|^2 \delta(\omega - n\omega_0) e^{j 2 \pi \omega \tau} \, d\omega$$

$$= \int_{-\infty}^{\infty} P(\omega) e^{j 2 \pi \omega \tau} \, d\omega \tag{2-31}$$

反之，也有下式成立

$$P(\omega) = \int_{-\infty}^{\infty} R(\tau) e^{-j 2 \pi \omega \tau} \, d\tau \tag{2-32}$$

例 2-3 试求信号 $x(t) = A \sin(\omega_0 t)$ 的自相关函数。

解：显然，所求信号 $x(t)$ 是一周期信号，且其周期为 $T_0 = 2\pi / \omega_0$。根据公式(2-30)可求出该信号的自相关函数为

$$R(\tau) = \frac{1}{T_0} \int_{-\frac{T_0}{2}}^{\frac{T_0}{2}} x(t) x(t + \tau) \, dt = \frac{1}{T_0} \int_{-\frac{T_0}{2}}^{\frac{T_0}{2}} A^2 \sin(\omega_0 t) \sin \omega_0 (t + \tau) \, dt$$

$$= \frac{A^2}{2 T_0} \int_{-\frac{T_0}{2}}^{\frac{T_0}{2}} \left[\cos(\omega_0 \tau) - \cos \omega_0 (2t + \tau) \right] dt$$

$$= \frac{A^2}{2} \cos(\omega_0 \tau)$$

另外，本题也可以先求出信号的功率谱密度，然后对其功率谱密度作傅里叶变换，即可求出其相关函数。有兴趣的读者可以自行推导一下。

2.3.3 能量信号的互相关函数

定义两个能量信号 $x_1(t)$ 和 $x_2(t)$ 的互相关函数为

$$R_{12}(\tau) = \int_{-\infty}^{\infty} x_1(t) x_2(t + \tau) \, dt, \qquad -\infty < \tau < \infty \tag{2-33}$$

互相关函数 $R_{12}(\tau)$ 只和时间差 τ 有关，和时间 t 没有关系。互相关函数反映了一个信

号与延迟 τ 后的另一信号间的相关程度。若交换两个信号相乘的前后顺序，互相关函数会有变化，即

$$R_{12}(\tau) = R_{21}(-\tau) \tag{2-34}$$

证明：令 $s = t + \tau$，则有

$$R_{21}(\tau) = \int_{-\infty}^{\infty} x_2(t) x_1(t+\tau) \mathrm{d}t$$

$$= \int_{-\infty}^{\infty} x_2(s-\tau) x_1(s) \mathrm{d}(s-\tau)$$

$$= \int_{-\infty}^{\infty} x_1(s) x_2[s+(-\tau)] \mathrm{d}s$$

$$= R_{12}(-\tau)$$

若定义 $X_{12}(\omega) = X_1^*(\omega) X_2(\omega)$ 为互能量谱密度，则互相关函数和互能量谱密度也是一个傅里叶变换对。推导过程如下

$$R_{12}(\tau) = \int_{-\infty}^{\infty} x_1(t) x_2(t+\tau) \mathrm{d}t$$

$$= \int_{-\infty}^{\infty} x_1(t) \mathrm{d}t \int_{-\infty}^{\infty} X_2(\omega) \mathrm{e}^{\mathrm{j}2\pi\omega(t+\tau)} \mathrm{d}\omega$$

$$= \int_{-\infty}^{\infty} X_2(\omega) \mathrm{d}\omega \int_{-\infty}^{\infty} x_1(t) \mathrm{e}^{\mathrm{j}2\pi\omega(t+\tau)} \mathrm{d}t$$

$$= \int_{-\infty}^{\infty} X_1^*(\omega) X_2(\omega) \mathrm{e}^{\mathrm{j}2\pi\omega\tau} \mathrm{d}\omega$$

$$= \int_{-\infty}^{\infty} X_{12}(\omega) \mathrm{e}^{\mathrm{j}2\pi\omega\tau} \mathrm{d}\omega$$

反之，下式也成立：

$$X_{12}(\omega) = \int_{-\infty}^{\infty} R_{12}(\tau) \mathrm{e}^{-\mathrm{j}2\pi\omega\tau} \mathrm{d}\tau \tag{2-35}$$

2.3.4　功率信号的互相关函数

定义两个功率信号 $x_1(t)$ 和 $x_2(t)$ 的互相关函数为

$$R_{12}(\tau) = \lim_{T \to \infty} \frac{1}{T} \int_{-\frac{T}{2}}^{\frac{T}{2}} x_1(t) x_2(t+\tau) \mathrm{d}t, \qquad -\infty < \tau < \infty \tag{2-36}$$

同样，互相关函数 $R_{12}(\tau)$ 也只和时间差 τ 有关，和时间 t 没有关系。若交换两个信号相乘的前后顺序，互相关函数会有变化，即

$$R_{12}(\tau) = R_{21}(-\tau) \tag{2-37}$$

证明：由互相关函数的定义有

$$R_{21}(\tau) = \lim_{T \to \infty} \frac{1}{T} \int_{-\frac{T}{2}}^{\frac{T}{2}} x_2(t) x_1(t+\tau) \mathrm{d}t$$

$$= \lim_{T \to \infty} \frac{1}{T} \int_{-\frac{T}{2}}^{\frac{T}{2}} x_2(s-\tau) x_1(s) \mathrm{d}(s-\tau)$$

$$= \lim_{T \to \infty} \frac{1}{T} \int_{-\frac{T}{2}}^{\frac{T}{2}} x_1(s) x_2[s+(-\tau)] \mathrm{d}s$$

$$= R_{12}(-\tau)$$

对于两个有相同周期的周期性功率信号来讲，其互相关函数可以改写成

$$R_{12}(\tau) = \frac{1}{T} \int_{-\frac{T}{2}}^{\frac{T}{2}} x_1(t) x_2(t+\tau) \mathrm{d}t, \qquad -\infty < \tau < \infty \tag{2-38}$$

式中：T 为两个信号的周期。

若定义 $C_{12} = (C_n)_1^*(C_n)_2$ 为信号 $x_1(t)$ 和 $x_2(t)$ 的互功率谱，则互相关函数和互功率谱也是一个傅里叶变换对，即

$$R_{12}(\tau) = \sum_{n=-\infty}^{\infty} C_{12} \mathrm{e}^{\frac{\mathrm{j}2\pi n\tau}{T}} \tag{2-39}$$

推导过程如下

$$\begin{aligned}
R_{12}(\tau) &= \frac{1}{T} \int_{-\frac{T}{2}}^{\frac{T}{2}} x_1(t) x_2(t+\tau) \mathrm{d}t \\
&= \frac{1}{T} \int_{-\frac{T}{2}}^{\frac{T}{2}} x_1(t) \mathrm{d}t \sum_{n=-\infty}^{\infty} (C_n)_2 \mathrm{e}^{\frac{\mathrm{j}2\pi n(t+\tau)}{T}} \\
&= \sum_{n=-\infty}^{\infty} \left[(C_n)_2 \mathrm{e}^{\frac{\mathrm{j}2\pi n\tau}{T}} \frac{1}{T} \int_{-\frac{T}{2}}^{\frac{T}{2}} x_1(t) \mathrm{e}^{\frac{\mathrm{j}2\pi nt}{T}} \mathrm{d}t \right] \\
&= \sum_{n=-\infty}^{\infty} \left[(C_n)_1^*(C_n)_2 \right] \mathrm{e}^{\frac{\mathrm{j}2\pi n\tau}{T}} \\
&= \sum_{n=-\infty}^{\infty} C_{12} \mathrm{e}^{\frac{\mathrm{j}2\pi n\tau}{T}}
\end{aligned}$$

反之，下式也成立：

$$C_{12} = \sum_{n=-\infty}^{\infty} R_{12}(\tau) \mathrm{e}^{\frac{-\mathrm{j}2\pi n\tau}{T}}$$

◦◦◦◦◦◦◦◦◦◦◦◦◦ **思　考　题** ◦◦◦◦◦◦◦◦◦◦◦◦◦

1. 什么是确知信号？
2. 确知信号有哪些类型？
3. 确知信号在频域中的性质有哪些？
4. 周期信号的频谱有哪些特点？
5. 自相关函数有哪些特点？
6. 自相关函数和互相关函数的（逆）傅里叶变换分别是什么？

◦◦◦◦◦◦◦◦◦◦◦◦◦ **练　习　题** ◦◦◦◦◦◦◦◦◦◦◦◦◦

1. 试判别下列信号是否为周期信号，若是，其周期为多少？

(1) $x_1(t) = 2\cos t + 5\cos(2t) + 0.25\sin(0.25t)$

(2) $x_2(t) = 10 + 5\cos(2\omega t) + 0.2\cos(2\pi\omega t)$

2. 试求题图 2-1 所示的周期性方波的频谱。

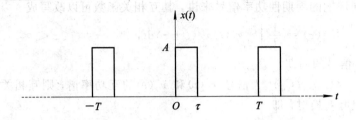

题图 2-1

3. 试求题图 2-2 所示的矩形脉冲（也称为单位门函数）的频谱密度。

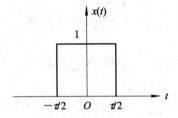

题图 2-2

4. 对于如题图 2-3 所示的三角波信号，试证明其频谱密度为 $X(\omega)=A\tau\mathrm{Sa}^2(\omega\tau/2)$。

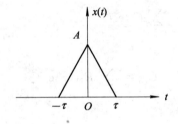

题图 2-3

5. 试求题 3 中的矩形脉冲的能量谱密度。

6. 已知信号 $x(t)=A\cos(t+\theta)$，试求：

(1) 此信号的自相关函数 $R(\tau)$；

(2) $R(0)$。

第 3 章　随 机 过 程

教学目标：

❖ 掌握随机过程的基本概念和统计特性；

❖ 掌握平稳随机过程的自相关函数与功率谱密度；

❖ 理解并掌握随机过程通过线性系统的分析；

❖ 掌握高斯过程和正弦波加窄带高斯过程的统计特性；

❖ 了解窄带随机过程和高斯白噪声的统计特性。

3.1　随机过程的基本概念

3.1.1　随机过程

自然界中事物的变化过程大致可分成两类。一类是其变化过程具有确定的形式，或者说具有必然的变化规律，用数学语言来说，其变化过程可以用一个或几个时间 t 的确定函数来描述，这类过程称为确定性过程。例如，电容器通过电阻放电时，电容器两端的电位差随时间的变化就是一个确定性函数。而另一类过程没有确定的变化形式，也就是说，每次对它的测量结果没有一个确定的变化规律，用数学语言来说，这类事物变化的过程不可能用一个或几个时间 t 的确定函数来描述，这类过程称为随机过程。

通信过程中的随机信号和噪声均可归纳为依赖于时间参数 t 的随机过程。例如，设有 n 台性能完全相同的通信机，在相同的工作环境和测试条件下记录各台通信机的输出噪声波形。测试结果表明，尽管设备和测试条件相同，但在记录的 n 条曲线中找不到两个完全相同的波形。这就是说，通信机输出的噪声电压随时间的变化是不可预知的，因而它是一个随机过程。

从数学的角度，随机过程 $\xi(t)$ 的定义如下：设随机实验 E 的可能结果为 $\xi(t)$，实验的样本空间 S 为 $\{x_1(t), x_2(t), \cdots, x_i(t), \cdots\}$，$i$ 为正整数，$x_i(t)$ 为第 i 个样本函数（又称为实现），每次实验之后，$\xi(t)$ 取空间 S 中的某一样本函数，于是称此 $\xi(t)$ 为随机函数。当 t 代表时间量时，称此 $\xi(t)$ 为随机过程，如图 3-1 所示。

显然，上例中通信机的输出噪声波形也可用图 3-1 表示。可以把对通信机输出噪声波形的观测看做一次随机试验，每次试验之后，$\xi(t)$ 取图 3-1 所示样本空间中的某一样本函数，至于是空间中的哪一个样本，在进行观测前是无法预知的，这正是随机过程随机性的具体表现。其基本特征体现在两个方面：其一，它是一个时间函数；其二，在固定的某一观察时刻 t_1，全体样本在 t_1 时刻的取值 $\xi(t_1)$ 是一个不随 t 变化的随机变量。因此，又可以把随机过程看成是依赖时间参数的一簇随机变量。可见，随机过程具有随机变量和时间函数的特点。

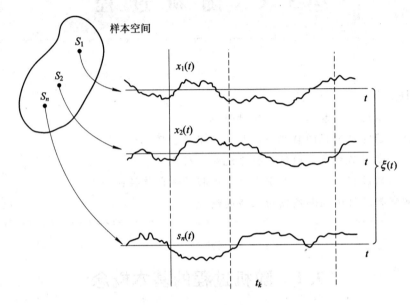

图 3-1　随机过程的样本函数

3.1.2　随机过程的统计特性

随机过程的统计特性是通过它的概率分布或数字特征加以表述的。

1. 随机过程的概率分布

设 $\xi(t)$ 表示一个随机过程，在任意给定的时刻 $t_1 \in T$，其取值 $\xi(t_1)$ 是一个一维随机变量。这个随机变量的统计特性可以用分布函数或概率密度函数描述。我们称

$$F_1(x_1,\ t_1) = P\{\xi(t_1) \leqslant x_1\} \qquad (3-1)$$

为随机过程 $\xi(t)$ 的一维分布函数。如果 $F_1(x_1,\ t_1)$ 对 x_1 的偏导数存在，即

$$\frac{\partial F_1(x_1,\ t_1)}{\partial x_1} = f_1(x_1,\ t_1) \qquad (3-2)$$

则称 $f_1(x_1,\ t_1)$ 为 $\xi(t)$ 的一维概率密度函数。显然，随机过程的一维分布函数或一维概率密度函数仅仅描述了随机过程在各个孤立时刻的统计特性，而没有说明随机过程在不同时刻取值之间的内在联系。因此用一维分布函数或一维概率密度函数描述随机过程的统计特性是极不充分的，为此需要进一步引入 n 维分布函数。

对于任意时刻 $t_1,\ t_2,\ \cdots,\ t_n \in T$，$\xi(t)$ 的 n 维分布函数定义为

$$F_n(x_1,\ x_2,\ \cdots,\ x_n;\ t_1,\ t_2,\ \cdots,\ t_n) = P\{\xi(t_1) \leqslant x_1,\ \xi(t_2) \leqslant x_2,\ \cdots,\ \xi(t_n) \leqslant x_n\}$$

$$(3-3)$$

同理，如果存在

$$\frac{\partial^n F_n(x_1, x_2, \cdots, x_n; t_1, t_2, \cdots, t_n)}{\partial x_1, \partial x_2, \cdots, \partial x_n} = f_n(x_1, x_2, \cdots, x_n; t_1, t_2, \cdots, t_n)$$

$$(3-4)$$

则称 $f_n(x_1, x_2, \cdots, x_n; t_1, t_2, \cdots, t_n)$ 为 $\xi(t)$ 的 n 维概率密度函数。显然，n 越大，用 n 维分布函数或 n 维概率密度函数描述 $\xi(t)$ 的统计特性就越充分。

2. 随机过程的数字特征

分布函数或概率密度函数虽然能够较全面地描述随机过程的统计特性，但在某些场合，还需关心随机过程的数字特征，比如随机过程的数学期望、方差和相关函数等。在实际工作中，有时不易或不需求出分布函数和概率密度函数，而用随机过程的数字特征来描述随机过程的统计特性，更简单、直观。

1）数学期望

随机过程 $\xi(t)$ 的数学期望定义为

$$a(t) = E[\xi(t)] = \int_{-\infty}^{\infty} x f_1(x, t) \, \mathrm{d}x \tag{3-5}$$

数学期望 $a(t)$ 又称为统计平均值或均值，是时间 t 的函数，它表示随机过程的 n 个样本函数曲线的摆动中心。

2）方差

随机过程 $\xi(t)$ 的方差定义为

$$\sigma^2(t) = D[\xi(t)] = E\{\xi(t) - E[\xi(t)]\}^2$$

$$= E[\xi^2(t)] - \{E[\xi(t)]\}^2 = \int_{-\infty}^{\infty} x^2 f_1(x, t) \mathrm{d}x - [a(t)]^2 \tag{3-6}$$

可见，方差等于均方值与数学期望平方之差。它表示随机过程在时刻 t 对于均值 $a(t)$ 的偏离程度。

均值和方差都只与随机过程的一维概率密度函数有关，因而它们描述了随机过程在各个孤立时刻的特征。为了描述随机过程在两个不同时刻状态之间的联系，还需利用二维概率密度函数引入新的数字特征。

3）相关函数

衡量随机过程在任意两个时刻获得的随机变量之间的统计相关特性时，常用协方差函数 $B(t_1, t_2)$ 和相关函数 $R(t_1, t_2)$ 来表示。

协方差函数定义为

$$B(t_1, t_2) = E\{[\xi(t_1) - a(t_1)][\xi(t_2) - a(t_2)]\}$$

$$= \int_{-\infty}^{\infty} \int_{-\infty}^{\infty} [x_1 - a(t_1)][x_2 - a(t_2)] f_2(x_1, x_2; t_1, t_2) \mathrm{d}x_1 \mathrm{d}x_2 \tag{3-7}$$

式中：t_1 与 t_2 是任取的两个时刻；$a(t_1)$ 与 $a(t_2)$ 是在 t_1 与 t_2 时刻得到的数学期望；$f_2(x_1, x_2; t_1, t_2)$ 是二维概率密度函数。

相关函数定义为

$$R(t_1, t_2) = E[\xi(t_1)\xi(t_2)] = \int_{-\infty}^{\infty} \int_{-\infty}^{\infty} x_1 x_2 f_2(x_1, x_2; t_1, t_2) \mathrm{d}x_1 \mathrm{d}x_2 \tag{3-8}$$

由式（3-7）和式（3-8）可得 $B(t_1, t_2)$ 和 $R(t_1, t_2)$ 之间的关系：

$$B(t_1, t_2) = R(t_1, t_2) - E[\xi(t_1)] \cdot E[\xi(t_2)] = R(t_1, t_2) - a(t_1)a(t_2) \tag{3-9}$$

若 $a(t_1)$ 或 $a(t_2)$ 为零，则 $B(t_1, t_2) = R(t_1, t_2)$。

由以上分析可见，相关函数与选择时刻 t_1 与 t_2 有关，如果 $t_2 > t_1$，且 $t_2 = t_1 + \tau$，即 t_2 与 t_1 之间的时间间隔为 τ，则 $R(t_1, t_2)$ 可以表示为 $R(t_1, t_1 + \tau)$。这说明相关函数依赖于起始时刻 t_1 及时间间隔 τ，即相关函数是 t_1 和 τ 的函数。

上述 $B(t_1, t_2)$ 和 $R(t_1, t_2)$ 是衡量同一随机过程的相关程度的，因此，它们又常分别称为自协方差函数和自相关函数。对于两个或更多个随机过程，可引入互协方差函数及互相关函数。设 $\xi(t)$ 和 $\eta(t)$ 分别表示两个随机过程，则互协方差函数定义为

$$B_{\xi\eta}(t_1, t_2) = E\{[\xi(t_1) - a_\xi(t_1)][\eta(t_2) - a_\eta(t_2)]\} \qquad (3-10)$$

而互相关函数定义为

$$R_{\xi\eta}(t_1, t_2) = E[\xi(t_1)\eta(t_2)] \qquad (3-11)$$

3.2 平稳随机过程

3.2.1 平稳随机过程的定义

平稳随机过程是通信系统中占重要地位的一种特殊类型的随机过程。所谓平稳随机过程，是指它的统计特性不随时间的推移而变化，即对于任意选定时刻 $t_1, t_2, \cdots, t_n \in T$ 和任意正整数 n，以及任意值 τ，且 $x_1, x_2, \cdots, x_n \in \mathbf{R}$，随机过程 $\xi(t)$ 的 n 维概率密度函数满足：

$$f_n(x_1, x_2, \cdots, x_n; t_1, t_2, \cdots, t_n) = f_n(x_1, x_2, \cdots, x_n; t_1 + \tau, t_2 + \tau, \cdots, t_n + \tau)$$
$$(3-12)$$

则称 $\xi(t)$ 为平稳随机过程。该定义说明，当取样点在时间轴上作任意平移时，随机过程的所有有限维分布函数是不变的，具体到它的一维分布，则与时间 t 无关，而二维分布只与时间间隔 τ 有关，即

$$f_1(x_1, t_1) = f_1(x_1) \qquad (3-13)$$
$$f_2(x_1, x_2; t_1, t_2) = f_2(x_1, x_2; \tau) \qquad (3-14)$$

因此，平稳随机过程的数字特征也变得更加简明。平稳随机过程 $\xi(t)$ 的数学期望

$$E[\xi(t)] = \int_{-\infty}^{\infty} x_1 f_1(x_1) \mathrm{d}x_1 = a \qquad (3-15)$$

为一常数，这表示平稳随机过程的各样本函数围绕着一水平线起伏。同样，可以证明平稳随机过程的方差 $\sigma^2(t) = \sigma^2$ 也是一常数，表示它的起伏偏离数学期望的程度也是常数。而平稳随机过程 $\xi(t)$ 的自相关函数（如式(3-16)所示）仅与时间间隔 $\tau = t_2 - t_1$ 有关，不再是 t_1 与 t_2 的二维函数，即

$$R(t_1, t_1 + \tau) = E[\xi(t_1)\xi(t_1 + \tau)]$$
$$= \int_{-\infty}^{\infty}\int_{-\infty}^{\infty} x_1 x_2 f_2(x_1, x_2; \tau) \mathrm{d}x_1 \mathrm{d}x_2$$
$$= R(\tau) \qquad (3-16)$$

综上所述，平稳随机过程 $\xi(t)$ 具有"平稳"的数字特征，其均值与时间无关，自相关函数仅与时间间隔 τ 有关。有时就直接以此为依据来判断随机过程是否平稳，即如果一个随

机过程的数学期望是一常数，自相关函数仅是时间间隔 τ 的函数，则称这个随机过程为宽平稳随机过程或广义平稳随机过程，也称为实平稳随机过程。相应地，按式(3-12)定义的随机过程称为严平稳随机过程或狭义平稳随机过程。

通信系统中的信号与噪声，大多数均可视为平稳随机过程。以后讨论的随机过程，除特别说明外，均假定是平稳的，且指宽平稳随机过程，简称平稳随机过程。

3.2.2 平稳随机过程的各态历经性

平稳随机过程在满足一定条件下有一个有趣而又非常有用的特性，称为各态历经性。这种平稳随机过程的数字特征(均为统计平均)完全可由随机过程中的任一实现的数字特征(均为时间平均)来决定，即随机过程的数学期望可由任一实现的时间平均值来替代，随机过程的自相关函数也可由任一实现的时间相关函数来替代。也就是说，假设 $x(t)$ 是平稳随机过程 $\xi(t)$ 的任意一个实现，它的时间均值和时间相关函数分别为

$$\bar{a} = \overline{x(t)} = \lim_{T \to \infty} \frac{1}{T} \int_{-\frac{T}{2}}^{\frac{T}{2}} x(t) \, \mathrm{d}t \tag{3-17}$$

$$\overline{R(\tau)} = \overline{x(t)x(t+\tau)} = \lim_{T \to \infty} \frac{1}{T} \int_{-\frac{T}{2}}^{\frac{T}{2}} x(t)x(t+\tau) \, \mathrm{d}t \tag{3-18}$$

若平稳随机过程使下式成立：

$$\begin{cases} a = \bar{a} \\ R(\tau) = \overline{R(\tau)} \end{cases}$$

则称该平稳随机过程具有各态历经性。

各态历经性的意思是说，从随机过程中得到的任一实现，好像它经历了随机过程的所有可能状态。因此，无需(实际中也不可能)获得大量用来计算统计平均的样本函数，而只需从任意一个随机过程的样本函数中就可获得它的所有的数字特征，从而使"统计平均"化为"时间平均"，使实际测量和计算的问题大为简化。

应注意，只有平稳随机过程才可能具有各态历经性，但平稳随机过程不一定都是各态历经的。在通信系统中所遇到的随机信号和噪声，一般均能满足各态历经性的条件。

3.2.3 平稳随机过程的自相关函数与功率谱密度

对于平稳随机过程而言，它的自相关函数是特别重要的一个函数。一方面，平稳随机过程的统计特性，比如数字特征等，可以通过自相关函数来描述；另一方面，自相关函数与平稳随机过程的频谱特性有着内在的联系。因此，我们有必要了解平稳随机过程自相关函数的性质。下面我们先讨论自相关函数的有关性质，然后引入与自相关函数联系紧密的有关功率谱密度的概念。

1. 自相关函数的性质

设 $\xi(t)$ 为实平稳随机过程，则它的自相关函数 $R(\tau) = E[\xi(t)\xi(t+\tau)]$ 具有下列主要性质：

(1) $\qquad\qquad R(0) = E[\xi^2(t)] = S[\xi(t)$ 的平均功率$]$ $\qquad\qquad$ (3-19)

因为平稳随机过程的总能量往往是无穷的，而其平均功率却是有限的。

　(2)　　　　　　　　$|R(\tau)| \leqslant R(0) [R(\tau)$ 的上界$]$　　　　　　　　(3-20)

这一点可由非负式 $E[\xi(t) \pm \xi(t+\tau)]^2 \geqslant 0$ 推演得到。

　(3)　　　　　　　　$R(\tau) = R(-\tau) [R(\tau)$ 是偶函数$]$　　　　　　　　(3-21)

这一点可由式(3-8)直接得证。

　(4)　　　　　　　　$R(\infty) = E^2[\xi(t)] [\xi(t)$ 的直流功率$]$　　　　　　(3-22)

　因为

$$\lim_{\tau \to \infty} R(\tau) = \lim_{\tau \to \infty} E[\xi(t)\xi(t+\tau)] = E[\xi(t)] \cdot E[\xi(t+\tau)] = E^2[\xi(t)]$$

这里利用了 $\tau \to \infty$ 时，$\xi(t)$ 与 $\xi(t+\tau)$ 统计独立，而且认为 $\xi(t)$ 不含有周期分量。

　(5)　　　　　　　　$R(0) - R(\infty) = \sigma^2 [$方差，$\xi(t)$ 的交流功率$]$　　　(3-23)

　这一点可由定义式(3-6)直接得证。由式(3-19)、(3-22)和式(3-23)可知，当均值为 0 时，$R(0) = \sigma^2$，即 $\xi(t)$ 的平均功率等于方差。

　综上所述，用相关函数可以表述随机过程 $\xi(t)$ 的主要数字特征，以上自相关函数的性质具有很大的实用意义。

2. 频谱特性

　随机过程的频谱特性是用它的功率谱密度来表述的。我们知道，确知信号的自相关函数与其功率谱密度之间有确定的傅里叶变换关系。那么，对于平稳随机过程，其自相关函数是否也与功率谱密度存在这种变换关系呢？

　我们知道，功率型的平稳随机过程中的任一实现都是一个确定的功率型信号。而对于任意的确知功率信号 $f(t)$，设 $f(t)$ 的截短函数 $f_T(t)$（如图 3-2 所示）的频谱函数为 $F_T(\omega)$，则它的功率谱密度为

$$P_f(\omega) = \lim_{T \to \infty} \frac{|F_T(\omega)|^2}{T} \tag{3-24}$$

可以把 $f(t)$ 看做平稳随机过程 $\xi(t)$ 中的任一实现，因而每一实现的功率谱密度也可用式(3-24)来表示。由于 $\xi(t)$ 是无穷多个实现的集合，哪一个实现出现是不能预知的，因此，某一实现的功率谱密度不能作为随机过程的功率谱密度。随机过程的功率谱密度应看做任一实现的功率谱密度的统计平均。

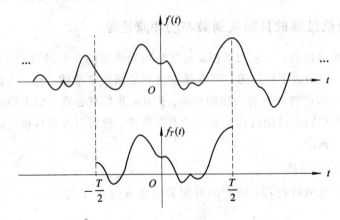

图 3-2　功率信号 $f(t)$ 及其截短函数 $f_T(t)$

设随机过程 $\xi(t)$ 的某一实现之截短函数 $\xi_T(t)$ 的频谱函数为 $F_T(\omega)$，则 $\xi(t)$ 的功率谱

密度 $P_\xi(\omega)$ 为

$$P_\xi(\omega) = E[P_f(\omega)] = \lim_{T\to\infty} \frac{E|F_T(\omega)|^2}{T} \tag{3-25}$$

$\xi(t)$ 的平均功率 S 即可表示为

$$S = \frac{1}{2\pi}\int_{-\infty}^{\infty} P_\xi(\omega)\,\mathrm{d}\omega = \frac{1}{2\pi}\int_{-\infty}^{\infty} \lim_{T\to\infty}\frac{E|F_T(\omega)|^2}{T}\,\mathrm{d}\omega \tag{3-26}$$

下面我们来推导功率谱密度与相关函数之间的关系，因为

$$\frac{E|F_T(\omega)|^2}{T} = E\left\{\frac{1}{T}\int_{-\frac{T}{2}}^{\frac{T}{2}} \xi_T(t)\mathrm{e}^{-j\omega t}\,\mathrm{d}t \int_{-\frac{T}{2}}^{\frac{T}{2}} \xi_T(t')\mathrm{e}^{-j\omega t'}\,\mathrm{d}t'\right\}$$

$$= E\left\{\frac{1}{T}\int_{-\frac{T}{2}}^{\frac{T}{2}} \xi(t)\mathrm{e}^{-j\omega t}\,\mathrm{d}t \int_{-\frac{T}{2}}^{\frac{T}{2}} \xi(t')\mathrm{e}^{-j\omega t'}\,\mathrm{d}t'\right\}$$

$$= \frac{1}{T}\int_{-\frac{T}{2}}^{\frac{T}{2}}\int_{-\frac{T}{2}}^{\frac{T}{2}} R(t-t')\mathrm{e}^{-j\omega(t-t')}\,\mathrm{d}t'\,\mathrm{d}t$$

利用二重积分换元法，令 $\tau = t - t'$，则上式可化简为

$$\frac{E|F_T(\omega)|^2}{T} = \int_{-T}^{T}\left(1 - \frac{|\tau|}{T}\right)R(\tau)\mathrm{e}^{-j\omega\tau}\,\mathrm{d}\tau$$

因此

$$P_\xi(\omega) = \lim_{T\to\infty}\frac{E|F_T(\omega)|^2}{T} = \lim_{T\to\infty}\int_{-T}^{T}\left(1 - \frac{|\tau|}{T}\right)R(\tau)\mathrm{e}^{-j\omega\tau}\,\mathrm{d}\tau$$

$$= \int_{-\infty}^{\infty} R(\tau)\mathrm{e}^{-j\omega\tau}\,\mathrm{d}\tau \tag{3-27}$$

可见，平稳随机过程 $\xi(t)$ 的自相关函数 $R(\tau)$ 与其功率谱密度 $P_\xi(\omega)$ 之间互为傅里叶变换关系，即

$$\begin{cases} P_\xi(\omega) = \displaystyle\int_{-\infty}^{\infty} R(\tau)\mathrm{e}^{-j\omega\tau}\,\mathrm{d}\tau \\[2mm] R(\tau) = \dfrac{1}{2\pi}\displaystyle\int_{-\infty}^{\infty} P_\xi(\omega)\,\mathrm{e}^{j\omega\tau}\,\mathrm{d}\omega \end{cases} \tag{3-28}$$

简记为

$$R(\tau) \Leftrightarrow P_\xi(\omega) \tag{3-29}$$

式(3-28)在平稳随机过程的理论和应用中非常重要，它是联系时域和频域分析方法的基本关系式。

根据平稳随机过程的自相关函数 $R(\tau)$ 的性质，很容易推出它的功率谱密度 $P_\xi(\omega)$ 有如下性质：

（1）非负性

$$P_\xi(\omega) \geqslant 0$$

（2）偶函数

$$P_\xi(-\omega) = P_\xi(\omega)$$

因此，可以定义单边功率谱密度 $P_{\xi 1}(\omega)$ 为

$$P_{\xi 1}(\omega) = \begin{cases} 2P_\xi(\omega), & \omega \geqslant 0 \\ 0, & \omega < 0 \end{cases} \tag{3-30}$$

3.3　高斯随机过程

高斯随机过程又称正态随机过程，是通信领域中最重要的一种随机过程。在实践中观察到的大多数噪声，如通信信道中的噪声通常是一种高斯过程，因此又称为高斯噪声。

3.3.1　高斯随机过程的定义

所谓高斯随机过程 $\xi(t)$，是指它的任意 n 维分布都是正态分布，因此又称之为正态随机过程，其 n 维概率密度函数为

$$f_n(x_1, x_2, \cdots, x_n; t_1, t_2, \cdots, t_n)$$

$$= \frac{1}{(2\pi)^{\frac{n}{2}}\sigma_1\sigma_2\cdots\sigma_n |B|^{\frac{1}{2}}} \cdot \exp\left[\frac{-1}{2|B|}\sum_{j=1}^{n}\sum_{k=1}^{n}|B|_{jk}\left(\frac{x_j-a_j}{\sigma_j}\right)\left(\frac{x_k-a_k}{\sigma_k}\right)\right] \qquad (3-31)$$

式中：$a_k = E[\xi(t_k)]$；$\sigma_k^2 = E[\xi(t_k)-a_k]^2$；$|B|$ 为归一化协方差矩阵的行列式，即

$$|B| = \begin{vmatrix} 1 & b_{12} & \cdots & b_{1n} \\ b_{21} & 1 & \cdots & b_{2n} \\ \vdots & \vdots & & \vdots \\ b_{n1} & b_{n2} & \cdots & 1 \end{vmatrix}$$

$|B|_{jk}$ 为行列式 $|B|$ 中元素 b_{jk} 的代数余子式，b_{jk} 为归一化协方差函数，且

$$b_{jk} = \frac{E\{[\xi(t_j)-a_j][\xi(t_k)-a_k]\}}{\sigma_j\sigma_k} \qquad (3-32)$$

3.3.2　高斯随机过程的重要性质及一维分布

为今后分析问题的需要，下面给出高斯随机过程的几个重要性质，并对高斯随机过程中的一维分布作必要的介绍。

1. 高斯随机过程的性质

(1) 高斯随机过程若是宽平稳的，则也是严平稳的。由式(3-30)可以看出，高斯随机过程的 n 维分布仅由各随机变量的数学期望、方差和两两之间的归一化协方差函数所决定。因此，如果高斯过程是宽平稳的，即它的均值与时间无关，协方差函数只与时间间隔 τ 有关，而与时间起点无关，则它的 n 维分布也与时间起点无关，所以，宽平稳的高斯过程也是严平稳的。

(2) 如果高斯过程中的随机变量之间互不相关，则它们也是统计独立的。如果高斯过程中的各随机变量两两之间互不相关，则式(3-32)中，对所有 $j \neq k$，有 $b_{jk}=0$，故式(3-31)变换为

$$f_n(x_1, x_2, \cdots, x_n; t_1, t_2, \cdots, t_n) = \frac{1}{(2\pi)^{\frac{n}{2}}\prod_{j=1}^{n}\sigma_j} \cdot \exp\left[-\sum_{j=1}^{n}\frac{(x_j-a_j)^2}{2\sigma_j^2}\right]$$

$$= \prod_{j=1}^{n}\frac{1}{\sqrt{2\pi}\sigma_j}\exp\left[-\frac{(x_j-a_j)^2}{2\sigma_j^2}\right]$$

$$= f(x_1, t_1)f(x_2, t_2)\cdots f(x_n, t_n) \qquad (3-33)$$

也就是说，如果高斯过程中的随机变量之间互不相关，则它们也是统计独立的。

（3）高斯过程经过线性变换，或通过线性系统后的过程仍是高斯过程。这个性质将在后面的章节予以证明。

2. 高斯随机过程的一维分布

1）正态分布的概率密度函数

高斯随机过程 ξ 在任一时刻的样值是一个一维高斯随机变量，其一维概率密度函数为

$$f(x) = \frac{1}{\sqrt{2\pi}\sigma}\exp\left[-\frac{(x-a)^2}{2\sigma^2}\right]$$（3-34）

式中：a 为高斯随机变量的数学期望；σ^2 为方差。$f(x)$ 曲线如图 3-3 所示，称随机过程 ξ 服从正态分布。

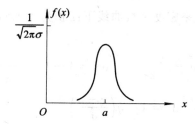

图 3-3 高斯过程的一维概率密度函数

由式（3-34）和图 3-3 可知 $f(x)$ 具有如下特性：

（1）对称性。$f(x)$ 关于直线 $x=a$ 对称，即有 $f(a+x)=f(a-x)$。

（2）单调性。$f(x)$ 在区间 $(-\infty, a)$ 内单调上升，在区间 $(a, +\infty)$ 内单调下降，而且在 $x=a$ 处，达到最大值 $f(x)_{max}=\dfrac{1}{\sqrt{2\pi}\sigma}$。当 $x\to-\infty$ 或 $x\to+\infty$ 时，$f(x)\to0$。

（3）曲线下的面积为 1。$f(x)$ 在整个区间 $(-\infty, +\infty)$ 内积分值为 1，也就是说，曲线下的面积为 1，即

$$\int_{-\infty}^{\infty} f(x)\mathrm{d}x = 1, \quad \int_{-\infty}^{a} f(x)\mathrm{d}x = \int_{a}^{\infty} f(x)\mathrm{d}x = \frac{1}{2}$$

（4）分布中心与集中程度。a 表示分布中心，σ 表示集中程度，$f(x)$ 曲线将随 a 的变化沿 x 轴左右平移（分布中心平移），并随 σ 的减小而变高和变窄（更加集中）。当 $a=0$，$\sigma=1$ 时，称这种正态分布为标准化的，这时有

$$f(x) = \frac{1}{\sqrt{2\pi}}\exp\left[-\frac{x^2}{2}\right]$$（3-35）

2）正态分布函数

当需要求高斯随机变量 ξ 小于或等于任意取值 x 的概率 $P(\xi\leqslant x)$ 时，还要用到正态分布函数。正态分布函数是对其概率密度函数的积分，即

$$F(x) = P(\xi\leqslant x) = \int_{-\infty}^{x} \frac{1}{\sqrt{2\pi}\sigma}\exp\left[-\frac{(z-a)^2}{2\sigma^2}\right]\mathrm{d}z$$（3-36）

这个积分可以借助一些可在数学手册上查出积分值的特殊函数来表示，一般常用的有以下几种函数：

（1）概率积分函数和 q 函数。

概率积分函数定义为

$$\varphi(x) = \frac{1}{\sqrt{2\pi}} \int_{-\infty}^{x} e^{-\frac{t^2}{2}} dt \tag{3-37}$$

q 函数定义为

$$q(x) = 1 - \varphi(x) = \frac{1}{\sqrt{2\pi}} \int_{x}^{\infty} e^{-\frac{t^2}{2}} dt, \quad x \geqslant 0 \tag{3-38}$$

对式(3-36)进行变量代换，令新积分变量 $t = \dfrac{z-a}{\sigma}$，则 $dt = \dfrac{1}{\sigma}dz$，利用式(3-37)的概率积分函数，可得

$$F(x) = \frac{1}{\sqrt{2\pi}} \int_{-\infty}^{\frac{x-a}{\sigma}} e^{-\frac{t^2}{2}} dt = \varphi\left(\frac{x-a}{\sigma}\right) \tag{3-39}$$

作同样的变量代换，并利用概率密度函数曲线下面积为 1 的特性，以及式(3-38)的 q 函数，可得

$$F(x) = \int_{-\infty}^{x} \frac{1}{\sqrt{2\pi}} \exp\left[-\frac{(z-a)^2}{2\sigma^2}\right] dz = 1 - \int_{x}^{\infty} \frac{1}{\sqrt{2\pi}\sigma} \exp\left[-\frac{(z-a)^2}{2\sigma^2}\right] dz$$

$$= 1 - \frac{1}{\sqrt{2\pi}} \int_{\frac{x-a}{\sigma}}^{\infty} e^{-\frac{t^2}{2}} dt = 1 - q\left(\frac{x-a}{\sigma}\right) \tag{3-40}$$

综上可得，用概率积分函数和 q 函数表示正态分布函数的关系式为

$$\begin{cases} F(x) = \varphi\left(\dfrac{x-a}{\sigma}\right) \\ F(x) = 1 - q\left(\dfrac{x-a}{\sigma}\right) \end{cases} \tag{3-41}$$

(2) 误差函数和互补误差函数。

误差函数定义为

$$\mathrm{erf}(x) = \frac{2}{\sqrt{\pi}} \int_{0}^{x} e^{-t^2} dt \tag{3-42}$$

互补误差函数定义为

$$\mathrm{erfc}(x) = 1 - \mathrm{erf}(x) = \frac{2}{\sqrt{\pi}} \int_{x}^{\infty} e^{-t^2} dt \tag{3-43}$$

当 $x \geqslant a$ 时，对式(3-35)进行变量代换，令新积分变量 $t = \dfrac{z-a}{\sqrt{2}\sigma}$，则 $dt = \dfrac{1}{\sqrt{2}\sigma}dz$，利用式(3-42)的误差函数，可得

$$F(x) = \int_{-\infty}^{x} \frac{1}{\sqrt{2\pi}\sigma} \exp\left[-\frac{(z-a)^2}{2\sigma^2}\right] dz$$

$$= \int_{-\infty}^{a} \frac{1}{\sqrt{2\pi}\sigma} \exp\left[-\frac{(z-a)^2}{2\sigma^2}\right] dz + \int_{a}^{x} \frac{1}{\sqrt{2\pi}\sigma} \exp\left[-\frac{(z-a)^2}{2\sigma^2}\right] dz$$

$$= \frac{1}{2} + \int_{a}^{x} \frac{1}{\sqrt{2\pi}\sigma} \exp\left[-\frac{(z-a)^2}{2\sigma^2}\right] dz$$

$$= \frac{1}{2} + \frac{1}{\sqrt{\pi}} \int_{0}^{\frac{x-a}{\sqrt{2}\sigma}} e^{-t^2} dt = \frac{1}{2} + \frac{1}{2}\mathrm{erf}\left(\frac{x-a}{\sqrt{2}\sigma}\right) \tag{3-44}$$

当 $x \leqslant a$ 时，作同样的变量代换，并利用概率密度函数曲线下面积为 1 的特性，以及式 (3-43) 的互补误差函数，可得

$$
\begin{aligned}
F(x) &= \int_{-\infty}^{x} \frac{1}{\sqrt{2\pi}\,\sigma} \exp\left[-\frac{(z-a)^2}{2\sigma^2}\right] \mathrm{d}z \\
&= 1 - \int_{x}^{\infty} \frac{1}{\sqrt{2\pi}\,\sigma} \exp\left[-\frac{(z-a)^2}{2\sigma^2}\right] \mathrm{d}z \\
&= 1 - \frac{1}{\sqrt{\pi}} \int_{\frac{x-a}{\sqrt{2}\sigma}}^{\infty} \mathrm{e}^{-t^2}\,\mathrm{d}t = 1 - \frac{1}{2}\mathrm{erfc}\left(\frac{x-a}{\sqrt{2}\,\sigma}\right)
\end{aligned}
\tag{3-45}
$$

综上可得，用误差函数和互补误差函数表示正态分布函数的关系式为

$$
F(x) = \begin{cases}
\dfrac{1}{2} + \dfrac{1}{2}\mathrm{erf}\left(\dfrac{x-a}{\sqrt{2}\,\sigma}\right), & x \geqslant a \\[3mm]
1 - \dfrac{1}{2}\mathrm{erfc}\left(\dfrac{x-a}{\sqrt{2}\,\sigma}\right), & x \leqslant a
\end{cases}
\tag{3-46}
$$

由式 (3-49) 和式 (3-46) 可以很容易得到这些特殊函数之间的关系：

$$
\begin{cases}
\mathrm{erf}(x) = 2\varphi(\sqrt{2}\,x) - 1 = 1 - 2q(\sqrt{2}\,x), & x \geqslant a \\
\mathrm{erfc}(x) = 2 - 2\varphi(\sqrt{2}\,x) = 2q(\sqrt{2}\,x), & x \leqslant a
\end{cases}
\tag{3-47}
$$

误差函数和互补误差函数在以后分析通信系统抗噪声性能时也经常用到，为了方便以后分析，下面给出它们的主要性质。

① 误差函数是递增函数，它具有如下性质：

- $\mathrm{erf}(-x) = -\mathrm{erf}(x)$。
- $\mathrm{erf}(0) = 0$，$\mathrm{erf}(\infty) = 1$。

② 互补误差函数是递减函数，它具有如下性质：

- $\mathrm{erfc}(-x) = 2 - \mathrm{erfc}(x)$。
- $\mathrm{erfc}(0) = 1$，$\mathrm{erfc}(\infty) = 0$。
- 当 $x \gg 1$ 时，$\mathrm{erfc}(x) \approx \dfrac{1}{\sqrt{\pi}\,x}\mathrm{e}^{-x^2}$。

3.4　平稳随机过程通过线性系统

通信的目的在于传输信号，信号与系统总是联系在一起的。通信系统中的信号和噪声一般都是随机的，因此必然会遇到这样的问题：随机过程通过系统或网络后，输出过程将是什么样的过程？现在我们来讨论平稳随机过程通过线性时不变系统的情况。

随机过程通过线性系统的分析，完全是建立在确知信号通过线性系统的分析原理的基础之上的。众所周知，线性系统响应 $v_\mathrm{o}(t)$ 等于输入信号 $v_\mathrm{i}(t)$ 与系统单位冲激响应 $h(t)$ 的卷积，即

$$
v_\mathrm{o}(t) = v_\mathrm{i}(t) * h(t) = \int_{-\infty}^{\infty} v_\mathrm{i}(\tau)\,h(t-\tau)\mathrm{d}\tau
\tag{3-48}
$$

如果 $v_\mathrm{o}(t) \Leftrightarrow V_\mathrm{o}(\omega)$，$v_\mathrm{i}(t) \Leftrightarrow V_\mathrm{i}(\omega)$，$h(t) \Leftrightarrow H(\omega)$，则有

$$
V_\mathrm{o}(\omega) = V_\mathrm{i}(\omega) H(\omega)
\tag{3-49}
$$

如果线性系统是物理可实现的，则

$$v_o(t) = \int_{-\infty}^{t} v_i(\tau) \, h(t-\tau) \mathrm{d}\tau \qquad (3-50)$$

或者

$$v_o(t) = \int_0^{\infty} v_i(t-\tau) \, h(\tau) \mathrm{d}\tau \qquad (3-51)$$

如果把 $v_i(t)$ 看做输入随机过程的一个实现，通过线性系统后，必将获得一个系统响应 $v_o(t)$，则 $v_o(t)$ 可看做输出随机过程的一个实现。因此，只要输入有界且系统是物理可实现的，则输入随机过程 $\xi_i(t)$ 与输出随机过程 $\xi_o(t)$ 之间必然满足

$$\xi_o(t) = \int_0^{\infty} h(\tau)\xi_i(t-\tau)\mathrm{d}\tau \qquad (3-52)$$

假定输入 $\xi_i(t)$ 是平稳随机过程，下面分析通过线性系统后的输出随机过程 $\xi_o(t)$ 的统计特性。我们先确定输出随机过程的数学期望、自相关函数与功率谱密度，然后讨论输出过程的概率分布问题。

1. 输出过程 $\xi_o(t)$ 的数学期望 $E[\xi_o(t)]$

对式(3-52)两边取均值，有

$$E[\xi_o(t)] = E\left[\int_0^{\infty} h(\tau)\xi_i(t-\tau)\mathrm{d}\tau\right] = \int_0^{\infty} h(\tau)E[\xi_i(t-\tau)] \, \mathrm{d}\tau$$

根据平稳性假设，$E[\xi_i(t-\tau)] = E[\xi_i(t)] = a$ 为常数，因此，上式变换为

$$E[\xi_o(t)] = a\int_0^{\infty} h(\tau) \, \mathrm{d}\tau$$

又因为

$$H(\omega) = \int_0^{\infty} h(t)\mathrm{e}^{-\mathrm{j}\omega t} \mathrm{d}t$$

令 $\omega = 0$，可得

$$H(0) = \int_0^{\infty} h(t)\mathrm{d}t$$

因此，可得

$$E[\xi_o(t)] = a \cdot H(0) \qquad (3-53)$$

可见，输出过程的数学期望是输入过程的数学期望与直流传递函数 $H(0)$ 的乘积，而且与时间 t 无关。

2. 输出过程 $\xi_o(t)$ 的自相关函数 $R_o(t_1, t_1+\tau)$

根据自相关函数的定义，有

$$R_o(t_1, t_1+\tau) = E[\xi_o(t_1)\xi_o(t_1+\tau)]$$

$$= E\left[\int_0^{\infty} h(\alpha) \, \xi_i(t_1-\alpha)\mathrm{d}\alpha\int_0^{\infty} h(\beta) \, \xi_i(t_1+\tau-\beta)\mathrm{d}\beta\right]$$

$$= \int_0^{\infty}\int_0^{\infty} h(\alpha)h(\beta)E[\xi_i(t_1-\alpha)\xi_i(t_1+\tau-\beta)]\mathrm{d}\alpha \, \mathrm{d}\beta$$

根据平稳性假设，$E[\xi_i(t_1-\alpha)\xi_i(t_1+\tau-\beta)] = R_i(\tau+\alpha-\beta)$，则上式变换为

$$R_o(t_1, t_1+\tau) = \int_0^{\infty}\int_0^{\infty} h(\alpha)h(\beta)R_i(\tau+\alpha-\beta)\mathrm{d}\alpha \, \mathrm{d}\beta = R_o(\tau) \qquad (3-54)$$

可见，输出过程 $\xi_o(t)$ 的自相关函数只依赖于时间间隔 τ，而与时间起点 t_1 无关。由以上输出过程的数学期望和自相关函数的特性可知，输出过程满足宽平稳的条件。因此可以证明，如果线性系统的输入过程是平稳的，那么输出过程也是平稳的。

3. 输出过程 $\xi_o(t)$ 的功率谱密度 $P_{\xi_o}(\omega)$

根据随机过程的功率谱密度与其自相关函数之间的关系，即式(3-28)可得

$$P_{\xi_o}(\omega) = \int_{-\infty}^{\infty} R_o(\tau) e^{-j\omega\tau} d\tau$$

$$= \int_{-\infty}^{\infty} d\tau \int_{0}^{\infty} d\alpha \int_{0}^{\infty} \left[h(\alpha) h(\beta) R_i(\tau + \alpha - \beta) e^{-j\omega\tau} \right] d\beta$$

令 $\tau' = \tau + \alpha - \beta$，则上式变换为

$$P_{\xi_o}(\omega) = \int_{0}^{\infty} h(\alpha) e^{j\omega\alpha} d\alpha \int_{0}^{\infty} h(\beta) e^{-j\omega\beta} d\beta \int_{-\infty}^{\infty} R_i(\tau') e^{-j\omega\tau'} d\tau'$$

$$= H^*(\omega) H(\omega) P_{\xi_i}(\omega) = |H(\omega)|^2 P_{\xi_i}(\omega) \tag{3-55}$$

可见，输出过程功率谱密度是输入过程功率谱密度与系统功率传输函数 $|H(\omega)|^2$ 的乘积，这是非常有用的一个重要结论。

4. 输出过程 $\xi_o(t)$ 的分布

理论上，在已知输入过程的分布的情况下，通过式(3-52)总可以确定输出过程的分布。从积分原理来看，式(3-52)可以表示成一个和式的极限，即

$$\xi_o(t) = \lim_{\Delta\tau_k \to 0} \sum_{k=0}^{\infty} \xi_i(t - \tau_k) h(\tau_k) \Delta\tau_k \tag{3-56}$$

假设输入过程 $\xi_i(t)$ 是高斯随机过程，则在任一时刻的每一项 $\xi_i(t-\tau_k) h(\tau_k) \Delta\tau_k$ 都是一个高斯随机变量，所以，在任一时刻得到的输出随机变量，都是无限多个(独立的或不独立的)高斯随机变量之和，由概率论可知，这个"和"也是高斯随机变量。因此，输出过程在任一时刻上的输出随机变量服从正态分布，还可以证明，输出过程的 n 维联合分布也是正态的，所以输出过程也是正态的，即高斯型的。

这就证明，高斯过程经过线性系统后，输出过程仍是高斯过程，这一结论很有用。需要注意的是，由于线性系统的作用，与输入高斯过程相比，输出过程的数字特征改变了。

3.5　窄带随机过程

3.5.1　窄带随机过程的定义

随机过程通过以 f_c 为中心频率的窄带系统的输出过程，即是窄带随机过程。所谓窄带系统，是指其通带宽度 $\Delta f \ll f_c$，且 f_c 远离零频率的系统。实际中，大多数通信系统都是窄带型的，通过窄带系统的信号或噪声必是窄带的。在通信系统中，许多实际的信号或噪声都满足"窄带"特性，即频谱被限制在载波或某中心频率附近一个窄的频带上，而这个中心频率离零频率又相当远，如无线广播系统中的中频信号及噪声就是如此。如果这时的信号或噪声是一个随机过程，则称它们为窄带随机过程。下面我们来推导窄带信号的一般表示式。

根据上述窄带随机过程的定义,可以得到窄带信号的频谱如图 3-4(a)所示,信号的频带宽度为 Δf,中心频率为 f_c,而且 $\Delta f \ll f_c$。用示波器观察窄带随机过程的一个实现的波形如图 3-4(b)所示,它是一个频率近似为 f_c,包络和相位缓慢变化的正弦波。

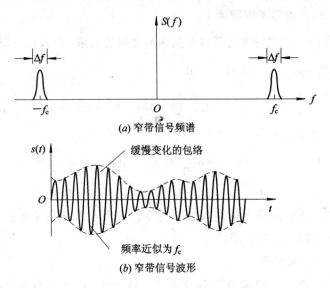

(a) 窄带信号频谱

(b) 窄带信号波形

图 3-4 窄带信号频谱与波形

因此窄带随机过程可用下式表示:

$$\xi(t) = a_\xi(t)\cos[\omega_c t + \varphi_\xi(t)], \qquad a_\xi(t) \geqslant 0 \tag{3-57}$$

式中:$a_\xi(t)$ 和 $\varphi_\xi(t)$ 分别是窄带随机过程 $\xi(t)$ 的随机包络和随机相位;ω_c 是正弦波的中心角频率。

将式(3-57)按三角函数和差化积展开,可得

$$\xi(t) = a_\xi(t)\cos\varphi_\xi(t)\cos\omega_c t - a_\xi(t)\sin\varphi_\xi(t)\sin\omega_c t$$

故窄带随机过程也可以用下式表示:

$$\xi(t) = \xi_c(t)\cos\omega_c t - \xi_s(t)\sin\omega_c t \tag{3-58}$$

其中

$$\xi_c(t) = a_\xi(t)\cos\varphi_\xi(t) \tag{3-59}$$

$$\xi_s(t) = a_\xi(t)\sin\varphi_\xi(t) \tag{3-60}$$

这里的 $\xi_c(t)$ 和 $\xi_s(t)$ 分别称为 $\xi(t)$ 的同相分量和正交分量。

显然,$a_\xi(t)$、$\varphi_\xi(t)$、$\xi_c(t)$、$\xi_s(t)$ 也都是随机过程,而且它们的变化要比载波 $\cos\omega_c t$ 的变化缓慢得多。由以上表述可以看出,$\xi(t)$ 的统计特性可由 $a_\xi(t)$、$\varphi_\xi(t)$ 或 $\xi_c(t)$、$\xi_s(t)$ 的统计特性确定,同样,$a_\xi(t)$、$\varphi_\xi(t)$ 或 $\xi_c(t)$、$\xi_s(t)$ 的统计特性也可由 $\xi(t)$ 的统计特性来确定。下面我们来确定零均值平稳高斯窄带随机过程 $\xi(t)$ 的随机包络和相位以及同相分量和正交分量的统计特性。

3.5.2 同相分量和正交分量的统计特性

假设窄带随机过程 $\xi(t)$ 是平稳高斯窄带随机过程,且均值为 0,方差为 σ_ξ^2。下面来分析 $\xi(t)$ 的同相分量 $\xi_c(t)$ 和正交分量 $\xi_s(t)$ 的统计特性。

1. 数学期望

对式(3-58)两边求均值，可得

$$E[\xi(t)] = E[\xi_c(t)]\cos\omega_c t - E[\xi_s(t)]\sin\omega_c t$$

由于已知 $\xi(t)$ 平稳且均值为 0，则对于任意时间 t，都有 $E[\xi(t)]=0$，因此，可得

$$\begin{cases} E[\xi_c(t)] = 0 \\ E[\xi_s(t)] = 0 \end{cases} \tag{3-61}$$

可见，零均值平稳高斯窄带随机过程的同相分量和正交分量的均值也为 0。

2. 自相关函数

由式(3-56)可得

$$\begin{aligned} R_\xi(t, t+\tau) &= E[\xi(t)\xi(t+\tau)] \\ &= E\{[\xi_c(t)\cos\omega_c t - \xi_s(t)\sin\omega_c t][\xi_c(t+\tau)\cos\omega_c(t+\tau) \\ &\quad - \xi_s(t+\tau)\sin\omega_c(t+\tau)]\} \\ &= R_{\xi_c}(t, t+\tau)\cos\omega_c t \cos\omega_c(t+\tau) - R_{\xi_s\xi_c}(t, t+\tau)\sin\omega_c t \cos\omega_c(t+\tau) \\ &\quad - R_{\xi_c\xi_s}(t, t+\tau)\cos\omega_c t \sin\omega_c(t+\tau) + R_{\xi_s}(t, t+\tau)\sin\omega_c t \sin\omega_c(t+\tau) \end{aligned} \tag{3-62}$$

式中

$$\begin{cases} R_{\xi_c}(t, t+\tau) = E[\xi_c(t)\xi_c(t+\tau)] \\ R_{\xi_s\xi_c}(t, t+\tau) = E[\xi_s(t)\xi_c(t+\tau)] \\ R_{\xi_c\xi_s}(t, t+\tau) = E[\xi_c(t)\xi_s(t+\tau)] \\ R_{\xi_s}(t, t+\tau) = E[\xi_s(t)\xi_s(t+\tau)] \end{cases}$$

因为 $\xi(t)$ 是平稳的，所以

$$R_\xi(t, t+\tau) = R_\xi(\tau)$$

这就要求式(3-62)的右边也应该与时间 t 无关，而仅与时间间隔 τ 有关。

如果取 $t=0$，则 $\sin\omega_c t=0$，$\cos\omega_c t=1$，式(3-62)变换为

$$R_\xi(t, t+\tau) = R_{\xi_c}(t, t+\tau)\cos\omega_c\tau - R_{\xi_c\xi_s}(t, t+\tau)\sin\omega_c\tau \tag{3-63}$$

这时，显然要求

$$\begin{cases} R_{\xi_c}(t, t+\tau) = R_{\xi_c}(\tau) \\ R_{\xi_c\xi_s}(t, t+\tau) = R_{\xi_c\xi_s}(\tau) \end{cases} \tag{3-64}$$

此时，式(3-63)变换为

$$R_\xi(t, t+\tau) = R_{\xi_c}(\tau)\cos\omega_c\tau - R_{\xi_c\xi_s}(\tau)\sin\omega_c\tau \tag{3-65}$$

同理，如果取 $\omega_c t=\pi/2$，则 $\sin\omega_c t=1$，$\cos\omega_c t=0$，式(3-62)变换为

$$R_\xi(t, t+\tau) = R_{\xi_s}(t, t+\tau)\cos\omega_c\tau + R_{\xi_s\xi_c}(t, t+\tau)\sin\omega_c\tau \tag{3-66}$$

这时，要求

$$\begin{cases} R_{\xi_s}(t, t+\tau) = R_{\xi_s}(\tau) \\ R_{\xi_s\xi_c}(t, t+\tau) = R_{\xi_s\xi_c}(\tau) \end{cases} \tag{3-67}$$

此时，式(3-66)变换为

$$R_\xi(t, t+\tau) = R_{\xi_c}(\tau)\cos\omega_c\tau + R_{\xi_s\xi_c}(\tau)\sin\omega_c\tau \tag{3-68}$$

可见，零均值平稳高斯窄带随机过程的同相分量和正交分量的相关函数仅与时间间隔 τ 有关。

由以上数学期望和自相关函数的分析可知，如果窄带随机过程 $\xi(t)$ 是平稳的，则其同相分量 $\xi_c(t)$ 和正交分量 $\xi_s(t)$ 也必将是平稳的。

另外，我们从式(3-65)和式(3-68)可以看到，要使两式同时成立，则应有

$$\begin{cases} R_{\xi_c}(\tau) = R_{\xi_s}(\tau) \\ R_{\xi_c\xi_s}(\tau) = -R_{\xi_s\xi_c}(\tau) \end{cases} \tag{3-69}$$

但是，根据互相关函数的性质，应有

$$R_{\xi_s\xi_c}(\tau) = R_{\xi_c\xi_s}(-\tau) \tag{3-70}$$

综合式(3-69)和式(3-70)可得

$$R_{\xi_c\xi_s}(-\tau) = -R_{\xi_c\xi_s}(\tau) \tag{3-71}$$

同理，可得

$$R_{\xi_s\xi_c}(-\tau) = -R_{\xi_s\xi_c}(\tau) \tag{3-72}$$

由此可见，同相分量 $\xi_c(t)$ 和正交分量 $\xi_s(t)$ 具有相同的自相关函数 $R_{\xi_c}(\tau) = R_{\xi_s}(\tau)$，其互相关函数 $R_{\xi_s\xi_c}(\tau)$ 和 $R_{\xi_c\xi_s}(\tau)$ 都是 τ 的奇函数。因此，可得

$$R_{\xi_s\xi_c}(0) = R_{\xi_c\xi_s}(0) = 0 \tag{3-73}$$

将式(3-73)分别代入式(3-65)和式(3-68)，可得

$$R_\xi(0) = R_{\xi_c}(0) = R_{\xi_s}(0) \tag{3-74}$$

即 $\xi(t)$、$\xi_c(t)$、$\xi_s(t)$ 具有相同的平均功率，又因它们的均值都为 0，故可知它们的方差也都相同，即

$$\sigma_\xi^2 = \sigma_{\xi_c}^2 = \sigma_{\xi_s}^2 \tag{3-75}$$

另外，因为 $\xi(t)$ 是平稳高斯随机过程，所以 $\xi(t)$ 在任意时刻的取值都是服从正态分布的高斯随机变量，因此，由式(3-56)可得

$$\begin{cases} \xi(t_1) = \xi_c(t_1), & t = t_1 = 0 \\ \xi(t_2) = -\xi_s(t_2), & t = t_2 = \dfrac{\pi}{2\omega_c} \end{cases}$$

所以 $\xi_c(t_1)$、$\xi_s(t_2)$ 也是高斯随机变量，又因 $\xi_c(t)$、$\xi_s(t)$ 都是平稳的，故 $\xi_c(t)$、$\xi_s(t)$ 也是高斯随机过程。而且根据式(3-73)可知，$\xi_c(t)$ 和 $\xi_s(t)$ 在同一时刻的取值是互不相关的随机变量，即它们是统计独立的。

综上所述，可以得到一个重要结论：一个零均值的平稳窄带高斯随机过程 $\xi(t)$，它的同相分量 $\xi_c(t)$ 和正交分量 $\xi_s(t)$ 也是平稳高斯随机过程，而且均值都为 0，方差也相同。此外，在同一时刻上得到的 ξ_c 和 ξ_s 是互不相关的或统计独立的随机变量。

3.5.3 随机包络和相位的统计特性

下面来分析随机包络 $a_\xi(t)$ 和随机相位 $\varphi_\xi(t)$ 的有关统计特性，即一维分布函数。

由上节关于 $\xi_c(t)$ 和 $\xi_s(t)$ 的统计特性的分析可知，ξ_c 和 ξ_s 的联合概率密度函数为

$$f(\xi_c, \xi_s) = f(\xi_c)f(\xi_s) = \frac{1}{2\pi\sigma_\xi^2}\exp\left(-\frac{\xi_c^2 + \xi_s^2}{2\sigma_\xi^2}\right) \tag{3-76}$$

如果 a_ξ 和 φ_ξ 的联合概率密度函数为 $f(a_\xi, \varphi_\xi)$，则根据概率论知识，有

$$f(a_\xi, \varphi_\xi) = f(\xi_c, \xi_s)\left|\frac{\partial(\xi_c, \xi_s)}{\partial(a_\xi, \varphi_\xi)}\right|$$

根据式(3-59)和式(3-60)随机变量之间的关系，可得

$$\begin{cases} \xi_c = a_\xi\cos\varphi_\xi \\ \xi_s = a_\xi\sin\varphi_\xi \end{cases}$$

于是，可得

$$\left|\frac{\partial(\xi_c, \xi_s)}{\partial(a_\xi, \varphi_\xi)}\right| = \begin{vmatrix} \dfrac{\partial\xi_c}{\partial a_\xi} & \dfrac{\partial\xi_s}{\partial a_\xi} \\ \dfrac{\partial\xi_c}{\partial\varphi_\xi} & \dfrac{\partial\xi_s}{\partial\varphi_\xi} \end{vmatrix} = \begin{vmatrix} \cos\varphi_\xi & \sin\varphi_\xi \\ -a_\xi\sin\varphi_\xi & a_\xi\cos\varphi_\xi \end{vmatrix} = a_\xi$$

因此，可得

$$\begin{aligned} f(a_\xi, \varphi_\xi) &= a_\xi f(\xi_c, \xi_s) \\ &= \frac{a_\xi}{2\pi\sigma_\xi^2}\exp\left[-\frac{(a_\xi\cos\varphi_\xi)^2 + (a_\xi\sin\varphi_\xi)^2}{2\sigma_\xi^2}\right] \\ &= \frac{a_\xi}{2\pi\sigma_\xi^2}\exp\left(-\frac{a_\xi^2}{2\sigma_\xi^2}\right) \end{aligned} \tag{3-77}$$

这里，$a_\xi \geqslant 0$，φ_ξ 在 $(0, 2\pi)$ 内取值。

根据概率论中边际分布知识，可求得包络 a_ξ 的一维概率密度函数为

$$\begin{aligned} f(a_\xi) &= \int_{-\infty}^{\infty} f(a_\xi, \varphi_\xi)\mathrm{d}\varphi_\xi \\ &= \int_{0}^{2\pi} \frac{a_\xi}{2\pi\sigma_\xi^2}\exp\left(-\frac{a_\xi^2}{2\sigma_\xi^2}\right)\mathrm{d}\varphi_\xi \\ &= \frac{a_\xi}{\sigma_\xi^2}\exp\left(-\frac{a_\xi^2}{2\sigma_\xi^2}\right), \qquad a_\xi \geqslant 0 \end{aligned} \tag{3-78}$$

可见，包络 a_ξ 服从瑞利分布。

同理，可求得相位 φ_ξ 的一维概率密度函数为

$$\begin{aligned} f(\varphi_\xi) &= \int_{0}^{\infty} f(a_\xi, \varphi_\xi)\mathrm{d}a_\xi \\ &= \frac{1}{2\pi}\left[\int_{0}^{\infty} \frac{a_\xi}{\sigma_\xi^2}\exp\left(-\frac{a_\xi^2}{2\sigma_\xi^2}\right)\mathrm{d}a_\xi\right] \\ &= \frac{1}{2\pi}, \qquad 0 \leqslant \varphi_\xi \leqslant 2\pi \end{aligned} \tag{3-79}$$

上式利用了瑞利分布的性质，方括号内的积分值为 1。可见，相位 φ_ξ 服从均匀分布。由式(3-77)、式(3-78)和式(3-79)还可得

$$f(a_\xi, \varphi_\xi) = f(a_\xi)f(\varphi_\xi) \tag{3-80}$$

即 a_ξ 和 φ_ξ 是统计独立的。

综上所述，又得到另一个重要结论：一个零均值，方差为 σ_ξ^2 的平稳窄带高斯随机过程

$\xi(t)$，它的包络 $a_\xi(t)$ 的一维分布是瑞利分布，相位 $\varphi_\xi(t)$ 的一维分布是均匀分布，而且就一维分布而言，a_ξ 和 φ_ξ 是统计独立的。

3.6　正弦波加窄带高斯过程

信号经过信道传输后总会受到噪声的干扰，为了减少噪声的影响，在接收端通常设置一个带通滤波器，滤除信号频带以外的噪声，因此带通滤波器的输出是信号与窄带噪声的合成波。最常见的是正弦波加窄带高斯噪声的合成波，这是通信系统中经常遇到的一种情况，因此有必要了解合成波的包络和相位的统计特性。下面我们来求正弦波加窄带高斯噪声的包络和相位的概率密度函数。

正弦信号加窄带高斯噪声的合成信号可以表示为

$$
\begin{aligned}
r(t) &= A\cos(\omega_c t + \theta) + n(t) \\
&= A\cos(\omega_c t + \theta) + n_c(t)\cos\omega_c t - n_s(t)\sin\omega_c t \\
&= A\cos\omega_c t\,\cos\theta - A\sin\omega_c t\,\sin\theta + n_c(t)\cos\omega_c t - n_s(t)\sin\omega_c t \\
&= [A\cos\theta + n_c(t)]\cos\omega_c t - [A\sin\theta + n_s(t)]\sin\omega_c t
\end{aligned}
\tag{3-81}
$$

式中：$A\cos(\omega_c t + \theta)$ 为正弦信号；振幅 A 和频率 ω_c 为常数，相位 θ 在 $(0, 2\pi)$ 上均匀分布；$n(t) = n_c(t)\cos\omega_c t - n_s(t)\sin\omega_c t$ 为窄带高斯噪声，其均值为 0，方差为 σ_n^2。

令 $z_c(t) = A\cos\theta + n_c(t)$，$z_s(t) = A\sin\theta + n_s(t)$，则式（3-81）变换为

$$
\begin{aligned}
r(t) &= z_c(t)\cos\omega_c t - z_s(t)\sin\omega_c t \\
&= z(t)\cos[\omega_c t + \varphi(t)]
\end{aligned}
\tag{3-82}
$$

式中

$$
\begin{cases}
z(t) = \sqrt{z_c^2(t) + z_s^2(t)}, & z(t) \geqslant 0 \\[2mm]
\varphi(t) = \arctan\dfrac{z_s(t)}{z_c(t)}, & 0 \leqslant \varphi(t) \leqslant 2\pi
\end{cases}
\tag{3-83}
$$

$z(t)$ 和 $\varphi(t)$ 分别为合成信号 $r(t)$ 的随机包络和相位。

根据 3.5 节的结果，如果 θ 值已给定，则 z_c 和 z_s 是相互独立的高斯随机变量，而且

$$
\begin{cases}
E[z_c(t)] = A\cos\theta \\[1mm]
E[z_s(t)] = A\sin\theta \\[1mm]
\sigma_c^2 = \sigma_s^2 = \sigma_n^2
\end{cases}
\tag{3-84}
$$

式中：σ_c^2、σ_s^2、σ_n^2 分别为 $z_c(t)$、$z_s(t)$ 和 $n(t)$ 的方差。因此，以给定相位 θ 为条件的 z_c 与 z_s 的联合概率密度函数为

$$
f(z_c, z_s/\theta) = \frac{1}{2\pi\sigma_n^2}\exp\left[-\frac{(z_c - A\cos\theta)^2 + (z_s - A\sin\theta)^2}{2\sigma_n^2}\right]
\tag{3-85}
$$

根据式（3-82）可得合成信号 $r(t)$ 的包络随机变量 z 和相位随机变量 φ 分别为

$$
\begin{cases}
z = \sqrt{z_c^2 + z_s^2}, & z \geqslant 0 \\[2mm]
\varphi = \arctan\dfrac{z_s}{z_c}, & 0 \leqslant \varphi \leqslant 2\pi
\end{cases}
\tag{3-86}
$$

于是

$$\begin{cases} z_c = z \cos\varphi \\ z_s = z \sin\varphi \end{cases} \tag{3-87}$$

利用与 3.5 节相似的方法,根据式(3-86)可以求得以给定相位 θ 为条件的 z 与 φ 的联合概率密度函数为

$$\begin{aligned} f(z, \varphi/\theta) &= f(z_c, z_s/\theta)\left|\frac{\partial(z_c, z_s)}{\partial(z, \varphi)}\right| = f(z_c, z_s/\theta)\begin{vmatrix} \dfrac{\partial z_c}{\partial z} & \dfrac{\partial z_s}{\partial z} \\ \dfrac{\partial z_c}{\partial \varphi} & \dfrac{\partial z_s}{\partial \varphi} \end{vmatrix} \\ &= z f(z_c, z_s/\theta) \\ &= \frac{z}{2\pi\sigma_n^2}\exp\left[-\frac{(z_c - A\cos\theta)^2 + (z_s - A\sin\theta)^2}{2\sigma_n^2}\right] \end{aligned} \tag{3-88}$$

根据式(3-87),式(3-88)变换为

$$\begin{aligned} f(z, \varphi/\theta) &= \frac{z}{2\pi\sigma_n^2}\exp\left[-\frac{z^2 + A^2 - 2A(z_c\cos\theta + z_s\sin\theta)}{2\sigma_n^2}\right] \\ &= \frac{z}{2\pi\sigma_n^2}\exp\left[-\frac{z^2 + A^2 - 2A(z\cos\varphi\cos\theta + z\sin\varphi\sin\theta)}{2\sigma_n^2}\right] \\ &= \frac{z}{2\pi\sigma_n^2}\exp\left[-\frac{z^2 + A^2 - 2Az\cos(\theta - \varphi)}{2\sigma_n^2}\right] \end{aligned} \tag{3-89}$$

根据条件边际分布知识,可求得以相位 θ 为条件的包络 z 的概率密度函数为

$$\begin{aligned} f(z/\theta) &= \int_0^{2\pi} f(z, \varphi/\theta)\,\mathrm{d}\varphi \\ &= \frac{z}{2\pi\sigma_n^2}\exp\left(-\frac{z^2 + A^2}{2\sigma_n^2}\right)\int_0^{2\pi}\exp\left[\frac{Az\cos(\theta - \varphi)}{\sigma_n^2}\right]\mathrm{d}\varphi \end{aligned}$$

根据零阶修正贝塞尔函数的定义:

$$I_0(x) = \frac{1}{2\pi}\int_0^{2\pi}\exp(x\cos\theta)\,\mathrm{d}\theta$$

于是

$$I_0\left(\frac{Az}{\sigma_n^2}\right) = \frac{1}{2\pi}\int_0^{2\pi}\exp\left[\frac{Az}{\sigma_n^2}\cos(\theta - \varphi)\right]\mathrm{d}\varphi$$

因此,可得

$$f(z/\theta) = \frac{z}{\sigma_n^2}\exp\left(-\frac{z^2 + A^2}{2\sigma_n^2}\right)I_0\left(\frac{Az}{\sigma_n^2}\right) \tag{3-90}$$

由上式可见,$f(z/\theta)$ 与 θ 无关,因此正弦波加窄带高斯过程的包络概率密度函数为

$$f(z) = \frac{z}{\sigma_n^2}\exp\left(-\frac{z^2 + A^2}{2\sigma_n^2}\right)I_0\left(\frac{Az}{\sigma_n^2}\right), \qquad z \geqslant 0 \tag{3-91}$$

称包络 z 服从广义瑞利分布,也称莱斯(Rice)分布。当信噪比很小,即 $A \to 0$ 时,此时合成波中只有窄带高斯噪声,根据 3.5 节的知识可知,此时包络 z 服从瑞利分布。

关于正弦波加窄带高斯噪声的合成波的相位分布 $f(\varphi/\theta)$ 比较复杂,这里就不再演算了。可以推想小信噪比,即 $A \to 0$ 时,合成波中只有窄带高斯噪声,根据 3.5 节的知识可知,此时相位 φ 服从均匀分布。

图 3-5 给出了不同信噪比 $r = A^2/(2\sigma_n^2)$(信号平均功率和窄带高斯噪声平均功率之比)

时正弦波加窄带高斯噪声的 $f(z)$ 和 $f(\varphi/\theta)$ 曲线。$f(\varphi/\theta)$ 是在给出 θ 条件下画出的曲线，并不直接是 $f(\varphi)$ 的分布，但从 $f(\varphi/\theta)$ 可以看到合成波 $r(t)$ 的相位变化的大致规律。

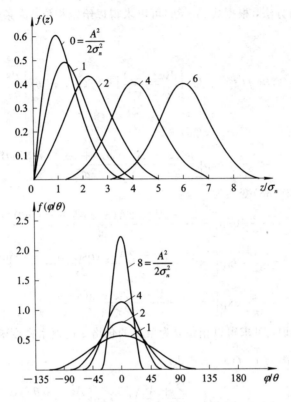

图 3-5　正弦波加窄带高斯噪声的包络和相位分布

3.7　高斯白噪声和带限白噪声

3.7.1　白噪声

在通信系统中，经常存在这样一类噪声，它的功率谱密度在整个频率范围内均匀分布，即

$$P_{\xi}(\omega) = \frac{n_0}{2} \tag{3-92}$$

式中：n_0 是一常数，单位是瓦/赫兹（W/Hz）。这种噪声称为白噪声，它是一个理想的宽带随机过程。显然，白噪声的自相关函数可以通过对功率谱密度求反傅里叶变换获得。由常用信号的傅里叶变换可知

$$\delta(t) \Leftrightarrow 1$$

根据傅里叶变换的线性性质有

$$\frac{n_0}{2}\delta(t) \Leftrightarrow \frac{n_0}{2}$$

因此，可得白噪声的自相关函数为

$$R(\tau) = \frac{n_0}{2}\delta(\tau) \tag{3-93}$$

白噪声的功率谱密度与自相关函数如图 3-6 所示。可以看出，白噪声的自相关函数是一个位于 $\tau=0$ 处的冲激，强度为 $n_0/2$。因此，白噪声只有在 $\tau=0$ 时才相关，任意两个不同时刻的随机变量都是不相关的。

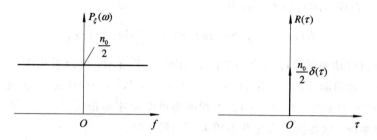

图 3-6 白噪声的功率谱密度与自相关函数

实际上完全理想的白噪声是不存在的。通常，只要噪声功率谱密度均匀分布的频率范围远远超过通信系统工作的频率范围，就可以近似认为是白噪声。例如，热噪声的频率可以高达 10^{13} Hz，而且功率谱密度在 $0\sim10^{13}$ Hz 内基本均匀分布，因此，可以将它视为白噪声。

3.7.2 高斯白噪声

如果白噪声又是高斯分布的，就称为高斯白噪声。也就是说，高斯白噪声同时涉及噪声的两个不同方面，即其概率密度函数满足正态分布统计特性，同时它的功率谱密度满足均匀分布。

在通信系统的理论分析中，特别是在分析、计算通信系统抗噪声性能时，通常将系统中的信道噪声视为高斯白噪声，因为高斯白噪声确实反映了实际信道中的加性噪声的情况，比较真实地代表了信道噪声的特性，而且高斯白噪声可用具体的数学表达式表述，便于分析和计算。只要知道了高斯白噪声的均值 a 和方差 σ^2，便可确定其一维概率密度函数，知道功率谱密度值 $n_0/2$，便可确定其功率谱密度函数和自相关函数。

3.7.3 带限白噪声

如果白噪声被限制在 $(-f_m, f_m)$ 之内，即在该频率范围内，功率谱密度为一常数，而在该频率范围以外，功率谱密度为 0，则这样的噪声称为带限白噪声。带限白噪声的功率谱密度函数可以表示为

$$P_\xi(\omega) = \begin{cases} \dfrac{n_0}{2}, & |f| \leqslant f_m \\[2mm] 0, & |f| > f_m \end{cases} \tag{3-94}$$

上式也可以用门函数形式来表述，即

$$P_\xi(\omega) = \frac{n_0}{2}G_{2\omega_m}(\omega) \tag{3-95}$$

式中：$\omega_m = 2\pi f_m$。由常用信号的傅里叶变换可知

$$g_\tau(t) \Leftrightarrow \tau \mathrm{Sa}\left(\frac{\omega\tau}{2}\right)$$

根据傅里叶变换的对称性和线性性质，可得

$$n_0 f_m \mathrm{Sa}(2\pi f_m t) \Leftrightarrow \frac{n_0}{2} G_{2\omega_m}(\omega)$$

因此，可得带限白噪声的自相关函数为

$$R(\tau) = n_0 f_m \mathrm{Sa}(2\pi f_m \tau) = \frac{n_0}{2\pi\tau}\sin(2\pi f_m \tau) \tag{3-96}$$

带限白噪声的功率谱密度与自相关函数如图 3-7 所示。可以看出带限白噪声的自相关函数是抽样函数的形式，只有在 $\tau = n/(2f_m)(n=1,2,3,\cdots)$ 时为 0。因此，带限白噪声只有在 $\tau = n/(2f_m)(n=1,2,3,\cdots)$ 上得到的随机变量才不相关。显然，如果对带限白噪声按抽样定理抽样，则各抽样值是互不相关的随机变量。

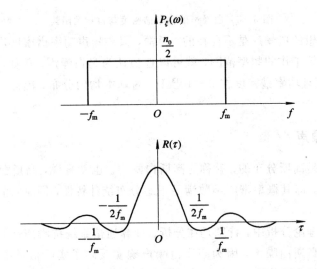

图 3-7 带限白噪声的功率谱密度与自相关函数

思 考 题

1. 什么是随机过程？它有什么特点？

2. 什么是随机过程的数学期望和方差？它们分别描述了随机过程的什么性质？

3. 什么是随机过程的协方差函数和自相关函数？它们之间有什么关系？它们反映了随机过程的什么性质？

4. 什么是宽平稳随机过程？什么是严平稳随机过程？它们之间有什么关系？

5. 平稳随机过程的自相关函数具有哪些性质？平稳随机过程的自相关函数和功率谱密度之间是什么关系？

6. 什么是各态历经性？对于一个各态历经性的平稳随机噪声电压来说，它的数学期望和方差分别代表什么？它的自相关函数在 $\tau=0$ 时的值 $R(0)$ 代表什么？

7. 什么是高斯型白噪声？它的概率密度函数和功率谱密度函数如何表示？

8. 若某高斯型白噪声的数学期望为 1，方差也为 1，试写出它的二维概率密度函数。

9. 什么是窄带高斯噪声？它的波形和频谱有什么特点？它的包络和相位各服从什么概率分布？

10. 窄带高斯噪声的同相分量和正交分量各具有什么样的统计特性？

11. 正弦波加窄带高斯噪声的合成波的包络服从什么概率分布？

12. 平稳随机过程通过线性系统时，输出随机过程和输入随机过程的数学期望及功率谱密度之间有什么关系？

练 习 题

1. 设随机过程 $\xi(t)=2\cos(2\pi t+\theta)$，$\theta$ 是一个离散随机变量，且 $P(\theta=0)=1/2$，$P(\theta=\pi/2)=1/2$，试求 $E[\xi(1)]$ 及 $R_\xi(0,1)$。

2. 已知 $X(t)$ 和 $Y(t)$ 是统计独立的平稳随机过程，它们的自相关函数分别为 $R_x(\tau)$ 和 $R_y(\tau)$，试求乘积 $Z(t)=X(t)Y(t)$ 的自相关函数。

3. 已知噪声 $n(t)$ 的自相关函数 $R_n(\tau)=\dfrac{a}{2}e^{-a|\tau|}$，$a$ 为常数。

(1) 求噪声功率谱密度 $P_n(\omega)$ 和噪声平均功率 S。

(2) 绘出 $R_n(\tau)$ 和 $P_n(\omega)$ 的波形。

4. 已知带限白噪声的功率谱密度 $P_n(\omega)$ 如题图 3-1 所示，试求自相关函数 $R_n(\tau)$。

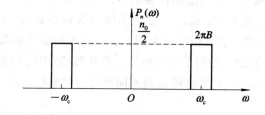

题图 3-1

5. 设 RC 低通滤波器如题图 3-2 所示，求当输入均值为 0，功率谱密度为 $n_0/2$ 的白噪声时，输出过程的功率谱密度和自相关函数。

6. 若通过题图 3-2 所示低通滤波器的随机过程是均值为 0，功率谱密度为 $n_0/2$ 的高斯白噪声，试求输出过程的一维概率密度函数。

7. 若 $\xi(t)$ 是平稳随机过程，自相关函数为 $R_\xi(\tau)$，试求它通过题图 3-3 所示系统后的输出过程的自相关函数及功率谱密度。

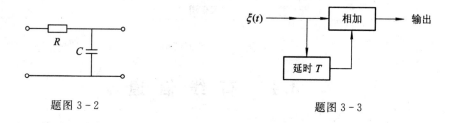

题图 3-2   题图 3-3

第4章 信　道

· 教学目标：

　❖ 理解信道的概念和分类，熟悉有线信道和无线信道的结构、特点和应用环境；

　❖ 掌握调制信道模型和编码信道模型；

　❖ 理解恒参信道和随参信道的特性，并了解其对传输信号的影响；

　❖ 熟悉噪声的分类，并了解噪声对信号的影响；

　❖ 掌握离散信道和连续信道容量的计算方法，即掌握奈奎斯特准则和香农定理的运用，并理解其意义。

❖❖❖

　　信道是指发送设备和接收设备之间传输信号的传输介质。它有狭义和广义之分，狭义信道仅指通信系统中的传输介质；而广义信道不仅包含传输介质，还包含一些其他设备，比如调制和解调器、滤波器、中继功率放大器、信道编码和解码器等。狭义信道按传输介质的性质可分为有线信道（如双绞线、同轴电缆、光纤等）和无线信道（如无线电波、激光、红外线、微波等）；广义信道按其所含的电路不同可分为调制信道和编码信道。信道模型如图4-1所示。

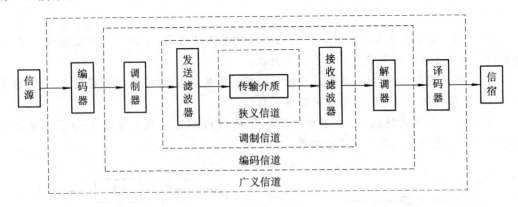

图 4-1　信道模型

4.1　有　线　信　道

　　在许多通信的应用场合需要有线连接，这时就必须使用有线介质来构成信道。用有线介质构成的信道就是有线信道，有线信道（Wired Channel）是指可以看得见、摸得着的传输介质，如双绞线、同轴电缆、光纤和架空明线等。架空明线是指在电线杆上架设的互相平行而绝缘的裸线（结构类似于供电线），是一种最早大量使用的通信介质，虽然安装简单，传输损耗较低，但是通信质量很差，受到气候环境等的影响比较大，并且对外界噪声干扰比较敏感，现在已经基本被淘汰了。这里我们主要讨论目前广泛使用的三种有线传输介质，即双绞线、同轴电缆和光纤。

4.1.1　双绞线

双绞线（Twisted Pair，TP）是由两根互相绝缘的铜导线以均匀的扭矩对称地扭绞在一起而形成的，如图 4 - 2 所示。绝缘材料使两根线中的金属导体不会因为互碰而导致电路短路，扭绞的目的是使两根铜线之间的干扰减少，单位长度上扭绞的次数越多干扰越小。双绞线电缆是由多对双绞线外加一个保护套构成，通过相邻线对间变换的扭矩，可使同一电缆内各线对间的干扰最小，如图 4 - 3 所示。另外，每根线都由色标来标记。

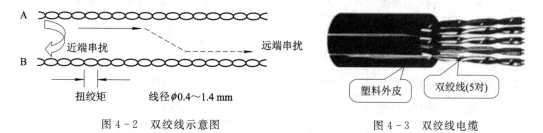

图 4 - 2　双绞线示意图　　　　　图 4 - 3　双绞线电缆

双绞线主要用于模拟语音信号和数字信号的传输，由于在传输期间信号的衰减比较大，并且会产生波形畸变，故更适合于较短距离的信息传输。虽然双绞线与其他的有线传输介质（如同轴电缆和光纤）相比，在传输距离、信道宽度和数据传输速度等方面均无优势，但价格便宜，且易于安装，因此，长期以来，双绞线一直被广泛用于电话通信及局域网中，是综合布线工程中最常用的一种传输介质。

1. 双绞线的特征参数

区分或评价各种类型双绞线的特征参数主要包括导线直径、含铜量、导线单位长度绕数、屏蔽措施等，这些因素的综合作用决定了双绞线的传输速率和传输距离。

（1）导线直径：即铜导线的直径，一般直径越大，传输能力越强，但导线价格也越高。

（2）含铜量：即导线中含铜的比例，直观的表现就是导线的柔软程度，越柔软的导线含铜量越高，传输能力也越强。

（3）导线单位长度扭绞数：表示导线螺旋缠绕的紧密程度，单位长度内的绕数越多，抗干扰能力就越强。

（4）屏蔽措施：屏蔽措施越好，抗干扰能力越强。

常采用的屏蔽措施是在导线和绝缘外层之间加一层由金属封装的屏蔽层。根据双绞线是否加屏蔽层，双绞线可以分为非屏蔽双绞线（Unshielded Twisted Pair，UTP）和屏蔽双绞线（Shielded Twisted Pair，STP）两类。非屏蔽双绞线在导线和绝缘外层之间没有屏蔽层。屏蔽双绞线电缆的外层由铝箔包裹，以减少辐射，但不能完全消除辐射。理论上，屏蔽双绞线的传输性能更好，但是在实际使用中，屏蔽双绞线对于施工要求较高，如果屏蔽层接地不好，其性能反倒不如非屏蔽双绞线好，而且屏蔽双绞线的价格较高，因此，在实际应用中非屏蔽双绞线应用得更广泛。

2. 双绞线的分类

双绞线一般按照其电气特性进行分类,根据美国电子工业协会的远程通信工业分会(EIA/TIA)颁布的"商用建筑物电信布线标准",目前非屏蔽双绞线分为 7 类,如表 4-1 所示。

表 4-1　UTP 的种类和传输特性

型号	结构	带宽(Mb/s)	适用范围
1 类	两对双绞线	0.02	电话语音通信
2 类	四对双绞线	4	旧的令牌网
3 类	四对双绞线	10	10Base-T
4 类	四对双绞线	16	10Base-T 和基于令牌的局域网
5 类	四对双绞线	100	百兆以太网
超 5 类	四对双绞线	155	百兆以太网
6 类	四对双绞线	1000	吉比特以太网
超 6 类	四对双绞线	1000	吉比特以太网
7 类	四对双绞线	10 000	十吉比特以太网

在实际使用中,最常用的 UTP 是 1 类线和 5 类线。3 类线常用于低速局域网,5 类线与 3 类线的结构相似,但是 5 类线线对间的绞合度和线对内两根导线的绞合度都经过了精心的设计,并在生产中加以严格的控制,绞合密度更大,绝缘性能更好,抗干扰性更强,传输距离更远,适合高速网络通信。

3. 双绞线的优缺点

双绞线的优点是成本低,易于安装,这使得双绞线得到了广泛的应用,应用广泛也是双绞线的一个优点,它对于接入网的建设产生了巨大的影响,因为短时间内全部替换这些双绞线几乎是不可能的。

当然双绞线还具有很多缺点,比如带宽有限、信号传输距离短、抗干扰能力不强等。带宽有限是由构成双绞线的材料和双绞线本身的结构特点所决定的。双绞线的传输距离只能达到 1 km 左右,这使得布线在很多应用场合受到限制,而且传输性能会随着传输距离的增大而下降。双绞线对于外部干扰很敏感,特别是外来的电磁干扰,除此之外,湿气、腐蚀以及相邻的其他电缆等环境因素也都会对双绞线产生干扰,布线的时候须作相应处理。比如双绞线一般不应与电源线平行布置,以免引入干扰;对于需要埋入建筑物的双绞线,应套在其他防腐、防潮的管材中,以消除湿气的影响。

4.1.2　同轴电缆

同轴电缆(Coaxial Cable)也是一种常见的传输介质,家庭中使用的有线电视通常都是用同轴电缆连接的。

1. 同轴电缆的结构

同轴电缆以铜质或铝质导线作为芯线，一般是单股实心线或者多股绞合线，其上包裹绝缘材料和网状编制的外导体屏蔽层或者金属箔屏蔽层，最外层是保护性塑料外套。剥开的同轴电缆如图4-4所示。实际使用中，有时也将几根同轴电缆封装在一个大的塑料保护套内构成多芯同轴电缆。同轴电缆的外导体屏蔽层可防止中心导线向外辐射电磁场，也可用来防止外界电磁场干扰中心导线的信号，因此同轴电缆具有很好的抗干扰特性，并且因趋肤效应所引起的功率损失也大大减小。与双绞线相比，同轴电缆具有更宽的带宽、更快的传输速率和更低的误码率。但同轴电缆的中继距离也较短，仅为 2 km 左右，而且安装复杂，成本较高。

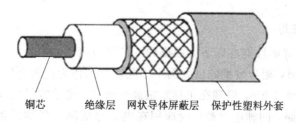

铜芯　　绝缘层　网状导体屏蔽层　保护性塑料外套

图 4-4　同轴电缆的结构

2. 同轴电缆的分类

同轴电缆按特性阻抗数值的不同可以分为两种：一种是 50 Ω 的基带同轴电缆，用于传输数字信号；另一种是 75 Ω 的宽带同轴电缆，主要用于传输模拟信号，也可传输数字信号。同轴电缆的常见规格如表 4-2 所示。

表 4-2　同轴电缆的常用规格

规格	类型	阻抗/Ω	描　　　述
RG-58U	细缆	50	固体实心铜导线
RG-58A/U	细缆	50	绞合线
RC-58C/U	细缆	50	RG-58A/U 的军用版本
RG-59	CATV	75	宽带同轴电缆，用于有线电视中
RC-8	粗缆	50	固体实心线，直径约为 1.02 cm(0.4 inch)
RC-11	粗缆	50	标准实心线，直径约为 1.02 cm(0.4 inch)

1）基带同轴电缆

基带同轴电缆以基带传输方式进行数字信号传输，所以把这种电缆称为基带同轴电缆。所谓基带传输方式是指按数字信号编码方式直接把数字信号送到传输介质上进行传输，不需要任何调制，是局域网中广泛使用的一种信号传输技术。

基带同轴电缆一般使用细同轴电缆。细同轴电缆的直径为 0.26 cm，最大传输距离为185 m，以 10 Mb/s 的速率进行传输。由于基带数字信号在传输过程中容易发生畸变和衰减，所以可靠性较差，但价格较低。

2）宽带同轴电缆

宽带同轴电缆以宽带传输方式进行信号传输。所谓宽带数据信号传输是指可以利用频分多路复用技术（指一条电缆同时传输不同频率的多路模拟信号）在宽带介质上进行多路数据信号的传输。由于在这种电缆上传输的信号采用了频分多路复用的宽带信号，所以 75Ω 同轴电缆又称为宽带同轴电缆。它能传输数字信号，也能传输诸如话音、视频等模拟信号，是综合服务宽带网的一种理想介质。

宽带同轴电缆一般采用粗同轴电缆。粗同轴电缆的直径为 1.27 cm，最大传输距离为 500 m，带宽可达 300 MHz～450 MHz，抗干扰性能较好，可靠性也比细同轴电缆好，但价格稍高。因此，粗缆的主要用途是扮演网络主干的角色，用来连接数个由细缆所构成的网络。

3. 同轴电缆的应用

同轴电缆以其良好的性能在以下方面得到了广泛应用。

（1）局域网。目前，相当数量的以太网采用同轴电缆作为传输介质，当用于 10 M 以太网时，传输距离可达到 1 km，但现在正逐步被高性价比、安装方便的双绞线所取代。

（2）局间中继线路。同轴电缆被广泛应用在电话通信网中局端设备之间的连接，特别是作为 PCM E1 链路的传输介质。

（3）有线电视（CATV）系统的信号传输线。有线电视的传输电缆均采用同轴电缆，这一电缆既可用于模拟传输，也可用于数字传输。在传输电视信号时一般是利用调制和频分复用技术将声音和视频信号在不同的信道上分别传送。传输距离最多可达 100 km（需加多级放大器）。

（4）射频信号传输线。同轴电缆也经常应用在通信设备中作为射频信号线，例如基站设备中功率放大器与天线之间的连接线，但要求同轴电缆的屏蔽层必须严格接地。

4.1.3 光纤

光纤（Optical Fiber）是光导纤维的简称，是光纤通信系统的传输介质。光纤通信系统是以光波为载波，以光纤为传输介质的一种通信方式。为满足逐渐增多的通信业务的要求，传输网的传输速率越来越高，在骨干传输网中，传输速率正从吉比特/秒（10^9 b/s）向太比特/秒（10^{12} b/s）发展。如此高的传输速率，双绞线和同轴电缆是不可能达到的，只有光纤能解决这个问题。光纤的传输速率可达数百太比特/秒，比电缆和双绞线的传输速率都要高出几个数量级，是最有发展前途的有线传输介质。

1. 光纤的结构

光纤由纤芯、包层和防护层构成，如图 4-5 所示。其中心部分是纤芯，由透明度极高的石英玻璃拉成极细的纤维状细丝做成，直径一般在 5～50 μm 之间，用来传导光波；纤芯外边的部分是包层，包层的外径为 125 μm；包层之外是防护层，防护层的作用是增强光纤的柔韧性。包括防护层在内，整个光纤的外径只有 250 μm 左右。为了进一步保护光纤，提高光纤的机械强度，一般在带有防护层的光纤外面再套一层热塑性材料，成为套塑层。在防护层和套塑层之间还需填充材料，称为缓冲层。多条光纤放在同一保护套内，就构成了光缆。四芯光缆的结构如图 4-6 所示。

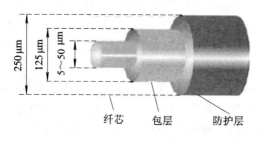

图 4-5 光纤的结构

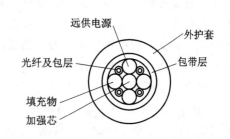

图 4-6 四芯光缆的结构

2. 光纤的工作原理

从物理学知识知道，光在空气中是直线传播的，光从一种介质进入另一种介质时会发生折射。当光从折射率大的介质进入折射率小的介质时，如果入射角大于临界值就会发生全反射，从而形成一种光波导效应，在光纤中，纤芯的折射率高于包层的折射率，使得光线进入包层就会反射回纤芯，光线不断实现全反射，光波就会沿着光纤传输下去，从而实现光信号的长距离传输。

图 4-7 列出了光在光纤中进行全反射的过程，其中 α 是入射角，β 是折射角。当光线的入射角小于临界角时，光线穿过两种介质的表面，发生折射，只有很少部分光线被反射回纤芯；当入射角等于临界角时，折射角为 90°；当入射角大于临界角时，光线在两种介质的分界面上发生全反射，入射光线全部反射回纤芯中。利用全反射原理，只要保证入射角始终大于临界角，就能够使得光线在纤芯中传播，如图 4-8 所示。掺入不同的杂质可改变介质折射率，掺锗和磷可以使折射率增加，掺硼和氟可以使折射率降低。

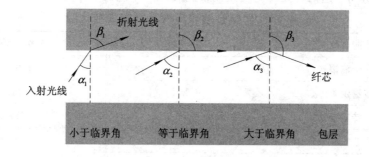

图 4-7 全反射过程

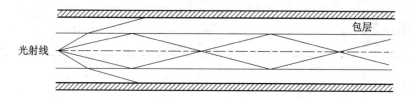

图 4-8 光的传输过程

3. 光纤的分类

(1) 根据制造光纤所用材料的不同，光纤可分为石英系光纤、塑料包层石英芯光纤、多组分玻璃光纤、全塑料光纤以及氟化物光纤等。其中石英系光纤，具有低耗、宽带的特点，现在已广泛应用于有线电视和通信系统。另外，塑料包层石英芯光纤以高纯度的石英玻璃做成纤芯，而用折射率比石英稍低的硅胶等塑料作为包层的阶跃型光纤，它与石英光纤相比较，具有纤芯粗、数值孔径高的特点，易与发光二极管 LED 光源结合，损耗也较小，因此非常适合局域网和近距离通信。此外，全塑料光纤是将纤芯和包层都用塑料（聚合物）做成的光纤，原料主要是有机玻璃、聚苯乙稀和聚碳酸酯。由于全塑料光纤的纤芯直径大，接续简单，易于弯曲，容易施工。近年来，加上宽带化的快速发展，作为渐变型的全塑料光纤的发展受到了社会的重视。现在多应用于汽车内部 LAN 中，未来在家庭 LAN 中也可能得到应用。

（2）根据光纤横截面上折射率分布的不同，光纤可分为阶跃型光纤和渐变型光纤。阶跃型光纤的纤芯和包层的折射率分别是一个常数，在纤芯和包层交界处，产生阶梯型突变；而渐变型光纤纤芯的折射率不是一个固定值，而是从纤芯轴线开始沿半径的增加而逐渐减小，在其交界处减小为包层的折射率，纤芯折射率的变化近似于抛物线。

（3）根据光在光纤中传输模式的不同，光纤可分为单模光纤（Single-mode Fiber）和多模光纤（Multi-mode Fiber）。当射入纤芯的光线的入射角大于某一个临界角度时，就会在纤芯和包层间产生全反射，从而可以在光纤中传播，即称为一个模式。当光纤直径较小，只允许一个方向的光通过时，采用这种数据传输模式的光纤就称为单模光纤；当光纤直径较大，允许光以多个入射角射入并传播时，采用这种数据传输模式的光纤就称为多模光纤。单模光纤都是用阶跃型光纤，而多模光纤多为渐变型光纤。由于多模光纤在传输速率、传输距离以及带宽、容量等方面均不如单模光纤，所以实际通信系统中，特别是通信干线上多采用单模光纤。这两种光纤的性能比较见表 4－3 所示。

表 4－3　单模光纤与多模光纤的性能比较

性能名称	单模光纤	多模光纤
数据传输模式	一种	多种
传输距离	80 km	几 km
数据传输速率	2.5 Gb/s	200 Mb/s
纤芯尺寸	<10 μm	50 μm
信号衰减	小	较大
光源	半导体激光器	发光二极管
端接	复杂	简单
成本	昂贵	便宜

4. 光在光纤中的工作波段

光波也是一种电磁波，紫外线、可见光、红外线都属于光波的范畴。波长为微米级，频率为 10^{13} Hz～10^{15} Hz，带宽为 25 000 GHz～30 000 GHz。不同的光波有不同的波长和频率，并且光纤具有频率选择性，对于特定波长的光波传输损耗要明显小于其他波长，这些特定的波长就是光在光纤中的工作波段。目前有三个波段被用于通信方面，它们分别是：

(1) 0.85 μm 波段，最低损耗为 2.5 dB/km，采用多模光纤，主要应用于近距离通信，目前较少使用。

(2) 1.31 μm 波段，最低损耗为 0.27 dB/km，采用单模光纤，目前，应用较为广泛。

(3) 1.55 μm 波段，最低损耗为 0.15 dB/km，采用单模适当色散光纤，目前，主要应用于长距离传输及海底光缆等。

5. 光纤的色散与带宽

1）色散

光信号在光纤中传输时，由于光信号的不同频率或不同的传输模式等使得传输速度不同，同时入射光信号到达终点所用的时间也就不同，因此，到达输出端时会发生时间上的展宽，这就是色散。色散会使信号波形产生畸变，导致误码，这对于高速数字通信的影响尤为明显。

2）色散的类型

(1) 模式色散：在多模光纤中，由于不同的传输模式其传输路径不同，到达终点的时间也就不同，从而引起在终点光脉冲的展宽，由此产生的色散称为模式色散，仅产生于多模光纤中。

(2) 材料色散：严格来讲，做成光纤的石英玻璃对不同波长的光波的折射率不同，而光源所发出的光不是理想的单一波长，因此，同一光源发出的光，传输速度不同，由此产生的色散称为材料色散。

(3) 波导色散：在纤芯与包层交界处发生全反射时，部分光波会进入包层传输，其中又有一部分光波被反射回纤芯，由于这部分光波和原有光信号的传输路径不同也会引起色散，称为波导色散，由于和光纤的结构有关，也称为结构色散。

3）色散和带宽的关系

色散限制了光纤的带宽，也就限制了光纤对高速数字信号的传输。在传输距离一定时，色散越大，可传送的信号频率就越低，光纤中的带宽也就越小，而且带宽的大小决定传输信息容量的大小。色散和带宽从不同角度描述了光纤的同一特性。

6. 光纤信道的特点

(1) 传输带宽更宽，通信容量巨大。

由于光波的频率非常高，在 10^{13} Hz～10^{15} Hz 的数量级范围，光纤信道的可用带宽一般在 10 GHz 以上，目前的数据传输速率可以达到 100 Gb/s 以上，传输距离上百千米。在实验室里，传输速率达到 1000 Gb/s 的系统已经研制出来。如果不是受到光电转换器件的限制（光电转换器件的带宽最高可达 100 Gb/s），光纤的数据传输速率还可以更高。现代光纤通信信道容许数以百万计的话音、电视和数据信号在同一条光缆中传输，有着巨大的通信容量。

(2) 传输距离更长，损耗小。

由于光纤的损耗小，所以光纤系统可以传输更长的距离。研究表明，单模光纤在光波长为 1.31 μm 或 1.55 μm 时，其损耗分别为 0.27 dB/km 和 0.15 dB/km，从而使中继站的距离延长到 50 km～100 km，高于其他有线传输介质，而且可以有效减少中继站个数，使传输距离更长而且系统造价更低。

（3）抗干扰能力强。

光纤是绝缘体，它不受电磁干扰和静电干扰等影响，不存在金属导线的电磁感应，即使在同一光缆中，各光纤间也几乎没有干扰；光纤中传输的光信号频率非常高，一般的干扰源的频率远低于这个值。另一方面，光纤也不会向外辐射电磁波，也就不会成为其他电子通信设备的噪声源。由于光纤不会产生电火花，在危险环境下（例如矿井、仓库等）工作也是非常安全的。光纤的绝缘特性使得光纤具有抗电磁干扰、抗噪声干扰和高保密的特点，而且工作更安全。另外，光纤对潮湿环境的抵抗能力也较强，适合沿海地区和海底通信。

（4）适应恶劣环境，节省资源。

光纤原材料是非金属的二氧化硅，也就是沙的主要成分，从而节省了大量的金属资源，而沙在地球上是非常丰富的。另外，光纤比金属电缆更能适应温度的变化，在有腐蚀性的恶劣环境中寿命更长。

（5）轻便，容易铺设。

由于光纤直径很小，所以与金属电缆比较起来，体积小，重量轻，运输、存储、铺设和维护都很方便。

目前在通信网络中仍然是以电信号的形式进行信息处理的，因此就必须先把电信号转换为光信号，接收时亦然。而且光纤一旦断开，就不像双绞线和同轴电缆那样能很方便地连接起来，而需要特殊的设备（熔接机）来完成，比较复杂。光纤的特殊结构，加上比其他的有线信道多了光/电转换设备使得生产和使用光纤的成本较高，所以光纤的价格也较高，但随着技术的进步，目前，光纤的价格已经大为降低。

光纤的这些优点使得光纤通信得到了飞速的发展，其发展速度远远超过了计算机工业的发展速度。光纤通信将是未来信息社会中各种信息网络的主要传输手段。

4.2　无　线　信　道

在信息技术和网络技术高速发展的今天，越来越多的用户希望能够随时随地通信，比如在飞机上、火车上、高山上、草原上、轮船上等等。在这些场合，有线信道（双绞线、同轴电缆、光纤等）显然都无法满足要求。在这种情况下，使用无线信道实现无线通信是唯一的解决途径。

无线通信（Wireless Communication）是利用射频无线电波（包括无线电波和微波）和光波（包括红外线和激光）可以在自由空间中传播的特性进行信息交换的一种通信方式。无线信道（Wireless Channel）是对无线通信中发送端和接收端之间的路径的一种形象描述，对于射频无线电波和光波而言，它从发送端传送到接收端，其间并没有一个有形的连接，它的传播路径也可能不只一条，但是为了形象地描述发送端与接收端之间的工作，假想两者之间有一个看不见的道路衔接着，把这条衔接通路称为无线信道。

4.2.1　电磁波谱

无论射频是无线电波还是光波，其本质都是电磁波。1865 年，英国科学家麦克斯韦尔（James Clark Maxwell）通过他的电磁场方程预言了电磁波的存在，1887 年，德国物理学家赫兹(Heinrich Hertz)在实验室里首次发现了电磁波,证实了电磁波在自由空间的传播速度与光速相同,并能够产生反射、折射、驻波等与光波性质相同的现象。

电磁波每秒钟振动的次数称为频率(f),单位为赫兹(Hz)。电磁波的两个相邻的波峰(或者波谷)之间的距离称为波长(λ),在真空中,所有的电磁波以相同的速度传播,该速度通常被称为光速(c),大约为 3×10^8 m/s,光的速度是极限速度,没有发现任何物体或者信号能够比它快。

频率 f、波长 λ 和光速 c(真空中)之间的关系是

$$c = \lambda f \qquad\qquad\qquad (4-1)$$

从公式(4-1)我们可以看出,由于光速 c 是常量,那么知道频率 f 就可以计算出波长 λ;反过来,知道波长 λ 也可以计算出频率 f。

图 4-9 为电磁波谱,列出了常用的有线和无线信道的频带宽度。

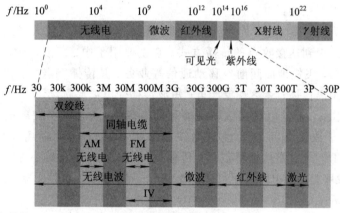

图 4-9　电磁波谱

电磁波谱中,10 Hz~10^{15} Hz 的频率是通信所使用的频率,更高的频率因为很难产生和调制,穿过建筑物的传播特性也不好,而且对人体有害,因此不予采用。

4.2.2　无线通信中电磁波的传播方式

无线电波通过多种传播方式从发射天线到达接收天线,主要有地面波传播、对流层电波传播、电离层电波传播、地面—电离层波导传播、外大气层及行星际空间传播等几种。

1. 地面波传播

地面波传播指的是无线电波沿地球表面传播到达接收点的传播方式。地面波在地球表面上传播,以绕射方式可以到达视线范围以外。在传播过程中,地面对地面波有吸收作用,吸收的强弱与电波的频率、地面的性质等因素有关,衰减随频率的升高而增大。长波和中波利用这种传播方式可以实现远距离通信。

2. 对流层电波传播

无线电波在低空大气层——对流层中的传播就称为对流层电波传播。按传播机制区分,又可分为视距传播和散射传播两种。

(1) 视距传播。当收、发天线架设高度较高（远大于波长）时，电波直接从发射天线传播至接收点（有时有反射波到达），亦称为直射波传播。它主要用于微波中继通信、甚高频和超高频广播、电视、雷达等业务。其主要传播特点是：传播距离限于视线距离以内，一般为 10 km～50 km；频率愈高，受地形和地面上的物体影响愈大；微波衰落现象严重；10 GHz 以上电波，受大气吸收及雨的影响衰减严重。

(2) 散射传播。利用对流层中介质的不均匀性对电波的散射作用，实现超视距传播，常用频段为 200 MHz～5 GHz。由于散射波相当微弱，传输损耗大，需使用大功率发射机、高灵敏度接收机及高增益天线等设备，但单跳跨距可达 300 km～800 km，特别适用于无法建立微波中继站的地区，例如海岛之间或需跨越湖泊、沙漠、雪山等的地区。

3. 电离层电波传播

电离层电波传播是无线电波经电离层反射或散射后到达接收点的一种传播方式。依传播机制又可分为以下三种：

(1) 电离层反射传播，通常称为天波传播。天波传播是自发射天线发出的电波，在高空被电离层反射回来到达接收点的传播方式。它主要用于中、短波远距离广播，通信，船岸间航海移动通信，飞机地面间航空移动通信等业务。其传播特点是：传播损耗小，能以较小功率进行远距离传播；衰落现象严重；短波传播受电离层扰动影响大。

(2) 电离层散射传播。电离层散射传播利用电离层（通常发生在离地面高度 90 km～110 km 处）中电子浓度的不均匀性对电波的散射作用完成远距离通信，常用频段为 35 MHz～70 MHz。其主要传播特点是：传输损耗大；允许传输频带窄，一般为 3 kHz～5 kHz；衰落现象明显。但单跳跨距可达 1000 km～2000 km。特别是当电离层受到骚扰时，仍可保持通信。

(3) 流星电离余迹散射传播。它是利用发生在 80 km～120 km 处流星电离余迹对电波的散射作用，实现 2000 km 内的远距离传播。其常用频段为 30 MHz～70 MHz。由于流星电离余迹持续时间短，但出现频繁，可利用它建立瞬间通信，在军事上应用较多。

4. 地面—电离层波导传播

地面—电离层波导传播是电波在地球表面到电离层下缘之间的空间内的传播。长波和甚长波在此波段内可以以较小的衰减传播几千千米，传播特性稳定。它主要用于低频、甚低频远距离通信及标准频率和时间信号的传播。其主要传播特点是：传输损耗小，受电离层扰动影响小，传播相位稳定，有良好的可预测性，但大气噪声电平高，工作频带窄。

5. 外大气层及行星际空间电波传播

电波传播的空间主要是在外大气层或行星际空间，并且是以宇宙飞船、人造地球卫星或天体为对象，在地—空或空—空之间传播。目前，电波传播主要用于卫星通信、宇宙通信及无线电探测、遥控等业务中。其传播的主要特点是：因距离远，自由空间传输损耗大，在地—空电路中要受对流层、电离层、地球磁场以及来自宇宙空间的各种辐射波和高速粒子的影响，例加 10 GHz 以上的电波大气吸收和降雨衰减严重。

各种传播方式的示意图如图 4-10 所示。在实际工作中往往取其中一种作为主要的电波传播途径，在某些条件下可能几种传播方式并存。例如中波广播业务，某些地区既可收到经电离层反射的天波信号，同时又可收到沿地表传播的地波信号。通常是根据不同频段电波传播的特点,利用天线的方向性来限定一种主要的传播方式。

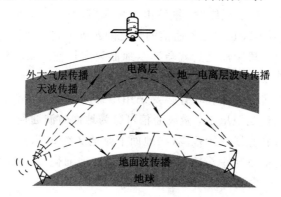

图 4 - 10 无线电波的传播方式

4.2.3 无线传输介质

1. 无线电波

无线电波是指在自由空间(包括空气和真空)传播的射频频段的电磁波。无线电技术是通过无线电波传播声音或其他信号的技术。无线电技术的原理在于,导体中电流强弱的改变会产生无线电波。利用这一现象,通过调制可将信息加载于无线电波之上。当电波通过空间传播到达收信端,电波引起的电磁场变化又会在导体中产生电流。通过解调将信息从电流变化中提取出来,就达到了信息传递的目的。

无线电最早应用于航海中,使用摩尔斯电报在船与陆地间传递信息。现在,无线电有着多种应用形式,包括无线电广播、无线数据网以及各种移动通信等。

2. 红外线

红外线通信是以红外线为传输媒介,在发送端设置红外线发送器,在接收端设置红外线接收器的一种无线通信方式。它的频率在 300 GHz～300 THz 的范围内。发送器和接收器可以任意安装在室内和室外,但它们之间的距离必须在可视范围内,且不允许有障碍物。红外线通信机体积小,重量轻,结构简单,价格低廉,抗干扰性强,不易被人发现和截获,具有较强的保密性,在不能架设有线线路,而使用无线电又怕暴露自己的情况下,使用红外线通信是比较好的选择。

3. 激光

激光通信是激光在大气空间传输的一种通信方式。发送设备主要由激光器(光源)、光调制器、光学发射天线(透镜)等组成;接收设备主要由光学接收天线、光检测器等组成。信息发送时,先转换成电信号,再由光调制器将其调制在激光器产生的激光束上,经光学天线发射出去;信息接收时,光学接收天线将接收到的光信号聚焦后,送至光检测器恢复成电信号,再还原为信息。激光通信的容量大、保密性好,不受电磁干扰,但激光在大气中传输时受雨、雾、雪、霜等影响,衰耗会增大,故一般用于边防、海岛、跨越江河等近距离通信,以及大气层外的卫星间通信和深空通信。

4. 微波

微波是一种具有极高频率(频段范围为 300 MHz～300 GHz),波长很短(通常为 1 mm～

1 m)的电磁波。由于频率很高，电波的绕射能力弱，所以信号的传输主要是利用微波在视线距离内的直线传播，又称视距传播。微波由于频率高，波长短，具有似光性，是沿直线传播的，而地球表面是个曲面，因此，若通信两地之间距离较长，且天线所架高度有限，则发信端发出的电磁波经过一段距离之后就会远离地面射向远空，无法到达收信端。所以，为了延长通信距离，需要在通信两地之间设立若干中继站，进行电磁波转接；另外，微波在传播过程中有损耗，在远距离通信时有必要采用中继方式对信号逐段接收、放大和发送。根据中继站是设在地面还是卫星上，微波通信可分为地面微波通信和卫星通信两种。

地面微波通信是指在直线视距范围(在地面平原地区约 50 km)内设立中继站，对微波信号进行接收转发，通信依靠中继方式延伸而完成。地面微波通信系统通常由各个中继站、终端站和各站之间的电波传播路径组成，如图 4-11 所示。

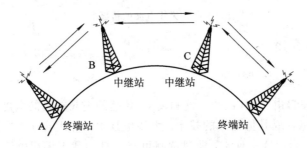

图 4-11　地面微波通信

地面微波通信主要用来传送长途电话信号、宽频带信号(如电视信号)、数据信号、移动通信系统基站与移动业务交换中心之间的信号等，还可用于通向孤岛等特殊地形的通信线路，以及内河船舶电话系统等移动通信的入网线路。

卫星通信是在地面微波通信和空间技术的基础上发展起来的。地面微波通信是一种"视距"通信，即只有在"看得见"的范围内才能通信。而通信卫星的作用相当于离地面很高的微波中继站。作为中继的卫星离地面很高，因此，经过一次中继转接之后即可进行长距离的通信。图 4-12 是卫星通信示意图，它是由一颗通信卫星和多个地面通信站组成的。

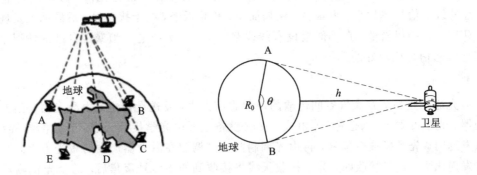

图 4-12　卫星通信

卫星通信可以实现远距离、大范围的通信，一个地球同步卫星可以覆盖地球三分之一以上的地区，这样，利用三个位置呈 120°的卫星就可以覆盖整个地球(除两极以外)，卫星通信可以克服地面微波通信的距离限制，实现洲际通信。其缺点是卫星距离地球较远，通信传输时延迟较大，而且还会受到宇宙射线和其他天体的影响。目前，人们正致力于研究低轨道卫星通信，在数据通信中也常租用卫星链路实现远距离数据业务的传输。

微波通信同样是利用电磁波来承载信息，但它具有以下显著特点：

（1）工作频率高，可用带宽大。微波工作频率高，频段占用的频带也较大，约为 300 GHz，而全部长波、中波和短波频段占有的频带总和不足 30 MHz，前者是后者的 10000 多倍。占用的频带越宽，可容纳同时工作的无线电设备就越多，通信容量也就越大，一套短波通信设备一般只能容纳几条话路同时工作，而一套微波中继通信设备可以容纳几千甚至上万条话路同时工作，并可传输电视图像等宽频带信号。

（2）波长短，易于设计高增益的天线。天线可以设计得较为复杂，增益可以达到数十分贝。

（3）受外界干扰的影响小。工业干扰、天电干扰及太阳黑子的活动对微波频段通信的影响小。通常，当通信频率高于 100 MHz 时，这些干扰对通信的影响极小，但这些干扰源严重影响短波以下频段的通信。因此，微波中继通信信号比较稳定和可靠。

（4）通信灵活性较大。微波信道可以实现地面上的远距离通信，并且可以跨越沼泽、江河、湖泊和高山等特殊地理环境。在遭遇地震、洪水、战争等灾祸时，通信的建立、撤收及转移都比较容易，这些方面比电缆通信具有更大的灵活性。

（5）视距传播。在微波通信中必须保证电磁波传输路径的可视性，它无法像低频波那样沿着地球的曲面传播，也不能穿越任何障碍物，甚至树叶这样的物体也会显著地影响通信效果。另外，还需注意天线的指向性。

（6）容易受天气影响。雷雨、空气凝结物等都会引起反射，影响通信效果。

4.3　信道的数学模型

广义信道按其所含电路的不同可分为调制信道和编码信道。调制信道包括从调制器输出到解调器的输入的所有通信设备和传输媒介；编码信道包括从编码器输出到译码器输入的所有通信设备和传输媒介。当研究调制器和解调器的性能时，使用调制信道，且只需要关心调制信道对已调信号的变化结果。当研究数字通信系统的差错概率时，使用编码信道。由于编码信道包含调制信道，所以调制信道对编码信道的性能即误码率有影响。为了分析信道的一般特性及其对信号传输的影响，引入了调制信道和编码信道的数学模型。

4.3.1　调制信道的模型

在具有调制和解调过程的任何一种通信系统中，研究的重点在于调制与解调的性能，对于在调制信道中采用什么样的器件和传输媒介，以及信号经过了怎样的传输过程，人们并不关心，而只关心从调制器发出的已调信号经过调制信道后的最终结果，即调制信道输出信号与输入信号的关系，因此，可以将调制信道视为一个二端对网络，经过大量的分析研究，人们发现这个二端对网络有如下共性：

（1）有一对（或多对）输入端和一对（或多对）输出端；

（2）绝大多数信道是线性的，满足叠加原理；

（3）信号通过信道有一定的时间延迟，还会受到损耗；

（4）即使没有信号输入，在输出端仍有一定的功率输出（噪声）。

根据上述共性，我们将这个二端对(或多端对)网络称为时变线性网络，用来表示调制信道的模型，如图 4 - 13 所示。

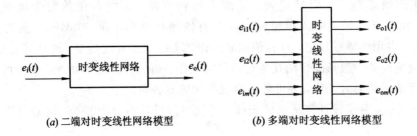

(a) 二端对时变线性网络模型　　　　(b) 多端对时变线性网络模型

图 4 - 13　调制信道模型

设信道输入已调信号为 $e_i(t)$，输出信号为 $e_o(t)$，输出和输入的关系为

$$e_o(t) = k(t)e_i(t) + n(t) \tag{4-2}$$

式中：$k(t)$、$n(t)$ 是信道的干扰特性函数，由于它们的存在，使得输出信号相对于输入信号产生了畸变。其中 $k(t)$ 是依赖于网络的特性，它与 $e_i(t)$ 是相乘的关系，而 $n(t)$ 是不依赖于网络特性的，且它与 $e_i(t)$ 是相互独立的，因此，称 $k(t)$ 为乘性干扰，$n(t)$ 为加性干扰。如果了解了 $k(t)$ 和 $n(t)$ 的特性，则信道对信号的具体影响就能确定。信道具体的不同形式仅仅反映在信道模型的 $k(t)$ 和 $n(t)$ 不同而已。

乘性干扰 $k(t)$ 是一个较复杂的函数，它可能包括各种线性畸变、非线性畸变，同时由于信道的延迟特性和损耗特性随时间的不同作随机变化，因此，$k(t)$ 往往只能用随机过程来描述。经过大量的观察，人们发现有些信道的 $k(t)$ 基本不随时间变化，即 $k(t)$ 为常数或变化极为缓慢，将这种信道称为恒参信道。而有的信道的 $k(t)$ 是随机快速变化的，这类信道称为随参信道。经过分析发现，恒参信道是大量的，一般地说，所有的有线信道，以及部分的无线信道(包括中长波、超短波传播、微波视距传播、卫星通信等)都是恒参信道，对于这种信道，信道模型可简化为非时变的线性网络，信道对信号的干扰则只有加性干扰。而对于随参信道，如短波电离层反射、微波对流层散射等信道，其特性比恒参信道复杂很多，对信号的影响也严重得多。

乘性干扰是依赖于网络的，也就是说当有信号传输时，乘性干扰存在，当输入信号 $e_i(t)$ 为 0 时，不论 $k(t)$ 如何复杂，在接收端都不会有信号输出。而加性干扰 $n(t)$ 则不同，无论是否存在输入信号，输出端始终有加性干扰输出，这就是噪声，因此，常常将加性干扰称为噪声。

4.3.2　编码信道的模型

编码信道是包括调制信道及调制器、解调器在内的信道，它与调制信道模型有明显的不同。调制信道对信号的影响是通过 $k(t)$ 和 $n(t)$ 使已调信号发生模拟变化，而编码信道对信号的影响则是数字序列的改变。故有时把调制信道看成是一种模拟信道，而把编码信道看成是一种数字信道。由于编码信道包含调制信道，因而它同样受到调制信道的影响。但是，从编码和译码的角度看，调制信道影响已经反映在解调器的输出数字序列中，即输出数字序列以某种概率发生差错。因此，编码信道模型可以用数字的转移概率来描述。若用 $P(y/x)$ 表示输入为 x 而输出为 y 的概率，则 $P(0/0)$、$P(1/1)$ 为正确转移概率，$P(1/0)$、

$P(0/1)$为错误转移概率。显然,调制信道的性能越差,噪声越大,则编码信道的错误转移概率越大。

如果编码信道某一码元的转移概率与其前后码元无关,则称其为无记忆编码信道,否则称为有记忆编码信道。常见的编码信道一般为无记忆编码信道,其数学模型可用转移概率矩阵表示。例如,二进制无记忆编码信道的数学模型为

$$T = \begin{pmatrix} P(0/0) & P(1/0) \\ P(0/1) & P(1/1) \end{pmatrix} \tag{4-3}$$

假设发送端发送"1"的概率为$P(1)$,发送"0"的概率为$P(0)$,则二进制无记忆编码信道的误码率为

$$P_e = P(0)P(1/0) + P(1)P(0/1) \tag{4-4}$$

显然,错误转移概率越大,则误码率越高。若$P(0/1) = P(1/0)$,则称信道为二进制对称编码信道。另外,编码信道的数学模型还可用图形来表示。图 4-14 的(a)和(b)分别为二进制和多进制编码信道的信道模型。

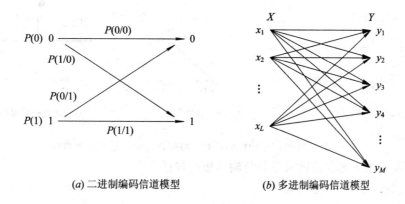

(a) 二进制编码信道模型　　　　(b) 多进制编码信道模型

图 4-14　编码信道模型

对于有记忆信道,信道中码元发生错误不是独立的,则编码信道模型更为复杂,信道转移概率的表达式也更复杂,在此不作深入讨论。

4.4　信道特性及其对信号传输的影响

4.4.1　恒参信道特性及其对信号传输的影响

1. 恒参信道的特性

恒参信道对信号传输的影响基本不随时间变化,或者变化极其缓慢,而且设计合理的恒参信道,应不产生非线性失真。因此,其传输特性可以等效为一个线性时不变网络,用幅度-频率特性(简称幅频特性)和相位-频率特性(简称相频特性)来表征,如公式(4-5)所示。

$$H(\omega) = |H(\omega)| e^{j\varphi(\omega)} \tag{4-5}$$

式中:$|H(\omega)|$为信道的幅频特性;$\varphi(\omega)$为信道的相频特性。另外,信道的相频特性还常用群迟延-频率特性$\tau(\omega)$来衡量。所谓群迟延-频率特性就是相位-频率特性的导数,即

$$\tau(\omega) = \frac{\mathrm{d}\varphi(\omega)}{\mathrm{d}\omega} \tag{4-6}$$

2. 理想恒参信道对信号传输的影响

理想恒参信道是指能使信号无失真传输的信道。所谓信号无失真传输是指系统输出信号与输入信号相比，只有信号幅度大小和出现时间先后的不同，而波形上没有变化。信号通过线性系统不失真的条件是该系统的传输函数 $H(\omega) = |H(\omega)| e^{j\varphi(\omega)}$ 满足下述条件：

$$\begin{cases} |H(\omega)| = k \\ \varphi(\omega) = \omega t_{\mathrm{d}} \end{cases} \tag{4-7}$$

式中：k 和 t_{d} 均为常数。另外，群迟延-频率特性还必须满足以下条件：

$$\tau(\omega) = \frac{\mathrm{d}\varphi(\omega)}{\mathrm{d}\omega} = \frac{\mathrm{d}(\omega t_{\mathrm{d}})}{\mathrm{d}\omega} = t_{\mathrm{d}} \tag{4-8}$$

因此，理想信道的幅频特性和群迟延特性在全频范围内为一条水平线，相频特性在全频范围内为一条通过原点的直线，如图 4-15 所示。

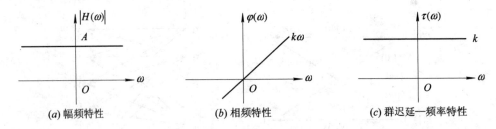

(a) 幅频特性　　　　　(b) 相频特性　　　　　(c) 群迟延—频率特性

图 4-15　理想信道的幅频特性、相频特性和群迟延特性曲线

由此可见，理想恒参信道对信号传输的影响包括：

(1) 在幅度上产生固定的衰减；

(2) 在时间上产生固定的迟延。

3. 实际恒参信道对信号传输的影响

由理想恒参信道的特性可知，在整个频率范围内，其幅频特性为常数，其相频特性为 ω 的线性函数。但实际信道的幅频特性不是常数，于是使信号产生幅度-频率失真，简称幅频失真；实际信道的相频特性也不是 ω 的线性函数，所以使信号产生相位-频率失真，简称相频失真。

1）幅频失真

由于信道对不同频率分量的信号衰减不同而引起的信号失真称为幅频失真。例如，在通常的电话信道中可能存在各种滤波器，尤其是带通滤波器，还可能存在混合线圈、串联电容器和分路电感等，因此电话信道的幅频特性总是不理想的。如图 4-16 示出了典型音频电话信道的总衰耗-频率特性。图中，低频截止频率

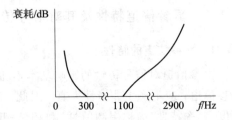

图 4-16　典型音频电话信道的幅度衰减特性

约从 300 Hz 开始；300 Hz～1100 Hz 之间衰耗比较平坦；1100 Hz～2900 Hz 内，衰耗通常是线性上升的；在 2900 Hz 以上，衰耗增加很快。

　　十分明显，上述不均匀衰耗必然使传输信号的幅度-频率发生失真，引起信号波形的失真。

　　2）相频失真

　　由于信道对不同频率分量的信号延时不同而引起信道的相频特性偏离线性关系，此时，将会使通过信道的信号产生相位-频率失真，图 4-17 给出了一个典型的电话信道的相频特性和群迟延频率特性。可以看出，当非单一频率的信号通过该信道时，信号频谱中的不同频率分量将有不同的群迟延，即它们到达时间不一样，从而引起信号的失真。

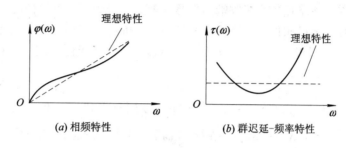

　　　　　　　(a) 相频特性　　　　　　　　　　(b) 群迟延-频率特性

图 4-17　典型电话信道相频特性和群迟延-频率特性

　　信号失真对信息传输的影响程度与信息类型有关。例如幅频失真对语音的影响较大，因为人耳对幅度比较敏感。相频失真则对视频的影响较大，人的视觉很容易觉察相位上的变化，比如电视画面上的重影实际上就是信号到达时间不同而造成的。当然不管是幅频失真还是相频失真，最终都反映到时间波形的变化上。对于模拟信号，将造成信号失真，输出信噪比下降；对于数字信号，则会引起严重的码间干扰，产生误码，同样导致通信质量的下降。

　　恒参信道中的幅频失真和相频失真是影响传输信号的两个主要因素。在通信系统中，常采用在接收端加均衡器的方法对信道的传输特性进行补偿，均衡器输出的模拟信号的失真度或数字信号的码间串扰均应小于允许值。此外，恒参信道中还存在其他一些因素使信道的输出信号产生畸变，如非线性畸变、频率偏移及相位抖动等。非线性畸变主要是由信道中元器件振幅特性的非线性引起的，它会产生谐波失真及若干寄生频率等；频率偏移通常是由于载波电话（单边带）信道中接收端解调载频与发送端调制载频之间有偏差造成的；相位抖动也是由于调制和解调载频的不稳定性造成的。以上的非线性畸变一旦产生，均难以消除。因此，在系统设计时要加以重视。

4.4.2　随参信道特性及其对信号传输的影响

1. 随参信道的特性

　　随参信道的共同特性是：信号的衰耗随时间随机变化；信号传输的时延随时间随机变化；多径传播。

2. 随参信道对信号传输的影响

　　在随参信道中，多径传播对信号的影响比恒参信道严重得多。下面从多径效应的瑞利衰落和频率弥散两个方面讨论随参信道对传输信号的影响。

　　在存在多径传播的随参信道中，就每条路径的信号而言，它的衰耗和时延都是随机变化的。因此，多径传播后的接收信号将是衰减和时延都随时间变化的各条路径的信号的合成。

假设发射波为单频信号 $s(t) = A\cos\omega_0 t$，经 n 条路径传输后，则接收端接收到的合成信号为

$$R(t) = a_1(t)\cos\omega_0[t - \tau_1(t)] + a_2(t)\cos\omega_0[t - \tau_2(t)] + \cdots + a_n(t)\cos\omega_0[t - \tau_n(t)]$$

$$= \sum_{i=1}^{n} a_i(t)\cos\omega_0[t - \tau_i(t)] = \sum_{i=1}^{n} a_i(t)\cos[\omega_0 t + \varphi_i(t)] \qquad (4-9)$$

式中：$a_i(t)$ 为从第 i 条路径到达接收端的信号振幅；$\tau_i(t)$ 为第 i 条路径的传输时延；$\varphi_i(t)$ 为第 i 条路径信号的随机相位。大量观察表明，$a_i(t)$ 和 $\varphi_i(t)$ 随时间的变化速度比发射信号的瞬时值变化速度要慢得多，即可以认为 $a_i(t)$ 和 $\varphi_i(t)$ 是慢变化的随机过程。将式（4-9）变换为

$$R(t) = \sum_{i=1}^{n} a_i(t)\cos\varphi_i\,\cos\omega_0 t - \sum_{i=1}^{n} a_i(t)\sin\varphi_i\,\sin\omega_0 t$$

$$= X(t)\cos\omega_0 t - Y(t)\sin\omega_0 t = V(t)\cos[\omega_0 t + \varphi(t)] \qquad (4-10)$$

式中：

$$\begin{cases} X(t) = \sum_{i=1}^{n} a_i(t)\cos\varphi_i, \quad Y(t) = \sum_{i=1}^{n} a_i(t)\sin\varphi_i \\ V(t) = \sqrt{X^2(t) + Y^2(t)}, \quad \varphi(t) = \arctan\dfrac{Y(t)}{X(t)} \end{cases} \qquad (4-11)$$

由式（4-11）可见，在任一时刻 t，$X(t)$ 和 $Y(t)$ 都是 n 个随机变量之和。在"和"中的每一个随机变量都是独立出现的，且具有相同的均值和方差。根据中心极限定理，当 n 充分大时（多径传输通常满足这一条件），$X(t)$ 和 $Y(t)$ 为高斯随机变量。由于 t 是任一时刻，故 $X(t)$ 和 $Y(t)$ 为高斯随机过程。由随机信号分析理论可知，包络 $V(t)$ 的一维分布服从瑞利分布，相位 $\varphi(t)$ 的一维分布服从均匀分布，相对于载波来说，$V(t)$ 和 $\varphi(t)$ 均为慢变化随机过程，于是 $R(t)$ 可以看成是一个窄带随机过程。接收信号 $R(t)$ 的时域波形及频谱分别如图 4-18(a)、(b)所示。

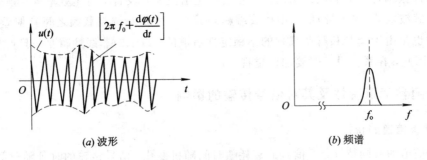

(a) 波形　　　　　　　　　　　　(b) 频谱

图 4-18　衰落信号的波形和频谱示意图

通过以上分析可得出以下两个结论：

（1）多径传播使单一频率的正弦信号变成了包络和相位受调制的窄带信号，这种信号称为衰落信号，即多径传播使信号产生瑞利型衰落。

（2）从频谱上看，多径传播使单一谱线变成了窄带频谱，即多径传播引起了频率弥散。

另外，振幅起伏变化的平均周期虽然比信号载波周期长得多，但在某一次信息传输过程中，人们仍可以感觉到这种衰落所造成的影响，故又称这种瑞利衰落为快衰落。除快衰落外，在随参信道中还存在因气象条件造成的慢衰落现象。慢衰落的变化速度比较缓慢，通常可以通过调整设备参量（如发射功率）来弥补，故这里就不再讨论了。

3. 多径效应的频率选择性衰落

当发送信号具有一定带宽时，多径传输除了使信号产生瑞利衰落外，还会产生频率选择性衰落。频率选择性衰落是信号频谱中某些分量的一种衰落现象，这是多径传播的又一重要特征。为了方便分析，假设多径传输的路径只有两条，信道模型如图 4-19 所示。图中，V_0 为两条路径的衰减系数，t_0 和 $t_{0+\tau}$ 分别为两条路径的时延。

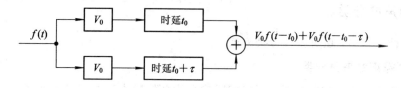

图 4-19 两径传输模型

显然，此信道的传输特性为

$$H(\omega) = V_0 e^{-j\omega t_0}(1 + e^{-j\omega\tau}) = 2V_0 \cos\left(\frac{\omega\tau}{2}\right) e^{-j\omega\left(t_0 + \frac{\tau}{2}\right)} \qquad (4-12)$$

幅频特性为

$$|H(\omega)| = 2V_0\left|\cos\left(\frac{\omega\tau}{2}\right)\right| \qquad (4-13)$$

式中：V_0 为常数因子。由此可见，两径传播的信道传输特性的模取决于 $\left|\cos\left(\frac{\omega\tau}{2}\right)\right|$。这就是说，对不同的频率，两径传播的结果将有不同的衰减。当 $\omega = \frac{2n\pi}{\tau}$ 或 $f = \frac{n}{\tau}$ 时（n 为整数），出现传播极点；当 $\omega = \frac{(2n+1)\pi}{\tau}$ 或 $f = \frac{n+1/2}{\tau}$ 时（n 为整数），出现传输零点。另外，相对时延差 τ 是随时间变化的，故传输特性出现的零点和极点在频率轴上的位置也是随时间而变化的。

实际随参信道的传输特性要比两径信道传输特性复杂得多，其传输极点频率、传输零点频率及相关带宽都是随时间变化的。在工程上，通常用各传输路径的最大时延差 τ_m 来定义随参信道的相关带宽 Δf，即

$$\Delta f = \frac{1}{\tau_m} \qquad (4-14)$$

它表示信道传输特性相邻两个零点之间的频率间隔。如果信号的频谱比相关带宽宽，则将产生严重的频率选择性衰落。为了使接收信号不存在明显的频率选择性衰落，一般应使发送信号带宽 B 满足

$$B = \left(\frac{1}{3} \sim \frac{1}{5}\right)\Delta f \qquad (4-15)$$

当发送信号带宽满足式（4-15）时，接收信号只是无明显的频率选择性衰落，但信道的快衰落特性使接收机信号仍时强时弱，无法正确传输信息。因此，为了在随参信道中传输

信息，必须对信道的衰落特性进行改善，常用的方法有含交织编码的差错控制技术、抗衰落性能好的调制解调技术、功率控制技术、扩频技术和分集接收技术等。这里对随参信道性能的改善不再深入讲解，有兴趣的同学可自行研究。

4.5　信道中的噪声

噪声是指通信信道中除有用信号以外的其他不携带有用信息的电信号。一般地，我们把有规律的周期性的无用信号称为干扰，把无规律的无用信号称为噪声。噪声是影响数据传输可靠性的主要原因之一。

4.5.1　噪声的分类

噪声的种类很多，也有多种分类方式。

1. 根据噪声的来源分类

若根据噪声的来源进行分类，可以把噪声分为环境噪声和内部噪声两类。

环境噪声的来源是多方面的，它包括自然噪声和人为噪声两类。自然噪声来自存在于自然界的各种电磁波源，例如闪电、磁暴、太阳黑子、银河系噪声以及宇宙射线等，这些噪声占有很宽的频谱范围，且有很大的随机性，难以消除。人为噪声来源于人类的各种生产和生活活动产生的电磁波源，例如电子对抗、各种通信信道的辐射、工业生产电磁辐射等，人为噪声的频谱范围较窄，波源固定，易于消除。

内部噪声是信道设备本身产生的各种噪声，它来源于通信设备的各种电子器件、传输线、天线等。如电阻等导体中自由电子热运动产生的热噪声、真空管中电子的起伏发射和半导体载流子的起伏变化产生的散弹噪声及电源噪声等。

2. 根据噪声的性质分类

根据噪声的性质分类，可将噪声分为单频噪声、脉冲噪声和起伏噪声。

单频噪声主要是无线电干扰，它是一种连续干扰，可能是单一频率干扰信号，也可能是窄带频谱干扰信号。单频噪声并不是在所有的通信系统中都存在，可以采用一些特殊的措施(如扩频技术)克服这种噪声的影响，因此在分析通信系统的抗噪性能时，不考虑单频噪声。

脉冲噪声是在时间上无规则的突发脉冲波形。工业干扰中的电火花、汽车点火、雷电等都可以产生脉冲噪声。脉冲噪声的特点是以突发脉冲形式出现的，干扰持续时间短，脉冲幅度大，周期是随机的且相邻突发脉冲之间有较长的安静时间。由于其脉冲很窄，所以其频谱很宽。但是随着频率的提高，频谱强度逐渐减弱。通常可以通过选择合适的工作频率、远离脉冲源以及用含有交织编码的差错控制技术等措施减小和避免脉冲噪声的干扰，所以也不研究脉冲噪声对可靠性的影响。

起伏噪声是一种连续波随机噪声，包括热噪声、散弹噪声和宇宙噪声。起伏噪声的频谱宽且始终存在，它是影响通信系统可靠性的主要因素，因此在分析通信系统的抗噪性能时，仅考虑起伏噪声。

4.5.2 起伏噪声的统计特性

研究表明，热噪声、散弹噪声和宇宙噪声这些起伏噪声具有如下统计特性：

（1）功率谱密度在很宽的频率范围内是平坦的；

（2）瞬时幅度服从高斯分布且均值为 0。

因此，起伏噪声通常被认为是高斯白噪声。

起伏噪声的一维概率密度函数为

$$f_n(x) = \frac{1}{\sqrt{2\pi}\sigma_n} \exp\left[-\frac{x^2}{2\sigma_n^2}\right] \tag{4-16}$$

式中：σ_n^2 为起伏噪声的功率。

起伏噪声的双边功率谱密度为

$$P_n(f) = \frac{n_0}{2}(\text{W/Hz}) \tag{4-17}$$

应特别说明的是，严格意义上的白噪声的频带是无限宽的，这种噪声是不存在的。起伏噪声的频率范围虽然包含了毫米波在内的所有频段，但其频率范围仍是有限的，因而其功率也是有限的，它不是严格意义上的白噪声。

4.5.3 噪声对信号的影响

根据噪声在信道中的表现形式我们可以把噪声分为加性噪声和乘性噪声两类。

乘性噪声对信号的影响体现为相乘的关系，变化比较复杂，通常包含信号的各种线性畸变、非线性畸变、衰落畸变等。乘性噪声随信号的存在而存在，随信号的消失而消失。

加性噪声是一种独立于信号而存在的噪声，却始终干扰信号，即使信道中没有信号通过，加性噪声也是存在的。加性噪声与信号是相叠加的，与乘性噪声不同，在加性噪声的作用下，信号没有产生新的频率分量，信号所包含的各频率分量的振幅与相位也没有发生变化。但是加性噪声会使通信信道的信噪比下降，从而使得信号的提取变得困难，使信道的传播特性变差。加性噪声对信号的影响体现为与信号相加的形式，包括上述的环境噪声和内部噪声，是信道噪声研究的主要内容。加性噪声主要是由内部噪声形成的，它们不能被消除，是影响通信质量的主要因素之一。

任何一个通信信道的最小信号强度都是由信道的噪声强度决定的。当信道的衰减比较大时，信号很微弱，此时噪声对信号的接收有很大的影响。

4.6　信　道　容　量

信道容量是指在单位时间内信道无差错传输信息的最大信息量，即信道的最大信息速率，记作 C，单位是 b/s。

在信道模型中，我们定义了两种广义信道：调制信道和编码信道。调制信道是一种连续信道，可以用连续信道的信道容量来表征；编码信道是一种离散信道，可以用离散信道的信道容量来表征。下面分别讨论离散信道的信道容量和连续信道的信道容量。

4.6.1　离散信道的容量

离散信道的信道容量可以根据奈奎斯特(Nyquist)准则计算。奈奎斯特准则指出,带宽为 B(Hz)的信道,所能传输的信号的最高码元速率为 $2B$(Baud),即无噪声离散信道的信道容量 C 可表示为

$$C = 2B \text{ (Baud)} \tag{4-18}$$

或

$$C = 2B \text{ lb}M \text{ (b/s)} \tag{4-19}$$

式中; M 为进制数。

例 4-1　设某离散信道的带宽为 3000 Hz,采用十六进制传输,计算无噪声时该信道的容量。

解:已知 $B=3000$ Hz, $M=16$,由奈奎斯特公式可得

$$C=2B \text{ lb}M=2×3000×\text{lb}16=24\ 000 \text{ (b/s)}$$

当存在噪声时,传送将出现差错,从而造成信息的损失和信道容量的降低。

4.6.2　连续信道的容量

连续信道的信道容量可以用著名的香农(Shannon)定律计算。香农定律指出,在信道带宽为 B(Hz),信道输出的信号功率为 S(W),输出噪声功率为 N(W)时,连续信道的信道容量为

$$C = B \text{ lb}\left(1+\frac{S}{N}\right)(\text{b/s}) \tag{4-20}$$

该公式表明,当信道输出信号与输出噪声的平均功率给定时,在具有一定信道带宽 B 的信道上,单位时间内可能传输的信息量的极限数值。其中 S/N 为信号功率与噪声功率之比,与信噪比之间的转换关系为 $\text{SNR}=10 \text{ lg}S/N$。信噪比(Signal to Noise Ratio,SNR),即放大器的输出信号电压与同时输出的噪声电压的比,单位为 dB。

由于噪声功率 N 与信道带宽 B 有关,故若信道中噪声的单边功率谱密度为 n_0,则在信道带宽 B 内的噪声功率 $N= n_0B$。因此,香农公式的另一形式为

$$C = B \text{ lb}\left(1+\frac{S}{n_0 B}\right)(\text{b/s}) \tag{4-21}$$

香农公式是在高斯信号及高斯白噪声信道的条件下推导出来的,它有以下重要结论:

(1)信道容量随信噪比的增大而增大,当信噪比为无穷大(信号功率为无限大或噪声功率谱密度为 0)时,信道容量为无穷大。显然,任何实际的通信系统都是无法实现的,但是以上关系说明,可以通过加大信号发射功率或降低噪声功率的方法来增加信道容量。

(2)信道容量随信道带宽的增大而增大,但增大信道带宽并不能无限地使信道容量增大。当信道带宽趋于无穷大时,由式(4-21)可得,信道容量的极限值为

$$\lim_{B\to\infty}C= \lim_{B\to\infty}B\text{lb}\left(1+\frac{S}{n_0 B}\right) = \frac{S}{n_0} \lim_{B\to\infty}\frac{n_0 B}{S}\text{lb}\left(1+\frac{S}{n_0 B}\right)$$

$$= \frac{S}{n_0}\text{lbe} = 1.44\frac{S}{n_0} \tag{4-22}$$

上式表明,保持 S/n_0 一定,即使信道带宽 B 无限增大,信道容量 C 也是有限的,这是因为信道带宽 B 趋于无穷大时,噪声功率 N 也趋于无穷大。

（3）若信源的信息传输速率小于或等于信道容量，则理论上总可以找到一种信道编码方法，实现无差错传输；若信源的信息传输速率大于信道容量 C，则理论上就不可能实现无差错传输。这说明信息传送速率受到信道容量的制约，无论数据终端设备的速率多快，整个通信系统的数据传输速率都不可能超过信道容量。

（4）信道容量 C 一定时，信道带宽 B 与信噪比 S/N 可以进行互换。根据香农公式，在同样的信道容量要求下，对不同的信道环境，我们采用不同的方法实现通信。当通信频带资源比较丰富时，可以增大信道带宽 B，降低信噪比 S/N，即用较大的带宽换取较小的信噪比，扩频通信属于这一类通信系统。当通信频带资源比较匮乏时，可以增大信号发送功率，降低对信道带宽的要求，即用较大的信噪比换取较小的信道带宽，例如无线电广播通信就属于这种情况。

通常称信道容量为信息传输速率的极限值，将实现了极限传输速率且能做到无差错传输的通信系统，称为理想通信系统。香农定理只证明了理想通信系统的"存在性"，却没有指出这种通信系统的实现方法。但这并不影响香农定理在通信系统理论分析和工程实践中所起的重要指导作用。

例 4.2　某电话信道带宽为 3000 Hz，要求信道达到的信噪比为 30 dB，求该信道的信道容量。

解：因为 $10 \lg\left(\dfrac{S}{N}\right) = 30$ dB，所以 $\dfrac{S}{N} = 10^3$，根据香农定理得

$$C = B \text{ lb}\left(1 + \frac{S}{N}\right) = 3000 \text{ lb}(1 + 10^3) \approx 30 \text{ (kb/s)}$$

思 考 题

1. 试比较双绞线、同轴电缆和光纤的不同。

2. 无线电波可划分为哪些频段？无线电波有哪些传播方式？

3. 什么是调制信道？什么是编码信道？它们的数学模型分别是什么？

4. 什么是恒参信道？什么是随参信道？目前常见的信道中，哪些属于恒参信道？哪些属于随参信道？

5. 信号在恒参信道中传输时主要有哪些失真？如何才能减小这些失真？

6. 什么是群迟延-频率特性？它与相位频率特性有何关系？

7. 随参信道的特点如何？为什么信号在随参信道中传输时会发生衰落现象？

8. 信道中常见的起伏噪声有哪些？它们的主要特点是什么？

9. 信道容量是如何定义的？连续信道容量和离散信道容量的定义有何区别？

10. 香农公式有何意义？信息容量与三要素 B、S 和 n_0 的关系如何？

练 习 题

1. 某计算机终端可输出 256 种符号，利用带宽为 4 kHz、信噪比为 30 dB 的模拟电话信道传输，求该终端输出的最大波特率。

2. 已知一首压缩过的双通道立体声歌曲的信息量为 9.36×10^6 b，歌曲长度为 5 分钟，通过电话信道播放，已知电话信道带宽 $B = 3$ kHz，要使接收端能听到清晰的歌曲，求信道的信噪比 S/N。

3. 已知某彩色电视图像由 480 000 个像素组成，每个像素的色彩和亮度都使用 32 位二进制数来描述。如果彩色电视播放的帧率（每秒钟播放的画面数目，单位是帧/秒）是 30 f/s，请计算该信源无失真传输的信道容量。如果信道的信噪比是 40 dB，那么传送该彩色电视图像需要的信道带宽是多少。（$\mathrm{lb}x = 3.32 \lg x$）

4. 设数字信号的每比特能量为 E_b，信道噪声的双边功率谱密度为 $n_0/2$，试证明信道无错误传输的信噪比 E_b/n_0 的最小值为 -1.6 dB。

5. 设高斯信道的带宽为 4 kHz，信号与噪声的功率比为 63，试确定利用该信道的理想通信系统之传信率和差错率。

6. 假设在一个信道中，采用二进制方式传送数据，码元传输速率为 2000 Baud，信道带宽为 4000 Hz，为了保证错误概率 $P_e \leqslant 10^{-5}$，要求信道输出信噪比 $S/N \geqslant 31$（约 15 dB），试估计该系统的潜力。

7. 已知某信道无差错传输的最大信息速率为 $R_{\max}$（b/s），信道的带宽为 $B = R_{\max}/2$（Hz），设信道中噪声为高斯白噪声，单边功率谱密度为 n_0（W/Hz），试求此时系统中信号的平均功率。

8. 设某恒参信道可用题图 4-1 所示的线性二端口网络来等效，试求它的传输函数 $H(\omega)$，并说明信号通过该信道后会产生哪些失真。

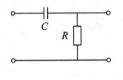

题图 4-1

9. 设某随参信道的最大多径时延差等于 3 ms，为了避免发生频率选择性衰落，试估算在该信道上传输的数字信号的占用频带范围。

10. 具有 6.5 MHz 带宽的某高斯信道，若信道中信号功率与噪声单边功率谱密度之比为 45.5 MHz，试求其信道容量。

11. 设一恒参信道的幅频特性和相频特性分别为

$$\begin{cases} |H(\omega)| = K_0 \\ \varphi(\omega) = -\omega t_d \end{cases}$$

式中：K_0 和 t_d 都是常数。试确定信号 $s(t)$ 通过该信道后的输出信号的时域表示式，并讨论。

12. 假设某随参信道的两径时延差 τ 为 1 ms，试求该信道在哪些频率上传输衰耗最大，选用哪些频率传输信号最有利。

第 5 章　模拟调制系统

教学目标：
- ❖ 掌握幅度调制的原理及抗噪声性能；
- ❖ 掌握频分复用的原理；
- ❖ 理解非线性调制的原理及抗噪声性能；
- ❖ 了解各种模拟调制系统的异同点；
- ❖ 熟练运用 SystemView 5.0 仿真软件对模拟通信系统的调制、解调和性能进行仿真分析。

所谓调制，就是在发送端将要传送的原始电信号附加在高频振荡信号上，也就是使高频振荡信号的某一个或几个参量随原始电信号的规律变化。其中要发送的原始电信号称为调制信号，又称基带信号；高频振荡信号称为载波，经调制所产生的输出信号称为已调信号，又称频带信号。调制的主要作用有三个：

（1）将基带信号转化成利于在信道中传输的信号。信源产生的原始电信号，大多含有丰富的低频成分，这种信号不适合直接在信道中传输。通常在通信系统的发送端需要有调制的过程，通过调制，将调制信号的频谱搬移到希望的位置上，从而将调制信号转化成适合在信道中传输的已调信号，而在接收端则需要有一个相反的过程，即解调过程。

（2）改善信号传输的性能。通过调制，可以改善信号传输的性能。如通过 FM 调制获得信噪比的改善，从而提高信息传输的可靠性。

（3）可实现信道复用，提高频带利用率。在通信系统中，信道带宽往往要比一路信号带宽宽得多，因此，一个信道只传输一路信号是非常浪费的。通常，可以通过调制将多路信号的频谱分别搬移到不同的频段上，使多路信号在同一信道上传输，即实现频分复用，从而提高系统频带利用率。

根据使用载波的形式不同，调制方式可以分为以正弦波作为载波的正弦波调制和以脉冲串作为载波的脉冲调制。根据调制信号的形式不同，正弦波调制又可分为模拟调制和数字调制。其中模拟调制又可分为幅度调制和角度调制，这是我们本章的主要内容。

5.1　幅度调制原理

5.1.1　幅度调制的一般模型

幅度调制是用调制信号去控制高频载波的振幅，使其按照调制信号的规律变化的过程。幅度调制器的一般模型如图 5-1 所示。

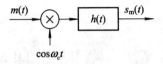

图 5-1　幅度调制器的一般模型

设调制信号 $m(t)$ 的频谱为 $M(\omega)$，正弦波 $c(t)=\cos\omega_c t$ 作为高频载波，滤波器的冲激响应为 $h(t)$，其对应的传输函数为 $H(\omega)$，输出已调信号为 $s_m(t)$，其对应的频谱为 $S_m(\omega)$。则可以得到三个傅里叶变换对：$m(t)\Leftrightarrow M(\omega)$，$h(t)\Leftrightarrow H(\omega)$，$s_m(t)\Leftrightarrow S_m(\omega)$。由一般模型可以得到已调信号的时域表达式为

$$s_m(t) = [m(t)\cos\omega_c t] * h(t) \tag{5-1}$$

由

$$m(t)\cos\omega_c t = \frac{1}{2}m(t)e^{j\omega_c t} + \frac{1}{2}m(t)e^{-j\omega_c t} \tag{5-2}$$

根据傅里叶变换的线性性质和频移特性，可得

$$m(t)\cos\omega_c t = \frac{1}{2}[M(\omega-\omega_c) + M(\omega+\omega_c)] \tag{5-3}$$

再根据傅里叶变换的时域卷积性质，可得已调信号的频域表达式为

$$S_m(\omega) = \frac{1}{2}[M(\omega-\omega_c) + M(\omega+\omega_c)]H(\omega) \tag{5-4}$$

由以上表达式可见，对于幅度调制的已调信号，在波形上，其幅度随调制信号规律而变化；在频谱结构上，其频谱完全是调制信号的频谱在频域内的简单搬移。由于频谱的搬移是线性的，因此幅度调制通常又称为线性调制，相应地，幅度调制系统也称为线性调制系统。

在图 5-1 所示的一般模型中，选择不同的滤波器特性 $H(\omega)$，就可以得到几种不同的幅度调制方式，分别为常规双边带(DSB-AM，简称 AM)调幅、抑制载波双边带(DSB-SC，简称 DSB)调幅、单边带(SSB)调幅和残留边带(VSB)调幅。

5.1.2　常规调幅及仿真

1. AM 调制系统模型

在幅度调制器的一般模型中，如果滤波器为全通网络，即传输函数 $H(\omega)=1$，相应的冲激响应 $h(t)=\delta(t)$，调制信号 $m(t)$ 叠加直流 A_0 后与载波相乘，则构成常规双边带调幅系统(DSB-AM)，简称常规调幅系统，或 AM 调制系统，相应地产生的已调信号称为 AM 信号。AM 调制系统的模型如图 5-2 所示。

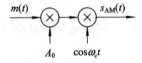

图 5-2　AM 调制系统模型

调制信号 $m(t)$ 可以是确知信号，也可以是随机信号，通常认为其均值为 0，即 $\overline{m(t)}=$

0。A_0 是外加的直流分量，仍然采用高频正弦载波 $c(t) = \cos\omega_c t$。

2. AM 信号的波形和频谱

1）AM 信号的表达式

由图 5-2 可以得到 AM 信号的时域表达式为

$$s_{AM}(t) = [A_0 + m(t)]\cos\omega_c t = A_0\cos\omega_c t + m(t)\cos\omega_c t \qquad (5-5)$$

根据傅里叶变换的线性性质和频移特性，可以得到其频域表达式为

$$S_{AM}(\omega) = \pi A_0[\delta(\omega - \omega_c) + \delta(\omega + \omega_c)] + \frac{1}{2}[M(\omega - \omega_c) + M(\omega + \omega_c)] \qquad (5-6)$$

2）AM 信号的波形和频谱

AM 调制的调制信号、载波信号和已调信号的典型波形和频谱分别如图 5-3(a)、(b) 所示，图中假定调制信号 $m(t)$ 的上限频率为 ω_H。显然，调制信号 $m(t)$ 的带宽为 $B_m = f_H$。

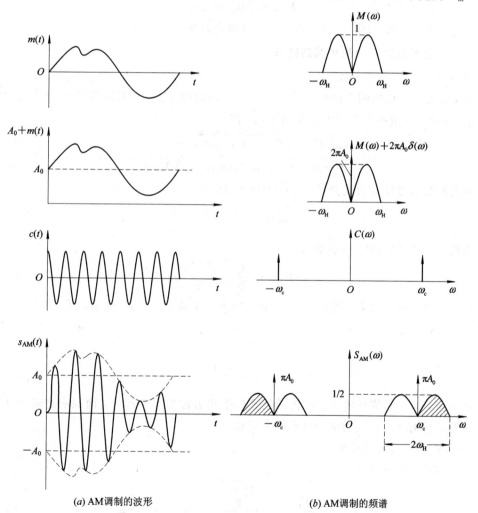

(a) AM调制的波形　　　　　　　　(b) AM调制的频谱

图 5-3　AM 调制的波形和频谱

由图 5-3(a) 可见，AM 信号波形的包络与调制信号 $m(t)$ 成正比，因此用包络检波的方法很容易恢复原始调制信号。但为了包络检波时不发生失真，必须保证

$$A_0 \geqslant |m(t)|_{\max} \qquad (5-7)$$

否则将出现过调制现象而产生失真。通常定义调幅指数为

$$m_a = \frac{|m(t)|_{\max}}{A_0} \qquad (5-8)$$

即当调幅指数 $m_a \leqslant 1$ 时，可以保证包络检波时不会产生失真。

由图 5-3(b)可见，AM 信号的频谱是由载频分量和上、下两个边带组成（通常称频谱中画斜线的部分为上边带，不画斜线的部分为下边带）。上边带的频谱与原调制信号的频谱结构相同，下边带是上边带的镜像。显然，无论是上边带还是下边带，都含有原调制信号的完整信息。故 AM 信号是带有载波的双边带信号。

3）AM 信号的带宽

由 AM 信号的频谱图可见，AM 信号的带宽为基带信号带宽的两倍，即

$$B_{AM} = 2B_m = 2f_H \qquad (5-9)$$

式中：B_m 为原调制信号带宽，f_H 为调制信号最高频率。

3. AM 信号的功率分配和调制效率

1）AM 信号的功率分配

AM 信号在 1 Ω 电阻上的平均功率等于 $s_{AM}(t)$ 的均方值，当调制信号 $m(t)$ 为确知信号时，$s_{AM}(t)$ 的均方值等于其平方的时间平均，即

$$\begin{aligned} P_{AM} &= \overline{s_{AM}^2(t)} = \overline{[A_0 + m(t)]^2 \cos^2 \omega_c t} \\ &= \overline{A_0^2 \cos^2 \omega_c t} + \overline{m^2(t)\cos^2 \omega_c t} + \overline{2A_0 m(t)\cos^2 \omega_c t} \end{aligned} \qquad (5-10)$$

通常假设调制信号没有直流分量，即 $\overline{m(t)}=0$，而且

$$\overline{\cos^2 \omega_c t} = \overline{\frac{1+\cos 2\omega_c t}{2}} = \frac{1}{2}$$

因此，可得 AM 信号的功率为

$$P_{AM} = \frac{A_0^2}{2} + \frac{\overline{m^2(t)}}{2} \qquad (5-11)$$

式中：第一项为载波功率，用 P_c 表示；第二项为边带功率，用 P_s 表示，即

$$\begin{cases} P_c = \dfrac{A_0^2}{2} \\ P_s = \dfrac{\overline{m^2(t)}}{2} \end{cases} \qquad (5-12)$$

由此可见，AM 信号的总功率包括载波功率和边带功率两部分，而只有边带功率分量才与调制信号有关，载波功率分量不携带信息。

2）AM 调制的调制效率

调制效率的定义式为

$$\eta_{AM} = \frac{P_s}{P_{AM}} = \frac{\dfrac{\overline{m^2(t)}}{2}}{\dfrac{A_0^2}{2} + \dfrac{\overline{m^2(t)}}{2}} = \frac{\overline{m^2(t)}}{A_0^2 + \overline{m^2(t)}} \qquad (5-13)$$

可见，在 AM 信号的总功率中，边带功率分量所占比例越大，调制效率越高。因此，调制效率与调幅指数 m_a 有关，调幅指数越大，调制效率越高。当取最大调幅指数 $m_a=1$ 时，即

100%调制情况下，若调制信号为单频正弦信号，则 $m(t) = A_0\cos\omega_\mathrm{m}t$，这时的调制效率为

$$\eta_\mathrm{AM} = \frac{\overline{m^2(t)}}{A_0^2 + \overline{m^2(t)}} = \frac{\dfrac{A_0^2}{2}}{A_0^2 + \dfrac{A_0^2}{2}} = \frac{1}{3} \qquad (5-14)$$

综上所述，AM 调制的调制效率总是小于 1，单频正弦信号进行 100%调制时，调制效率才达到 1/3。可见，在 AM 信号中，载波分量占据大部分功率，而包含有用信息的边带分量占有的功率较小。因而，AM 调制的调制效率比较低，也就是说，AM 信号的功率利用率低。

4. AM 信号的解调

调制过程的逆过程称为解调。AM 信号的解调是把接收到的已调信号 $s_\mathrm{AM}(t)$ 还原为调制信号 $m(t)$。AM 信号的解调方法有两种：相干解调和包络检波法解调。

1）相干解调

由 AM 信号的频谱可知，如果将已调信号的频谱搬回到原点位置，即可得到原始的调制信号频谱，从而恢复出原始调制信号。解调中的频谱搬移可通过已调信号与相干载波相乘来实现，相干载波是与发送端调制时所使用的载波同频同相位的载波。AM 相干解调的原理框图如图 5-4 所示。

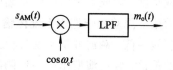

图 5-4　AM 相干解调系统原理框图

图 5-4 中，乘法器的输出为

$$s_\mathrm{AM}(t)\cos\omega_\mathrm{c}t = [A_0 + m(t)]\frac{1+\cos2\omega_\mathrm{c}t}{2} = \frac{1}{2}[A_0 + m(t)] + \frac{1}{2}[A_0 + m(t)]\cos2\omega_\mathrm{c}t$$

$$(5-15)$$

通过低通滤波，滤除上式中的第二项高频成分，解调器的输出为

$$m_\mathrm{o}(t) = \frac{1}{2}[A_0 + m(t)] \qquad (5-16)$$

隔离直流后，便可无失真恢复原始调制信号 $m(t)$。

相干解调的关键是必须产生一个与调制器所使用的载波同频同相位的相干载波。如果同频同相位的条件得不到满足，则会破坏原始信号的恢复。

2）包络检波法解调

由已调信号 $s_\mathrm{AM}(t)$ 的波形可见，AM 信号波形的包络与调制信号 $m(t)$ 成正比，故可以用包络检波的方法恢复原始调制信号。包络检波器一般由半波或全波整流器和低通滤波器组成，如图 5-5 所示。

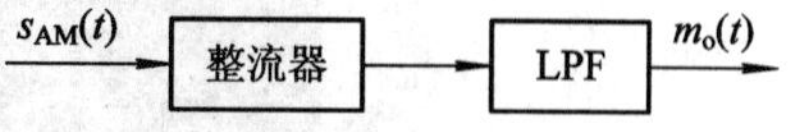

图 5-5　包络检波器一般模型

图 5-6 为串联型包络检波器的具体电路，由二极管 D、电阻 R 和电容 C 组成。当 RC 满足条件

$$\frac{1}{\omega_\mathrm{c}} \ll RC \ll \frac{1}{\omega_\mathrm{H}} \qquad (5-17)$$

时，包络检波器的输出与输入信号的包络十分相近，如图 5-7 所示。即

$$m_\mathrm{o}(t) \approx A_0 + m(t) \qquad (5-18)$$

包络检波器的输出信号中，通常含有频率为 ω_c 的波纹，可由 LPF 滤除。隔离直流后，便可无失真恢复原始调制信号 $m(t)$。

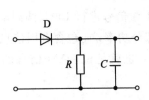

图 5-6　串联型包络检波器

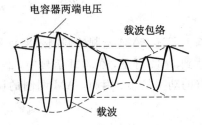

图 5-7　包络检波器的输出波形

　　包络检波法属于非相干解调法，其特点是：解调效率高，解调器输出近似为相干解调的 2 倍；解调电路简单，特别是接收端不需要与发送端同频同相位的相干载波，大大降低了实现难度。因此几乎所有的调幅（AM）式接收机都采用包络检波解调电路。

　　采用常规双边带调幅系统传输信息的优点是解调电路简单，可采用包络检波法。缺点是调制效率低，载波分量不携带信息，但却占据了大部分功率，非常浪费。如果抑制载波分量的传送，则可演变出另一种调制方式，即抑制载波双边带调幅（DSB - SC）。

5. AM 调幅的仿真

1）仿真电路原理图

　　以 1 V、100 Hz 正弦信号作为调制信号，以 1 V、1 kHz 正弦信号作为载波，分别选择调制度（调幅指数）为 0.1、0.5 和 1.0，使用 SystemView 5.0 仿真软件，对 AM 调幅进行仿真，仿真电路原理图如图 5-8 所示。并在调制度为 1.5 时，仿真测试 AM 的过调幅现象。

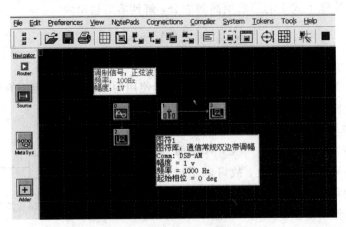

图 5-8　AM 调幅仿真图

2）仿真波形

（1）调制信号波形与频谱。

产生调制信号的信号源参数设置如图 5-9 所示。

调制信号波形和频谱分别如图 5-10 和图 5-11 所示。

图 5-9　信号源参数设置

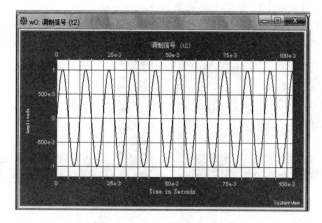

图 5-10　调制信号波形

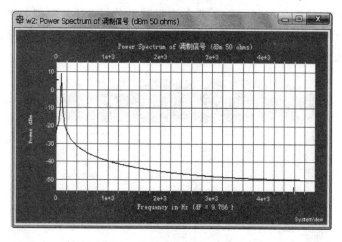

图 5-11　调制信号功率谱

（2）已调信号波形与频谱。

① 调制度为 0.1 时，DSB-AM 调制器参数设置如图 5-12 所示。
已调信号波形和频谱分别如图 5-13 和图 5-14 所示。

图 5 - 12　AM 调制器参数设置

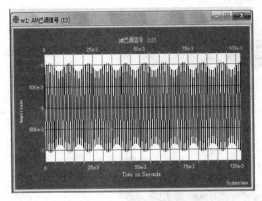

图 5 - 13　已调信号波形

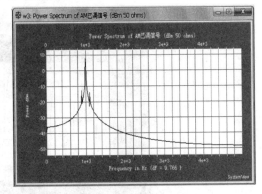

图 5 - 14　已调信号功率谱

　　调制信号和已调信号频谱的比较如图 5 - 15 所示。由图可见，AM 调幅将调制信号频谱进行了搬移，而且已调信号频谱除了两个边带频谱分量，还有载波分量，因此 AM 调幅的已调信号是带有载波的双边带信号。由于调幅度比较小，载波分量占据了很大的功率，而包含调制信号信息的边带功率比较小，因此，调制效率比较低。

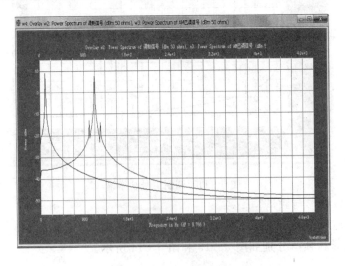

图 5 - 15　调制信号和已调信号的功率谱比较

② 调制度为 0.5 时，DSB – AM 调制器参数设置如图 5 – 16 所示。

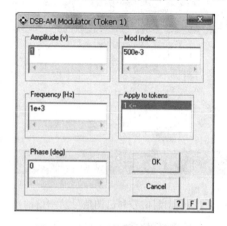

图 5 – 16 AM 调制器参数设置

已调信号波形和频谱分别如图 5 – 17 和图 5 – 18 所示。

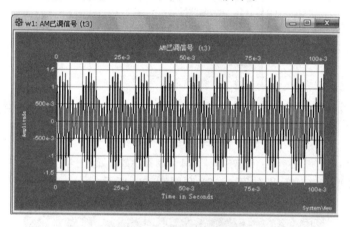

图 5 – 17 AM 已调信号波形

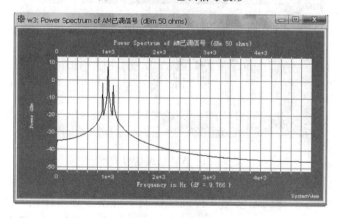

图 5 – 18 AM 已调信号频谱

调制信号和已调信号频谱的比较如图 5 – 19 所示。由图可见，与调制度为 0.1 时相比，边带功率分量增加了，即提高了调制效率。

③ 调制度为 1.0 时，DSB – AM 调制器参数设置如图 5 – 20 所示。

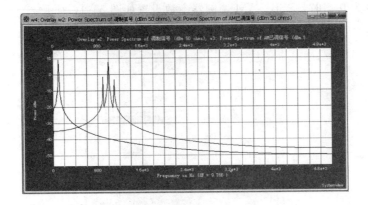

图 5 - 19　调制信号和已调信号功率谱的比较

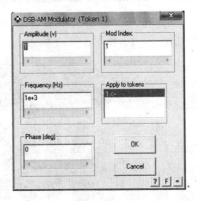

图 5 - 20　AM 调制器参数设置

已调信号波形和频谱分别如图 5 - 21 和图 5 - 22 所示。

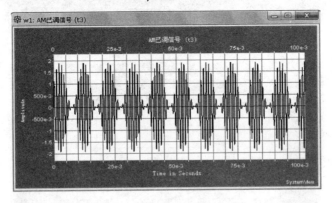

图 5 - 21　AM 已调信号波形

　　调制信号和已调信号频谱的比较如图 5 - 23 所示。由图可见，与调制度为 0.5 时相比，边带功率分量又增加了，即调制效率又得到了提高。由以上频谱图的对比可见，AM 调幅系统的调制效率与调制度有关，随调制度增加，调制效率逐渐提高。但调制度不能无限制增加，1.0 是允许的最大调制度，这时从已调信号的波形图上可以看到，载波幅度的最小值已到达零点。调制度再增加，将会出现过调幅现象，通过包络检波法解调恢复调制信号时将会出现失真。

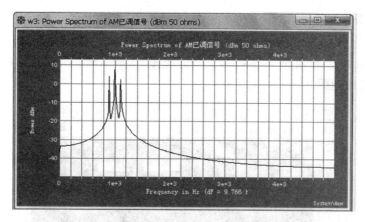

图 5 - 22　AM 已调信号功率谱

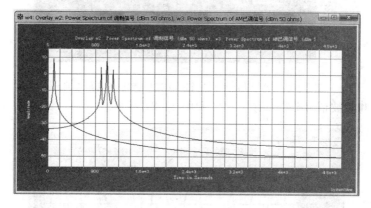

图 5 - 23　调制信号和已调信号功率谱的比较

④ 调制度为 1.5 时的过调幅现象。

调制度为 1.5 时,将发生过调幅现象,过调幅时的已调信号波形如图 5 - 24 所示。由图可见,此时在载波过零点处将发生畸变,载波幅度不再与调制信号成正比,因此,包络检波解调时将发生失真。

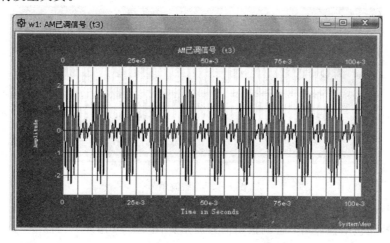

图 5 - 24　过调幅时的 AM 信号波形

6. AM 包络检波的仿真

以 1 V、300 Hz 正弦信号作为调制信号，以 1 V、2 kHz 正弦信号作为载波，选择调制度（调幅指数）为 1.0，使用 SystemView 5.0 仿真软件，对 AM 信号的包络检波法解调进行仿真，仿真电路原理图如图 5-25 所示。

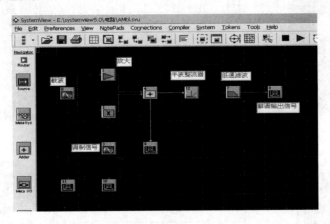

图 5-25　AM 信号的包络检波法解调仿真电路原理图

调制信号和载波信号分别如图 5-26 和图 5-27 所示。

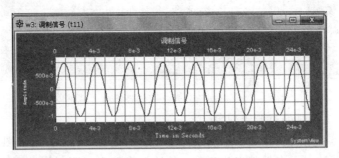

图 5-26　调制信号

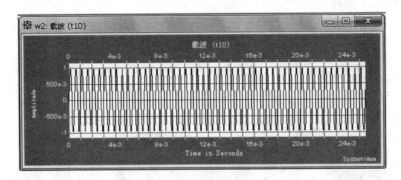

图 5-27　载波信号

已调信号波形和频谱分别如图 5-28 和图 5-29 所示。

AM 信号经包络检波后，解调输出信号波形如图 5-30 所示。与图 5-26 所示的调制信号对比，可发现两者都是单频正弦信号，而且频率相同，可认为无失真恢复了原始调制信号。

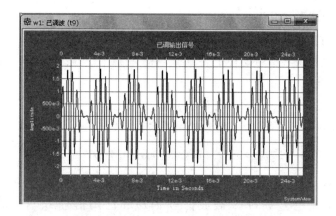

图 5 - 28 AM 已调输出信号波形

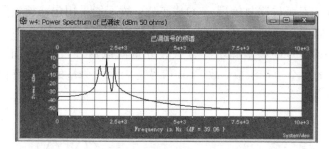

图 5 - 29 AM 已调信号的频谱

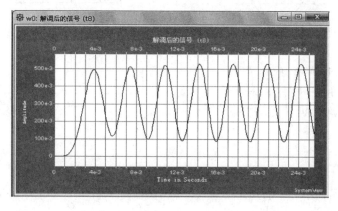

图 5 - 30 包络检波解调输出信号

5.1.3 双边带调幅及仿真

1. DSB 调制系统模型

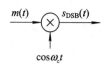

在幅度调制器的一般模型中，如果滤波器为全通网络，即传输函数 $H(\omega)=1$，相应的冲激响应 $h(t)=\delta(t)$，则构成抑制载波双边带调幅系统（DSB - SC），简称双边带调幅系统，或 DSB 调制系统。相应地，将产生的已调信号称为双边带（DSB）信号。DSB 调制系统模型如图 5 - 31 所示。

图 5 - 31 DSB 调制系统模型

2. DSB 信号的波形和频谱

1）DSB 信号的表达式

由图 5-8 可见，DSB 信号实质上就是调制信号 $m(t)$ 与载波 $c(t)=\cos\omega_c t$ 直接相乘，其时域表达式为

$$s_{\mathrm{DSB}}(t) = m(t)\cos\omega_c t \tag{5-19}$$

对上式作傅里叶变换，即可得 DSB 信号的频域表达式为

$$S_{\mathrm{DSB}}(\omega) = \frac{1}{2}\big[M(\omega-\omega_c)+M(\omega+\omega_c)\big] \tag{5-20}$$

2）DSB 调制的波形和频谱

DSB 调制的调制信号 $m(t)$、载波信号 $c(t)$ 和已调信号 $s_{\mathrm{DSB}}(t)$ 的典型波形如图 5-32(a)所示，它们的频谱 $M(\omega)$、$C(\omega)$ 和 $S_{\mathrm{DSB}}(\omega)$ 则如图 5-32(b)所示。由图 5-32(a)可见，DSB 信号的包络不再与调制信号 $m(t)$ 成正比，故不能采用包络检波法解调，只能采用相干解调。在调制信号 $m(t)$ 的过零点处，高频载波相位有 180°突变，称为载波反相。由图 5-32(b)可见，DSB 信号的频谱除了不含载频分量离散谱外，与 AM 信号的频谱完全相同，仍由上下对称的两个边带组成，故 DSB 信号是无载波分量的双边带信号，也称抑制载波双边带信号。

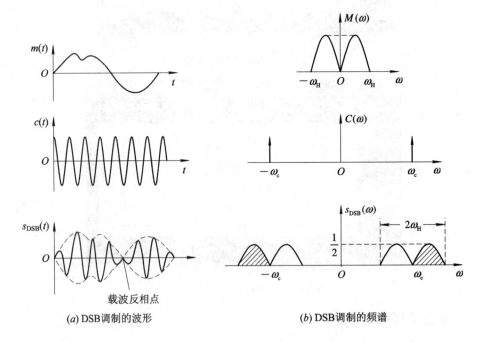

(a) DSB 调制的波形　　　　(b) DSB 调制的频谱

图 5-32　DSB 调制的波形和频谱

3）DSB 信号的带宽

由 DSB 信号的频谱可见，DSB 信号的带宽与 AM 信号相同，也为基带信号带宽的两倍，即

$$B_{\mathrm{DSB}} = 2B_m = 2f_H \tag{5-21}$$

式中：B_m 为原调制信号带宽；f_H 为调制信号最高频率。

3. DSB 信号的功率分配和调制效率

DSB 信号的功率为

$$P_{DSB} = \overline{s_{DSB}^2(t)} = \overline{m^2(t)\cos^2\omega_c t} = \frac{\overline{m^2(t)}}{2} \qquad (5-22)$$

式中：$\overline{m^2(t)}$ 为调制信号功率，用 P_m 表示。由上式可见，DSB 信号的功率只包含边带功率，不含载波功率，因为 DSB 调制抑制了载波分量的传送，即

$$P_{DSB} = P_s = \frac{1}{2}P_m = \frac{\overline{m^2(t)}}{2} \qquad (5-23)$$

可见，DSB 信号的功率等于边带功率，是调制信号功率的一半。由于只含有边带功率，因此 DSB 调制的调制效率为 100%，即

$$\eta_{DSB} = 1 \qquad (5-24)$$

4. DSB 信号的解调

DSB 信号只能采用相干解调，DSB 相干解调系统模型如图 5-33 所示。

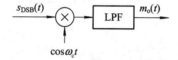

图 5-33　DSB 相干解调系统模型

图 5-33 中，乘法器的输出为

$$s_{DSB}(t)\cos\omega_c t = m(t)\cos^2\omega_c t = m(t)\frac{1+\cos2\omega_c t}{2}$$
$$= \frac{1}{2}m(t) + \frac{1}{2}m(t)\cos2\omega_c t \qquad (5-25)$$

经低通滤波器滤除高频分量，解调器输出为

$$m_o(t) = \frac{1}{2}m(t) \qquad (5-26)$$

即无失真地恢复出原始电信号。

抑制载波的双边带调幅的优点是：节省了载波发射功率，提高了调制效率；而且调制电路简单，仅用一个乘法器即可实现。缺点是占用频带宽度比较宽，为基带信号带宽的 2 倍。由于 DSB 信号的上、下两个边带是完全对称的，都携带了调制信号的全部信息。因此，从信息传输的角度来考虑，仅传输其中一个边带就够了，这就演变出另一种新的调制方式——单边带调幅（SSB）。

5. DSB 调制的仿真

与 AM 调幅时一样，以 1 V、100 Hz 正弦信号作为调制信号，以 1 V、1 kHz 正弦信号作为载波，使用 SystemView 5.0 仿真软件，对 DSB 调幅进行仿真，仿真电路原理图如图 5-34 所示。

信号源参数设置以及调制信号波形和频谱同 AM 调幅，这里不再详述。DSB 已调信号波形和频谱分别如图 5-35 和图 5-36 所示。由 DSB 信号波形可见，载波在过零点处反相，载波幅度也与调制信号不成正比，因此，不能采用包络检波法解调。由 DSB 信号的功

率谱可见,它只包含两个边带功率分量,不含载波功率分量,因此,DSB 信号是抑制载波的双边带信号。

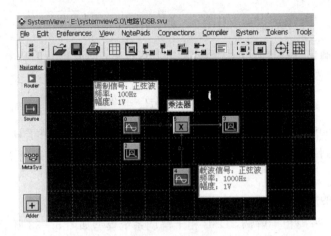

图 5-34　DSB 调幅仿真电路原理图

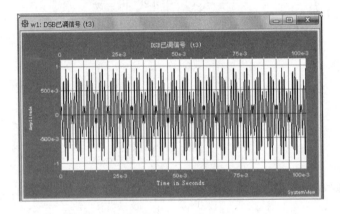

图 5-35　DSB 已调信号波形

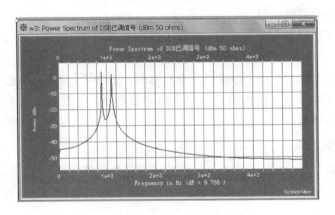

图 5-36　DSB 已调信号功率谱

6. DSB 相干解调的仿真

以 1 V、300 Hz 正弦波作为调制信号,以 1 V、2 kHz 正弦波作为载波,使用 System-

View 5.0 仿真软件，对 DSB 相干解调进行仿真，仿真电路原理图如图 5 - 37 所示。

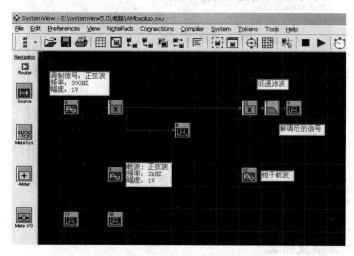

图 5 - 37　DSB 相干解调仿真原理图

　　调制信号和载波信号波形与 AM 包络检波法解调时一样，不再详述。DSB 已调信号波形和频谱分别如图 5 - 38 和图 5 - 39 所示。

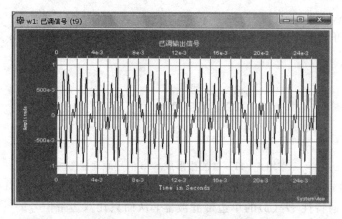

图 5 - 38　DSB 已调信号波形

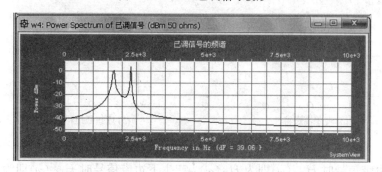

图 5 - 39　DSB 已调信号频谱

　　经相干解调后的输出信号如图 5 - 40 所示，由图可见，它是一个与调制信号同频率的正弦波，可认为无失真恢复了原始调制信号。

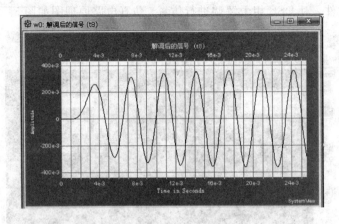

图 5 - 40　DSB 相干解调后的输出信号

5.1.4　单边带调幅及仿真

1. SSB 信号的产生方法

产生 SSB 信号的方法很多，其中最基本的方法有滤波法和相移法。

1）滤波法

滤波法形成单边带 SSB 信号的原理框图如图 5 - 41 所示，图中的 $H_{SSB}(\omega)$ 为单边带滤波器特性。

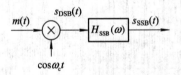

图 5 - 41　滤波法形成 SSB 信号原理框图

产生 SSB 信号最直观的方法是将 $H_{SSB}(\omega)$ 设计成如图 5 - 42 所示的具有理想高通特性 $H_H(\omega)$ 或理想低通特性 $H_L(\omega)$ 的单边带滤波器，从而只让双边带信号的一个边带通过，而滤除另一个边带。

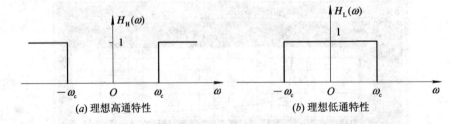

图 5 - 42　形成 SSB 信号的滤波特性

产生上边带信号时 $H_{SSB}(\omega)$ 即为 $H_H(\omega)$，产生下边带信号时 $H_{SSB}(\omega)$ 即为 $H_L(\omega)$。上、下边带信号的频谱 $S_{USB}(\omega)$ 和 $S_{LSB}(\omega)$ 分别如图 5 - 43(c) 和 (d) 中实线所示。显然，SSB 信号的频谱函数为

$$S_{SSB}(\omega) = S_{DSB}(\omega) H_{SSB}(\omega) = \frac{1}{2} \big[M(\omega - \omega_c) + M(\omega + \omega_c) \big] H_{SSB}(\omega) \qquad (5 - 27)$$

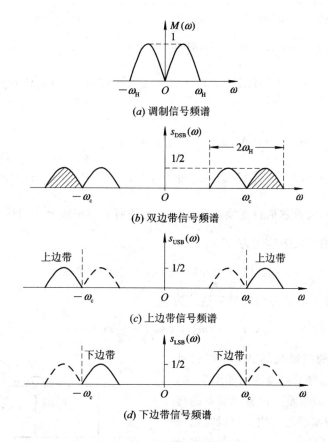

图 5 - 43　SSB 信号的频谱

　　用滤波法形成 SSB 信号的原理简洁、直观，但存在的一个重要问题是单边带滤波器不易制作。这是因为，理想特性的滤波器是不可能做到的，实际滤波器从通带到阻带总有一个过渡带。滤波器的实现难度与过渡带相对于载频的归一化值（即滚降系数）有关，滚降系数愈小，滤波器愈难实现，分割上、下边带的实现难度就愈大。而一般调制信号都具有丰富的低频成分，经过调制后得到的 DSB 信号的上、下边带之间的间隔很窄，要想一个边带能顺利通过而滤除另一个边带，要求单边带滤波器在频率 f_c 附近具有陡峭的截止特性，即很小的滚降系数，这就使得滤波器的设计与制作很困难，有时甚至难以实现。为此，工程实际中往往采用多级调制的方法，这种方法的具体实现在此不作详述。

　　2）相移法

　　SSB 信号的时域表达式比较复杂，一般需要借助希尔伯特变换来表述。现在以下边带 SSB 信号为例，来推导 SSB 信号的时域表达式。

　　根据 SSB 信号的频谱函数，及滤波法产生下边带 SSB 信号的过程，可得下边带 SSB 信号的频谱函数为

$$S_{LSB}(\omega) = S_{DSB}(\omega) H_L(\omega) = \frac{1}{2}\big[M(\omega - \omega_c) + M(\omega + \omega_c)\big] H_L(\omega) \qquad (5-28)$$

其中

$$H_L(\omega) = \frac{1}{2}\big[\operatorname{sgn}(\omega + \omega_c) - \operatorname{sgn}(\omega - \omega_c)\big] \qquad (5-29)$$

将式(5-29)代入式(5-28)可得

$$S_{\text{LSB}}(\omega) = \frac{1}{4}\left[M(\omega + \omega_c) + M(\omega - \omega_c)\right]$$

$$+ \frac{1}{4}\left[M(\omega + \omega_c)\text{sgn}(\omega + \omega_c) - M(\omega - \omega_c)\text{sgn}(\omega - \omega_c)\right] \qquad (5-30)$$

由于

$$\begin{cases} \dfrac{1}{2}m(t)\cos\omega_c t \Leftrightarrow \dfrac{1}{4}\left[M(\omega + \omega_c) + M(\omega - \omega_c)\right] \\ \dfrac{1}{2}\hat{m}(t)\sin\omega_c t \Leftrightarrow \dfrac{1}{4}\left[M(\omega + \omega_c)\text{sgn}(\omega + \omega_c) - M(\omega - \omega_c)\text{sgn}(\omega - \omega_c)\right] \end{cases} \qquad (5-31)$$

式中：$\hat{m}(t)$ 是 $m(t)$ 的希尔伯特变换，表示把 $m(t)$ 的所有频率成分均相移 $-\dfrac{\pi}{2}$。因此，可得下边带 SSB 信号的时域表达式为

$$s_{\text{LSB}}(t) = \frac{1}{2}m(t)\cos\omega_c t + \frac{1}{2}\hat{m}(t)\sin\omega_c t \qquad (5-32)$$

同理，可得上边带 SSB 信号的时域表达式为

$$s_{\text{USB}}(t) = \frac{1}{2}m(t)\cos\omega_c t - \frac{1}{2}\hat{m}(t)\sin\omega_c t \qquad (5-33)$$

由 SSB 信号的时域表达式，可以得到相移法形成 SSB 信号的原理框图如图 5-44 所示。图中，$H_{\text{H}}(\omega)$ 为希尔伯特滤波器的传输函数，希尔伯特滤波器实质上可以看做一个宽带相移网络，对 $m(t)$ 中的所有频率分量均相移 $-\dfrac{\pi}{2}$，得到 $m(t)$ 的希尔伯特变换 $\hat{m}(t)$。

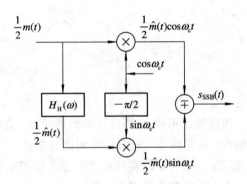

图 5-44 相移法形成 SSB 信号的原理框图

相移法形成 SSB 信号的困难在于宽带相移网络的制作，该网络要对 $m(t)$ 中的所有频率分量均严格相移 $-\dfrac{\pi}{2}$，这一点要实现是很困难的。为解决这个难题，可以采用混合法(也称维弗法)，这里不再详述。

2. SSB 信号的带宽、功率和调制效率

从 SSB 信号的频谱图中可以清楚地看出，SSB 信号的频谱是 DSB 信号频谱中的一个边带，其带宽为 DSB 信号带宽的一半，与基带信号带宽相同，即

$$B_{\text{SSB}} = \frac{1}{2}B_{\text{DSB}} = B_{\text{m}} = f_{\text{H}} \qquad (5-34)$$

式中：B_{m} 为调制信号带宽，f_{H} 为调制信号的最高频率。

由于 SSB 信号仅包含一个边带，因此 SSB 信号的功率为 DSB 信号功率的一半，即

$$P_{\text{SSB}} = \frac{1}{2}P_{\text{DSB}} = \frac{1}{4}P_{\text{m}} = \frac{\overline{m^2(t)}}{4} \qquad (5-35)$$

可见，SSB 信号功率是调制信号功率的 1/4。

显然，由于 SSB 信号不含载波成分，因此单边带调幅的调制效率也为 100%。即

$$\eta_{SSB} = 1 \qquad (5-36)$$

3. SSB 信号的解调

从 SSB 信号的时域表达式可以看出，SSB
信号的包络不再与调制信号 $m(t)$ 成正比，因此
SSB 信号的解调也不能采用包络检波法解调，需
采用相干解调。SSB 信号相干解调系统模型如图
5-45 所示。

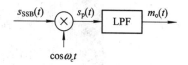

图 5-45　SSB 信号相干解调系统模型

图 5-45 中，乘法器的输出为

$$s_p(t) = s_{SSB}(t)\cos\omega_c t = \frac{1}{2}m(t)\cos^2\omega_c t \mp \frac{1}{2}\hat{m}(t)\sin\omega_c t \cos\omega_c t$$

$$= \frac{1}{4}m(t) + \frac{1}{4}m(t)\cos2\omega_c t \mp \frac{1}{4}\hat{m}(t)\sin2\omega_c t \qquad (5-37)$$

经过低通滤波器，滤除高频分量，解调器输出为

$$m_o(t) = \frac{1}{4}m(t) \qquad (5-38)$$

因而可无失真恢复原始调制信号。

综上所述，单边带调幅的优点是：节省了载波发射功率，提高了调制效率；而且占用
频带宽度只有双边带的一半，频带利用率提高一倍。其缺点是单边带滤波器实现难度大。

4. SSB 调制及相干解调的仿真

以 0.5 V、300 Hz 正弦波作为调制信号，以 1 V、2 kHz 正弦波作为载波，使用
SystemView 5.0 仿真软件，对相移法形成 SSB 信号以及 SSB 信号的相干解调进行仿真，
仿真电路原理图如图 5-46 所示。

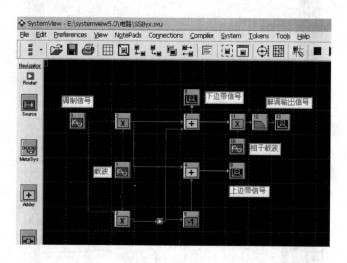

图 5-46　相移法形成 SSB 信号及相干解调仿真原理图

上边带和下边带信号的波形和频谱分别如图 5-47~图 5-50 所示。

上边带和下边带信号频谱的对比如图 5-51 所示。

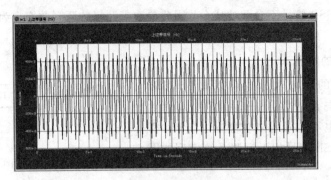

图 5 - 47　SSB 上边带信号波形

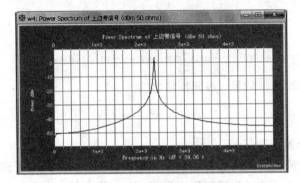

图 5 - 48　SSB 上边带信号频谱

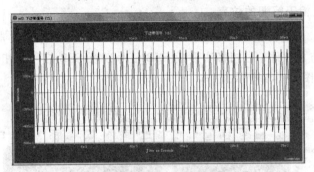

图 5 - 49　SSB 下边带信号波形

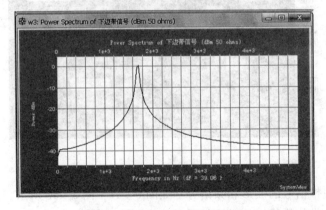

图 5 - 50　SSB 下边带信号频谱

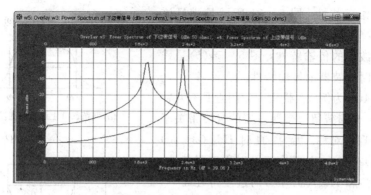

图 5 - 51　SSB 上、下边带信号频谱比较

对下边带信号进行相干解调后的输出信号波形如图 5 - 52 所示，由图可见，它是一个与调制信号同频率的正弦波，因此可认为无失真地恢复了原调制信号。

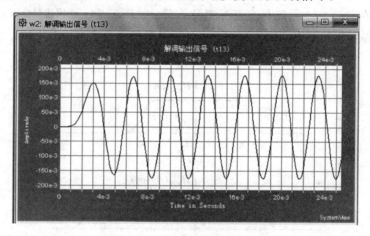

图 5 - 52　SSB 相干解调输出信号

5.1.5　残留边带调幅

1. VSB 信号的产生方法

残留边带（VSB）调幅是介于单边带调幅与双边带调幅之间的一种调制方式，它既克服了 DSB 信号占用频带宽的问题，又解决了单边带滤波器不易实现的难题。

在残留边带调制中，除了传送一个边带的绝大部分外，还保留了另外一个边带的一小部分。对于具有低频及直流分量的调制信号，已不再需要过渡带无限陡的理想滤波器特性，这就避免了滤波器实现上的困难。用滤波法实现残留边带调制的原理框图如图 5 - 53 所示。

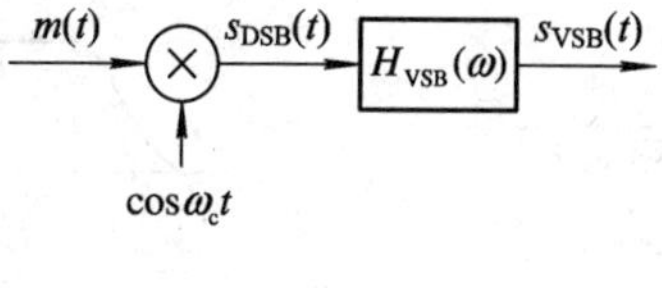

图 5 - 53　VSB 调制原理框图

图 5 - 53 中的 $H_{\mathrm{VSB}}(\omega)$ 为残留边带滤波器特性，为了保证相干解调时无失真地恢复调制信号，残留边带滤波器的传输特性必须满足

$$H_{\mathrm{VSB}}(\omega + \omega_c) + H_{\mathrm{VSB}}(\omega - \omega_c) = k（常数），\quad |\omega| \leqslant \omega_{\mathrm{H}} \tag{5 - 39}$$

式中：ω_{H} 是基带信号截止角频率。

式（5 - 39）的几何含义是，残留边带滤波器的传输特性 $H_{\mathrm{VSB}}(\omega)$ 在载频 $\pm \omega_c$ 附近必须

具有互补对称滚降特性。图 5-54 所示是满足该条件的余弦滚降系统,其中图 5-54(a)是残留部分上边带时滤波器的传输特性,图 5-54(b)是残留部分下边带时滤波器的传输特性。

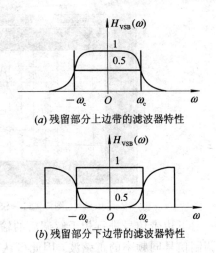

(a) 残留部分上边带的滤波器特性

(b) 残留部分下边带的滤波器特性

图 5-54 残留边带滤波器传输特性

以图 5-54(a)为例,在载频 $\pm\omega_c$ 附近具有互补对称滚降特性,是指残留边带滤波器的过渡带关于 $(\pm\omega_c, 0.5)$ 呈现奇对称。因为,此时 $H_{VSB}(\omega+\omega_c)$ 和 $H_{VSB}(\omega-\omega_c)$ 在 $\omega=0$ 处具有互补对称滚降特性,即 $H_{VSB}(\omega+\omega_c)$ 和 $H_{VSB}(\omega-\omega_c)$ 的过渡带在 $\omega=0$ 处关于 $(0, 0.5)$ 呈现奇对称,从而保证在 $|\omega|\leqslant\omega_H$ 范围内,两者相加的和是常数,如图 5-55 所示。也就是说,当滤波器的传输特性 $H_{VSB}(\omega)$ 按图 5-54(a)所示在载频 $\pm\omega_c$ 附近具有互补对称滚降特性时,滤波器保留的下边带信号在 $|\omega|<\omega_c$ 所损失的部分刚好由 $|\omega|>\omega_c$ 残留的上边带部分来补偿。

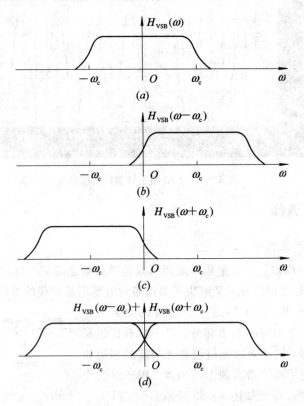

图 5-55 残留边带滤波器传输特性的几何解释

图 5-54 所示的滤波器特性,可以看做对截止频率为 ω_c 的理想滤波器进行滚降的结果。显然,由于滚降,滤波器截止频率特性的陡峭程度变缓,降低了滤波器的实现难度,但 VSB 信号的带宽略宽于 SSB 信号。

由 VSB 调制的原理框图可知，VSB 信号的频谱为

$$S_{VSB}(\omega) = S_{DSB}(\omega) H_{VSB}(\omega) = \frac{1}{2}\left[M(\omega-\omega_c) + M(\omega+\omega_c)\right]H_{VSB}(\omega) \quad (5-40)$$

2. VSB 信号的解调

显然，残留边带信号也不能采用包络检波法解调，而必须采用相干解调。VSB 信号相干解调系统模型如图 5-56 所示。

图 5-56 中，乘法器的输出为

$$s_p(t) = s_{VSB}(t)\cos\omega_c t \quad (5-41)$$

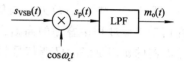

图 5-56　VSB 相干解调系统模型

相应的频域表达式为

$$S_p(\omega) = \frac{1}{2}\left[S_{VSB}(\omega+\omega_c) + S_{VSB}(\omega-\omega_c)\right] \quad (5-42)$$

将式(5-40)代入上式，得

$$S_p(\omega) = \frac{1}{4}H_{VSB}(\omega+\omega_c)\left[M(\omega+2\omega_c) + M(\omega)\right]$$

$$+ \frac{1}{4}H_{VSB}(\omega-\omega_c)\left[M(\omega) + M(\omega-2\omega_c)\right]$$

$$= \frac{1}{4}M(\omega)\left[H_{VSB}(\omega+\omega_c) + H_{VSB}(\omega-\omega_c)\right]$$

$$+ \frac{1}{4}M(\omega+2\omega_c)H_{VSB}(\omega+\omega_c) + \frac{1}{4}M(\omega-2\omega_c)H_{VSB}(\omega-\omega_c) \quad (5-43)$$

经过低通滤波器，滤除上式中第二项和第三项的高频分量，解调器输出为

$$M_o(\omega) = \frac{1}{4}M(\omega)\left[H_{VSB}(\omega+\omega_c) + H_{VSB}(\omega-\omega_c)\right] \quad (5-44)$$

因此，为了保证相干解调时，能够无失真恢复原始调制信号，必须满足在 $|\omega|\leqslant\omega_H$ 内，$H_{VSB}(\omega+\omega_c) + H_{VSB}(\omega-\omega_c) = k$(常数)，这正是式(5-39)所示残留边带滤波器传输特性要求满足的条件。若设常数 $k=1$，则解调器输出信号的频谱和时间表达式分别为

$$\begin{cases} M_o(\omega) = \frac{1}{4}M(\omega) \\ m_o(t) = \frac{1}{4}m(t) \end{cases} \quad (5-45)$$

即无失真恢复原始调制信号。

由于残留边带调幅系统的基本性能接近单边带调幅系统，而残留边带滤波器比单边带滤波器容易实现，所以 VSB 调制方式在广播电视、通信等系统中得到广泛应用。

5.2　线性调制系统的抗噪声性能

前面 5.1 节中的分析都是在没有噪声的条件下进行的。实际上，任何通信系统都避免不了噪声的影响。通信系统信道中的加性噪声一般视为高斯白噪声，本节将研究信道存在加性高斯白噪声时各种线性调制系统的抗噪声性能。

5.2.1　抗噪声性能分析模型

由于加性噪声只对已调信号的接收产生影响，因而调制系统的抗噪声性能可用解调器的抗噪声性能来衡量。分析解调器抗噪声性能的模型如图 5-57 所示。

图 5-57 中，$s_m(t)$ 为已调信号，$n(t)$ 是在信道传输过程中叠加的高斯白噪声。带通滤波器的作用是滤除已调信号频带以外的噪声。因此，经过带通滤波器后，到达解调器输入端的信号仍为 $s_m(t)$，而噪声变为窄带高斯噪声 $n_i(t)$。解调器可以是相干解调器或包络检波器，其输出的有用信号为 $m_o(t)$，噪声为 $n_o(t)$。

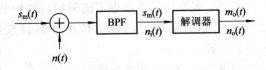

图 5-57　解调器抗噪声性能分析模型

上面，之所以称 $n_i(t)$ 为窄带高斯噪声，是因为它是由平稳高斯白噪声通过带通滤波器而得到的，而在通信系统中，带通滤波器的带宽一般远小于其中心频率 ω_0，为窄带滤波器，因此 $n_i(t)$ 为窄带高斯噪声。根据第 3 章所学随机过程的知识，可知 $n_i(t)$ 可以表示为

$$n_i(t) = n_c(t)\cos\omega_0 t - n_s(t)\sin\omega_0 t \tag{5-46}$$

或者

$$n_i(t) = V(t)\cos[\omega_0 t + \theta(t)] \tag{5-47}$$

式(5-46)中：$n_i(t)$ 的同相分量 $n_c(t)$ 和正交分量 $n_s(t)$ 都是高斯变量，它们的均值和方差（平均功率）都与 $n_i(t)$ 相同，即

$$\begin{cases} \overline{n_i(t)} = \overline{n_c(t)} = \overline{n_s(t)} = 0 \\ \overline{n_i^2(t)} = \overline{n_c^2(t)} = \overline{n_s^2(t)} = N_i \end{cases} \tag{5-48}$$

式(5-47)中：$n_i(t)$ 的包络 $V(t)$ 的一维概率密度函数为瑞利分布，相位 $\theta(t)$ 的一维概率密度函数为均匀分布。

式(5-48)中：N_i 为解调器输入窄带高斯噪声 $n_i(t)$ 的平均功率。若高斯白噪声的双边功率谱密度为 $n_0/2$，带通滤波器的传输特性是高度为 1、单边带宽为 B 的理想矩形函数（如图 5-58 所示），则有

$$N_i = n_0 B \tag{5-49}$$

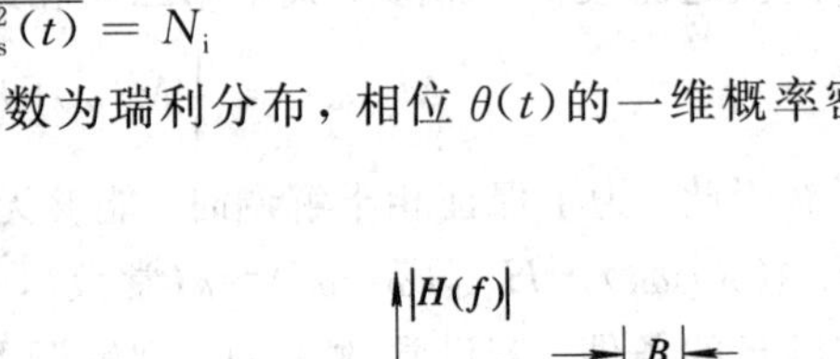

为了使已调信号无失真地进入解调器，同时又最大限度地抑制噪声，带宽 B 应等于已调信号的带宽。

图 5-58　带通滤波器传输特性

在模拟通信系统中，常用解调器输出信噪比来衡量通信质量的好坏。输出信噪比定义为

$$\frac{S_o}{N_o} = \frac{\overline{m_o^2(t)}}{\overline{n_o^2(t)}} \tag{5-50}$$

式中：$\overline{m_o^2(t)}$ 是解调器输出有用信号的平均功率，$\overline{n_o^2(t)}$ 是解调器输出噪声的平均功率。

只要解调器输出端有用信号与噪声能分开，则输出信噪比就能确定。输出信噪比与调制方式有关，也与解调方式有关。因此在已调信号平均功率相同，而且信道噪声功率谱密度也相同的条件下，输出信噪比反映了系统的抗噪声性能。

　　为了便于衡量同类调制系统不同解调器对输入信噪比的影响，人们还常用信噪比增益（也称调制制度增益）G 作为解调器抗噪声性能的度量。信噪比增益定义为

$$G = \frac{\dfrac{S_o}{N_o}}{\dfrac{S_i}{N_i}} \tag{5-51}$$

式中：S_i/N_i 称为解调器输入信噪比，定义为

$$\frac{S_i}{N_i} = \frac{\overline{s_m^2(t)}}{\overline{n_i^2(t)}} \tag{5-52}$$

其中，$\overline{s_m^2(t)}$ 是解调器输入已调信号的平均功率，$\overline{n_i^2(t)}$ 是解调器输入噪声的平均功率。

　　显然，信噪比增益 G 越高，则解调器的抗噪声性能越好。

　　下面我们在给定的 $s_m(t)$ 及 n_0 的情况下，推导出各种解调器的输入和输出信噪比，并在此基础上对各种调制系统的抗噪声性能做出评价。

5.2.2　DSB 调制系统的性能及仿真

　　线性调制相干解调时接收系统的一般模型如图 5-59 所示。此时，图 5-57 中的解调器为相干解调器，由相乘器和 LPF 构成。相干解调属于线性解调，故在解调过程中，输入信号及噪声可分开单独解调。相干解调适用于所有线性调制（DSB、SSB、VSB、AM）信号的解调。

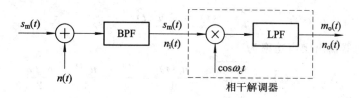

图 5-59　线性调制相干解调系统模型

1. 求输入信噪比

　　对于 DSB 调制系统，解调器输入已调信号为 DSB 信号，即

$$s_m(t) = s_{DSB}(t) = m(t)\cos\omega_c t \tag{5-53}$$

则解调器输入信号平均功率为

$$S_i = \overline{s_m^2(t)} = \overline{m^2(t)\cos^2\omega_c t} = \frac{\overline{m^2(t)}}{2} \tag{5-54}$$

　　DSB 调制时，为了使双边带信号无失真地进入解调器，同时又最大限度地抑制噪声，图 5-22 中的带通滤波器带宽 B 应等于双边带信号的带宽，其中心频率应为载频 ω_c。因此，解调器输入窄带高斯噪声 $n_i(t)$ 可以表示为

$$n_i(t) = n_c(t)\cos\omega_c t - n_s(t)\sin\omega_c t \tag{5-55}$$

若设加性高斯白噪声的双边功率谱密度为 $n_0/2$，则解调器输入噪声平均功率为

$$N_i = \overline{n_i^2(t)} = n_0 B = 2n_0 f_H \tag{5-56}$$

式中：带宽 $B = 2f_H$ 为 DSB 信号带宽；f_H 为调制信号最高频率。

　　由此可得解调器输入信噪比为

$$\frac{S_\mathrm{i}}{N_\mathrm{i}} = \frac{\overline{s_\mathrm{m}^2(t)}}{\overline{n_\mathrm{i}^2(t)}} = \frac{\overline{m^2(t)}}{2n_0 B} = \frac{\overline{m^2(t)}}{4n_0 f_\mathrm{H}} \tag{5-57}$$

2. 求输出信噪比

对于 DSB 调制系统，解调器输入已调信号与相干载波相乘后，乘法器的输出为

$$s_\mathrm{m}(t)\cos\omega_\mathrm{c}t = s_\mathrm{DSB}(t)\cos\omega_\mathrm{c}t = m(t)\cos^2\omega_\mathrm{c}t$$

$$= \frac{1}{2}m(t) + \frac{1}{2}m(t)\cos2\omega_\mathrm{c}t \tag{5-58}$$

经低通滤波器，滤除高频分量，得输出有用信号为

$$m_\mathrm{o}(t) = \frac{1}{2}m(t) \tag{5-59}$$

因此，解调器输出的有用信号平均功率为

$$S_\mathrm{o} = \overline{m_\mathrm{o}^2(t)} = \overline{\left[\frac{1}{2}m(t)\right]^2} = \frac{\overline{m^2(t)}}{4} \tag{5-60}$$

在解调 DSB 信号的同时，窄带噪声 $n_\mathrm{i}(t)$ 同时受到解调。$n_\mathrm{i}(t)$ 与相干载波相乘后的输出为

$$n_\mathrm{i}(t)\cos\omega_\mathrm{c}t = n_\mathrm{c}(t)\cos^2\omega_\mathrm{c}t - n_\mathrm{s}(t)\sin\omega_\mathrm{c}t\cos\omega_\mathrm{c}t$$

$$= \frac{1}{2}n_\mathrm{c}(t) + \frac{1}{2}n_\mathrm{c}(t)\cos2\omega_\mathrm{c}t - \frac{1}{2}n_s(t)\sin2\omega_\mathrm{c}t \tag{5-61}$$

经低通滤波器，滤除高频分量，得解调器输出噪声为

$$n_\mathrm{o}(t) = \frac{1}{2}n_\mathrm{c}(t) \tag{5-62}$$

因此，可得解调器输出噪声功率为

$$N_\mathrm{o} = \overline{n_\mathrm{o}^2(t)} = \frac{\overline{n_\mathrm{c}^2(t)}}{4} = \frac{\overline{n_\mathrm{i}^2(t)}}{4} = \frac{N_\mathrm{i}}{4} = \frac{n_0 B}{4} = \frac{n_0 f_\mathrm{H}}{2} \tag{5-63}$$

由此可得，解调器输出信噪比为

$$\frac{S_\mathrm{o}}{N_\mathrm{o}} = \frac{\overline{m_\mathrm{o}^2(t)}}{\overline{n_\mathrm{o}^2(t)}} = \frac{\dfrac{\overline{m^2(t)}}{4}}{\dfrac{n_0 B}{4}} = \frac{\overline{m^2(t)}}{n_0 B} = \frac{\overline{m^2(t)}}{2n_0 f_\mathrm{H}} \tag{5-64}$$

3. 求信噪比增益

根据信噪比增益的定义，可得 DSB 系统的信噪比增益为

$$G = \frac{\dfrac{S_\mathrm{o}}{N_\mathrm{o}}}{\dfrac{S_\mathrm{i}}{N_\mathrm{i}}} = \frac{\dfrac{\overline{m^2(t)}}{n_0 B}}{\dfrac{\overline{m^2(t)}}{2n_0 B}} = 2 \tag{5-65}$$

由此可见，DSB 调制系统的信噪比增益为 2。这说明，DSB 信号的相干解调器使信噪比提高了一倍。这是因为采用相干解调，把噪声中的正交分量 $n_\mathrm{s}(t)$ 抑制掉了，从而使得噪声功率减半。

4. DSB 调制系统性能仿真

以 1 V、300 Hz 正弦波作为调制信号，以 1 V、2 kHz 正弦波作为载波，DSB 信号叠加

上加性噪声后,进行相干解调,使用 SystemView 5.0 仿真软件对 DSB 调制系统性能进行仿真,仿真电路原理如图 5-60 所示。

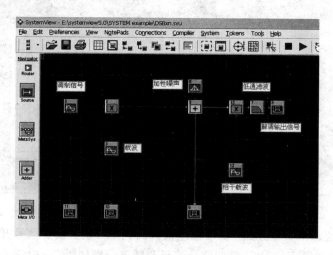

图 5-60　DSB 调制系统性能仿真原理图

当噪声比较小,噪声标准偏差值为 0.03,即大信噪比时,叠加噪声的 DSB 已调信号波形和频谱分别见图 5-61 和图 5-62。经相干解调后的输出信号波形如图 5-63 所示,由图可见,这时恢复的调制信号基本上没有失真。

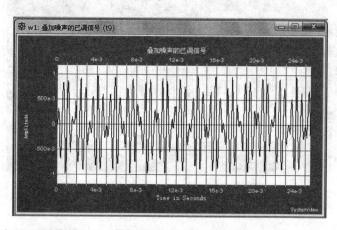

图 5-61　叠加噪声的 DSB 已调信号波形

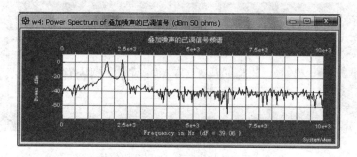

图 5-62　叠加噪声的 DSB 已调信号频谱

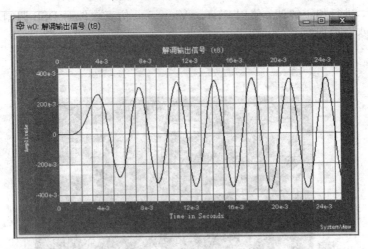

图 5-63　大信噪比时解调输出信号

随着噪声的逐渐增大，当噪声标准偏差值升高到 0.2 时，恢复信号开始出现明显的失真现象。这时，叠加噪声的 DSB 已调信号波形和频谱分别如图 5-64 和图 5-65 所示，解调输出信号波形如图 5-66 所示。

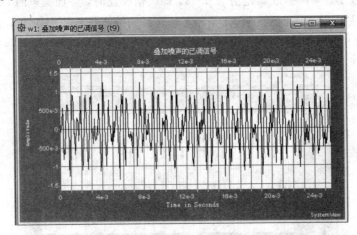

图 5-64　叠加噪声的 DSB 已调信号

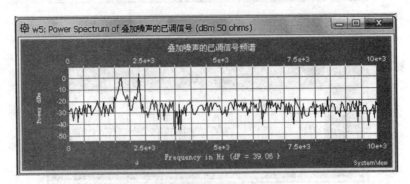

图 5-65　叠加噪声的 DSB 已调信号频谱

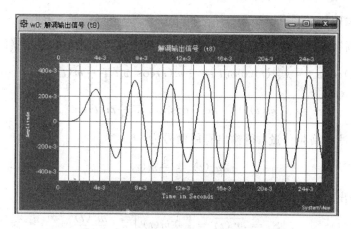

图 5 - 66　有一定失真的解调输出信号

5.2.3　SSB 调制系统的性能及仿真

SSB 信号的相干解调系统模型与 DSB 信号相同，也可以用图 5 - 59 来表示，其区别仅在于解调器之前的带通滤波器的带宽和中心频率不同，SSB 信号相干解调带通滤波器带宽是 DSB 信号的一半。

1. 求输入信噪比

对于 SSB 调制系统，解调器输入已调信号为 SSB 信号，即

$$s_m(t) = s_{SSB}(t) = \frac{1}{2}m(t)\cos\omega_c t \mp \frac{1}{2}\hat{m}(t)\sin\omega_c t \tag{5-66}$$

则解调器输入信号平均功率为

$$\begin{aligned}
S_i &= \overline{s_m^2(t)} = \overline{\left[\frac{1}{2}m(t)\cos\omega_c t \mp \frac{1}{2}\hat{m}(t)\sin\omega_c t\right]^2} \\
&= \frac{1}{4}\overline{\left[m^2(t)\cos^2\omega_c t + \hat{m}^2(t)\sin^2\omega_c t \mp 2m(t)\hat{m}(t)\cos\omega_c t \sin\omega_c t\right]} \\
&= \frac{1}{4}\overline{\left[\frac{1}{2}m^2(t) + \frac{1}{2}m^2(t)\cos2\omega_c t + \frac{1}{2}\hat{m}^2(t) - \frac{1}{2}\hat{m}^2(t)\cos2\omega_c t \mp m(t)\hat{m}(t)\sin2\omega_c t\right]} \\
&= \frac{\overline{m^2(t)}}{8} + \frac{\overline{\hat{m}^2(t)}}{8}
\end{aligned}$$

因为 $\hat{m}(t)$ 与 $m(t)$ 的所有频率分量只是相位相差 $\pi/2$，幅度都相同，所以两者具有相同的平均功率，由此可得

$$S_i = \frac{\overline{m^2(t)}}{4} \tag{5-67}$$

若设加性高斯白噪声的双边功率谱密度仍为 $n_0/2$，则 SSB 相干解调系统解调器输入噪声平均功率为

$$N_i = \overline{n_i^2(t)} = n_0 B = n_0 f_H \tag{5-68}$$

式中：带宽 $B = f_H$ 为 SSB 信号带宽；f_H 为调制信号最高频率。

由此可得，解调器输入信噪比为

$$\frac{S_i}{N_i} = \frac{\overline{s_m^2(t)}}{\overline{n_i^2(t)}} = \frac{\overline{m^2(t)}}{4n_0 B} = \frac{\overline{m^2(t)}}{4n_0 f_H} \tag{5-69}$$

2. 求输出信噪比

对于 SSB 调制系统，解调器输入已调信号与相干载波相乘后，乘法器的输出为

$$s_{\mathrm{m}}(t)\cos\omega_c t = s_{\mathrm{SSB}}(t)\cos\omega_c t = \frac{1}{2}m(t)\cos^2\omega_c t \mp \frac{1}{2}\hat{m}(t)\sin\omega_c t\,\cos\omega_c t$$

$$= \frac{1}{4}m(t) + \frac{1}{4}m(t)\cos2\omega_c t \mp \frac{1}{4}\hat{m}(t)\sin2\omega_c t \qquad (5-70)$$

经低通滤波器，滤除高频分量，得输出有用信号为

$$m_{\mathrm{o}}(t) = \frac{1}{4}m(t) \qquad (5-71)$$

因此，解调器输出有用信号平均功率为

$$S_{\mathrm{o}} = \overline{m_{\mathrm{o}}^2(t)} = \overline{\left[\frac{1}{4}m(t)\right]^2} = \frac{\overline{m^2(t)}}{16} \qquad (5-72)$$

在解调 SSB 信号的同时，窄带噪声 $n_{\mathrm{i}}(t)$ 同时受到解调，具体过程与 DSB 解调时相同，只是噪声带宽变为 DSB 时的一半。因此，解调器输出噪声功率为

$$N_{\mathrm{o}} = \overline{n_{\mathrm{o}}^2(t)} = \frac{N_{\mathrm{i}}}{4} = \frac{n_0 B}{4} = \frac{n_0 f_{\mathrm{H}}}{4} \qquad (5-73)$$

由此可得，解调器输出信噪比为

$$\frac{S_{\mathrm{o}}}{N_{\mathrm{o}}} = \frac{\overline{m_{\mathrm{o}}^2(t)}}{\overline{n_{\mathrm{o}}^2(t)}} = \frac{\dfrac{\overline{m^2(t)}}{16}}{\dfrac{n_0 B}{4}} = \frac{\overline{m^2(t)}}{4n_0 B} = \frac{\overline{m^2(t)}}{4n_0 f_{\mathrm{H}}} \qquad (5-74)$$

3. 求信噪比增益

SSB 系统的信噪比增益为

$$G = \frac{\dfrac{S_{\mathrm{o}}}{N_{\mathrm{o}}}}{\dfrac{S_{\mathrm{i}}}{N_{\mathrm{i}}}} = \frac{\dfrac{\overline{m^2(t)}}{4n_0 B}}{\dfrac{\overline{m^2(t)}}{4n_0 B}} = 1 \qquad (5-75)$$

由此可见，SSB 调制系统的信噪比增益为 1。这说明，SSB 信号的解调器对信噪比没有改善。这是因为在 SSB 系统中，信号和噪声具有相同的表示形式，所以相干解调过程中，信号和噪声的正交分量均被抑制掉，故信噪比不会得到改善。

比较式(5-65)和式(5-75)可见，DSB 相干解调器的信噪比增益是 SSB 的 2 倍。但不能因此就说，双边带系统的抗噪性能优于单边带系统。因为对比式(5-54)和式(5-67)可见，在上述讨论中，DSB 已调信号的平均功率是 SSB 信号的 2 倍，所以两者的输出信噪比是在不同输入信号功率情况下得到的。如果在相同输入信号功率 S_{i}、相同输入噪声双边功率谱密度 $n_0/2$ 和相同基带信号带宽 f_{H} 条件下，则可以得到这两种调制方式的输出信噪比分别为

$$\left(\frac{S_{\mathrm{o}}}{N_{\mathrm{o}}}\right)_{\mathrm{DSB}} = G_{\mathrm{DSB}}\left(\frac{S_{\mathrm{i}}}{N_{\mathrm{i}}}\right)_{\mathrm{DSB}} = 2 \cdot \frac{S_{\mathrm{i}}}{n_0 B_{\mathrm{DSB}}} = \frac{S_{\mathrm{i}}}{n_0 f_{\mathrm{H}}} \qquad (5-76)$$

$$\left(\frac{S_{\mathrm{o}}}{N_{\mathrm{o}}}\right)_{\mathrm{SSB}} = G_{\mathrm{SSB}}\left(\frac{S_{\mathrm{i}}}{N_{\mathrm{i}}}\right)_{\mathrm{SSB}} = 1 \cdot \frac{S_{\mathrm{i}}}{n_0 B_{\mathrm{SSB}}} = \frac{S_{\mathrm{i}}}{n_0 f_{\mathrm{H}}} \qquad (5-77)$$

由上式可见，在相同的噪声背景、相同基带信号带宽和相同的输入信号功率条件下，DSB 和 SSB 两种调制方式在解调器输出端的信噪比是相等的。这就是说，从抗噪声的观点来

看，DSB 制式和 SSB 制式是相同的，但 DSB 信号所需的传输带宽是 SSB 信号的 2 倍。

4. SSB 调制系统性能仿真

以 0.5 V、300 Hz 正弦波作为调制信号，以 1 V、2 kHz 正弦波作为载波，SSB 下边带信号叠加上加性噪声后，进行相干解调，使用 SystemView 5.0 仿真软件对 SSB 调制系统性能进行仿真，仿真电路原理如图 5 - 67 所示。

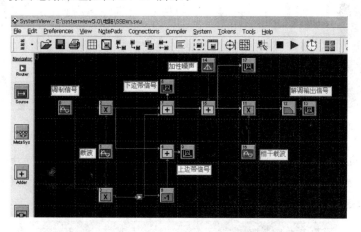

图 5 - 67　SSB 调制系统性能仿真原理图

当噪声比较小，噪声标准偏差值为 0.03，即大信噪比时，叠加噪声的 SSB 下边带信号波形和频谱分别如图 5 - 68 和图 5 - 69 所示。经相干解调后的输出信号波形如图 5 - 70 所示，由图可见，此时恢复的调制信号基本上没有失真。

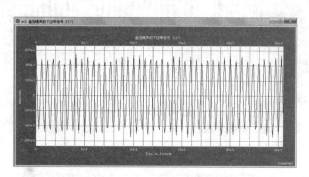

图 5 - 68　叠加噪声的 SSB 下边带信号

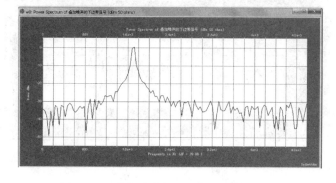

图 5 - 69　叠加噪声的 SSB 下边带信号频谱

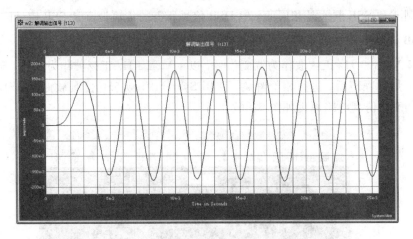

图 5 - 70　大信噪比时解调输出信号

　　随着噪声的逐渐增大，当噪声标准偏差值升高到 0.1 时，恢复信号开始出现明显的失真现象。这时，叠加噪声的 SSB 下边带信号波形和频谱分别如图 5 - 71 和图 5 - 72 所示，解调输出信号波形如图 5 - 73 所示。

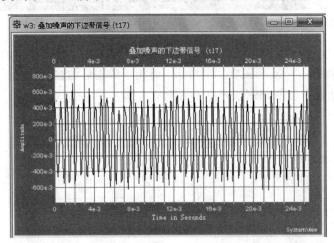

图 5 - 71　叠加噪声的下边带信号

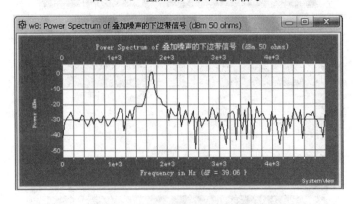

图 5 - 72　叠加噪声的下边带信号频谱

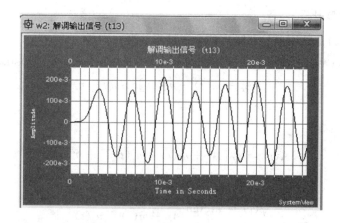

图 5-73 有失真的解调输出信号

5.2.4 AM 系统包络检波的性能及仿真

AM 信号可采用相干解调或包络检波法解调。相干解调时 AM 系统的性能分析方法与前面介绍的双边带系统相同，这里不再详述。实际中，AM 信号常用简单的包络检波法解调，接收系统模型如图 5-74 所示。包络检波属于非线性解调，信号与噪声无法分开处理。

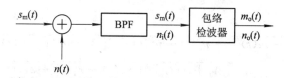

图 5-74 AM 信号包络检波解调系统模型

1. 求输入信噪比

图 5-74 中，带通滤波器的中心频率为载频 ω_c，带宽 $B=2f_H$，等于 AM 信号带宽，f_H 为基带信号最高频率。因此，解调器输入噪声 $n_i(t)$ 是以 ω_c 为中心频率，带宽为 $B=2f_H$ 的窄带高斯噪声，可以表示为

$$n_i(t) = n_c(t)\cos\omega_c t - n_s(t)\sin\omega_c t \qquad (5-78)$$

设加性高斯白噪声双边功率谱密度仍为 $n_0/2$，则解调器输入噪声功率为

$$N_i = \overline{n_i^2(t)} = n_0 B = 2n_0 f_H \qquad (5-79)$$

解调器输入信号为 AM 已调信号，即

$$s_m(t) = s_{AM}(t) = [A_0 + m(t)]\cos\omega_c t \qquad (5-80)$$

式中：A_0 为外加的直流分量，这里仍假设调制信号 $m(t)$ 的均值为 0，且满足 $A_0 \geqslant |m(t)|_{\max}$。则解调器输入信号功率为

$$S_i = \overline{s_m^2(t)} = \overline{[A_0 + m(t)]^2 \cos^2\omega_c t} = \frac{A_0^2}{2} + \frac{\overline{m^2(t)}}{2} \qquad (5-81)$$

因此，可得解调器输入信噪比为

$$\frac{S_i}{N_i} = \frac{\overline{s_m^2(t)}}{\overline{n_i^2(t)}} = \frac{\dfrac{A_0^2}{2} + \dfrac{\overline{m^2(t)}}{2}}{n_0 B} = \frac{A_0^2 + \overline{m^2(t)}}{2n_0 B} = \frac{A_0^2 + \overline{m^2(t)}}{4n_0 f_H} \qquad (5-82)$$

2. 求输出信噪比

解调器输入的是已调信号和噪声的合成波形，为

$$
\begin{aligned}
s_\mathrm{m}(t) + n_\mathrm{i}(t) &= [A_0 + m(t)]\cos\omega_\mathrm{c}t + n_\mathrm{c}(t)\cos\omega_\mathrm{c}t - n_\mathrm{s}(t)\sin\omega_\mathrm{c}t \\
&= [A_0 + m(t) + n_\mathrm{c}(t)]\cos\omega_\mathrm{c}t - n_\mathrm{s}(t)\sin\omega_\mathrm{c}t \\
&= A(t)\cos[\omega_\mathrm{c}t + \varphi(t)]
\end{aligned}
\tag{5-83}
$$

式中：合成包络

$$
A(t) = \sqrt{[A_0 + m(t) + n_\mathrm{c}(t)]^2 + n_\mathrm{s}^2(t)}
\tag{5-84}
$$

合成相位

$$
\varphi(t) = \arctan\frac{n_\mathrm{s}(t)}{A_0 + m(t) + n_\mathrm{c}(t)}
\tag{5-85}
$$

理想包络检波器的输出就是 $A(t)$。由式(5-84)可知，检波器输出中有用信号与噪声无法完全分开，因此，计算输出信噪比是件困难的事。为简化起见，我们考虑两种特殊情况。

1) 大信噪比情况

此时，输入信号幅度远大于噪声幅度，即

$$
A_0 + m(t) \gg \sqrt{n_\mathrm{c}^2(t) + n_\mathrm{s}^2(t)}
\tag{5-86}
$$

对式(5-84)作变换，得

$$
\begin{aligned}
A(t) &= \sqrt{[A_0 + m(t)]^2 + n_\mathrm{c}^2(t) + n_\mathrm{s}^2(t) + 2[A_0 + m(t)]n_\mathrm{c}(t)} \\
&= [A_0 + m(t)]\sqrt{\frac{[A_0 + m(t)]^2 + n_\mathrm{c}^2(t) + n_\mathrm{s}^2(t) + 2[A_0 + m(t)]n_\mathrm{c}(t)}{[A_0 + m(t)]^2}} \\
&= [A_0 + m(t)]\sqrt{1 + \frac{2n_\mathrm{c}(t)}{A_0 + m(t)} + \frac{n_\mathrm{c}^2(t) + n_\mathrm{s}^2(t)}{[A_0 + m(t)]^2}} \\
&\approx [A_0 + m(t)]\sqrt{1 + \frac{2n_\mathrm{c}(t)}{A_0 + m(t)}}
\end{aligned}
\tag{5-87}
$$

根据近似公式

$$
\sqrt{1+x} \approx 1 + \frac{x}{2}, \quad |x| \ll 1
\tag{5-88}
$$

式(5-87)可以变换为

$$
A(t) \approx [A_0 + m(t)]\left[1 + \frac{n_\mathrm{c}(t)}{A_0 + m(t)}\right] = A_0 + m(t) + n_\mathrm{c}(t)
\tag{5-89}
$$

上式中，隔离直流 A_0 后，即可得到独立的有用信号和噪声：

$$
\begin{cases}
m_\mathrm{o}(t) = m(t) \\
n_\mathrm{o}(t) = n_\mathrm{c}(t)
\end{cases}
\tag{5-90}
$$

因而可分别计算出解调器输出有用信号功率和噪声功率：

$$
\begin{cases}
S_\mathrm{o} = \overline{m^2(t)} \\
N_\mathrm{o} = \overline{n_\mathrm{c}^2(t)} = \overline{n_\mathrm{i}^2(t)} = N_\mathrm{i} = n_0 B = 2n_0 f_\mathrm{H}
\end{cases}
\tag{5-91}
$$

因此，可得解调器输出信噪比为

$$\frac{S_o}{N_o} = \frac{\overline{m_o^2(t)}}{\overline{n_o^2(t)}} = \frac{\overline{m^2(t)}}{n_0 B} = \frac{\overline{m^2(t)}}{2 n_0 f_H} \tag{5-92}$$

由式(5-82)和式(5-92)可得信噪比增益为

$$G = \frac{\dfrac{S_o}{N_o}}{\dfrac{S_i}{N_i}} = \frac{\dfrac{\overline{m^2(t)}}{2 n_0 f_H}}{\dfrac{A_0^2 + \overline{m^2(t)}}{4 n_0 f_H}} = \frac{2\,\overline{m^2(t)}}{A_0^2 + \overline{m^2(t)}} \tag{5-93}$$

显然，AM 信号包络检波时的信噪比增益 G_{AM} 随调幅指数 m_a 的增加而增加，但为了保证不发生过调幅现象，必须使 $m_A \leqslant 1$，即 $A_0 \geqslant |m(t)|_{\max}$，因此，$G_{AM}$ 总是小于 1。正弦信号 100% 调制时，$m_a = 1$，即 $A_0 = |m(t)|_{\max}$，此时，$\overline{m^2(t)} = A_0^2 / 2$，信噪比增益 $G_{AM} = 2/3$。这是 AM 系统包络检波时的最大信噪比增益。

可以证明，常规调幅相干解调时的信噪比增益与式(5-93)相同。这说明，对于 AM 调制系统，在大信噪比时，采用包络检波时的性能与相干解调时的性能几乎一样。但后者的信噪比增益不受信号与噪声相对幅度假设条件的限制。

2) 小信噪比情况

此时，输入信号幅度远小于噪声幅度，即

$$A_0 + m(t) \ll \sqrt{n_c^2(t) + n_s^2(t)} \tag{5-94}$$

对式(5-84)作变换，得

$$\begin{aligned}
A(t) &= \sqrt{[A_0 + m(t)]^2 + n_c^2(t) + n_s^2(t) + 2[A_0 + m(t)] n_c(t)} \\
&= \sqrt{n_c^2(t) + n_s^2(t)} \sqrt{\frac{[A_0 + m(t)]^2 + n_c^2(t) + n_s^2(t) + 2[A_0 + m(t)] n_c(t)}{n_c^2(t) + n_s^2(t)}} \\
&= \sqrt{n_c^2(t) + n_s^2(t)} \sqrt{1 + \frac{2[A_0 + m(t)] n_c(t)}{n_c^2(t) + n_s^2(t)} + \frac{[A_0 + m(t)]^2}{n_c^2(t) + n_s^2(t)}} \\
&\approx \sqrt{n_c^2(t) + n_s^2(t)} \sqrt{1 + \frac{2[A_0 + m(t)] n_c(t)}{n_c^2(t) + n_s^2(t)}}
\end{aligned} \tag{5-95}$$

令

$$\begin{cases} V(t) = \sqrt{n_c^2(t) + n_s^2(t)} \\ \theta(t) = \arctan \dfrac{n_s(t)}{n_c(t)} \end{cases} \tag{5-96}$$

式中：$V(t)$ 和 $\theta(t)$ 分别代表噪声 $n_i(t)$ 的包络和相位。将式(5-96)代入式(5-95)，可得

$$A(t) = V(t) \sqrt{1 + \frac{2[A_0 + m(t)] \cos\theta(t)}{V(t)}} \tag{5-97}$$

根据式(5-88)的近似公式，上式可以变换为

$$A(t) \approx V(t) \left\{ 1 + \frac{[A_0 + m(t)] \cos\theta(t)}{V(t)} \right\}$$

$$= V(t) + [A_0 + m(t)] \cos\theta(t) \tag{5-98}$$

由上式可知，小信噪比时有用信号 $m(t)$ 无法与噪声分开，包络检波器输出包络 $A(t)$ 中不存在单独的信号项 $m(t)$，只有受到 $\cos\theta(t)$ 调制的 $m(t)\cos\theta(t)$ 项。由于 $\cos\theta(t)$ 是一个随机噪声，因而，有用信号 $m(t)$ 被噪声所扰乱，致使 $m(t)\cos\theta(t)$ 也只能看做噪声。这种情

况下，输出信噪比不是按比例地随着输入信噪比下降，而是急剧恶化，通常把这种现象称为门限效应。开始出现门限效应的输入信噪比称为门限值。

而用相干解调的方法解调各种线性调制信号时，由于解调过程可视为信号与噪声分别解调，故解调器输出端总是存在单独的有用信号项。因而，相干解调器不存在门限效应。

综上所述，可得出结论：在大信噪比情况下，AM 信号包络检波器的性能几乎与相干解调器相同；但随着信噪比的减小，包络检波器将在一个特定输入信噪比值上出现门限效应。一旦出现了门限效应，解调器的输出信噪比将急剧变坏。

3. AM 系统包络检波的性能仿真

以 1 V、300 Hz 正弦波作为调制信号，以 1 V、2 kHz 正弦波作为载波，AM 信号叠加上加性噪声后，进行包络检波，使用 SystemView 5.0 仿真软件，对 AM 调制系统性能进行仿真，仿真原理图如图 5-75 所示。

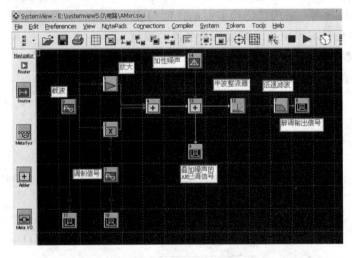

图 5-75　AM 系统包络检波性能仿真原理图

当噪声比较小，噪声标准偏差值为 0.03，即大信噪比时，叠加噪声的 AM 已调信号波形和频谱分别如图 5-76 和图 5-77 所示。

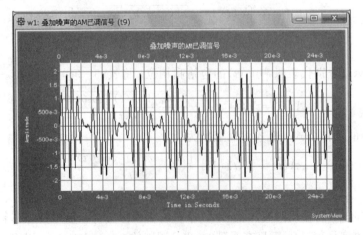

图 5-76　叠加噪声的 AM 已调信号波形

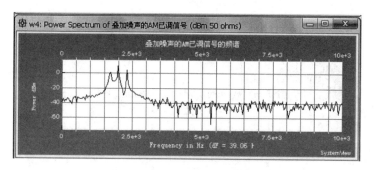

图 5 - 77　叠加噪声的 AM 已调信号频谱

叠加噪声的 AM 已调信号经包络检波后的输出信号波形如图 5 - 78 所示。由图可见，这时恢复的调制信号基本上没有失真。

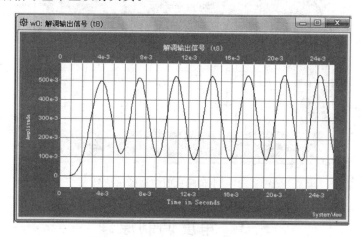

图 5 - 78　大信噪比时解调输出信号

随着噪声的逐渐增大，当噪声标准偏差值升高到 0.3，即小信噪比时，叠加噪声的 AM 已调信号波形和频谱分别如图 5 - 79 和图 5 - 80 所示。

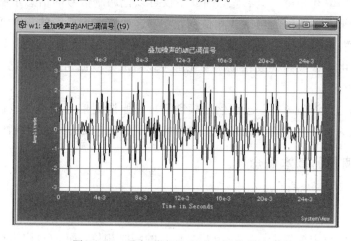

图 5 - 79　叠加噪声的 AM 已调信号波形

经包络检波后的输出信号波形如图 5 - 81 所示。由图可见，这时恢复的调制信号失真比较严重。

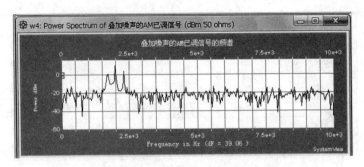

图 5-80　叠加噪声的 AM 已调信号频谱

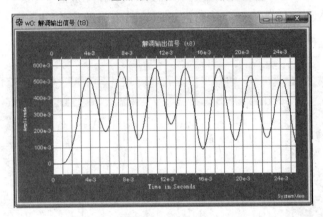

图 5-81　小信噪比时解调输出信号

5.3　角度调制原理

　　幅度调制是通过改变载波的幅度以实现调制信号频谱的线性搬移，属于线性调制。正弦载波有幅度、频率和相位三个参量，因此不仅可以把调制信号的信息承载在载波的幅度变化中，还可以承载在载波的频率或相位变化中。这种使高频载波的频率或相位随调制信号的规律变化而振幅保持恒定的调制方式称为频率调制（FM）或相位调制（PM），分别简称为调频或调相。由于载波频率或相位的变化都可以看成是载波角度的变化，因此调频和调相统称为角度调制。

　　角度调制与线性调制不同，已调信号频谱不再是原调制信号频谱的线性搬移，而是频谱的非线性变换，会产生与频谱搬移不同的新的频率成分，故又称为非线性调制。

5.3.1　角度调制的基本概念

　　角度调制信号的一般表达式为

$$s_m(t) = A \cos[\omega_c t + \varphi(t)] \tag{5-99}$$

式中：A 是载波的恒定振幅；$[\omega_c t + \varphi(t)]$ 是信号的瞬时相位，而 $\varphi(t)$ 称为相对于载波相位 $\omega_c t$ 的瞬时相位偏移。$\dfrac{\mathrm{d}[\omega_c t + \varphi(t)]}{\mathrm{d}t}$ 是信号的瞬时角频率，而 $\dfrac{\mathrm{d}\varphi(t)}{\mathrm{d}t}$ 称为相对于载频 ω_c 的瞬时频偏。

所谓相位调制，是指瞬时相位偏移随调制信号 $m(t)$ 而线性变化，即

$$\varphi(t) = K_{PM}m(t) \tag{5-100}$$

式中：K_{PM} 是一个常数，称为相偏指数。于是，调相信号可以表示为

$$s_{PM}(t) = A\cos[\omega_c t + K_{PM}m(t)] \tag{5-101}$$

所谓频率调制，是指瞬时频率偏移随调制信号 $m(t)$ 而线性变化，即

$$\frac{\mathrm{d}\varphi(t)}{\mathrm{d}t} = K_{FM}m(t) \tag{5-102}$$

式中：K_{FM} 是一个常数，称为频偏指数。这时，瞬时相位偏移为

$$\varphi(t) = K_{FM}\int_{-\infty}^{t} m(\tau)\,\mathrm{d}\tau \tag{5-103}$$

于是，调频信号可以表示为

$$s_{FM}(t) = A\cos\left[\omega_c t + K_{FM}\int_{-\infty}^{t} m(\tau)\mathrm{d}\tau\right] \tag{5-104}$$

由式(5-101)和式(5-104)可见，调频和调相非常相似。如果预先不知道调制信号的具体形式，则无法判断已调信号是调频信号还是调相信号。

由式(5-101)和式(5-104)还可看出，如果将调制信号先微分，而后进行调频，则得到的是调相信号，这种方式称为间接调相，如图 5-82(b)所示。同样，如果将调制信号先积分，而后进行调相，则得到的是调频信号，这种方式称为间接调频，如图 5-83(b)所示。相对而言，图 5-82(a)所示的产生调相信号的方法称为直接调相法，图 5-83(a)所示的产生调频信号的方法称为直接调频法。

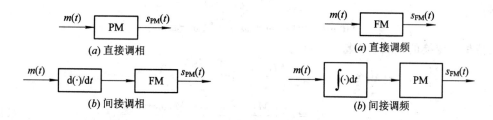

图 5-82　直接调相和间接调相　　　　　图 5-83　直接调频和间接调频

由于实际相位调制器的调节范围不可能超出 $(-\pi, \pi)$，因而直接调相和间接调频的方法仅适用于相位偏移和频率偏移不大的窄带调制情况，而直接调频和间接调相则适用于宽带调制情况。

从以上分析可见，调频与调相并无本质区别，两者之间可以互换。鉴于在实际应用中多采用调频信号，下面集中讨论频率调制。

5.3.2　窄带调频

根据调制后载波瞬时相位偏移的大小，可以将频率调制分为宽带调频（WBFM）与窄带调频（NBFM）。宽带与窄带调频的区分并无严格的界限，但通常认为由调频所引起的最大瞬时相位偏移远小于 $30°$ 时，称为窄带调频，即

$$\left| K_{FM}\int_{-\infty}^{t} m(\tau)\mathrm{d}\tau \right|_{\max} \ll \frac{\pi}{6} \tag{5-105}$$

1. NBFM 信号表达式

为分析方便，假设正弦载波的幅度 $A=1$，则调频信号的一般表达式为

$$s_{FM}(t) = \cos\left[\omega_c t + K_{FM}\int_{-\infty}^{t} m(\tau)d\tau\right]$$

$$= \cos\omega_c t \cos\left[K_{FM}\int_{-\infty}^{t} m(\tau)d\tau\right] - \sin\omega_c t \sin\left[K_{FM}\int_{-\infty}^{t} m(\tau)d\tau\right] \quad (5-106)$$

根据近似公式

$$\begin{cases} \sin x \approx x \\ \cos x \approx 1 \end{cases} \quad |x| \ll \frac{\pi}{6} \quad (5-107)$$

以及窄带调频的定义，可得窄带调频信号的表达式为

$$s_{NBFM}(t) \approx \cos\omega_c t - \left[K_{FM}\int_{-\infty}^{t} m(\tau)\ d\tau\right]\sin\omega_c t \quad (5-108)$$

设调制信号 $m(t)$ 的频谱为 $M(\omega)$，根据傅里叶变换的时域积分性质，有

$$\int_{-\infty}^{t} m(\tau)\ d\tau \Leftrightarrow \frac{M(\omega)}{j\omega} + \pi M(0)\delta(\omega) \quad (5-109)$$

设 $m(t)$ 的均值为 0，则

$$M(0) = M(\omega)\big|_{\omega=0} = \int_{-\infty}^{\infty} m(t)\ e^{-j\omega t}dt\big|_{\omega=0} = \int_{-\infty}^{\infty} m(t)\ dt = 0$$

因此

$$\int_{-\infty}^{t} m(\tau)\ d\tau \Leftrightarrow \frac{M(\omega)}{j\omega} \quad (5-110)$$

又因

$$\sin\omega_c t \Leftrightarrow j\pi\left[\delta(\omega+\omega_c) - \delta(\omega-\omega_c)\right]$$

根据傅里叶变换的频域卷积特性，可得

$$\int_{-\infty}^{t} m(\tau)\ d\tau\ \sin\omega_c t \Leftrightarrow \frac{1}{2\pi}\left\{\frac{M(\omega)}{j\omega} * j\pi\left[\delta(\omega+\omega_c) - \delta(\omega-\omega_c)\right]\right\}$$

$$= \frac{1}{2}\left[\frac{M(\omega+\omega_c)}{\omega+\omega_c} - \frac{M(\omega-\omega_c)}{\omega-\omega_c}\right] \quad (5-111)$$

又因

$$\cos\omega_c t \Leftrightarrow \pi\left[\delta(\omega+\omega_c) + \delta(\omega-\omega_c)\right]$$

因此，可得 NBFM 信号的频域表达式为

$$S_{NBFM}(\omega) = \pi\left[\delta(\omega+\omega_c) + \delta(\omega-\omega_c)\right] + \frac{K_{FM}}{2}\left[\frac{M(\omega-\omega_c)}{\omega-\omega_c} - \frac{M(\omega+\omega_c)}{\omega+\omega_c}\right]$$

$$(5-112)$$

2. NBFM 信号频谱

将式(5-112)NBFM 信号的频谱与 AM 信号频谱进行比较：

$$\begin{cases} S_{NBFM}(\omega) = \pi\left[\delta(\omega+\omega_c) + \delta(\omega-\omega_c)\right] + \frac{K_{FM}}{2}\left[\frac{M(\omega-\omega_c)}{\omega-\omega_c} - \frac{M(\omega+\omega_c)}{\omega+\omega_c}\right] \\ S_{AM}(\omega) = \pi\left[\delta(\omega+\omega_c) + \delta(\omega-\omega_c)\right] + \frac{1}{2}\left[M(\omega-\omega_c) + M(\omega+\omega_c)\right] \end{cases}$$

$$(5-113)$$

可以清楚地看出它们频谱结构的相同和不同之处。相同之处是两者都含有两个载频分量离散谱和位于 $\pm\omega_c$ 处的两个边带，所以它们的带宽相同，即

$$B_{\mathrm{NBFM}} = B_{\mathrm{AM}} = 2B_m = 2f_{\mathrm{H}} \tag{5-114}$$

式中：B_m 为基带信号带宽；f_{H} 为调制信号最高频率。不同之处在于 NBFM 信号的正、负频率分量分别受因式 $\dfrac{1}{\omega-\omega_c}$ 和 $-\dfrac{1}{\omega+\omega_c}$ 的加权，由于因式是频率的函数，所以这种加权是频率加权，加权的结果引起调制信号频谱的失真。

NBFM 信号的频谱示意图如图 5-84 所示。图中，NBFM 信号的正频率分量，即以 ω_c 为中心频率的两个边带，受因式 $\dfrac{1}{\omega-\omega_c}$ 的加权，其中，上边带 $((\omega_c, \omega_c+\omega_{\mathrm{H}})$ 频率成分，黑色所示)部分，因 $\omega>\omega_c$，$\dfrac{1}{\omega-\omega_c}>0$，因此，对应频谱为正，与 AM 频谱

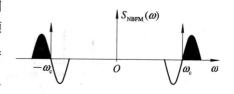

图 5-84　NBFM 信号的频谱示意图

同相；而下边带 $((\omega_c-\omega_{\mathrm{H}}, \omega_c)$ 频率成分，白色所示)部分，因 $\omega<\omega_c$，$\dfrac{1}{\omega-\omega_c}<0$，因此，对应频谱为负，与 AM 频谱反相。同理，NBFM 信号的负频率分量，即以 $-\omega_c$ 为中心频率的两个边带，受因式 $-\dfrac{1}{\omega+\omega_c}$ 的加权，其中，上边带 $((-\omega_c-\omega_{\mathrm{H}}, -\omega_c)$ 频率成分，黑色所示)部分，因 $\omega<-\omega_c$，$-\dfrac{1}{\omega+\omega_c}>0$，因此，对应频谱为正，与 AM 频谱同相；而下边带 $((-\omega_c, -\omega_c+\omega_{\mathrm{H}})$ 频率成分，白色所示)部分，因 $\omega>-\omega_c$，$-\dfrac{1}{\omega+\omega_c}<0$，因此，对应频谱为负，与 AM 频谱反相。综上所述，可得出结论：NBFM 信号频谱的上边带(黑色部分)与 AM 信号频谱同相，而下边带(白色部分)与 AM 信号频谱反相。

3. 单频调制情况

若调制信号为单频信号 $m(t)=A_m\cos\omega_m t$，则 NBFM 信号为

$$s_{\mathrm{NBFM}}(t) \approx \cos\omega_c t - \left[K_{\mathrm{FM}}\int_{-\infty}^{t} m(\tau)\,\mathrm{d}\tau\right]\sin\omega_c t$$

$$= \cos\omega_c t - \frac{K_{\mathrm{FM}}A_m}{\omega_m}\sin\omega_m t\,\sin\omega_c t$$

$$= \cos\omega_c t + \frac{K_{\mathrm{FM}}A_m}{2\omega_m}[\cos(\omega_c+\omega_m)t - \cos(\omega_c-\omega_m)t] \tag{5-115}$$

设 $A_m\leqslant 1$，则相应的 AM 信号可以表示为

$$s_{\mathrm{AM}}(t) = (1+A_m\cos\omega_m t)\cos\omega_c t = \cos\omega_c t + A_m\cos\omega_m t\,\cos\omega_c t$$

$$= \cos\omega_c t + \frac{A_m}{2}[\cos(\omega_c+\omega_m)t + \cos(\omega_c-\omega_m)t] \tag{5-116}$$

由以上两式可以画出单频调制时 AM 信号和 NBFM 信号的频谱，如图 5-85 所示。由此而画出的矢量图如图 5-86 所示。在 AM 中，上、下边带的合成矢量与载波是同相相加，因而边带与载波的合成矢量不存在相位变化，只发生幅度变化，这样就形成了 AM 信号。而在 NBFM 中，由于下边带为负，两个边带的合成矢量与载波是正交相加，因而边带与载

波的合成矢量存在相位偏移 $\Delta\varphi$,当最大相位偏移满足式(5-105)的窄带调频条件时,合成矢量的幅度基本不变,这样就形成了 NBFM 信号。这正是两者的本质区别。

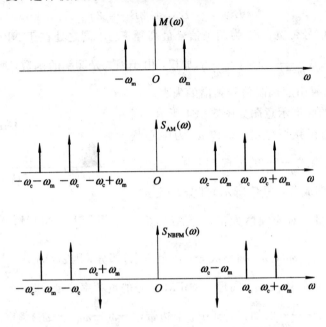

图 5-85　单频调制时 AM 信号和 NBFM 信号频谱

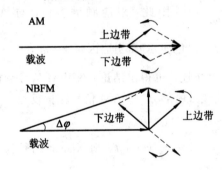

图 5-86　AM 与 NBFM 的矢量表示

由于窄带调频信号最大相位偏移较小,占据的带宽较窄,使得调制系统的抗干扰性能强这一优点不能充分发挥,因此目前仅用于抗干扰性能要求不高的短距离通信中。在远距离高质量的通信系统中,如微波或卫星通信、调频立体声广播、超短波电台等多采用宽带调频。

5.3.3　宽带调频

当由调频所引起的最大瞬时相位偏移不满足式(5-105)的窄带条件时,称为宽带调频。由于宽带调频信号的时域表达式不能按式(5-108)简化,因而给宽带调频的频谱分析带来了困难。为使问题简化,下面先研究单频调制的情况,然后把分析的结论推广到多频调制情况。

1. 单频调制时宽带调频信号的时域表达式和频谱

若调制信号为单频信号，即

$$m(t) = A_\text{m} \cos\omega_\text{m} t$$

代入式(5-104)可得宽带调频信号的时域表达式为

$$
\begin{aligned}
s_\text{WBFM}(t) &= A \cos\left[\omega_\text{c} t + K_\text{FM} A_\text{m} \int_{-\infty}^{t} \cos\omega_\text{m}\tau \, d\tau \right] \\
&= A \cos\left(\omega_\text{c} t + \frac{K_\text{FM} A_\text{m}}{\omega_\text{m}} \sin\omega_\text{m} t \right) \\
&= A \cos(\omega_\text{c} t + m_\text{f} \sin\omega_\text{m} t)
\end{aligned}
\tag{5-117}
$$

式中：$K_\text{FM} A_\text{m}$ 为最大角频偏，记为 $\Delta\omega_\text{max}$；m_f 为调频指数，表示为

$$m_\text{f} = \frac{K_\text{FM} A_\text{m}}{\omega_\text{m}} = \frac{\Delta\omega_\text{max}}{\omega_\text{m}} = \frac{\Delta f_\text{max}}{f_\text{m}} \tag{5-118}$$

调频指数对调频波的性质有举足轻重的影响。

式(5-117)可以展开为

$$s_\text{WBFM}(t) = A \cos\omega_\text{c} t \cos(m_\text{f} \sin\omega_\text{m} t) - A \sin\omega_\text{c} t \sin(m_\text{f} \sin\omega_\text{m} t) \tag{5-119}$$

式中的两个因子可以分别展开成级数形式：

$$
\begin{cases}
\cos(m_\text{f} \sin\omega_\text{m} t) = J_0(m_\text{f}) + 2\sum_{n=1}^{\infty} J_{2n}(m_\text{f})\cos 2n\omega_\text{m} t \\
\sin(m_\text{f} \sin\omega_\text{m} t) = 2\sum_{n=1}^{\infty} J_{2n-1}(m_\text{f})\sin(2n-1)\omega_\text{m} t
\end{cases}
\tag{5-120}
$$

式中：$J_n(m_\text{f})$ 为第一类 n 阶贝塞尔函数，它是调频指数 m_f 的函数，其关系曲线如图 5-87 所示，详细数据可参看贝塞尔函数表。将式(5-120)代入式(5-119)，并利用三角函数的积化和差公式以及贝塞尔函数的性质，可以得到宽带调频信号的级数展开式

$$s_\text{WBFM}(t) = A \sum_{n=-\infty}^{\infty} J_n(m_\text{f})\cos(\omega_\text{c} + n\omega_\text{m}) t \tag{5-121}$$

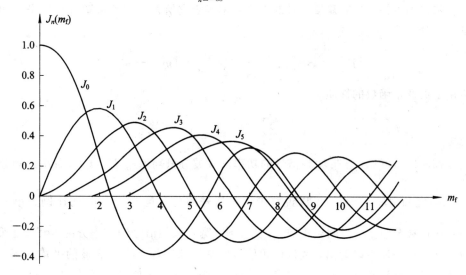

图 5-87　$J_n(m_\text{f}) - m_\text{f}$ 关系曲线

对式(5-121)作傅里叶变换，即得其频谱为

$$S_{\text{WBFM}}(\omega) = \pi A \sum_{n=-\infty}^{\infty} J_n(m_{\text{f}}) [\delta(\omega - \omega_{\text{c}} - n\omega_{\text{m}}) + \delta(\omega + \omega_{\text{c}} + n\omega_{\text{m}})] \qquad (5-122)$$

由式(5-121)和式(5-122)可见，宽带调频波的频谱包含无穷多个频率分量。当 $n=0$ 时就是载波频率分量 ω_{c}，其幅度正比于 $J_0(m_{\text{f}})$；当 $n \neq 0$ 时，在载频两侧对称地分布上、下边带频率分量 $\omega_{\text{c}} \pm n\omega_{\text{m}}$，谱线之间的间隔为 ω_{m}，其幅度正比于 $J_n(m_{\text{f}})$，而且当 n 为奇数时，上、下边带频率分量极性相反，当 n 为偶数时，上、下边带频率分量极性相同。图 5-88 给出了某单频信号宽带调频波的频谱。

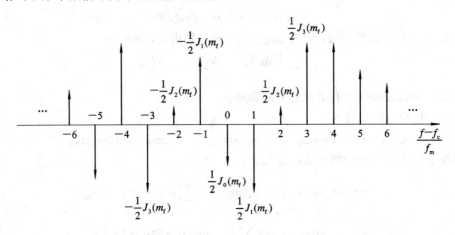

图 5-88　宽带调频波的频谱($m_{\text{f}}=5$)

2. 单频调制时宽带调频信号的功率分配

由式(5-121)可知，单频调制时宽带调频信号可以分解为无穷多对边频分量之和，即

$$s_{\text{WBFM}}(t) = A \sum_{n=-\infty}^{\infty} J_n(m_{\text{f}}) \cos(\omega_{\text{c}} + n\omega_{\text{m}})t$$

由帕斯瓦尔定理可知，宽带调频信号的平均功率等于它所包含的各边频分量的平均功率之和，即

$$P_{\text{WBFM}} = \overline{s_{\text{WBFM}}^2(t)} = \frac{A^2}{2} \sum_{n=-\infty}^{\infty} J_n^2(m_{\text{f}}) = \frac{A^2}{2} \qquad (5-123)$$

上式应用了贝塞尔函数的性质

$$\sum_{n=-\infty}^{\infty} J_n^2(m_{\text{f}}) = 1$$

由式(5-123)可见，宽带调频信号的功率由载波分量功率 $\frac{A^2}{2} J_0^2(m_{\text{f}})$ 及各次边频分量功率 $\frac{A^2}{2} J_n^2(m_{\text{f}})$ 之和构成。因此，可以说宽带调频信号的功率是按 $J_n^2(m_{\text{f}})$ 的比例大小分配在载波及各次边频分量上。当调频指数 m_{f} 变化时，宽带调频信号的功率分配也将发生变化。

由式(5-123)还可以看出，宽带调频信号的平均功率等于未调载波的平均功率。这是因为调频只是使载波频率发生变化，载波振幅不变，而功率仅由振幅决定，与频率无关，因此调频后载波功率不变。

3. 宽带调频信号的带宽

1) 单频调制时的带宽

由式(5-122)可见，单频调制时，宽带调频信号的频谱包含无穷多个频率分量，因此理论上调频信号的带宽为无限宽。但是实际上各次边频分量幅度(正比于 $J_n(m_f)$)随着 n 的增大而减小，因此只要取适当的 n 值，使边频分量幅度小到可以忽略的程度，调频信号就可以近似认为具有有限带宽。一个广泛用来计算调频波带宽的公式为

$$B_{FM} = 2(m_f + 1)f_m = 2(\Delta f_{max} + f_m) \tag{5-124}$$

式中：Δf_{max} 为最大频率偏移。上式称为卡森公式，在卡森公式中，边频分量取到 $(m_f + 1)$ 次。通过计算，可以发现大于 $(m_f + 1)$ 次的边频分量幅度小于未调载波幅度的 10%，因此可以忽略。

在式(5-124)中，当 $m_f \ll 1$ 时

$$B_{FM} \approx 2f_m \tag{5-125}$$

这正是前述窄带调频信号的带宽。当 $m_f \gg 1$ 时，有

$$B_{FM} \approx 2\Delta f_{max} \tag{5-126}$$

这是大调频指数宽带调频情况，说明带宽由最大频偏决定。

2) 任意带限信号调制时的带宽

多频或其他任意信号调制时的宽带调频波的频谱分析极其复杂。根据经验，将卡森公式推广，即可得到任意带限信号调制时宽带调频信号带宽的估算公式：

$$B_{FM} = 2(D + 1)f_m \tag{5-127}$$

式中：f_m 是调制信号 $m(t)$ 的最高频率，$D = \dfrac{\Delta f_{max}}{f_m}$ 是最大频偏 Δf_{max} 与调制信号最高频率 f_m 的比值。实际应用中，当 $D > 2$ 时，用式

$$B_{FM} = 2(D + 2)f_m \tag{5-128}$$

计算宽带调频信号带宽更符合实际情况。

5.3.4　调频信号的产生、解调及仿真

1. 调频信号的产生

产生调频信号的方法有两种：直接法和间接法。

1) 直接法

直接法就是用调制信号直接控制振荡器的输出频率，使其按照调制信号的规律线性变化。

振荡频率由外部电压控制的振荡器称为压控振荡器(VCO)。每个压控振荡器自身就是一个频率调制器，因为它的振荡频率正比于输入控制电压，即

$$\omega_0(t) = \omega_0 + K_{FM}m(t) \tag{5-129}$$

式中：ω_0 为压控振荡器的中心频率。若用调制信号作控制电压，则可以产生调频波。

控制 VCO 振荡频率的常用方法是改变振荡器谐振回路的电抗元件 L 或 C。L 或 C 可控的元件有电抗管、变容管。变容管由于电路简单，性能良好，目前在调频器中广泛使用。

直接法的优点是在实现线性调频的要求下，可以获得较大的频偏。缺点是频率稳定度

不高,需要采用自动频率控制系统来稳定中心频率。

2）间接法

如前所述,间接法是先对调制信号积分,然后进行相位调制,从而获得调频信号。由于实际相位调制器的调节范围不可能超出$(-\pi,\pi)$,因而间接调频法只能获得窄带调频信号。为了获得宽带调频信号,可利用倍频器把窄带调频信号变换成宽带调频信号,其原理如图 5-89 所示。

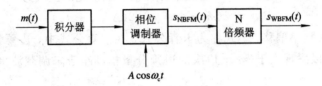

图 5-89 间接调频原理框图

由式(5-108)可知,NBFM 信号可看做由同相分量和正交分量合成,即

$$s_{\mathrm{NBFM}}(t) \approx \cos\omega_c t - \left[K_{\mathrm{FM}}\int_{-\infty}^{t} m(\tau)\,\mathrm{d}\tau\right]\sin\omega_c t$$

因此,可采用图 5-90 所示原理框图来实现窄带调频。

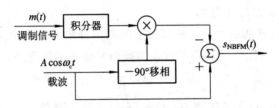

图 5-90 窄带调频信号产生原理框图

倍频器的作用是提高调频指数 m_{f},从而实现宽带调频。倍频器可用非线性器件实现,并用带通滤波器滤除不需要的频率分量。以理性平方律器件为例,其输出—输入特性为

$$s_{\mathrm{o}}(t) = k s_{\mathrm{i}}^{2}(t) \tag{5-130}$$

若输入 $s_{\mathrm{i}}(t)$ 为调频信号,即

$$s_{\mathrm{i}}(t) = A\cos[\omega_c t + \varphi(t)] \tag{5-131}$$

则

$$s_{\mathrm{o}}(t) = \frac{1}{2}kA^{2}\{1 + \cos[2\omega_c t + 2\varphi(t)]\} \tag{5-132}$$

由上式可见,滤除直流成分后即可得到一个新的调频信号,其载频和相位偏移均扩大为原来的两倍,因而调频指数 m_{f} 必然也扩大为原来的两倍。同理,经 N 次倍频后,调频信号的载频和调频指数将扩大为原来的 N 倍。对于因此而导致载频过高的问题,可以采用线性调制,将频谱从很高的频率再搬移到所要求的载频上来。

2. 调频信号的解调

1）非相干解调

由于调频信号的瞬时频率偏移正比于调制信号的幅度,因而调频信号的解调必须要产生正比于输入信号瞬时频率偏移的输出电压,即当输入调频信号为

$$s_{\mathrm{FM}}(t) = A\cos\Big[\omega_c t + K_{\mathrm{FM}}\int_{-\infty}^{t} m(\tau)\,\mathrm{d}\tau\Big] \tag{5-133}$$

时，解调器的输出信号应为

$$m_o(t) \propto K_{\mathrm{FM}}m(t) \tag{5-134}$$

最简单的解调器是具有频率—电压变换作用的鉴频器。图 5-91 给出了理想鉴频特性 (a) 和解调器的原理框图 (b)。

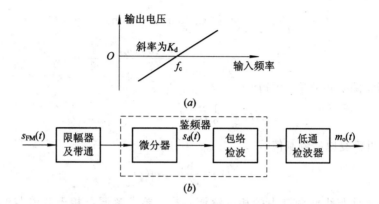

图 5-91　理想鉴频特性及解调器原理框图

理想鉴频器可看做微分器与包络检波器的级联。微分器的输出信号为

$$s_d(t) = -A\big[\omega_c + K_{\mathrm{FM}}m(t)\big]\sin\Big[\omega_c t + K_{\mathrm{FM}}\int_{-\infty}^{t} m(\tau)\,\mathrm{d}\tau\Big] \tag{5-135}$$

上式是一个幅度和频率均含调制信号信息的调幅调频信号，用包络检波器取出其包络，并滤除直流成分后，即可恢复原始调制信号：

$$m_o(t) = K_d K_{\mathrm{FM}}m(t) \tag{5-136}$$

式中：K_d 称为鉴频器灵敏度。

以上解调过程是先通过微分运算将幅度恒定的调频波变成幅度随调制信号变化的调幅调频波，再通过包络检波器从幅度变化中检出调制信号，因此又称为包络检波，属于非相干解调。这种解调方法的缺点是，包络检波器对由信道噪声和其他原因引起的幅度变化也有反应。因此，通常在微分器前加一个限幅器和带通滤波器。限幅器的作用是将调频波在传输过程中引起的幅度变化部分削去，变成等幅的调频波；带通滤波器的作用是让调频信号顺利通过，同时滤除带外噪声和高次谐波分量。

2) 相干解调

由于窄带调频信号可以分解为同相分量与正交分量之和，因而可以采用线性调制中的相干解调法进行解调，其原理框图如图 5-92 所示。图中带通滤波器的作用是让调频信号顺利通过，同时滤除带外噪声。

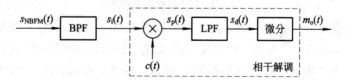

图 5-92　窄带调频信号的相干解调原理框图

由式(5-108)可知,窄带调频信号可以表示为

$$s_{\text{NBFM}}(t) = \cos\omega_c t - \left[K_{\text{FM}} \int_{-\infty}^{t} m(\tau)\,\mathrm{d}\tau \right] \sin\omega_c t \tag{5-137}$$

相干载波

$$c(t) = -\sin\omega_c t \tag{5-138}$$

则乘法器的输出为

$$\begin{aligned} s_{\text{p}}(t) &= \left[K_{\text{FM}} \int_{-\infty}^{t} m(\tau)\,\mathrm{d}\tau \right] \sin^2\omega_c t - \sin\omega_c t \, \cos\omega_c t \\ &= \left[K_{\text{FM}} \int_{-\infty}^{t} m(\tau)\,\mathrm{d}\tau \right] \frac{1-\cos2\omega_c t}{2} - \frac{1}{2}\sin2\omega_c t \end{aligned}$$

经低通滤波器滤除高频分量,可得

$$s_{\text{d}}(t) = \frac{1}{2} K_{\text{FM}} \int_{-\infty}^{t} m(\tau)\,\mathrm{d}\tau \tag{5-139}$$

再经微分,即可恢复原始调制信号

$$m_{\text{o}}(t) = \frac{1}{2} K_{\text{FM}} m(t) \tag{5-140}$$

这种解调方法与线性调制中的相干解调一样,要求解调器相干载波与调制器载波同步,否则将使解调信号失真。显然,相干解调法只适用于对窄带调频信号的解调。

3. 调频系统的仿真

对 FM 信号的产生和解调进行仿真的原理如图 5-93 所示。

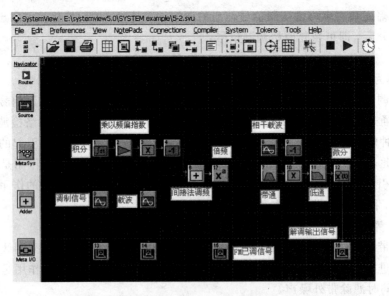

图 5-93 FM 系统仿真原理图

调制信号和载波信号波形分别如图 5-94 和图 5-95 所示。FM 已调信号波形和频谱分别如图 5-96 和图 5-97 所示。解调输出信号波形如图 5-98 所示。比较解调输出信号和调制信号波形可看出,两者是同频率的正弦波,因此,可认为无失真恢复了原始调制信号。

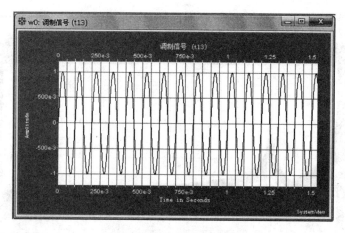

图 5 - 94　调制信号波形

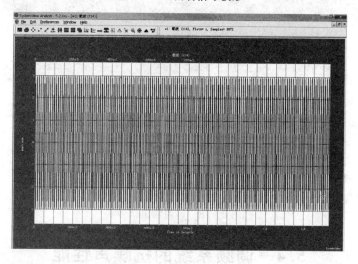

图 5 - 95　载波信号波形

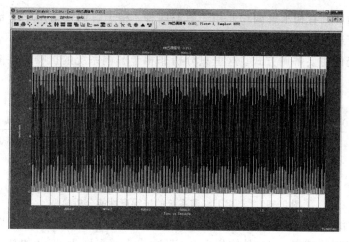

图 5 - 96　FM 已调信号波形

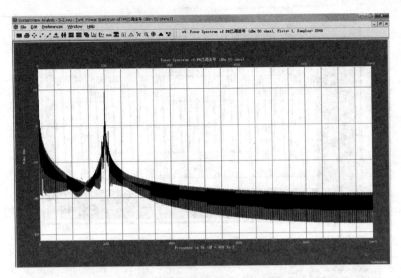

图 5 - 97　FM 已调信号频谱

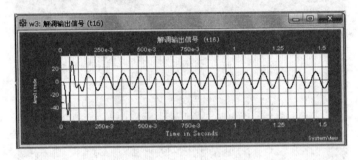

图 5 - 98　解调输出信号

5.4　调频系统的抗噪声性能

　　调频信号的解调有相干解调和非相干解调两种。相干解调仅适用于窄带调频信号，而且需要同步相干载波；而非相干解调适用于窄带和宽带调频信号，而且不需要相干载波，因而是调频系统的主要解调方式。这里只分析非相干解调系统的抗噪声性能，其分析模型如图 5 - 99 所示。

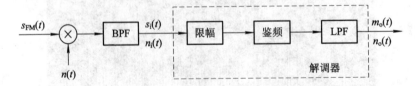

图 5 - 99　非相干解调系统的抗噪声性能分析模型

　　图中，带通滤波器的作用是抑制信号带宽以外的噪声，限幅器的作用是消除接收信号在幅度上可能出现的畸变。$n(t)$ 是均值为 0，双边功率谱密度为 $n_0/2$ 的高斯白噪声，经过带通滤波器变为窄带高斯噪声 $n_i(t)$。

5.4.1　输入信噪比

设输入调频信号为

$$s_{FM}(t) = A\cos\left[\omega_c t + K_{FM}\int_{-\infty}^{t} m(\tau)\,d\tau\right] \tag{5-141}$$

则输入信号功率为

$$S_i = \frac{A^2}{2} \tag{5-142}$$

带通滤波器的带宽应等于调频信号带宽 B_{FM}，于是输入噪声功率为

$$N_i = n_0 B_{FM} \tag{5-143}$$

由此可得，解调器输入信噪比为

$$\frac{S_i}{N_i} = \frac{A^2}{2n_0 B_{FM}} \tag{5-144}$$

5.4.2　大信噪比时的解调增益

计算输出信噪比时，由于非相干解调不是线性叠加处理过程，因而无法分别计算信号与噪声功率。

解调器输入波形是调频信号和窄带高斯噪声的合成波，即

$$s_i(t) + n_i(t) = A\cos[\omega_c t + \varphi(t)] + V(t)\cos[\omega_c t + \theta(t)] \tag{5-145}$$

式中：$\varphi(t) = K_{FM}\displaystyle\int_{-\infty}^{t} m(\tau)\,d\tau$ 为调频信号的瞬时相位偏移；$n_i(t)$ 采用式(5-47)的表示形式；$V(t)$ 为窄带高斯噪声的包络(即幅度)；$\theta(t)$ 为窄带高斯噪声的相位偏移。

上式可以合成为

$$s_i(t) + n_i(t) = B(t)\cos[\omega_c t + \psi(t)] \tag{5-146}$$

经限幅器后，变为等幅波，即鉴频器输入信号为

$$V_0\cos[\omega_c t + \psi(t)] \tag{5-147}$$

式中：V_0 为常数。鉴频器输出信号仅取决于瞬时相位偏移 $\psi(t)$。

将式(5-145)作变换：

$$
\begin{aligned}
s_i(t) + n_i(t) &= A\cos[\omega_c t + \varphi(t)] + V(t)\cos[\omega_c t + \varphi(t) + \theta(t) - \varphi(t)]\\
&= A\cos[\omega_c t + \varphi(t)] + V(t)\cos[\omega_c t + \varphi(t)]\cos[\theta(t) - \varphi(t)]\\
&\quad - V(t)\sin[\omega_c t + \varphi(t)]\sin[\theta(t) - \varphi(t)]\\
&= \{A + V(t)\cos[\theta(t) - \varphi(t)]\}\cos[\omega_c t + \varphi(t)]\\
&\quad - V(t)\sin[\theta(t) - \varphi(t)]\sin[\omega_c t + \varphi(t)]
\end{aligned}\tag{5-148}
$$

上式中，若令

$$
\begin{cases}
A + V(t)\cos[\theta(t) - \varphi(t)] = V_0\cos\phi(t)\\
V(t)\sin[\theta(t) - \varphi(t)] = V_0\sin\phi(t)
\end{cases}\tag{5-149}
$$

则式(5-148)可以变换为

$$
\begin{aligned}
s_i(t) + n_i(t) &= V_0\cos\phi(t)\cos[\omega_c t + \varphi(t)] - V_0\sin\phi(t)\sin[\omega_c t + \varphi(t)]\\
&= V_0\cos[\omega_c t + \varphi(t) + \phi(t)]
\end{aligned}\tag{5-150}
$$

由式(5-149)可得

$$\phi(t) = \arctan \frac{V(t)\sin[\theta(t) - \varphi(t)]}{A + V(t)\cos[\theta(t) - \varphi(t)]} \tag{5-151}$$

将式(5-150)与式(5-147)作比较,可得

$$\psi(t) = \varphi(t) + \phi(t) = \varphi(t) + \arctan \frac{V(t)\sin[\theta(t) - \varphi(t)]}{A + V(t)\cos[\theta(t) - \varphi(t)]} \tag{5-152}$$

同理,可得瞬时相位偏移 $\psi(t)$ 的另一种表示形式为

$$\psi(t) = \theta(t) + \arctan \frac{A\sin[\varphi(t) - \theta(t)]}{V(t) + A\cos[\varphi(t) - \theta(t)]} \tag{5-153}$$

可以看出,以上两式都是携带有用信息的 $\varphi(t)$ 和表示噪声的 $V(t)$、$\theta(t)$ 的复杂函数。为使计算简化,与 AM 信号的非相干解调的分析类似,考虑两种极端情况:大信噪比情况和小信噪比情况。

在大信噪比情况下,即 $A \gg V(t)$ 时,式(5-152)可以近似为

$$\psi(t) \approx \varphi(t) + \frac{V(t)\sin[\theta(t) - \varphi(t)]}{A} \tag{5-154}$$

上式中,用到近似公式:

$$\arctan x \approx x \qquad (x \ll 1)$$

鉴频器的输出应与输入信号的瞬时频偏成正比,若设比例常数为1,则鉴频器输出为

$$v_o(t) = \frac{1}{2\pi} \frac{\mathrm{d}\psi(t)}{\mathrm{d}t} = \frac{1}{2\pi} \frac{\mathrm{d}\varphi(t)}{\mathrm{d}t} + \frac{1}{2\pi A} \frac{\mathrm{d}}{\mathrm{d}t}\{V(t)\sin[\theta(t) - \varphi(t)]\} \tag{5-155}$$

式中:第一项为有用信号项;第二项为噪声项。这时,信号与噪声已经分开。

因此,解调器输出信号为

$$m_o(t) = \frac{1}{2\pi} \frac{\mathrm{d}\varphi(t)}{\mathrm{d}t} = \frac{1}{2\pi} K_{FM} m(t) \tag{5-156}$$

于是,可得解调器输出信号功率为

$$S_o = \overline{m_o^2(t)} = \frac{1}{4\pi^2} K_{FM}^2 \overline{m^2(t)} \tag{5-157}$$

解调器输出噪声为

$$n_o(t) = \frac{1}{2\pi A} \frac{\mathrm{d}}{\mathrm{d}t}\{V(t)\sin[\theta(t) - \varphi(t)]\} \tag{5-158}$$

令 $n_d(t) = V(t)\sin[\theta(t) - \varphi(t)]$,则上式变为

$$n_o(t) = \frac{1}{2\pi A} \frac{\mathrm{d}n_d(t)}{\mathrm{d}t} = \frac{1}{2\pi A} n_d'(t) \tag{5-159}$$

根据窄带高斯噪声的性质,可知噪声 $n_d(t)$ 的功率与 $n_i(t)$ 的功率在数值上相同,即

$$\overline{n_d^2(t)} = \overline{n_i^2(t)} = n_0 B_{FM} \tag{5-160}$$

不过,$n_i(t)$ 是带通型噪声,而 $n_d(t)$ 是解调后的低通 $\left(0, \dfrac{B_{FM}}{2}\right)$ 型噪声。由于 $n_d'(t)$ 是 $n_d(t)$ 通过微分电路后的输出,因而 $n_d'(t)$ 的功率谱密度应等于 $n_d(t)$ 的功率谱密度乘以微分电路的功率传输函数。若设 $n_d(t)$ 的功率谱密度为 $P_i(\omega)$,微分电路的功率传输函数为

$$|H(\mathrm{j}\omega)|^2 = |\mathrm{j}\omega|^2 = \omega^2 \tag{5-161}$$

则 $n_d'(t)$ 的功率谱密度为

$$P_o(\omega) = \omega^2 P_i(\omega) \tag{5-162}$$

由于

$$P_i(\omega) = \begin{cases} \dfrac{\overline{n_d^2(t)}}{B_{FM}} = n_0, & |f| \leqslant \dfrac{B_{FM}}{2} \\[3mm] 0, & |f| > \dfrac{B_{FM}}{2} \end{cases} \tag{5-163}$$

因而

$$P_o(\omega) = \begin{cases} \omega^2 n_0 = (2\pi f)^2 n_0, & |f| \leqslant \dfrac{B_{FM}}{2} \\[3mm] 0, & |f| > \dfrac{B_{FM}}{2} \end{cases} \tag{5-164}$$

若解调器中低通滤波器的截止频率为 f_m（$f_m < B_{FM}/2$），则可计算出解调器输出噪声功率为

$$N_o = \overline{n_o^2(t)} = \frac{1}{4\pi^2 A^2}\overline{{n'_d}^2(t)} = \frac{1}{4\pi^2 A^2}\int_{-f_m}^{f_m}(2\pi f)^2 n_0\,\mathrm{d}f = \frac{2n_0 f_m^3}{3A^2} \tag{5-165}$$

因此可得，解调器输出信噪比为

$$\frac{S_o}{N_o} = \frac{\dfrac{K_{FM}^2\,\overline{m^2(t)}}{4\pi^2}}{\dfrac{2n_0 f_m^3}{3A^2}} = \frac{3A^2 K_{FM}^2\,\overline{m^2(t)}}{8\pi^2 n_0 f_m^3} \tag{5-166}$$

式中：f_m 为解调器中低通滤波器的截止频率，即调制信号最高频率。

综上可得，大信噪比时调频系统非相干解调的信噪比增益为

$$G_{FM} = \frac{\dfrac{S_o}{N_o}}{\dfrac{S_i}{N_i}} = \frac{\dfrac{3A^2 K_{FM}^2\,\overline{m^2(t)}}{8\pi^2 n_0 f_m^3}}{\dfrac{A^2}{2n_0 B_{FM}}} = \frac{3K_{FM}^2 B_{FM}\,\overline{m^2(t)}}{4\pi^2 f_m^3} \tag{5-167}$$

为使上式具有简明的结果，下面考虑单频调制的情况。设调制信号 $m(t) = A_m\cos\omega_m t$，则 $\overline{m^2(t)} = \dfrac{A_m^2}{2}$，由式（5-117）可知，调频信号为

$$s_{FM}(t) = A\cos(\omega_c t + m_f \sin\omega_m t) \tag{5-168}$$

式中

$$m_f = \frac{A_m K_{FM}}{\omega_m} = \frac{\Delta\omega_{max}}{\omega_m} = \frac{\Delta f_{max}}{f_m}$$

因此，可得

$$\frac{S_o}{N_o} = \frac{3A^2 m_f^2}{4n_0 f_m} \tag{5-169}$$

$$G_{FM} = \frac{3K_{FM}^2 B_{FM} A_m^2}{8\pi^2 f_m^3} = \frac{3(m_f\omega_m)^2 B_{FM}}{8\pi^2 f_m^3} = \frac{3}{2}m_f^2\frac{B_{FM}}{f_m} \tag{5-170}$$

由式（5-124）可得，调频信号的带宽为

$$B_{FM} = 2(m_f + 1)f_m = 2(\Delta f_{max} + f_m)$$

因此，式（5-170）还可以表示成另一种形式：

$$G_{FM} = 3m_f^2(m_f + 1) \approx 3m_f^3 \tag{5-171}$$

上式表明，在大信噪比情况下，宽带调频解调器的信噪比增益是很高的，正比于调频指数的三次方。例如，当调频指数 $m_f = 5$ 时，信噪比增益 $G_{FM} = 450$。可见，加大调频指数 m_f，可使系统抗噪声性能大大改善。

为了更清楚地看出大信噪比情况下，宽带调频系统抗噪声性能好的特点，下面将调频系统和调幅系统作一比较。

例 5 - 1 设调频信号和调幅信号均为单频调制，调制信号频率为 f_m，调幅信号为 100% 调制，两者接收信号功率 S_i 相等，信道加性噪声为双边噪声功率谱密度 $n_0/2$ 的高斯白噪声，试比较调频系统和调幅系统的抗噪声性能。

解：由调幅系统和调频系统的抗噪声性能分析，可知

$$\begin{cases} \left(\dfrac{S_o}{N_o}\right)_{FM} = G_{FM}\left(\dfrac{S_i}{N_i}\right)_{FM} = G_{FM}\dfrac{S_i}{n_0 B_{FM}} \\ \left(\dfrac{S_o}{N_o}\right)_{AM} = G_{AM}\left(\dfrac{S_i}{N_i}\right)_{AM} = G_{AM}\dfrac{S_i}{n_0 B_{AM}} \end{cases}$$

两者输出信噪比的比值为

$$\frac{\left(\dfrac{S_o}{N_o}\right)_{FM}}{\left(\dfrac{S_o}{N_o}\right)_{AM}} = \frac{G_{FM}}{G_{AM}} \cdot \frac{B_{AM}}{B_{FM}}$$

根据本题条件，有

$$\begin{cases} \dfrac{G_{FM}}{G_{AM}} = \dfrac{3m_f^2(m_f+1)}{\dfrac{2}{3}} = \dfrac{9}{2}m_f^2(m_f+1) \\ \dfrac{B_{AM}}{B_{FM}} = \dfrac{2f_m}{2(m_f+1)f_m} = \dfrac{1}{m_f+1} \end{cases}$$

因此，可得

$$\frac{\left(\dfrac{S_o}{N_o}\right)_{FM}}{\left(\dfrac{S_o}{N_o}\right)_{AM}} = \frac{9}{2}m_f^2$$

由上例可见，在解调器具有相同的输入信号功率、噪声功率谱密度和相同的调制信号情况下，当宽带调频指数 m_f 比较高时，调频系统的输出信噪比远大于调幅系统。当 $m_f = 5$ 时，宽带调频的输出信噪比是调幅系统的 112.5 倍，这意味着当两者输出信噪比相等时，宽带调频信号的发射功率可以减小到调幅信号的 $1/112.5$。

应当注意，调频系统的这一优越性是以增加传输带宽来换取的。因为调频系统的带宽 $B_{FM} = 2(m_f+1)f_m$，是 AM 系统带宽 $B_{AM} = 2f_m$ 的 m_f+1 倍。当调频指数较高，即 $m_f \gg 1$ 时，$B_{FM} \approx m_f B_{AM}$，调频系统带宽近似为调幅系统的 m_f 倍。此时

$$\frac{\left(\dfrac{S_o}{N_o}\right)_{FM}}{\left(\dfrac{S_o}{N_o}\right)_{AM}} = \frac{9}{2}\left(\frac{B_{FM}}{B_{AM}}\right)^2 \tag{5-172}$$

由上式可知，宽带调频输出信噪比相对于调幅系统的改善正比于它们带宽比的平方，这意味着宽带调频系统增加传输带宽就可以改善输出信噪比，即改善系统抗噪声性能。调频系统这种以带宽换取信噪比的特性是十分有益的。在调幅系统中，由于信号带宽是固定的，不能实现带宽与信噪比的互换，这正是在抗噪声性能方面调频系统优于调幅系统的重要原因。

5.4.3　小信噪比时的门限效应及仿真

1. 小信噪比时的门限效应

在小信噪比情况下，即 $A \ll V(t)$ 时，式(5-153)可以近似为

$$\psi(t) \approx \theta(t) + \frac{A \sin[\varphi(t) - \theta(t)]}{V(t)} \qquad (5-173)$$

式中，也用到近似公式 $\arctan x \approx x (x \ll 1)$。

分析上式可知，这时没有单独存在的有用信号项，解调器输出几乎完全由噪声决定，因而输出信噪比急剧下降。这种情况与 AM 包络检波时相似，也称为门限效应，出现门限效应时对应的输入信噪比的值称为门限值(或门限点)。

图 5-100 表示出了调频解调器和 DSB 相干解调时的输出与输入信噪比性能曲线。由图可见，当未发生门限效应时，在相同输入信噪比情况下，FM 输出信噪比要优于 AM。但是，当输入信噪比降到某一门限值时(如图中 αdB)，FM 开始出现门限效应，若继续降低输入信噪比，则 FM 解调器的输出信噪比将急剧变坏，甚至比 AM 性能还差。

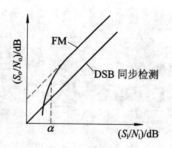

图 5-100　解调器性能曲线示意图

实践和理论计算表明，应用普通鉴频器对调频信号进行解调时，其门限效应一般发生在输入信噪比 $S_i/N_i = \alpha = 10$ dB 左右处。

2. 门限效应的仿真

FM 信号的鉴频解调仿真原理如图 5-101 所示。

FM 已调信号波形和频谱分别如图 5-102 和图 5-103 所示。

噪声标准偏差值为 0.03，即大信噪比时，叠加噪声的 FM 信号波形和频谱分别如图 5-104 和图 5-105 所示。解调输出信号波形和频谱分别如图 5-106 和图 5-107 所示。由图可见，此时恢复的调制信号基本上没有失真。

当噪声标准偏差值升高到 2，即小信噪比时，叠加噪声的 FM 信号波形和频谱分别如图 5-108 和图 5-109 所示。解调输出信号波形和频谱分别如图 5-110 和图 5-111 所示。由图可见，此时 FM 信号的频谱被噪声扰乱，FM 信号波形失真比较严重，解调恢复的调制信号也被噪声扰乱，基本上不再有原调制信号的信息，而都变成噪声了。

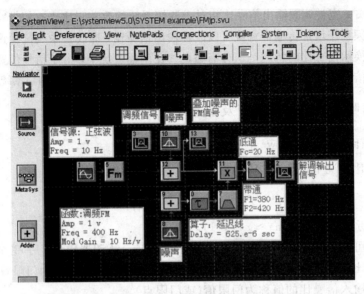

图 5 - 101　FM 信号鉴频解调仿真原理图

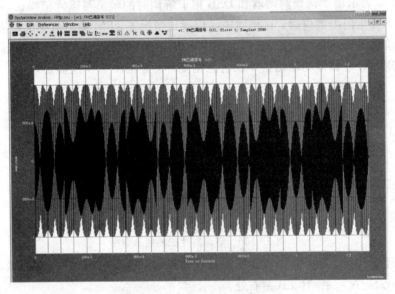

图 5 - 102　FM 已调信号波形

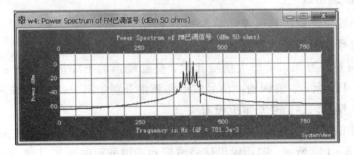

图 5 - 103　FM 已调信号频谱

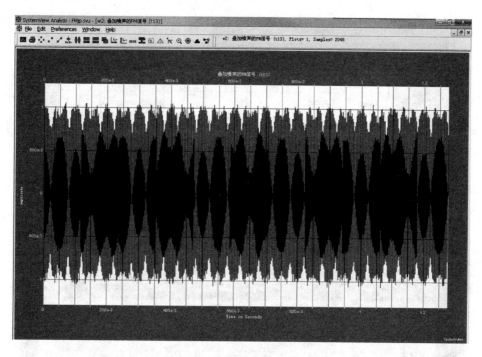

图 5 - 104　叠加噪声的 FM 信号波形

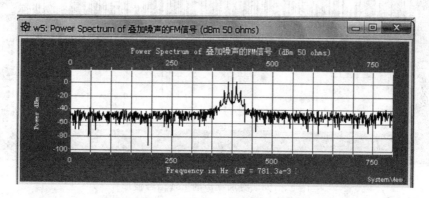

图 5 - 105　叠加噪声的 FM 信号频谱

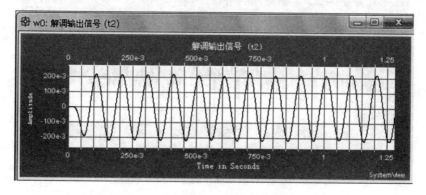

图 5 - 106　大信噪比时解调输出信号波形

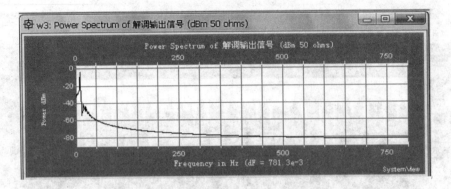

图 5 - 107　大信噪比时解调输出信号频谱

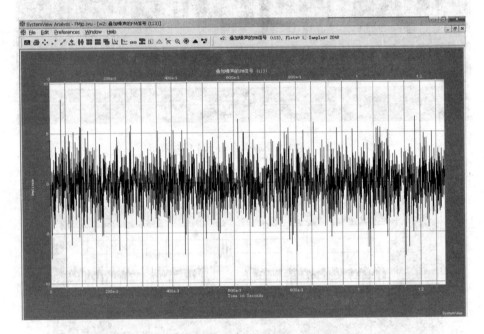

图 5 - 108　叠加噪声的 FM 信号波形

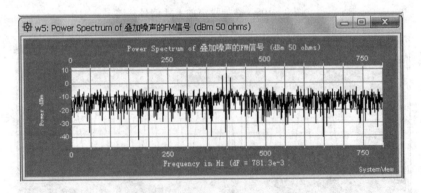

图 5 - 109　叠加噪声的 FM 信号频谱

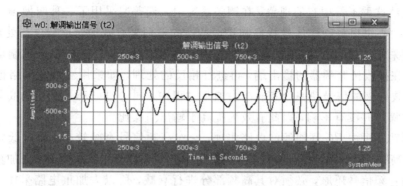

图 5 - 110　小信噪比时解调输出信号波形

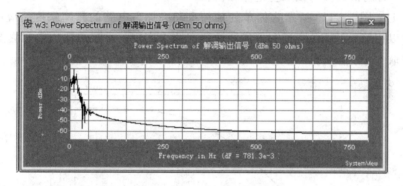

图 5 - 111　小信噪比时解调输出信号频谱

5.4.4　预加重和去加重技术

在空间通信等领域中，对调频接收机的门限效应比较关注，希望在接收到最小信号功率时仍能满意地工作，这就要求门限值向低输入信噪比方向扩展。采用比鉴频器更优越的一些解调方法可以达到改善门限效应的要求，目前使用较多的有锁相环路鉴频法和调频负回授鉴频法。另外也可采用"预加重"和"去加重"技术改善解调器输出信噪比。

语音和图像信号低频段能量大，高频段信号能量明显小；而鉴频器输出噪声的功率谱密度随频率的平方而增加（低频噪声小，高频噪声大），造成信号的低频信噪比很大，而高频信噪比明显不足，使高频传输困难。调频收发技术中，通常采用预加重和去加重技术来解决这一问题。预加重可以实现发送端对输入信号高频分量的提升，而去加重可以实现解调后对高频分量的压低。

理论已经证明，鉴频器的输出噪声功率谱按频率的平方规律增加。但是，许多实际的消息信号，例如语言、音乐等，它们的功率谱随频率的增加而减小，其大部分能量集中在低频范围内，这就造成消息信号高频端的信噪比可能降到不能容许的程度。但是由于消息信号中较高频率分量的能量小，很少有足以产生最大频偏的幅度，因此产生最大频偏的信号幅度多数是由信号的低频分量引起的。平均来说，幅度较小的高频分量产生的频偏小得多。所以调频信号并没有充分占用给予它的带宽。因为调频系统的传输带宽是由需要传送的消息信号（调制信号）的最高有效频率和最大频偏决定的。然而，接收端输入的噪声频谱却占据了整个调频带宽。这就是说，在鉴频器输出端噪声功率谱在较高频率上已被加重了。

为了抵消这种不希望有的现象，在调频系统中人们普遍采用了一种叫做预加重和去加重措施，其中心思想是利用信号特性和噪声特性的差别来有效地对信号进行处理。即在噪声引入之前采用适当的网络（预加重网络），人为地加重（提升）发射机输入调制信号的高频分量。然后在接收机鉴频器的输出端，再进行相反的处理，即采用去加重网络把高频分量去加重，恢复原来的信号功率分布。在去加重过程中，同时也减小了噪声的高频分量，但是预加重对噪声并没有影响，因此有效地提高了输出信噪比。

预加重功能可由 RC 高通滤波电路实现，它对高频信号衰减较小，而对低频信号衰减很大，即通高频，阻低频，相对而言，音频信号中的高频部分得到了提升。去加重电路为了将解调后的音频信号还原，必须对其高频部分进行衰减，所以去加重电路采用 RC 低通滤波电路实现，时间常数应与预加重电路相同。

图 5-112、图 5-113 所示为简单的预加重和去加重电路的频率幅度响应曲线。该电路的实现可以用简单的 RC 高通和低通滤波器回路来实现。通常的预加重和去加重频率响应曲线斜率取 6 dB/倍频程。有关 RC 的参数和计算，请参考相关教科书。

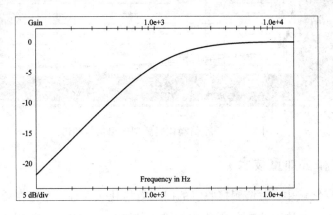

图 5-112　预加重电路的频率响应曲线

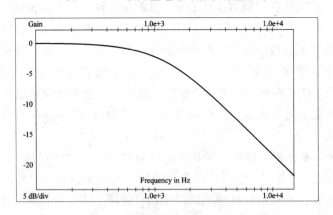

图 5-113　去加重电路的频率响应曲线

预加重和去加重技术不仅在低信号电平范围内减小了不希望的噪声，而且还削减了输出端总噪声，从而改善了输出信噪比，实际上改善了频率调制的门限效应。

如同包络检波器一样，FM 解调器的门限效应也是由其非线性解调作用引起的。由于在门限值以上时，FM 解调器具有良好的性能，故在实际应用中，除设法改善门限效应以外，一般应使系统工作在门限值以上。

5.5　各种模拟调制系统的比较

为了便于在实际中合理地选用各种模拟调制系统，现对它们作一简要的总结和比较。

1. 各种模拟调制方式性能比较

1）抗噪声性能比较

假定所有调制系统具有相同的解调器输入信号功率 S_i 和基带信号带宽 f_m，且加性噪声都是均值为 0、双边功率谱密度为 $n_0/2$ 的高斯白噪声，基带信号 $m(t)$ 为单频正弦信号，则各种调制系统输出信噪比分别为

$$
\begin{cases}
\left(\dfrac{S_o}{N_o}\right)_{DSB} = G_{DSB}\left(\dfrac{S_i}{N_i}\right)_{DSB} = 2 \cdot \dfrac{S_i}{n_0 B_{DSB}} = \dfrac{S_i}{n_0 f_m} \\[3mm]
\left(\dfrac{S_o}{N_o}\right)_{SSB} = G_{SSB}\left(\dfrac{S_i}{N_i}\right)_{SSB} = 1 \cdot \dfrac{S_i}{n_0 B_{SSB}} = \dfrac{S_i}{n_0 f_m} \\[3mm]
\left(\dfrac{S_o}{N_o}\right)_{AM} = G_{AM}\left(\dfrac{S_i}{N_i}\right)_{AM} = \dfrac{2}{3} \cdot \dfrac{S_i}{n_0 B_{AM}} = \dfrac{1}{3} \cdot \dfrac{S_i}{n_0 f_m} \\[3mm]
\left(\dfrac{S_o}{N_o}\right)_{FM} = G_{FM}\left(\dfrac{S_i}{N_i}\right)_{FM} = 3 m_f^2 (m_f + 1) \cdot \dfrac{S_i}{n_0 B_{FM}} = \dfrac{3}{2} m_f^2 \cdot \dfrac{S_i}{n_0 f_m}
\end{cases}
\tag{5-174}
$$

式中，假定 AM 系统是 100% 调制。

图 5-114 给出了各种调制系统的性能曲线。图中的圆点表示门限点，在门限点以下，曲线将迅速下跌。在门限点以上，DSB、SSB 的信噪比 AM 优越 4.7 dB 以上，而 FM（$m_f = 6$）的信噪比比 AM 优越 22 dB。从图中还可以看出，FM 的调频指数 m_f 越大，抗噪声性能越好。因此，就抗噪声性能而言，WBFM 性能最好，DSB、SSB、VSB 次之，AM 最差，NBFM 与 AM 性能接近。

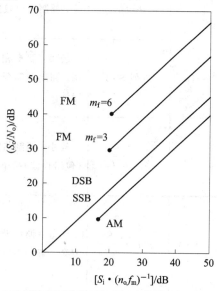

图 5-114　各种模拟调制系统的性能曲线

2) 频带利用率比较

假定基带信号是频率为 f_m 的单频正弦信号，则采用各种调制方式对基带信号进行调制，所得已调信号需要的传输带宽分别为

$$\begin{cases} B_{\text{DSB}} = 2f_m \\ B_{\text{SSB}} = f_m \\ B_{\text{AM}} = 2f_m \\ B_{\text{FM}} = 2(m_f + 1)f_m \end{cases} \qquad (5-175)$$

由上式可知，就频带利用率而言，SSB 性能最好，VSB 与 SSB 接近，DSB、AM、NBFM 次之，WBFM 最差。FM 的调频指数 m_f 越大，抗噪声性能越好，但所需传输带宽也越宽，频带利用率越低。

表 5-1 给出了各种系统在带宽、信噪比增益、输出信噪比、设备（调制器和解调器）复杂度等方面的比较，并给出了它们的一些主要应用。该表是在所有调制系统具有相同的解调器输入信号功率 S_i 和基带信号带宽 f_m，且加性噪声都是均值为 0、双边功率谱密度为 $n_0/2$ 的高斯白噪声，基带信号 $m(t)$ 为单频正弦信号，AM 为 100% 调制的条件下给出的。

表 5-1 各种模拟调制系统比较

调制方式	信号带宽	信噪比增益	输出信噪比	设备复杂度	主要应用
DSB	$2f_m$	2	$\dfrac{S_i}{n_0 f_m}$	中等：要求相干解调，常与 DSB 信号一起传输一个小导频	点对点的专用通信，低带宽信号多路复用系统
SSB	f_m	1	$\dfrac{S_i}{n_0 f_m}$	较大：要求相干解调，调制器也较复杂	短波无线电广播，话音频分多路通信
VSB	略大于 f_m	近似 SSB	近似 SSB	较大：要求相干解调，调制器需要对称滤波	数据传输；商用电视广播
AM	$2f_m$	$\dfrac{2}{3}$	$\dfrac{1}{3} \cdot \dfrac{S_i}{n_0 f_m}$	较小：调制与解调（包络检波）简单	中短波无线电广播
FM	$2(m_f+1)f_m$	$3m_f^2(m_f+1)$	$\dfrac{3}{2}m_f^2 \cdot \dfrac{S_i}{n_0 f_m}$	中等：调制器有点复杂，解调器较简单	微波中继、超短波小功率电台（窄带）；卫星通信、调频立体声广播（宽带）

2. 各种模拟调制方式的特点与应用

AM 调制的优点是接收设备简单；缺点是功率利用率低，抗干扰能力差，信号带宽较宽，频带利用率不高。因此，AM 制式用于通信质量要求不高的场合，目前主要用在中波和短波的调幅广播中。

DSB 调制的优点是功率利用率高，但带宽与 AM 相同，频带利用率不高，接收要求同步解调，设备较复杂。只用于点对点的专用通信及低带宽信号多路复用系统。

SSB 调制的优点是功率利用率和频带利用率都较高，抗干扰能力和抗选择性衰落能力均优于 AM，而带宽只有 AM 的一半；缺点是发送和接收设备都较复杂。SSB 制式普遍用在频带比较拥挤的场合，如短波波段的无线电广播和频分多路复用系统中。

VSB 调制性能与 SSB 相当，原则上也需要同步解调，但在某些 VSB 系统中，附加一个足够大的载波，形成（VSB＋C）合成信号，就可以用包络检波法进行解调。这种（VSB＋C）方式综合了 AM、SSB 和 DSB 三者的优点。因此，VSB 在数据传输、商用电视广播等领域得到广泛使用。

FM 波的幅度恒定不变，这使得它对非线性器件不甚敏感，给 FM 带来了抗快衰落能力。利用自动增益控制和带通限幅还可以消除快衰落造成的幅度变化效应。这些特点使得 NBFM 对微波中继系统颇具吸引力。WBFM 的抗干扰能力强，可以实现带宽与信噪比的互换，因而 WBFM 广泛应用于长距离高质量的通信系统中，如空间和卫星通信、调频立体声广播、短波电台等。WBFM 的缺点是频带利用率低，存在门限效应，因此在接收信号弱、干扰大的情况下宜采用 NBFM，这就是小型通信机常采用 NBFM 的原因。另外，窄带调频相干解调时不存在门限效应。

5.6　频分复用和调频立体声

5.6.1　频分复用

复用是一种将若干个彼此独立的信号，合并为一个可在同一信道上同时传输的复合信号的方法。比如，语音信号的频谱一般在 300～3400 Hz 内，为了使若干个这种信号能在同一信道上传输，可以通过调制把它们的频谱搬移到不同的频段，合并在一起而不致相互影响，并能在接收端彼此分离开来。

有三种基本的多路复用方式：频分复用（FDM）、时分复用（TDM）和码分复用（CDM）。按频率区分信号的方法称为频分复用，按时间区分信号的方法称为时分复用，而按扩频码区分信号的方法称为码分复用。本节我们先讨论频分复用的原理。

频分复用的目的在于提高频带利用率。通常，在通信系统中，信道所能提供的带宽往往要比传送一路信号所需的带宽宽得多。因此，一个信道只传输一路信号是非常浪费的。为了充分利用信道的带宽，因而提出了频分复用问题。

图 5-115 是一个频分复用电话系统的原理框图。图中，复用的信号共有 n 路，每路信号首先通过低通滤波器（LPF），变成最高频率为 f_m 的带限信号。为简单起见，设各路信号的最高频率都相同，即为 f_m。例如，如果各路信号都是语音信号，则每路信号的最高频率都是 3400 Hz。然后，各路信号通过各自的调制器进行频谱搬移，调制器的电路一般是相

同的，但所用的载波频率不同，因而可以将各路信号频谱分别搬移到不同的频段。调制的方式原则上可任意选择，但最常用的是单边带调制，因为它最节省频带，因此，图中的调制器由相乘器和边带滤波器(SBF)构成。在选择载波频率时，既要考虑到边带频谱的宽度，还应留有一定的防护频带，以防止邻路信号间相互干扰，即相邻路载波频率差应满足：

$$f_{c(i+1)} - f_{ci} = f_m + f_g, \qquad i = 1, 2, \cdots, n \tag{5-176}$$

式中：$f_{c(i+1)}$ 和 f_{ci} 分别是第 $i+1$ 路和第 i 路的载波频率；f_m 为每路信号的带宽；f_g 为相邻路间隔防护频带。显然，防护频带 f_g 越大，对边带滤波器的技术要求越低，但这时复用信号占用的总带宽也越宽，这不利于提高信道复用率。因此，实际中应尽量提高边带滤波技术，以使防护频带 f_g 尽量小。目前，按 CCITT 标准，防护频带间隔 f_g 应选择 900 Hz，这时可以使相邻路干扰电平低于 -40 dB 以下。

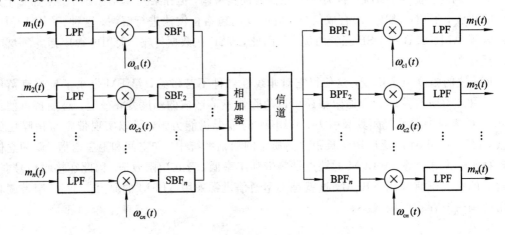

图 5-115　频分复用系统原理框图

各路信号经过调制后，在频率上就被分开了。因此，可以通过相加器将它们合并成适合信道内传输的复用信号，其频谱结构如图 5-116 所示。图中，各路信号具有相同的带宽 f_m，但它们的频谱结构可能不同。n 路单边带信号的总频带宽度为

$$B_n = nf_m + (n-1)f_g \tag{5-177}$$

若用 $B_1 = f_m + f_g$ 表示一路信号占用的带宽，则上式还可以表示为

$$B_n = (n-1)B_1 + f_m \tag{5-178}$$

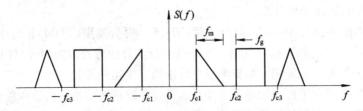

图 5-116　频分复用信号的频谱结构

合并后的复用信号，原则上可以在信道中传输，但有时为了更好地利用信道的传输特性，还可以再进行一次调制。

在接收端，可利用相应的带通滤波器(BPF)分别取出各路信号的频谱。然后，再通过各自的相干解调器便可恢复各路原信号。

频分复用系统的最大优点是信道复用率高，容许复用的路数多，分路也很方便。因此，它成为目前模拟通信中最主要的一种复用方式。特别是在有线和微波通信系统中应用十分广泛。频分复用系统的主要缺点是设备生产比较复杂，会因滤波器件特性不够理想以及信道内存在非线性而产生路间干扰。

5.6.2　调频立体声广播

调频立体声广播是由多条声音信息通道来传输声音信息，使还原时呈现空间声像的广播技术，常用的为二通道。由于立体声信号频带宽，信号质量要求高，通常采用调频方式传输。收听时也需配置两个通道，甚至采用环绕声喇叭，可获得有空间层次的立体声效果。

调频立体声是在调频单声道的基础上发展起来的。单声道调频发射机只需要在一个载频上发射一个单声道的音频信号。调频立体声广播首先将两个声频（左、右声道）信号进行编码，得到一组低频复合立体声信号，然后再对高频载波进行调频发射。因而调频立体声发射机需要在一个载频上发射两个彼此关联而又独立的音频信号。不同的立体声广播制式，对这些信号的传送方式各不相同。

调频立体声广播根据对立体声的处理方法不同，分为和差制（频率分割制）、时间分割制、方向信号制三种。和差制对和差信号进行频率分割时，根据副载波调制方式的不同又分为导频制、极化调幅制、二次调频制，其中应用最广泛的是导频制。导频制是副载波对信号进行平衡调幅，再对混合信号进行调频发射，又称 AM－FM 制；极化调幅制是副载波对信号进行普通调幅，再对混合信号进行调频发射，也称 AM－FM 制；二次调频制是副载波对信号调频，再对混合信号进行调频发射，又称 FM－FM 双调频制。

我国的调频立体声广播采用了导频制（又称为 AM－FM 制）系统。导频制采用和差传送方式，以实现与单声道调频广播的兼容。这种制式以"和"信号（简称"M"信号，$M=L+R$，其中 L、R 分别表示左、右声道的信号电压）作为兼容性信号，具有分布在声音频带内的频率分量，形成主信道信号；以"差"信号（简称"S"信号，$S=L-R$）对 38 kHz 的副载频进行抑制载频式双边带调幅，形成副信道信号。主信道信号和副信道信号以及频率为副载频 1/2 的导频信号（用于在立体声广播接收机中恢复出副载频信号，实现对差信号的解调），三者构成立体声基带复合信号，然后再对主载频进行调频，即可实现立体声广播。

5.7　仿真实训

1. 实训项目

AM 调幅收音机模型

2. 实训原理

AM 调幅收音机的原理如图 5-117 所示。对带宽分别为 4 kHz、5 kHz 和 4 kHz 的三路信号，分别以载频 30 kHz、40 kHz 和 50 kHz 进行 AM 调幅，调制度分别为 0.75、1 和 0.5，得到三路 AM 信号。将三路 AM 信号通过频分复用合成，合成的复用信号再以载频 60 kHz 进行二次调制，即中频调制，得到中频信号。然后通过带宽为 10 kHz，通带范围为

15～25 kHz 的带通滤波器，从合成信号中分离出第 2 路信号，并通过包络检波法(其中低通滤波器的截止频率为 5 kHz)解调恢复第 2 路调制信号。

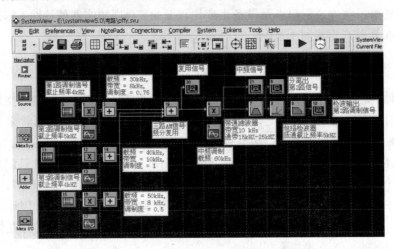

图 5-117　AM 调幅收音机模型仿真原理图

3. 仿真波形图

三路 AM 信号合成的频分复用信号波形和频谱分别如图 5-118 和图 5-119 所示。复用信号再经中频调制后，得到的中频信号的波形和频谱分别如图 5-120 和图 5-121 所示。通过带通滤波器从中频信号中分离出第 2 路信号的波形和频谱，分别如图 5-122 和图 5-123 所示。最后，通过包络检波，恢复出第 2 路调制信号波形和频谱，分别如图 5-124 和图 5-125 所示。

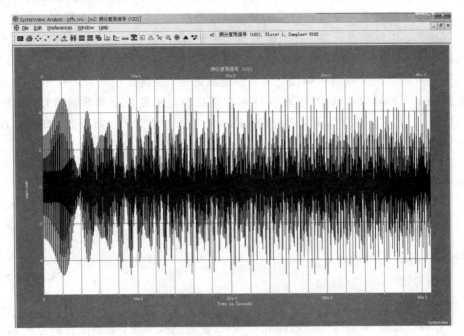

图 5-118　三路 AM 信号合成的频分复用信号波形

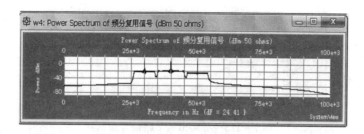

图 5 - 119　三路 AM 信号合成的频分复用信号频谱

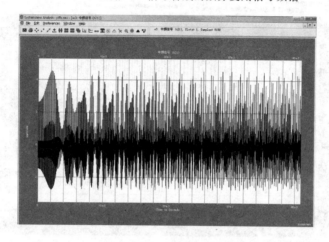

图 5 - 120　中频信号波形

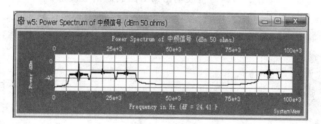

图 5 - 121　中频信号频谱

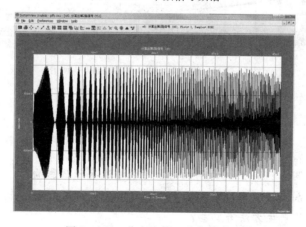

图 5 - 122　分离出第 2 路信号波形

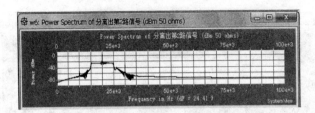

图 5 - 123　分离出第 2 路信号频谱

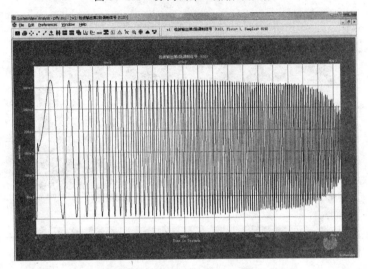

图 5 - 124　检波输出第 2 路调制信号波形

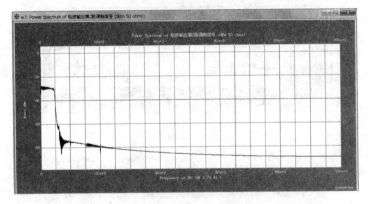

图 5 - 125　检波输出第 2 路调制信号频谱

思 考 题

1. 什么是线性调制？常见的线性调制方式有哪些？
2. 常规双边带调幅 AM 系统的调幅指数对调幅波有什么影响？
3. 双边带调制系统解调器的输入信号功率为什么和载波功率无关？
4. 单边带信号的产生方法有哪些？
5. 残留边带滤波器应具有怎样的传输特性？为什么？

6. 什么叫信噪比增益？其物理意义是什么？

7. 双边带调制系统和单边带调制系统的抗噪声性能是否相同？为什么？

8. 什么是门限效应？AM 信号采用包络检波法解调时为什么会产生门限效应？

9. 频率调制与相位调制有什么关系？

10. 调频系统产生门限效应的主要原因是什么？

11. 在大信噪比情况下，试比较 AM 和 FM 系统抗噪声性能的优劣。

12. 调频系统信噪比增益与信号带宽有什么关系？这一关系说明什么？

13. 改善门限效应的方法有哪些？

14. 什么是频分复用？频分复用的目的是什么？

练　习　题

1. 已知调制信号 $m(t)=\cos 2000\pi t$，载波 $c(t)=2\cos 10000\pi t$，分别写出 AM、DSB 及 SSB 上、下边带信号的时域表达式，并画出它们的频谱图。

2. 设有一调制信号为 $m(t)=\cos\omega_1 t+\cos\omega_2 t$，载波为 $c(t)=A\cos\omega_c t$，试写出当 $\omega_2=2\omega_1$，$\omega_c=5\omega_1$ 时，SSB 信号的表达式，并画出频谱图。

3. 设某信道具有均匀的双边噪声功率谱密度 $n_0/2=0.5\times10^{-3}$ W/Hz，在该信道中传输 SSB 上边带信号，设调制信号 $m(t)$ 的频带限制在 5 kHz，载波频率 $f_c=100$ kHz，已调信号功率为 10 kW。若接收机的输入信号在加至解调器之前，先经过一理想带通滤波器，试问：

(1) 该理想带通滤波器应具有怎样的传输特性？

(2) 解调器输入信噪比为多少？

(3) 解调器输出信噪比为多少？

4. DSB 调制和 SSB 调制中，若基带信号均为 3 kHz 带限低频信号，载波频率为 1 MHz，接收信号功率为 1 mW，加性高斯白噪声双边功率谱密度 $n_0/2=10^{-3}\mu$ W/Hz。接收信号经带通滤波器后，进行相干解调。试比较：

(1) 解调器输入信噪比。

(2) 解调器输出信噪比。

5. 某线性调制系统的输出信噪比为 20 dB，输出噪声功率为 10^{-9} W，由发射机输出端到解调器输入端之间总的传输损耗为 100 dB，试求：

(1) DSB 时的发射机输出功率。

(2) SSB 时的发射机输出功率。

6. 已知调制信号是 8 MHz 的单频余弦信号，若要求输出信噪比为 40 dB，试比较信噪比增益为 2/3 的 AM 系统和调频指数为 5 的 FM 系统的带宽和发射功率。设信道噪声双边功率谱密度为 $n_0/2=2.5\times10^{-15}$ W/Hz，信道损耗为 60 dB。

第 6 章　数字基带传输系统

教学目标：

❖ 了解单极性波形、双极性波形、差分波形、多电平波形、部分响应系统；

❖ 理解数字基带信号的频谱特性；

❖ 掌握 AMI 码、HDB3 码、双相码、nBmB 码的编码原理及其优缺点；

❖ 理解并掌握无码间串扰的基带传输特性及其基带系统的抗噪声性能；

❖ 理解基带脉冲传输与码间串扰、眼图及时域均衡。

本章主要介绍常用的数字基带信号、传输码型及其频谱特性，主要研究如何消除基带传输系统中的码间干扰及如何降低信道加性噪声的影响，以提高系统的性能；然后介绍一种利用实验手段评估系统性能的方法——眼图；最后给出改善系统传输性能的两种方法——时域均衡和部分响应。

6.1　数字基带信号及其频谱特性

与模拟通信相比，数字通信具有很多优良的特性。随着大规模集成电路的发展和数据压缩技术及光线传输介质的使用，数字传输方式的应用越来越广泛。数字通信的主要信息是数字信息。原理上，数字信息可以用一个数字代码序列表示，例如计算机网络中的信息是以二进制代码"0"和"1"来表示的。实际上，由于信道的不理想，为了达到人们满意的传输效果，需要选择不同的传输波形来表示数字信息"0"和"1"。

6.1.1　数字基带信号

数字基带信号可以用不同的脉冲或者电平来表示消息代码，它是数字信息的电波形表示。数字基带信号的类型有很多，常见的有矩形脉冲、三角形脉冲、高斯脉冲等。由于矩形脉冲易于形成和变换，一般数字系统普遍采用矩形波表示"0"和"1"，下面我们就以矩形波为例介绍几种常用的基带信号波形。

1. 单极性不归零波形（NRZ）

单极性不归零波形是一种最简单、最常用的基带信号波形，如图 6 - 1(a)所示，用正电平代表二进制的"1"，用零电平代表二进制的"0"，即在一个码元间隔内有脉冲的表示为"1"，反之为"0"。此波形的优点是极性单一、脉冲之间无间隔，可以直接提取定时信息，易于用晶体管和场效应管实现；缺点是有直流分量，不适合交流耦合的远距离传输。

2. 单极性归零波形（RZ）

所谓归零，就是信号的电压在一个码元内总会回到零电平，即它的电脉冲的宽度小于码元的宽度，这是与单极性不归零码的区别，如图 6-1(b) 所示。从单极性归零码中可以直接提取定时信息，它是其他波形提取位同步信息时常采用的一种过渡波形。

3. 双极性不归零波形（BNRZ）

如图 6-1(c) 所示，双极性不归零信号用脉冲的正电平代表二进制的"1"，用负电平代表二进制的"0"，脉冲之间无间隔。由于正负电平的幅度相等，极性相反，所以当"0"和"1"等概率出现时无直流分量，信号利用信道传输，故接收端恢复信号的判决电平为零值，不受信道特性变化的影响，抗干扰能力强。

4. 双极性归零波形（BRZ）

双极性归零波形兼有双极性和归零波形的特点，如图 6-1(d) 所示。由于每个码元内的脉冲都回到了零电平，所以该波形有利于位同步信息的提取。

5. 差分波形

差分波形不是用码元本身的电平表示信息代码，而是用相邻码元电平的跳变或不变表示的，所以也称为相对码波形，如图 6-1(e) 所示。图中，以电平的不变表示"0"，以电平的跳变表示"1"，也可以作相反的规定。差分波形码可以消除初始设备的影响，所以在相位调制中可用于解决载波相位的模糊问题。

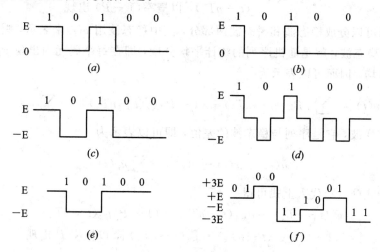

图 6-1　常用基带信号波形

6. 多电平波形

前面介绍的都是一个二进制对应一个脉冲。由前几章可知，为了提高频带利用率，常采用多电平波形表示，即多个二进制对应一个脉冲。例如，电话线上传输的 2B1Q 码就是四元码，两个二进制码元用一个四元码表示，如图 6-1(f) 所示。图中 01 对应 +E，00 对应 +3E，10 对应 -E，11 对应 -3E。由于此波形的一个脉冲对应于多个二进制，所以适合于高速传输的系统。多电平波形不仅用于基带传输，且更广泛地用于多进制数字调制传输中，以提高频带利用率。例如，我们所熟悉的用于电话线上网的调制解调器 Modem 就是采用多进制调制技术。

6.1.2 基带信号的频谱特性及仿真

不同形式的数字基带信号具有不同的频谱结构,应对数字基带信号的频谱特性进行分析,以便根据信道的特性选择合适的信号形式和码型,从而使信号在信道中更有效地传输。

在实际通信中,除特殊情况(如测试信号)外,接收端对被传送的信息是不知的,因此数字基带信号是随机脉冲序列。理由是如果在数字通信系统中所传输的数字序列是确知的,则消息就不携带任何信息,通信也就失去了意义。由于随机信号没有确定的频谱函数,因此只能从统计数学的角度,用功率谱来描述它的频域特性。

随机脉冲序列的功率谱密度可能包括连续谱及离散谱两个部分。利用离散谱是否存在这一特点,可以明确能否从脉冲序列中直接提取所需的离散分量和采取怎样的方法从序列中获得所需的离散分量,以便在接收端用这些成分作同步定时等。

设 $x(t)$ 是一个二进制的随机脉冲序列,T_s 为码元的宽度;$g_1(t)$ 和 $g_2(t)$ 分别表示符号 "0" 和 "1" 对应的脉冲信号,它们出现的概率分别为 P 和 $1-P$,且为统计独立,则序列 $x(t)$ 为

$$x(t) = \sum_{n=-\infty}^{\infty} x_n(t) \tag{6-1}$$

其中

$$x_n(t) = \begin{cases} g_1(t - nT_s), & \text{以概率 } P \text{ 出现} \\ g_2(t - nT_s), & \text{以概率}(1-P) \text{ 出现} \end{cases}$$

随机序列可以分成稳态波和瞬态波两部分,其中稳态波用 $v(t)$ 来表示,瞬态波用 $u(t)$ 来表示。所谓稳态波,就是随机序列的统计平均分量,即在每个码元内出现 $g_1(t)$ 和 $g_2(t)$ 的概率加权平均,因而可以表示为

$$v(t) = \sum_{n=-\infty}^{\infty} [Pg_1(t - nT_s) + (1-P)g_2(t - nT_s)] = \sum_{n=-\infty}^{\infty} v_n(t) \tag{6-2}$$

瞬态波又称交变波,它是序列与稳态波的差值,即可以表示为

$$u(t) = x(t) - v(t) = \sum_{n=-\infty}^{\infty} u_n(t) \tag{6-3}$$

把式(6-1)和式(6-2)代入上式可得

$$u_n(t) = \begin{cases} g_1(t - nT_s) - Pg_1(t - nT_s) - (1-P)g_2(t - nT_s) \\ = (1-P)[g_1(t - nT_s) - g_2(t - nT_s)], & \text{以概率 } P \text{ 出现} \\ g_2(t - nT_s) - Pg_1(t - nT_s) - (1-P)g_2(t - nT_s) \\ = -P[g_1(t - nT_s) - g_2(t - nT_s)], & \text{以概率}(1-P) \text{ 出现} \end{cases} \tag{6-4}$$

显然,$u(t)$ 是一个随机脉冲序列。

研究由式(6-1)、式(6-2)、式(6-3)所确定的随机脉冲序列的功率谱密度,要用到概率论与随机过程的有关知识。

根据周期信号的功率谱密度与傅里叶级数的系数的关系式可以得到 $v(t)$ 的功率谱密度为

$$P_v(f) = \sum_{m=-\infty}^{\infty} |f_s[PG_1(mf_s) + (1-P)G_2(mf_s)]|^2 \delta(f - mf_s) \tag{6-5}$$

其中

$$G_1(mf_s) = \int_{-\infty}^{\infty} g_1(t) \mathrm{e}^{-\mathrm{j}2\pi mf_s t} \mathrm{d}t \qquad (6-6)$$

$$G_2(mf_s) = \int_{-\infty}^{\infty} g_2(t) \mathrm{e}^{-\mathrm{j}2\pi mf_s t} \mathrm{d}t \qquad (6-7)$$

$u(t)$ 是一个功率型的随机脉冲序列，采用截短函数和统计平均的方法求出其功率谱密度为

$$\begin{aligned} P_u(f) &= \lim_{N\to\infty} \frac{(2N+1)P(1-P)\,|G_1(f)-G_2(f)|^2}{(2N+1)T_s} \\ &= f_s P(1-P)\,|G_1(f)-G_2(f)|^2 \end{aligned} \qquad (6-8)$$

其中

$$G_1(f) = \int_{-\infty}^{\infty} g_1(t) \mathrm{e}^{-\mathrm{j}2\pi ft} \mathrm{d}t \qquad (6-9)$$

$$G_2(f) = \int_{-\infty}^{\infty} g_2(t) \mathrm{e}^{-\mathrm{j}2\pi ft} \mathrm{d}t \qquad (6-10)$$

$x(t)$ 的功率谱密度为 $v(t)$ 的功率谱密度和 $u(t)$ 的功率谱密度之和，即

$$\begin{aligned} P_s(f) &= P_u(f) + P_v(f) \\ &= f_s P(1-P)\,|G_1(f)-G_2(f)|^2 \\ &\quad + \sum_{m=-\infty}^{\infty} |f_s[PG_1(mf_s)+(1-P)G_2(mf_s)]|^2 \delta(f-mf_s) \end{aligned} \qquad (6-11)$$

由上式可知：

(1) 随机脉冲序列的功率谱密度可能包括两个部分，即连续谱（由交变波形成）和离散谱（由稳态波形成）。

(2) $2f_s P(1-P)\,|G_1(f)-G_2(f)|^2$ 为交变项中的各种连续谱，一定存在；$f_s^2|PG_1(0)+(1-P)G_2(0)|^2\delta(f)$ 是由稳态项中的直流分量产生的零频离散谱，不一定存在，$f_s^2|PG_1(mf_s)+(1-P)G_2(mf_s)|^2\delta(f-mf_s)$ 是稳态项中的频率为 mf_s 的离散谱。

(3) 存在离散谱时，可用窄带滤波器得到位同步信号。

例 6-1　求单极性波形矩形脉冲序列的功率谱。

解：对 NRZ，设 $g_1(t)=0$，$g_2(t)=g(t)=\begin{cases} 1, & |t|<\dfrac{T_s}{2} \\ 0, & |t|>\dfrac{T_s}{2} \end{cases}$

则由式(6-5)和式(6-8)知，其功率谱密度为

$$\begin{aligned} P_s(f) &= f_s P(1-P)\,|G_1(f)-G_2(f)|^2 \\ &\quad + \sum_{m=-\infty}^{\infty} |f_s[PG_1(mf_s)+(1-P)G_2(mf_s)]|^2 \delta(f-mf_s) \\ &= f_s P(1-P)\,|G(f)|^2 + \sum_{m=-\infty}^{\infty} |f_s[(1-P)G(mf_s)]|^2 \delta(f-mf_s) \end{aligned}$$

当 $P=0.5$ 时

$$P_s(f) = \frac{1}{4}f_s\,|G(f)|^2 + \frac{1}{4}\sum_{m=-\infty}^{\infty} |f_S[(1-P)G(mf_s)]|^2 \delta(f-mf_s)$$

其中，$G(f)$ 是 $g(t)$ 的傅里叶变换，经计算

$$G(f) = T_s\left(\frac{\sin\pi fT_s}{\pi fT_s}\right) = T_s\mathrm{Sa}(\pi fT_s)$$

则

$$P_s(f) = \frac{1}{4}f_sT_s^2\left(\frac{\sin\pi fT_s}{\pi fT_s}\right) + \frac{1}{4}\delta(f) = \frac{T_s}{4}\mathrm{Sa}^2(\pi fT_s) + \frac{1}{4}\delta(f)$$

同理，可以分析出 RZ 的功率谱为

$$P_s(f) = \frac{T_s}{16}\mathrm{Sa}^2\left(\frac{\pi fT_s}{2}\right) + \frac{1}{16}\sum_{m=-\infty}^{\infty}\mathrm{Sa}^2\left(\frac{m\pi}{2}\right)\delta(f - mf_s)$$

例 6 - 2 求双极性波形矩形脉冲序列的功率谱。

解：对 BNRZ，设 $g_1(t) = -g_2(t) = g(t) = \begin{cases} 1, & |t| < \dfrac{T_s}{2} \\ 0, & |t| > \dfrac{T_s}{2} \end{cases}$

则由式(6 - 5)和式(6 - 8)知，其功率谱密度为

$$P_s(f) = f_sP(1 - P)|G_1(f) - G_2(f)|^2$$

$$+ \sum_{m=-\infty}^{\infty}|f_s[PG_1(mf_s) + (1 - P)G_2(mf_s)]|^2\delta(f - mf_s)$$

$$= 4f_sP(1 - P)|G(f)|^2 + \sum_{m=-\infty}^{\infty}|f_s[(2P - 1)G(mf_s)]|^2\delta(f - mf_s)$$

当 $P = 0.5$ 时

$$P_s(f) = f_s|G(f)|^2$$

其中，$G(f)$ 是 $g(t)$ 的傅里叶变换，经计算

$$G(f) = T_s\left(\frac{\sin\pi fT_s}{\pi fT_s}\right) = T_s\mathrm{Sa}(\pi fT_s)$$

则

$$P_s(f) = T_s\mathrm{Sa}^2(\pi fT_s)$$

其功率谱如图 6 - 2 所示。

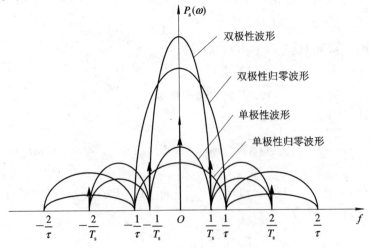

图 6 - 2 NRZ、RZ、BNRZ、BRZ 的功率谱

同理，可以分析出 BRZ 的功率谱为

$$P_s(f) = \frac{T_s}{4} \text{Sa}^2 \left(\frac{\pi}{2} f T_s \right)$$

NRZ、RZ、BNRZ、BRZ 的功率谱如图 6-2 所示。

由图 6-2 可以归纳出如下结论：

（1）二进制基带信号的带宽主要依赖单个码元波形的频谱函数 $G_1(f)$ 和 $G_2(f)$。时间波形的占空比越小，占用频带就越宽。

（2）单极性 RZ 信号的功率谱不但有连续谱，而且在 $f=0$，$\pm 1/T_s$，$\pm 2/T_s$，…处还存在离散谱。单极性 RZ 信号功率谱的带宽近似为

$$B = \frac{1}{\tau} \tag{6-12}$$

较之单极性 NRZ 信号变宽。它可用于提取同步信息分量。当 $P \neq 0.5$ 时，上述结论依然成立。

（3）双极性 NRZ 信号的功率谱只有连续谱，不含任何离散分量，当然也不含可用于提取同步信息的分量。双极性 NRZ 信号的带宽与单极性 NRZ 信号功率谱的带宽相同。当 $P \neq 0.5$ 时，双极性 NRZ 信号的功率谱将含有直流分量，其特点与单极性 NRZ 信号的功率谱相似。

根据上面的原理介绍，双极性和单极性波形的仿真模型如图 6-3 所示，其波形分别如图 6-4 和图 6-5 所示，其中信号的频率为 10 Hz。

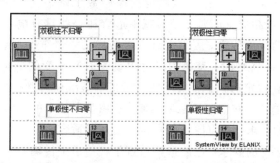

图 6-3　双极性和单极性波形的 SystemView 仿真模型

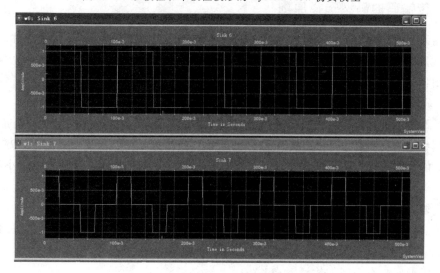

图 6-4　双极性不归零和归零信号的波形

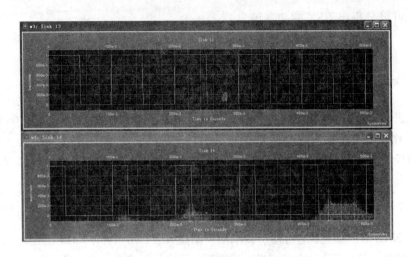

图 6-5   单极性不归零和归零信号的波形

6.2   基带传输的常用码型

在实际的基带传输系统中，并不是所有的原始数字基带信号都适合在信道中传输。例如，含有丰富直流和低频成分的基带信号就不适宜在一些具有电容耦合电路的设备或者传输频带低端受限的信道中传输，因为它有可能造成信号严重畸变。又如，当代码出现长时间的连"0"或者连"1"符号时，基带信号会出现长时间不变的低电平或高电平，从而使位同步恢复系统难以获取定时信息。实际的基带传输系统还可能提出其他要求，从而对基带信号也存在各种可能的要求。概括地说，对传输用基带信号的要求主要有两点：

（1）对传输码型的要求：需将原始信息符号编制成适合于传输用的码型；

（2）对基带脉冲波形的要求：电波形要适宜于在信道中传输。

6.2.1   传输码的码型选择原则

传输码又称为线路码，它的结构将取决于实际信道的特性和系统工作的条件。由于不同的码型具有不同的特性，因此在设计适合于给定信道传输特性的码型时，通常需要遵循以下原则：

（1）码型中应不含直流分量，且低频分量尽量少。

（2）码型中高频分量尽量少，以便节省传输频带和减小串扰。所谓串扰，是指同一电缆内不同线对之间的相互干扰。基带信号的高频分量越大，对邻近线产生的干扰越严重。

（3）信号的抗噪声能力要强。产生误码时，在译码中产生误码扩散的影响越小越好。

（4）码型中应包含定时信息，这样有利于提取位同步信号。

（5）编码方案要能适用于信源变化，与信源的统计特性无关。

（6）误码增值要小。所谓误码增值，是指信道中产生的单个误码导致译码输出信息出现多个错误。

（7）码型应具有一定的检错能力。

（8）编码效率要高，编/译码设备应尽量简单。

上述各项原则并不是任何基带传输码型都能完全满足的，依照实际要求满足其中若干项的码型很多。下面我们仍以矩形脉冲组成的基带信号为例，介绍一些目前常用的基本码型。

6.2.2　几种常用的传输码型

1. 传号交替反转码

传号交替反转码的英文全称为 Alternative Mark Inversion Code，记作 AMI 码。在AMI 码中，二进制码"0"保持不变，二进制码"1"交替用半占空归零码＋1 和－1 表示。例如：

消息代码：　1　0　0　1　1　1　0　0　0　1　1　1　…
AMI 码：　　＋1　0　0　－1　＋1　0　0　0　－1　＋1　－1　…

AMI 码图形如图 6－6 所示。

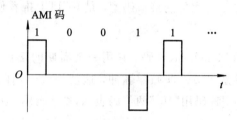

图 6－6　AMI 码图形

AMI 码为三元码，伪三进制。其优点有：

（1）"0"、"1"不等概率出现时也无直流。

（2）零频附近的低频分量小。因此，对具有变压器或者其他交流耦合的传输信道来说，不易受隔直特性的影响。

（3）整流后即为 RZ 码。

（4）若接收端收到的码元极性与发送端的完全相反，也能正确判决。

AMI 码的缺点是，连 0 码多时，AMI 整流后的 RZ 码连 0 也多，不利于提取位同步信号。

2. 三阶高密度双极性码

三阶高密度双极性码的英文全称为 3rd Order High Density Bipolar Code，记作HDB3 码。其编码规则是：把消息代码变换成 AMI 码，检查 AMI 码的连 0 串情况。当没有4 个以上连 0 串时，AMI 码就是 HDB3 码。当出现 4 个以上连 0 串时：① 4 个连 0 串用取代节 000V 或 B00V 代替；② 非 4 个连 0 串时编码后不变，当两个相邻"V"码中间有奇数个 1 时用 000V 代替，为偶数个 1 时用 B00V 代替；③ 1、B 的符号符合极性反转原则（B 符号的极性与前一非 0 符号的相反，V 的符号与其前一非 0 符号同极性，相邻 V 码符号相反）。例如：

消息代码：　1　0　0　0　0　0　0　1　1　0　0　0　0　0　1　0　0　0　0　0
AMI 码：　　＋1　0　0　0　0　0　0　－1　＋1　0　0　0　0　0　－1　0　0　0　0　0
HDB3 码：　＋1　0　0　0　＋V　0　－1　＋1　－B　0　0　－V　＋1　0　0　0　＋V　0

HDB3 码图形如图 6 - 7 所示。

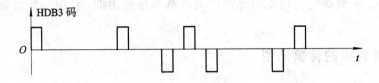

图 6 - 7　HDB3 码图形

HDB3 码编码比较复杂，译码比较简单。其译码规则为：每一个破坏符号 V 总是与前一非 0 符号同极性（包括 B 在内），从收到的符号序列中可以容易地找到破坏点 V，于是也断定 V 符号及其前面的 3 个符号必是连 0 符号，从而恢复 4 个连 0 码，再将所有 -1 变成 +1 后便得到原消息代码。

HDB3 码保留了 AMI 码的优点，克服了 AMI 连 0 多的缺点，这对于定时信号的恢复是极为有利的。它是一、二、三次群的接口码型，是 CCITT 推荐使用的码型之一。

3. 双相码

双相码又称曼彻斯特（Manchester）码。它用一个周期的正负对称方波表示"0"，而用其反相波形表示"1"，且都是双极性非归零脉冲，这就等效于用两位二进制码表示信息中的 1 位码。其编码规则为："1"码用"10"两位码表示，"0"码用"01"两位码表示，也可以作相反的规定。例如：

消息代码：　1　　0　　0　　1　　1　　0

双相码：　　10　01　01　10　10　01

双相码的特点是只使用两个电平，不像前面的两种码具有三个电平。这种码既能提供足够的定时分量，又无直流漂移，编码过程简单，但这种码需要的带宽宽。

双相码适合于数据终端设备在短距离上的传输。如由 Xerox、DEC、Intel 公司共同开发的 Ethernet 网（以太网）中就采用数字双相码作为线路传输码型。

4. 差分双相码

双相码中的同步和信码表示利用的是每个码元持续时间中间的电平跳变（由负到正的跳变表示二进制"0"，反之表示二进制"1"）。差分双相码的同步利用的是每个码元中间的电平跳变，而其信码是由每个码元的开始处是否存在额外的跳变来确定的，若有跳变，则表示二进制"1"，反之则表示二进制"0"。因此，差分双相码解决了双相码因极性反转而引起的译码错误。

5. 密勒码

密勒码又称延迟调制码，它是数字双相码的一种变形，用双相码的下降沿去触发双稳电路，即可输出密勒码。其编码规则为：用码元中心点出现跃变表示"1"码，即用"10"或"01"表示。"0"码有两种情况：单个"0"时在码元持续时间内不出现电平跃变，且与相邻码元的边界处也不跃变，出现连"0"时在两个"0"码的边界处出现电平跃变，即"00"与"11"交替。

当两个 1 之间有一个 0 时，两个 1 的码元中心之间无电平跳变，密勒码出现最大脉冲宽度 2T。利用这个性质可进行检错。

6. 传号反转码

传号反转码的英文全称为 Coded Mark Inversion，记作 CMI 码。它是一种双极性二电平不归零码。其编码规则为：“1”交替地用 00 和 11 两位码表示；“0”则固定地用 01 表示。

CMI 码易于实现，因此，在高次群脉冲编码终端设备中被广泛用作接口码型，在光纤传输系统中有时也用作线路传输码型。CMI 码没有直流分量，有频繁的波形跳变，利用此特点可恢复定时信号。此编码中 10 为禁用码组，不会出现 3 个以上的连码，这个规律可用来进行宏观检测。

7. nBmB 码

nBmB 码是一类分组码，它把原信息码流的 n 位二进制码作为一组，变换为 $m(m>n)$ 位二进制码作为新的码组，称为 nBmB 码。

由于 $m>n$，故可以从中选择一部分有利码组作为可用码组，其余为禁用码组，以获得好的编码特性。因此，如果接收端出现了禁用码组，则表明传输过程中出现误码，从而增强了系统的检错能力。双相码、CMI 码就是 1B2B 码。在光纤数字传输系统中，通常选择 $m=n+1$，取 1B2B 码、2B3B 码以及 5B6B 码等，其中 5B6B 码已用作三次群和四次群线路传输码。

6.3　数字基带信号传输与码间串扰

没有经过调制的信号称为基带信号。由于数字基带信号往往包含丰富的低频分量，甚至直流分量，因此，它适合于在具有低通特性的有线信道中近距离直接传输，我们称之为数字基带传输。用来传输数字基带信号的通信系统称为数字基带传输系统。

6.3.1　数字基带传输系统的组成

数字基带传输系统是指不用调制和解调装置而直接传输数字基带信号的系统。即在发送端，首先将源符号进行信源编码；然后根据信道特性，选用适当的码型及波形代表各编码符号，构成数字基带码流；最后进入基带信道进行数字传输。

数字基带传输系统的基本组成结构如图 6-8 所示。

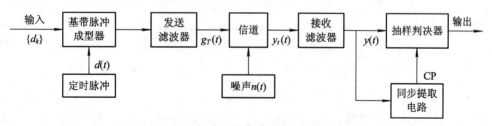

图 6-8　数字基带传输系统的基本组成结构

图中各部分的功能如下：

（1）脉冲成型器。原始基带信号往往不适合直接在信道中传输，而脉冲成型器功能是将原始基带信号变换成比较适合信道传输，并可提供同步定时信息的码型。

（2）发送滤波器。因为矩形波含有丰富的高频成分，若直接送入信道传输，容易产生失真。发送滤波器的功能是将输入的矩形脉冲序列变换成适合信道传输的波形。

（3）信道。信道是允许基带信号通过的介质，通常为有线信道，如市话电缆、架空明线等。

（4）接收滤波器。接收滤波器是收端为了减小信道特性不理想和噪声对信号传输的影响而设置的。其主要作用是滤除带外噪声，均衡信道特性，使输出的基带波形有利于采样判决。

（5）抽样判决器。在传输特性不理想及噪声背景下，抽样判决器在规定时刻（由位定时脉冲控制）对接收滤波器的输出波形进行抽样判决，以恢复或再生基带信号。

（6）同步提取电路。同步提取电路从接收信号中提取用来抽样的位定时脉冲，位定时的准确与否将直接影响判决效果。

基带传输系统各点的波形如图 6 - 9 所示。

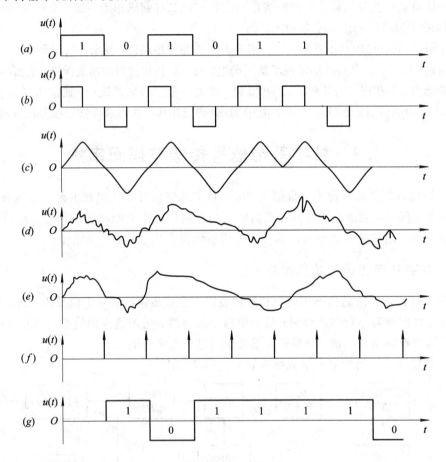

图 6 - 9　基带传输系统各点的波形图

图（a）为输入的基带信号，图（b）为进行码型变换后的波形，图（c）为一种适合在信道中传输的波形，图（d）为信道输出信号，图（e）为接收滤波器输出波形，图（f）为提取的位定时同步脉冲，图（g）为恢复的信息。由图 6 - 9 可知，接收端收到的第 4 位码产生了误码。

误码，是由于接收端抽样判决器的判断错误造成的。其中影响错判的原因主要有两个：一是信道加性噪声；二是系统传输总特性不理想引起的波形延迟、展宽、拖尾等畸变，使码元之间相互串扰，即码间串扰。此时，实际抽样判决值不仅有本码元的值，还有其他码元在该码元抽样时刻的串扰值及噪声。

6.3.2　数字基带信号传输的定量分析及仿真

依据数字传输系统的组成结构，可以得出其模型如图 6-10 所示。在上节中，我们定性地分析了基带传输系统的特性，产生误码的原因就是信道加性噪声和频率特性不理想引起的波形畸变。下面将对此作进一步讨论，特别是要弄清楚码间干扰的含义及其产生的原因，以便为建立无码间串扰的基带传输系统做准备。本节我们将用定量关系来描述数字基带信号的整个传输过程。

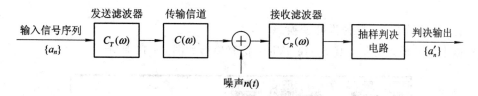

图 6-10　数字基带传输系统模型

图 6-10 中，$G_T(\omega)$ 为发送滤波器的传输函数，$C(\omega)$ 为信道的传输函数，$G_R(\omega)$ 为接收滤波器的传输函数。定义 $H(\omega)$ 为基带传输系统从发送滤波器到接收滤波器总的传输特性，即

$$H(\omega) = G_T(\omega)C(\omega)G_R(\omega) \tag{6-13}$$

其对应的单位冲激响应应为

$$h(t) = \frac{1}{2\pi}\int_{-\infty}^{\infty} H(\omega)e^{j\omega t}\,d\omega \tag{6-14}$$

则由图 6-10 可得抽样判决电路的输入信号为

$$r(t) = d(t)*h(t) + n_R(t) = \sum_{n=-\infty}^{\infty} a_n h(t-nT_s) + n_R(t) \tag{6-15}$$

其中，$n_R(t)$ 是加性噪声 $n(t)$ 经过接收滤波器后的输出噪声。

之后，抽样判决电路对 $r(t)$ 进行抽样判决，以确定所传输的数字信号序列 $\{a_n\}$。设由信道和接收滤波器造成的延迟时间为 t_0，为了判定其中第 k 个码元 a_k 的值，应在 $t=kT_s+t_0$ 瞬间对 $r(t)$ 抽样。显然，此抽样值为

$$r(kT_s+t_0) = a_k h(t_0) + \underbrace{\sum_{n\neq k} a_n h[(k-n)T_s+t_0]}_{\text{码间串扰}} + \underbrace{n_R(kT_s+t_0)}_{\text{加性噪声干扰}} \tag{6-16}$$

式中：$a_k h(t_0)$ 为第 k 个接收码元波形的抽样值，它是确定 a_k 的依据；$\sum\limits_{n\neq k} a_n h[(k-n)T_s+t_0]$ 是除 k 码元之外其他接收码元波形在第 k 个时刻抽样值的总和，它干扰 a_k 的判决，故称之为码间串扰值；$n_R(kT_s+t_0)$ 是输出噪声在抽样时刻的瞬时值，显然它是一个随机干扰。

因此，由于随机性的码间串扰和噪声的存在，抽样判决电路在判决时可能判对，也可能判错。显然，只有当码间串扰和随机干扰足够小时，才能正确判决；反之会错判，造成误码。所以，为使基带信号传输获得足够小的误码率，必须最大限度地减小码间串扰和随机噪声的影响。

在二进制情况下，输入信号 a_n 取值是 0、1 或者 +1、−1。为方便起见，假定输入基带

信号的基本脉冲为单位冲激 $\delta(t)$，则输入符号序列 $\{a_n\}$ 可以表示为

$$d(t) = \sum_{n=-\infty}^{\infty} a_n \delta(t-nT_s) \tag{6-17}$$

即为发送滤波器的输入信号。令发送滤波器的单位冲激响应为 $g_T(t)$，则发送滤波器的输出信号为输入信号序列与发送滤波器的单位冲激响应的卷积，即

$$s(t) = d(t) * g_T(t) = \sum_{n=-\infty}^{\infty} a_n g_T(t-nT_s) \tag{6-18}$$

其中，$g_T(t)$ 为 $G_T(\omega)$ 的反傅里叶变换。

根据上面的原理分析，其 SystemView 仿真模型如图 6-11 所示。

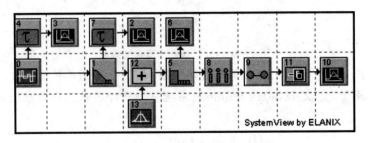

图 6-11 系统 SystemView 仿真模型

读者可以自行改变信噪比，分析信号的波形变化。

6.4 无码间串扰的基带传输特性

依据上节的分析知，基带传输系统的性能主要受码间串扰和信道加性噪声的影响。如何降低它们的影响，使系统达到规定的要求是我们必须面对的问题。为简化分析，我们把这两个问题分开考虑，本节主要讨论在加性噪声不变的情况下，如何消除码间串扰。

6.4.1 消除码间串扰的基本思想

由式(6-16)可知，当

$$\sum_{n \neq k} a_n h[(k-n)T_s + t_0] = 0 \tag{6-19}$$

时，即可消除码间串扰，并且码间串扰的大小取决于 a_n 和系统冲激响应 $h(t)$ 在抽样时刻的取值。由于 a_n 是随机变化的，要想通过各项的相互抵消使上式为 0 是行不通的。由上节的知识可知，由于 $h(t)$ 受 $H(\omega)$ 的影响，所以可以通过合理构建 $H(\omega)$ 使得系统冲激响应 $h(t)$ 刚好满足前一个码元的波形在到达后一个码元抽样判决时刻已衰减到零，但是这样的波形不易实现。实际上，$h(t)$ 有很长的拖尾现象，正因为如此才造成了码元的串扰，但只要让它在抽样判决时刻为零，即在 $nT_s + t_0$ 抽样判决时刻为 0，就可消除码间串扰的影响，如图 6-12 所示。

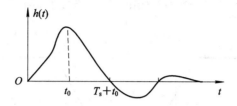

图 6-12　消除码间串扰的基本思想

实际上，判决时刻的定时不一定非常准确。当定时不准时，任一个码元都会对后面好几个码元产生串扰。因此除了符合上面的要求外，还要求 $h(t)$ 尽量衰减快一些，即尾巴不要拖得太长。

6.4.2　无码间串扰的条件

由上节的分析知：只要基带传输系统的 $h(t)$ 仅在本码元的抽样时刻有最大值，除此之外的抽样时刻为 0，就可消除码间串扰，即

$$h(kT_s + t_0) = \begin{cases} 1, & k = 0 \\ 0, & k \neq 0 \end{cases} \tag{6-20}$$

式中：t_0 为信道和接收滤波器造成的延迟，为简化起见，设 $t_0 = 0$，则上式变为

$$h(kT_s) = \begin{cases} 1, & k = 0 \\ 0, & k \neq 0 \end{cases} \tag{6-21}$$

又因为

$$h(kT_s) = \frac{1}{2\pi} \int_{-\infty}^{\infty} H(\omega) e^{j\omega k T_s} d\omega$$

把上式的积分区间用角频率间隔 $2\pi/T_s$ 分割，则积分被改写成求和，即

$$h(kT_s) = \frac{1}{2\pi} \sum_i \int_{\frac{(2i-1)}{T_s}\pi}^{\frac{(2i+1)}{T_s}\pi} H(\omega) e^{j\omega k T_s} d\omega \tag{6-22}$$

令 $\omega' = \omega - 2\pi i/T_s$，则有 $d\omega' = d\omega$ 及 $\omega = \omega' + 2\pi i/T_s$。则式（6-22）整理为

$$h(kT_s) = \frac{1}{2\pi} \sum_i \int_{-\frac{\pi}{T_s}}^{\frac{\pi}{T_s}} H\left(\omega' + \frac{2\pi i}{T_s}\right) e^{j\omega' k T_s} d\omega' \tag{6-23}$$

由于要求 $h(t)$ 是收敛的，将求和与求积互换得

$$h(kT_s) = \frac{1}{2\pi} \int_{-\frac{\pi}{T_s}}^{\frac{\pi}{T_s}} \sum_i H\left(\omega + \frac{2\pi i}{T_s}\right) e^{j\omega k T_s} d\omega = \begin{cases} 1, & k = 0 \\ 0, & k \neq 0 \end{cases} \tag{6-24}$$

根据傅里叶级数展开可知，无码间串扰的基带传输系统应满足

$$\sum_i H\left(\omega + \frac{2\pi i}{T_s}\right) = T_s, \qquad |\omega| \leqslant \frac{\pi}{T_s} \tag{6-25}$$

上式即为奈奎斯特（Nyquist）第一准则。上式表明，若把一个基带传输系统的传输特性 $H(\omega)$ 以宽度 $2\pi/T_s$ 进行分割，各段在 $(-\pi/T_s, \pi/T_s)$ 区间内能叠加成一个矩形频率特性，则它在以 f_s 速率传输基带信号时，就能做到无码间串扰。如果不考虑系统的工作频带，单从消除码间串扰来说，基带传输特性 $H(\omega)$ 的形式并不是唯一的。

例 6 - 3 试判断图 6 - 13(a)和(b)所示的传输函数中哪个有串扰，哪个没有串扰。

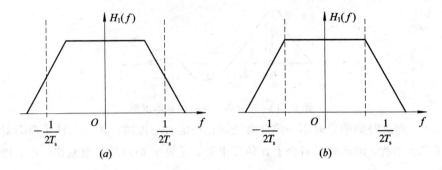

图 6 - 13　例 6 - 3 图

解：(1) 对于图(a)，有

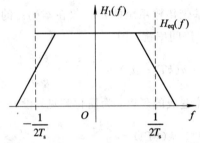

叠加后，在中间那个区间内是常数，因此满足无码间串扰条件，不会产生串扰。

(2) 对于图(b)，有

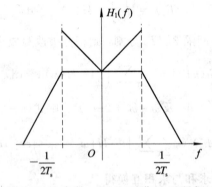

叠加后，在中间那个区间内不是常数，因此不满足无码间串扰条件，会产生串扰。

6.4.3　无码间串扰的传输特性的设计

上一节我们讨论了无码间串扰对基带传输系统冲激响应 $h(t)$ 的要求，本节着重分析无码间串扰对基带传输系统传输函数 $H(\omega)$ 的要求以及可能实现的方法。为分析方便，我们从最简单的理想基带传输系统入手。

1. 理想系统

满足奈氏第一准则的 $H(\omega)$ 有很多，最简单的一种情况是系统的 $H(\omega)$ 不用分割后再叠加成为常数，其本身就是一个常数，换句话来说，$H(\omega)$ 实质上就是理想低通滤波器的传

输函数，即

$$H(\omega) = \begin{cases} T_s, & |\omega| \leqslant \dfrac{\pi}{T_s} \\ 0, & |\omega| > \dfrac{\pi}{T_s} \end{cases} \qquad (6-26)$$

它的单位冲激响应 $h(t)$ 为

$$h(t) = \mathrm{Sa}\left(\dfrac{\pi t}{T_s}\right) \qquad (6-27)$$

根据式(6-26)和式(6-27)，可画出理想低通系统的传递函数和单位冲激响应曲线，如图 6-14 所示。

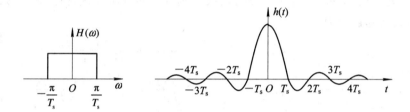

图 6-14　理想低通传输系统的传输函数和单位冲激响应

由图 6-14 可知，理想低通信号在 $t=\pm n\pi\,(n\neq0)$ 时有周期性零点。若发送码元波形的时间间隔为 T_s，接收端在 $t=nT_s$ 时抽样，就能达到无码间串扰。

由以上分析可以得出，在带宽为 $B=1/2T_s$ 的奈氏信道中传输时，若以 $R_B=1/T_s$ 波特的码元速率进行传输，则在抽样时刻不存在码间串扰。此时，传输系统的频带利用率最高为

$$\eta = \dfrac{R_B}{B} = 2 \quad (\text{Baud/Hz}) \qquad (6-28)$$

若以高于 $1/T_s$ 波特的码元速率进行传输，则存在码间串扰；若信号的码元速率低于 $1/T_s$ 波特，则还要看 $1/T_s$ 是不是码元速率的整数倍。如果 $2B_N$ 是码元速率的整数倍，则一定没有码间串扰；如果 $2B_N$ 不是码元速率的整数倍，则一定存在码间串扰。通常将此时带宽称为奈奎斯特带宽，将此时 R_B 称为奈奎斯特速率。

实际上，这种系统在物理上是无法实现的，况且 $h(t)$ 的振荡衰减慢，相应地对定时精度要求很高，若定时有误，则将引起码间串扰。所以，式(6-28)表达的无码间串扰的传输条件只有理论上的指导意义，它给出了基带传输系统传输能力的极限值。

例 6-4　若在 0～3000 Hz 频段的理想信道上传输 12 000 b/s 的二进制信号和四进制信号，哪个有码间串扰？哪个没有码间串扰？

解：由题意知

$$B = 3000 \text{ Hz}$$

依据奈氏第一准则得

$$R_B = 2B = 6000 \text{ Baud}$$

对于二进制信号

$$R_B = R_b = 12\,000 > 6000$$

对于四进制信号

$$R_B = \frac{R_b}{\text{lb}4} = 6000 \text{ Baud}$$

所以，二进制系统存在码间串扰，四进制系统不存在码间串扰。

2. 余弦滚降系统

理想低通传输系统实际上是不能实现的，还需寻找物理上可以实现的等效理想低通系统。考虑到理想低通系统的频率特性截止过于陡峭，我们对理想系统 $H(\omega)$ 的边沿进行圆滑处理，使其缓慢下降，称之为"滚降"。在实际中得到广泛应用的无码间串扰波形，其频域过渡特性以 π/T_s 为中心，具有奇对称升余弦形状，通常称之为升余弦滚降信号，如图 6-15 所示。这里的"滚降"指的是信号的频域过渡特性或频域衰减特性。按余弦特性滚降的基带系统的传递函数为

$$H(\omega) = \begin{cases} T_s, & 0 \leqslant |\omega| < \dfrac{(1-\alpha)\pi}{T_s} \\ \dfrac{T_s}{2}\left[1 + \sin\dfrac{T_s}{2\alpha}\left(\dfrac{\pi}{T_S} - \omega\right)\right], & \dfrac{(1-\alpha)\pi}{T_s} \leqslant |\omega| < \dfrac{(1+\alpha)\pi}{T_s} \\ 0, & |\omega| \geqslant \dfrac{(1+\alpha)\pi}{T_s} \end{cases} \qquad (6-29)$$

它的单位冲激响应 $h(t)$ 为

$$h(t) = \frac{\sin\pi t/T_s}{\pi t/T_s} \cdot \frac{\cos\alpha\pi t/T_s}{1 - 4\alpha^2 t^2/T_s^2} \qquad (6-30)$$

其中，α 为用于描述滚降程度的滚降系数，$0 \leqslant \alpha \leqslant 1$。它的定义为超出奈奎斯特带宽的量 f_Δ 除以奈奎斯特带宽 f_N，即

$$\alpha = \frac{f_\Delta}{f_N} \qquad (6-31)$$

显然 α 越小，越接近理想系统，频带利用率越高，对定时要求越高，反之对定时要求越低。升余弦滚降系统的频带利用率为

$$\eta = \frac{R_B}{B} = \frac{2f_N}{(1+\alpha)f_N} = \frac{2}{1+\alpha} \qquad (6-32)$$

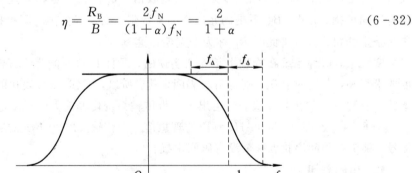

图 6-15 奇对称的余弦滚降特性

例 6-5 某信道的截止频率为 3 kHz，滚降系数 $\alpha = 0.4$，若想无码间串扰地传输二进制信号，求

（1）频带利用率；

（2）系统的最大传信率；

（3）接收机采用的抽样间隔。

解：（1）

$$\eta = \frac{2}{1+\alpha} = \frac{2}{1+0.4} = \frac{10}{7} \text{ Baud/Hz}$$

（2）截止带宽与 B_N 之间的关系为

$$B_N = \frac{\text{截止带宽}}{1+\alpha} = \frac{3000}{1+0.4} = \frac{15\ 000}{7} \text{ Hz}$$

由奈奎斯特第一准则知

$$R_B = 2B_N = \frac{30\ 000}{7} \text{ Baud}$$

又因为传输的是二进制信号，所以

$$R_b = R_B = \frac{30\ 000}{7} \text{ b/s}$$

6.5　基带传输系统的抗噪声性能

码间串扰和信道噪声是影响接收端正确判决的两个主要因素。

上节讨论了在加性噪声不变的情况下，如何消除基带系统的码间串扰。本节主要分析在无码间串扰的情况下，由信道噪声引起的误码特性，用误码率表征。其分析模型如图 6-16 所示。

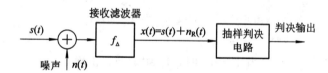

图 6-16　基带传输系统的分析模型

假设无噪声时接收到的基带信号为 $s(t)$，信道的加性噪声是 $n(t)$ 的均值为 0，功率谱密度为 $n_0/2$ 的平稳高斯白噪声。由于接收滤波器是一个线性网络，根据第 3 章的知识可知，从接收滤波器输出的噪声 $n_R(t)$ 的均值为 0，也为一平稳高斯噪声，其功率谱密度为

$$P_n(f) = \frac{n_0}{2} |G_R(f)|^2 \tag{6-33}$$

方差为

$$\sigma_n^2 = \int_{-\infty}^{\infty} \frac{n_0}{2} |G_R(f)|^2 \mathrm{d}f \tag{6-34}$$

它的瞬时值的统计特性可用下述一维概率密度函数来描述

$$f(x) = \frac{1}{\sqrt{2\pi}\sigma_n} \mathrm{e}^{\frac{-x^2}{2\sigma_n^2}} \tag{6-35}$$

抽样判决电路的输入信号 $x(t)$ 为

$$x(t) = n_R(t) + s(t) \tag{6-36}$$

6.5.1 二进制双极性基带系统及仿真

假设二进制双极性信号在抽样时刻的信码"1"对应的电平取值为＋A，信码"0"对应的电平取值为－A，则抽样判决电路输入端的信号波形 $x(t)$ 在抽样时刻的取值为

$$x(kT_s) = \begin{cases} A + n_R(kT_s)，发送"1" 时 \\ -A + n_R(kT_s)，发送"0" 时 \end{cases} \tag{6-37}$$

根据上式，发送"1"和"0"时，对应的一维概率密度函数分别为

$$f_1(x) = \frac{1}{\sqrt{2\pi}\sigma_n} \exp\left[-\frac{(x-A)^2}{2\sigma_n^2}\right] \tag{6-38}$$

$$f_0(x) = \frac{1}{\sqrt{2\pi}\sigma_n} \exp\left[-\frac{(x+A)^2}{2\sigma_n^2}\right] \tag{6-39}$$

其对应的曲线如图 6-17 所示。

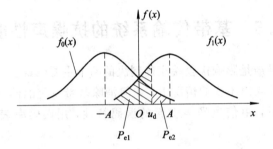

图 6-17　x 对应的一维概率密度曲线

设判决门限为 u_d，则对于"1"码，有

$$\begin{cases} 当 x > u_d 时，判为"1" 码（正确） \\ 当 x < u_d 时，判为"0" 码（错误） \end{cases} \tag{6-40}$$

发送的"1"码被判为"0"码的概率 $P(0/1)$ 为

$$P(0/1) = P(x < u_d) = \int_{-\infty}^{u_d} f_1(x)dx = \int_{-\infty}^{u_d} \frac{1}{\sqrt{2\pi}\sigma_n} \exp\left[-\frac{(x-A)^2}{2\sigma_n^2}\right]dx$$

$$= \frac{1}{2} + \frac{1}{2}\mathrm{erf}\left(\frac{u_d - A}{\sqrt{2}\sigma_n}\right) \tag{6-41}$$

同理，发送的"0"码被判为"1"码的概率 $P(1/0)$ 为

$$P(1/0) = P(x > u_d) = \int_{u_d}^{\infty} f_1(x)dx = \int_{u_d}^{\infty} \frac{1}{\sqrt{2\pi}\sigma_n} \exp\left[-\frac{(x+A)^2}{2\sigma_n^2}\right]dx$$

$$= \frac{1}{2} - \frac{1}{2}\mathrm{erf}\left[\frac{u_d + A}{\sqrt{2}\sigma_n}\right] \tag{6-42}$$

设信源发送"0"码的概率为 $P(0)$，发送"1"码的概率为 $P(1)$，则二进制基带传输系统的总误码率 P_e 为

$$P_e = P(1)P(0/1) + P(0)P(1/0) \tag{6-43}$$

由以上分析知，误码率与信码发送概率、信号的峰值 A、噪声功率 σ_n^2 及判决门限电平 u_d 有

关。在 A、σ_n^2 一定的情况下，可以选择适当的 u_d 使误码率最小，此时的判决门限电平称为最佳判决门限。令

$$\frac{\partial P_e}{\partial u_d} = 0 \qquad (6-44)$$

则可求得最佳判决门限电平为

$$u_d^* = \frac{\sigma_n^2}{2A}\ln\frac{P(0)}{P(1)} \qquad (6-45)$$

若 $P(1) = P(0) = 0.5$，即"0"、"1"等概率发送，则 $u_d^* = 0$，基带系统的总误码率为

$$P_e = \frac{1}{2}\big[P(0/1) + P(1/0)\big] = \frac{1}{2}\Big[1 - \text{erf}\Big(\frac{A}{\sqrt{2}\,\sigma_n}\Big)\Big] = \frac{1}{2}\text{erfc}\Big(\frac{A}{\sqrt{2}\,\sigma_n}\Big) \qquad (6-46)$$

由此可见，双极性基带系统的总误码率仅依赖于信号峰值与噪声方差的开方的比值，与采用的信号形式无关。比值 A/σ_n 越大，P_e 越小。

根据上面的原理分析，其 SystemView 仿真模型如图 6-18 所示。

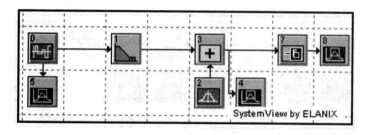

图 6-18　二进制双极性基带系统 SystemView 仿真模型

读者可以自行改变信噪比，分析信号的波形变化。

6.5.2　二进制单极性基带系统及仿真

假设二进制单极性信号在抽样时刻的信码"1"对应的电平取值为 $+A$，信码"0"对应的电平取值为 0，则发送"1"和"0"时，对应的一维概率密度函数分别为

$$f_1(x) = \frac{1}{\sqrt{2\pi}\sigma_n}\exp\Big[-\frac{(x-A)^2}{2\sigma_n^2}\Big] \qquad (6-47)$$

$$f_0(x) = \frac{1}{\sqrt{2\pi}\sigma_n}\exp\Big(-\frac{x^2}{2\sigma_n^2}\Big) \qquad (6-48)$$

发送的"1"码被判为"0"码的概率 $P(0/1)$ 为

$$P(0/1) = P(x < u_d) = \int_{-\infty}^{u_d} f_1(x)\,dx = \int_{-\infty}^{u_d}\frac{1}{\sqrt{2\pi}\sigma_n}\exp\Big[-\frac{(x-A)^2}{2\sigma_n^2}\Big]dx$$

$$= \frac{1}{2} + \frac{1}{2}\text{erf}\Big(\frac{u_d - A}{\sqrt{2}\,\sigma_n}\Big) \qquad (6-49)$$

发送的"0"码被判为"1"码的概率 $P(1/0)$ 为

$$P(1/0) = P(x > u_d) = \int_{u_d}^{\infty} f_0(x)\,dx = \int_{u_d}^{\infty}\frac{1}{\sqrt{2\pi}\sigma_n}\exp\Big(-\frac{x^2}{2\sigma_n^2}\Big)dx = \frac{1}{2} - \frac{1}{2}\text{erf}\Big(\frac{u_d}{\sqrt{2}\,\sigma_n}\Big)$$

$$(6-50)$$

最佳判决门限电平为

$$u_d^* = \frac{A}{2} + \frac{\sigma_n^2}{A} \ln \frac{P(0)}{P(1)} \qquad (6-51)$$

当 $P(1)=P(0)=0.5$ 时，$u_d^* = A/2$，基带系统的总误码率为

$$P_e = \frac{1}{2} \mathrm{erfc}\left(\frac{A}{2\sqrt{2}\sigma_n}\right) \qquad (6-52)$$

比较式(6-46)和式(6-52)可以得出以下结论：

（1）当比值 A/σ_n 一定时，双极性基带系统的误码率比单极性基带系统的误码率低，抗噪声性能好。

（2）在 $P(1)=P(0)=0.5$ 条件下，单极性的最佳判决门限电平为 $A/2$，它易受信道特性变化的影响，不能保持最佳状态，从而导致误码率增大。双极性的最佳判决门限电平为 0，与信号幅度无关，因而不随信道特性变化而变，故能保持最佳状态。因此，基带信号系统通常采用双极性基带信号系统。

根据上面的原理分析，其 SystemView 仿真模型如图 6-19 所示。

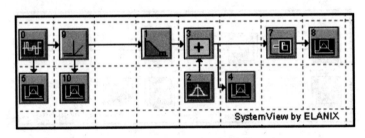

图 6-19　二进制单极性基带系统 SystemView 仿真模型

读者可以自行改变信噪比，分析信号的波形变化。

6.6　眼图及仿真

从理论上讲，一个基带传输系统的传输函数只要满足奈氏第一准则，就可消除码间干扰。但在实际系统中由于码间串扰与发送滤波器特性、信道特性、接收滤波器特性等因素的影响，都可能使系统的性能达不到预期的目标。实践中，为了使系统性能达到最佳，除了采用专门精密仪器进行调整和定量测试外，在调试和维护工作中，技术人员还希望通过仪器和简单的方法也能监测系统的性能，其中，观察眼图就是一个常用的实验方法。

眼图是利用实验手段方便估计和调整基带信号传输系统性能的一种测量方法，它通过接收端的基带信号波形在示波器上叠加形成图形来判断。因为在传输二进制信号波形时，示波器上形成的波形很像人的眼睛，所以称为"眼图"。

观察眼图的方法为：用一个示波器接在接收滤波器的输入端，然后调整示波器水平扫描周期，使其与接收码元的周期同步，各码元的波形就会重叠起来。从眼图上可以观察出码间串扰和噪声的影响，从而估计系统优劣程度。也可以用此图形调整接收滤波器的特性，以减小码间串扰和改善系统的传输性能。

图 6-20 给出了无噪声情况下，无码间串扰和有码间串扰的眼图。其中图 6-20(a)是接收滤波器输出的无码间串扰的双极性基带波形，示波器将此波形每隔 T_s 秒重复扫描一

次，利用示波器的余辉效应，扫描所得的波形重叠在一起，结果形成图 6-20(c) 所示的"开启"的眼图。图 6-20(b) 是接收滤波器输出的有码间串扰的双极性基带波形，重叠后的波形会聚变差，张开程度变小，如图 6-20(d) 所示。

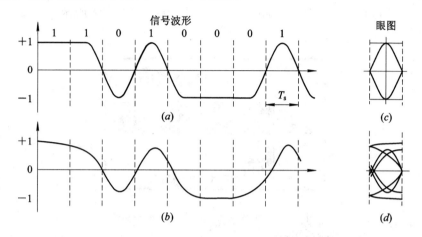

图 6-20　无噪声情况下，无码间串扰和有码间串扰的眼图

对比图 6-20(c) 和图 6-20(d) 可知，眼图中"眼睛"张开的大小反映码间串扰的强弱。"眼睛"张开得越大，越端正，码间串扰越小；反之，码间串扰越大。

当存在噪声时，噪声将叠加在信号上，观察到的眼图的线迹变得比较模糊，比较宽。若同时存在码间串扰，"眼睛"张开得更小。与无码间串扰时的眼图相比，原来清晰端正的细线迹，变成了不很端正的模糊带状线。噪声越大，越模糊，线迹越宽，码间串扰越大，眼图越不端正。

眼图与系统性能之间的关系，可用图 6-21 所示的眼图模型来说明。

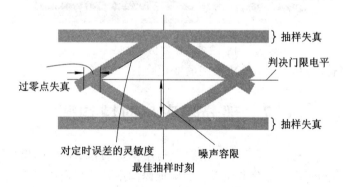

图 6-21　眼图模型

由眼图可以获得如下信息：

（1）最佳抽样时刻应选在"眼睛"张开最大的时刻，此时的信噪比最大。

（2）定时误差的灵敏度可由眼图斜边的斜率决定。斜率越大，定时误差就越灵敏，对定时稳定度要求愈高。

（3）在抽样时刻，眼图上下两分支阴影区的垂直高度，称为信号失真量。它是噪声和码间串扰叠加的结果，决定了系统的噪声容限，噪声瞬时值超过它就可能发生错误判决。

（4）判决门限电平在眼图中央的横轴位置。

（5）对于利用信号过零点取平均值得定时信息的接收系统，眼图倾斜分支与横轴相交的区域的大小，表示零点位置的变动范围，这个变动范围的大小对提取定时信息有重要的影响。

根据上面的原理分析，其 SystemView 仿真模型如图 6-22 所示，结果如图 6-23 所示。

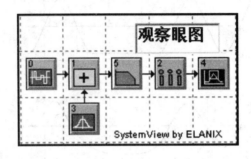

图 6-22　眼图的 SystemView 仿真模型

图 6-23　眼图仿真结果

读者可以自行改变信噪比，分析眼图的变化。

6.7　部分响应与时域均衡

我们常希望系统具有好的性能：一是频带利用率要高，二是码间串扰要小。下面我们分别介绍提高频带利用率的部分响应系统和降低码间串扰的均衡技术。

6.7.1　部分响应系统及仿真

在 6.4 节中，我们分析了两种无码间串扰的基带信号传输系统的特性。其中理想低通特性系统能满足无码间串扰的条件，且能达到理论上的极限传输速率 2 Baud/Hz，但不能实现，且第一个零点以后的"尾巴"振荡幅度大、收敛慢，对定时要求严格。若稍有偏差，则极易引起严重的码间串扰。而升余弦频率特性系统实现容易，其冲激响应的"尾巴"振荡幅度减小，对定时的要求也松，但加宽了所需要的频带，降低了系统的频带利用率，这对于高速率的传输尤其不利。可见，上面两种系统不是最佳的系统，能否找到一种频带利用率高、"尾巴"衰减又大、收敛快的传输函数系统呢？本节要研究的部分响应系统就符合这些要求。

奈氏第二准则指出：人为有控制地在某些码元的抽样时刻引入码间串扰，而在其余码元的抽样时刻无码间串扰，并在接收端判决前加以消除，那么就能使频带利用率提高到理论上的最大值，同时又可以降低对定时精度的要求和加速传输波形"尾巴"的衰减。常把这种波形称为部分响应波形。利用部分响应波形进行传送的基带传输系统称为部分响应系统。

1. 第一类部分响应系统

通过对理想低通冲激响应 $\sin x/x$ 波形的分析可知，相距一个码元间隔的两个 $\sin x/x$ 波形的"拖尾"刚好正负相反。根据这一原理我们让两个时间上相隔一个码元 T_s 的 $\sin x/x$ 波形相加，如图 6-24(a) 所示，则相加后的波形 $g(t)$ 为

$$g(t) = \frac{\sin 2\pi W\left(t+\dfrac{T_s}{2}\right)}{2\pi W\left(t+\dfrac{T_s}{2}\right)} + \frac{\sin 2\pi W\left(t-\dfrac{T_s}{2}\right)}{2\pi W\left(t-\dfrac{T_s}{2}\right)} \tag{6-53}$$

化简得

$$g(t) = \frac{4}{\pi}\left(\frac{\cos \pi t/T_s}{1-4t^2/T_s^2}\right) \tag{6-54}$$

式中：W 为奈奎斯特频率间隔，即 $W=1/(2T_s)$。$g(t)$ 对应的频谱波形如图 6-24(b) 所示。

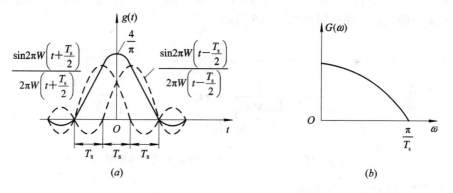

图 6-24　$g(t)$ 及其频谱波形

由图可知：

(1) $g(t)$ 的"尾巴"幅度与 t^2 成反比。

(2) 带宽 $B=1/(2T_s)$，与理想矩形滤波器的相同。

(3) 频带利用率为

$$\eta = \frac{R_B}{B} = \frac{\dfrac{1}{T_s}}{\dfrac{1}{2T_s}} = 2 \quad (\text{Baud/Hz}) \tag{6-55}$$

达到了基带系统在传输二进制序列时的理论极限值。

(4) 若 $g(t)$ 作为传送波形，传送码元间隔为 T_s，则在抽样时刻发送码元仅与其前后码元相互干扰，而与其他码元不发生串扰。由于此时的串扰是确定的，故仍可按 $1/T_s$ 的传输速率传送码元。

(5) 由于部分响应系统引入了前后码元的相关性，判决时要依赖前一码元，一旦前一码元误判，则本次判决将可能误判，造成误码的传播。

设输入的二进制码元序列为 $\{a_k\}$，并设 a_k 在抽样点上的取值为 +1 和 -1，则当发送码元 a_k 时，接收波形 $g(t)$ 在抽样时刻的取值 c_k 可由此刻的抽样值 a_k 和前一时刻的抽样值 a_{k-1} 确定，即

$$c_k = a_{k-1} + a_k \tag{6-56}$$

不难看出，c_k 可能有 -2 、+2 、0 三种取值。如果前一码元 a_{k-1} 已经判定，则此时刻的 a_k 可由 c_k 和 a_{k-1} 确定，即

$$a_k = c_k - a_{k-1} \tag{6-57}$$

一旦 c_k 因干扰出现差错，则不但会造成当前恢复 a_k 出现错误，也会造成 a_{k+1}，a_{k+2}，… 抽样的错误，这就是误码的传播（或者称误码的扩散）。

为了避免误码的传播，需要在发送之前进行预编码，把输入码 a_k 变成差分码 b_k，然后发送，其编码规则为

$$a_k = b_k \oplus b_{k-1} \tag{6-58}$$

其中 $\oplus$ 表示模 2 加。

根据式 (6-57) 得

$$c_k = b_{k-1} + b_k \tag{6-59}$$

所以，对上式进行模 2 处理便可以得到发送端的 a_k，这就避免了差错的传播。第一类部分响应系统的实现原理框图如图 6-25 所示。

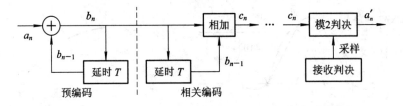

图 6-25 第一类部分响应系统的实现原理框图

2. 一般形式的部分响应系统

上述讨论可以推广到一般的部分响应系统中。部分响应波形是式 (6-54) 形式的推广部分，其一般形式可以是 N 个相继间隔 T_s 的波形 $\sin x/x$ 之和，即

$$g(t) = R_1 \frac{\sin \frac{\pi}{T_s}t}{\frac{\pi}{T_s}t} + R_2 \frac{\sin \frac{\pi}{T_s}(t-T_s)}{\frac{\pi}{T_s}(t-T_s)} + \cdots + R_N \frac{\sin \frac{\pi}{T_s}[t-(N-1)T_s]}{\frac{\pi}{T_s}[t-(N-1)T_s]} \tag{6-60}$$

式中：R_1，R_2，…，R_N 是取值为正整数、负整数和零的加权系数，其对应的频谱函数为

$$G(\omega) = \begin{cases} T_s \sum_{m=1}^{N} R_m e^{-j\omega(m-1)T_s}, & |\omega| \leqslant \frac{\pi}{T_s} \\ 0, & |\omega| > \frac{\pi}{T_s} \end{cases} \tag{6-61}$$

由式(6-60)知，当加权系数不同时，部分响应形式不同，部分响应信号也不同，对应地将有不同的相关编码。设输入的信码序列为$\{a_k\}$，则对应的相关编码序列为$\{c_k\}$，预编码输出序列为$\{b_k\}$，其表达式为

$$c_k = R_1 a_k + R_2 a_{k-1} + \cdots + R_N a_{k-(N-1)} \tag{6-62}$$

$$a_k = R_1 b_k + R_2 b_{k-1} + \cdots + R_N b_{k-(N-1)} \quad (\text{mod } L \text{ 相加}) \tag{6-63}$$

$$c_k = R_1 b_k + R_2 b_{k-1} + \cdots + R_N b_{k-(N-1)} \quad (\text{算术加}) \tag{6-64}$$

$$a_k = [c_k]_{(\text{mod } L)} \tag{6-65}$$

其中，a_k、b_k为 L 进制。

目前有五类常见的部分响应波形，分别命名为 Ⅰ 、Ⅱ 、Ⅲ 、Ⅳ 、Ⅴ 类，把理想低通特性对应的系统定义成第 0 类部分响应系统。这六类部分响应系统的定义、波形、频谱及加权系数如表 6-1 所示。

表 6-1　六类部分响应系统的定义、波形、频谱及加权系数

类别	R_1	R_2	R_3	R_4	R_5	$g(t)$	$\|G(\omega)\|, \|\omega\| \leqslant \dfrac{\pi}{T_s}$	二进制输入时 C_R 的电平数
0	1							2
Ⅰ	1	1					$2T_s \cos \dfrac{\omega T_s}{2}$	3
Ⅱ	1	2	1				$4T_s \cos^2 \dfrac{\omega T_s}{2}$	5
Ⅲ	2	1	-1				$2T_s \cos \dfrac{\omega T_s}{2} \sqrt{5 - 4\cos \omega T_s}$	5
Ⅳ	1	0	-1				$2T_s \sin \omega T_s$	3
Ⅴ	-1	0	2	0	-1		$4T_s \sin^2 \omega T_s$	5

由表 6-1 可知：

（1）各类部分响应系统的带宽均不超过理想低通的带宽，它们的谱结构及对临近码元抽样时刻的串扰不同。

（2）第 I 类频谱主要集中在低频段，适于信道频带高频严重受限的场合。第 IV 类无直流分量，且低频分量小，便于边带滤波，实现单边带调制。因而目前应用较多的是第 I 类和第 IV 类。

（3）当输入为 L 进制信号时，第 I、IV 类部分响应信号的电平数为 $2L-1$。

部分响应系统频带利用率能达到极限，实现容易，且"尾巴"衰减快，但其缺点也很明显，即当输入数据为 L 进制时，部分响应波形的相关编码电平数超过了 L 个。所以，在相同输入信噪比条件下，部分响应系统的抗噪声性能要比 0 类响应系统差。这表明，为了获得部分响应系统的优点需要付出一定代价（可靠性下降）。

3. 仿真

根据上面的原理，第 I 类部分响应系统的 SystemView 仿真模型如图 6-26 所示。

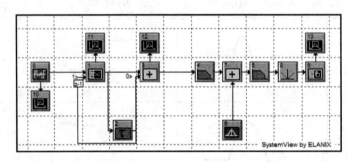

图 6-26　第 I 类部分响应系统的 SystemView 仿真模型

6.7.2　时域均衡

如果信道特性 $H(\omega)$ 已知，从理论上讲，人们就可以精心设计接收和发送滤波器以达到消除码间串扰和尽量减小噪声影响的目的。但是实际中，由于难免存在滤波器的设计误差和信道特性的变化，所以基带传输系统不可能完全满足无码间串扰传输条件而获得理想的传输特性，因而码间串扰是不可避免的。当串扰严重时，必须对系统的传输函数 $H(\omega)$ 进行校正，使其达到或接近无码间串扰要求的特性。实践表明，在基带系统中插入一种可调（或不可调）滤波器就可以校正和补偿整个系统的幅频和相频特性，减小码间串扰的影响。这种起补偿作用的滤波器称为均衡器。

均衡的种类很多，分为频域均衡和时域均衡。

所谓频域均衡，是从频率响应考虑，利用一个可调滤波器的频率特性使系统的总传输函数接近或满足无失真传输条件。频域均衡分为幅度均衡和相位均衡，其特点是简单、实用，便于硬件电路实现。

时域均衡直接从时间响应考虑，直接校正已失真的响应波形，使整个系统的冲激响应满足无码间串扰条件。其特点为：在时域中对信号进行处理，较之频域均衡更为直接和直观，但计算较复杂。

频域均衡在信道特性不变，且传输低速率数据时使用，而时域均衡不必知道信道特性，可以根据实际观测波形有针对性地调节每个具体的实际系统，能够有效地减小码间串扰，故在高速数据传输中得以广泛应用。本节介绍时域均衡的相关内容。

1. 时域均衡的原理

在接收滤波器之后插入一个可调整的横向均衡器实现时域均衡，其原理框图如图 6 - 27 所示。

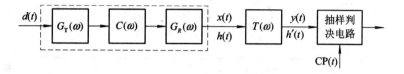

图 6 - 27　时域均衡原理框图

显然，$H(\omega)$ 不满足无码间串扰条件时，其输出信号 $x(t)$ 存在码间串扰。为消除码间串扰，在 $H(\omega)$ 之后插入一个称为横向滤波器的可调滤波器 $T(\omega)$，形成新的总传输函数 $H'(\omega)$：

$$H'(\omega) = T(\omega)H(\omega) \tag{6-66}$$

当 $H'(\omega)$ 满足

$$\sum_i H'\left(\omega + \frac{2\pi i}{T_s}\right) = T_s, \qquad |\omega| \leqslant \frac{\pi}{T_s} \tag{6-67}$$

时，抽样判决电路输入端的信号 $y(t)$ 不含码间串扰，这就是时域均衡的基本思想。

把式(6-66)代入式(6-67)，可得

$$\sum_i H\left(\omega + \frac{2\pi i}{T_s}\right)T\left(\omega + \frac{2\pi i}{T_s}\right) = T_s, \qquad |\omega| \leqslant \frac{\pi}{T_s} \tag{6-68}$$

若 $T(\omega)$ 是以 $2\pi/T_s$ 为周期的周期函数，则

$$T\left(\omega + \frac{2\pi i}{T_s}\right) = T(\omega) \tag{6-69}$$

此式说明 $T(\omega)$ 与 i 无关，可以移到求和符号的外边，则

$$T(\omega) = \frac{T_s}{\sum_i H\left(\omega + \dfrac{2\pi i}{T_s}\right)}, \qquad |\omega| \leqslant \frac{\pi}{T_s} \tag{6-70}$$

因为 $T(\omega)$ 是以 $2\omega/T_s$ 为周期的周期函数，所以按傅里叶级数展开可得

$$T(\omega) = \sum_{n=-\infty}^{\infty} C_n e^{-jnT_s\omega} \tag{6-71}$$

其中

$$C_n = \frac{T_s}{2\pi} \int_{-\frac{\pi}{T_s}}^{\frac{\pi}{T_s}} T(\omega) e^{jn\omega T_s} d\omega \tag{6-72}$$

由上式看出，傅里叶系数 C_n 由 $H(\omega)$ 决定。

对式(6-71)求反傅里叶变换得到可调滤波器对应的单位冲激响应为

$$h_T(t) = F^{-1}\left[T(\omega)\right] = \sum_{n=-\infty}^{\infty} C_n\delta(t - nT_s) \tag{6-73}$$

由上述证明可以看出，给定一个系统特性 $H(\omega)$ 就可以唯一地确定 $T(\omega)$，使新系统 $H'(\omega)$ 满足无码间串扰。实现上述单位冲激响应的组成结构如图 6 - 28 所示。它实际上是

由无限多个横向排列的延迟单元 T_s 和可变增益放大器(抽头加权系数 C_n)组成的,因此称为横向滤波器。

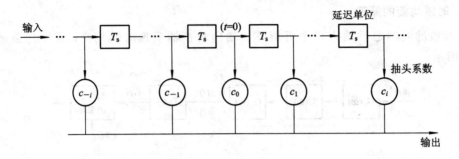

图 6-28　横向滤波器

由图 6-28 可知,均衡器的特性由抽头系数 C_n 确定。当 C_n 可调时,该滤波器特性就发生变化,使其能够适应信道特性的变化,动态地调整系统的时间响应。

由于横向滤波器的均衡原理是建立在响应波形之上的,故把这种均衡称为时域均衡。理论上无限长横向滤波器可以完全消除抽样时刻的码间串扰,但由于均衡器受长度和调整准确度 C_n 的限制,实际上是不可能完全消除码间串扰的。物理上可实现的滤波器为有限长的横向滤波器,它可以减少抽样时刻的码间串扰,但不能完全消除。该滤波器的关键是选择合适的 C_n,使其获得最佳的均衡效果。

下面以一个例子来说明这个问题。

例 6-6　设有一个三抽头的横向滤波器,其 $C_{-1}=1/4$, $C_0=1$, $C_{+1}=1/2$;均衡器输入 $x(t)$ 在各抽样点上的取值分别为:$x_{-1}=-1/4$, $x_0=1$, $x_{+1}=-1/2$,其余都为零。试求均衡器输出 $y(t)$ 在各抽样点上的值。

解:均衡器的输出为

$$y_k = \sum_{i=-N}^{N} C_i x_{k-i}$$

当 $k = 0$ 时

$$y_0 = \sum_{i=-1}^{1} C_i x_{-i} = C_{-1} x_1 + C_0 x_0 + C_1 x_{-1} = \frac{3}{4}$$

当 $k=1$ 时

$$y_{+1} = \sum_{i=-1}^{1} C_i x_{,1-i} = C_{-1} x_2 + C_0 x_1 + C_1 x_0 = 0$$

当 $k=-1$ 时

$$y_{-1} = \sum_{i=-1}^{1} C_i x_{-1-i} = C_{-1} x_0 + C_0 x_{-1} + C_1 x_{-2} = 0$$

同理可求得 $y_{-2}=-1/16$, $y_{+2}=-1/4$,其余均为零。

由此可见,除 y_0 外,均衡使 y_{-1} 及 y_1 为零,但 y_{-2} 及 y_2 不为零。这说明,利用有限长的横向滤波器可以减小码间串扰,但不能完全消除。

2. 均衡器的实现

采用有限长横向滤波器时,不可能完全消除码间串扰,即会产生失真。为了反映失真的程度，需要确定失真的准则。一般采用峰值失真和均方失真来衡量。

峰值失真是码间串扰最大可能值（峰值）与有用信号样值之比，即

$$D = \frac{1}{y_0} \sum_{\substack{k=-\infty \\ k \neq 0}}^{\infty} |y_k| \qquad (6-74)$$

其中，y_0 是有用信号样值，$\sum_{\substack{k=-\infty \\ k \neq 0}}^{\infty} |y_k|$ 是码间串扰的最大值，D 越小越好。

均方失真的定义为

$$e^2 = \frac{1}{y_0^2} \sum_{\substack{k=-\infty \\ k \neq 0}}^{\infty} y_k^2 \qquad (6-75)$$

不管利用哪个准则，均可获得最佳的均衡效果，使失真最小。

下面以最小峰值准则为依据，分析一下均衡效果。

设未均衡前的输入峰值失真（称为初始失真）可表示为

$$D_0 = \frac{1}{x_0} \sum_{\substack{k=-\infty \\ k \neq 0}}^{\infty} |x_k| \qquad (6-76)$$

令 $x_0 = 1$，若 x_k 是归一化的 x_k，则上式变为

$$D_0 = \sum_{\substack{k=-\infty \\ k \neq 0}}^{\infty} |x_k| \qquad (6-77)$$

将 y_k 进行归一化，并令 $y_0 = 1$，则

$$y_0 = \sum_{i=-N}^{N} C_i x_{-i} = 1 \qquad (6-78)$$

变换上式得

$$C_0 = 1 - \sum_{\substack{i=-N \\ k \neq 0}}^{N} C_i x_{-i} \qquad (6-79)$$

则

$$y_k = \sum_{\substack{i=-N \\ k \neq 0}}^{N} C_i (x_{k-i} - x_k x_{-i}) + x_k \qquad (6-80)$$

将上式代入式(6-74)整理得

$$D = \sum_{\substack{k=-\infty \\ k \neq 0}}^{\infty} \left| \sum_{\substack{i=-N \\ k \neq 0}}^{N} C_i (x_{k-i} - x_k x_{-i}) + x_k \right| \qquad (6-81)$$

显而易见，在输入序列 $\{x_k\}$ 给定的情况下，峰值失真 D 由除 C_0 外的抽头系数 C_i 决定。我们要找到使 D 最小的 C_i。Lucky 曾证明，使 D 最小的系数 C_i 满足下式

$$\begin{cases} \sum_{i=-N}^{N} C_i x_{k-i} = 0, & k = \pm 1, \pm 2, \cdots, \pm N \\ \sum_{i=-N}^{N} C_i x_{-i} = 1, & k = 0 \end{cases} \qquad (6-82)$$

写成矩阵形式为

$$\begin{bmatrix} x_0 & x_{-1} & \cdots & x_{-2N} \\ \vdots & \vdots & & \vdots \\ x_N & x_{N-1} & & x_{-N} \\ \vdots & \vdots & & \vdots \\ x_{2N} & x_{2N-1} & \cdots & x_0 \end{bmatrix} \begin{bmatrix} C_{-N} \\ C_{-N+1} \\ \vdots \\ C_0 \\ \vdots \\ C_{N-1} \\ C_N \end{bmatrix} = \begin{bmatrix} 0 \\ \vdots \\ 0 \\ 1 \\ 0 \\ \vdots \\ 0 \end{bmatrix} \tag{6-83}$$

方程组解的物理意义是：在输入序列 $\{x_k\}$ 给定时，若按上式方程组设计抽头系数 C_i，可迫使均衡器输出的抽样值 y_k 为零。这种调整叫做迫零调整，对应的均衡器称为迫零均衡器。

例 6-7 设计一个具有 3 个抽头的迫零均衡器，以减小码间串扰。已知 $x_{-2}=0$，$x_{-1}=0.1$，$x_0=1$，$x_1=-0.2$，$x_2=0.1$，求 3 个抽头的系数，并计算均衡前后的峰值失真。

解：由 $2N+1=3$ 得，$N=1$。其对应的矩阵方程为

$$\begin{bmatrix} x_0 & x_{-1} & x_{-2} \\ x_1 & x_0 & x_{-1} \\ x_2 & x_1 & x_0 \end{bmatrix} \begin{bmatrix} C_{-1} \\ C_0 \\ C_1 \end{bmatrix} = \begin{bmatrix} 0 \\ 1 \\ 0 \end{bmatrix}$$

因为 $x_{-2}=0$，$x_{-1}=0.1$，$x_0=1$，$x_1=-0.2$，$x_2=0.1$，所以

$$\begin{cases} C_{-1}+0.1C_0=0 \\ -0.2C_{-1}+C_0+0.1C_1=1 \\ 0.1C_{-1}-0.2C_0+C_1=0 \end{cases}$$

求解得

$$C_{-1}=-0.09606, \quad C_0=0.9606, \quad C_1=0.2017$$

因为

$$y_k = \sum_{i=-N}^{N} C_i x_{k-i}$$

所以

$$y_{-1}=0, \quad y_0=1, \quad y_1=0, \quad y_{-3}=0, \quad y_{-2}=0.0096, \quad y_2=0.0557, \quad y_3=0.020\,16$$

均衡前的峰值失真为

$$D_0 = \frac{1}{x_0} \sum_{\substack{k=-\infty \\ k\neq 0}}^{\infty} |x_k| = 0.4$$

均衡后的峰值失真为

$$D = \frac{1}{y_0} \sum_{\substack{k=-\infty \\ k\neq 0}}^{\infty} |y_k| = 0.0869$$

可见，均衡后的峰值失真很小，说明取得了比较好的均衡效果。

迫零均衡器的实现方法有多种，但从实现的原理上看，大致可分为预置式自动均衡和自适应式自动均衡。预置式均衡是最简单的一种，它在实际传输之前先传输预先规定的测试脉冲（如重复频率很低的周期性单脉冲波形），然后根据迫零调整原理自动或手动调整抽头增益。其原理框图如图 6-29 所示。

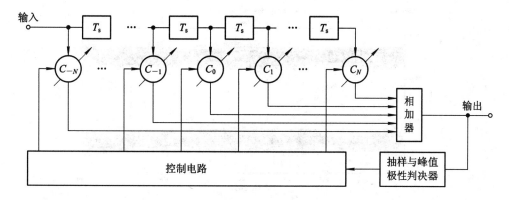

图 6 - 29　迫零均衡器实现的原理框图

迫零均衡器限制初始失真 $D_0 < 1$，但用最小均方失真准则不需限制初始失真 D_0。

自适应式均衡是在传输过程中连续测出与最佳调整值的误差电压，并依据此电压去调整各抽头的增益以达到实现均衡的目的。自适应均衡器的输出波形是实际的数据信号。随着大规模、超大规模集成电路和微处理机的应用，自适应均衡器发展得十分迅速。

6.8　仿 真 实 训

1. 实训目的

本实训通过 SystemView 仿真实验，使读者进一步掌握数字基带传输系统及其相关问题的分析。通过实训可以培养学生的动手和设计能力，激发学生的学习兴趣，增强学生分析问题和解决问题的能力。

2. 实训内容

眼图。

3. 实训仿真

眼图是衡量基带传输系统优劣的一种实验方法，其原理是用一个示波器接在接收滤波器的输入端，然后调整示波器的水平扫描周期，使其与接收码元的周期同步，此时各码元的波形重叠，形成眼图。图 6 - 30 所示是用 SystemView 仿真的眼图。图中，图符 0 所示的基带序列是二进制双极性序列：+1 对应"1"码元，−1 对应"0"码元，其幅值为 1 V，电平数为 2，频率为10 Hz；图符 1 和图符 4 为加法器；图符 2 为采样器，其采样频率为 100 Hz；图符 3 为噪声，其均值为 0，方差为 0.5；图符 5 为低通滤波器。仿真结果如图 6 - 31、图6 - 32 所示。

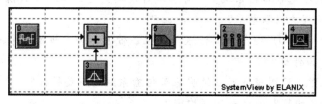

图 6 - 30　眼图的 Systemview 仿真原理图

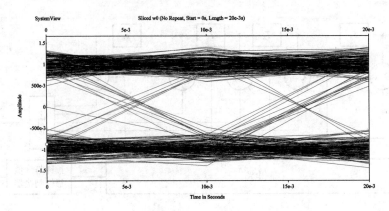

图 6-31　信道信噪比为 2 时观察到的眼图

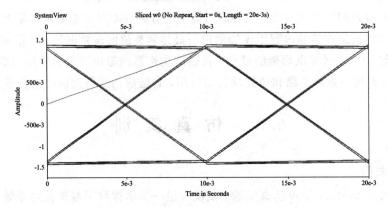

图 6-32　信道没有噪声时观察到的眼图

思 考 题

1. 数字基带信号有哪些常见的形式？它们各有什么特点？它们的时域表示式如何？

2. 数字基带信号的功率谱有什么特点？它的带宽主要取决于什么？

3. 什么是 AMI 码、HDB3 码、双向码、差分双相码、密勒码、$nBmB$ 码？它们分别有哪些主要特点？

4. 数字基带传输系统的组成是什么？各部分的功能如何？

5. 什么叫码间串扰？试说明其产生的原因及消除码间串扰的方法。

6. 为了消除码间串扰，基带传输系统的传输函数应满足什么条件？

7. 什么是部分响应波形和部分响应系统？

8. 在二进制数字基带传输系统中，有哪两种误码？它们各在什么情况下发生？

9. 什么是最佳判决门限电平？

10. 当 $P(1)==P(0)=1/2$ 时，传送单极性基带波形和双极性基带波形的最佳判决门限电平各为多少？为什么？

11. 什么是眼图？眼图模型可以说明基带传输系统的哪些性能？

12. 什么是时域均衡？什么是频域均衡？

练 习 题

1. 已知信息代码为 11001011，试画出单极性不归零码、双极性不归零码、单极性归零码、差分码、双相码、CMI 码和密勒码。

2. 已知信息代码为 1100001100000，试画出其相应的差分码(参考码元为高电平)，AMI 码和 HDB3 码。已知信息代码为 11000011000011，试画出其相应的差分码(参考码元为高电平)、AMI 码和 HDB3 码。

3. 求双极性 NRZ 和 RZ 矩形脉冲序列的功率谱。

4. 设基带传输总特性 $H(\omega)$ 分别如题图 6-1 所示，若要求以 $2/T_s$ 波特的速率进行数据传输，试检验各种 $H(\omega)$ 是否满足消除抽样点上码间串扰的条件。

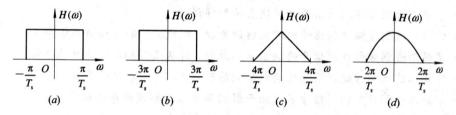

题图 6-1

5. 已知某信道的截止频率为 1200 Hz，其滚降系数 $a=1$。试问：

(1) 为了得到无串扰的信息接收，系统最大传输速率为多少？

(2) 接收机采用什么样的时间间隔抽样，便可得到无串扰接收？

6. 设某一无码间串扰的传输系统具有 $\alpha=1$ 的升余弦传输特性。

(1) 试求该系统的最高无码间串扰的码元传输速率及单位频带的码元传输速率；

(2) 若输入信号由单位冲激函数改为宽度为 T 的不归零脉冲，则要保持输出波形不变，这时的系统传输特性应为什么？

(3) 当升余弦谱传输特性 $\alpha=0.25$ 及 $\alpha=0.5$ 时，若要传输 PCM30/32 路的数字电话(数码率为 2048 kb/s)，试求系统所需要的最小带宽。

7. 设某传输系统具有如下的带通特性：

$$H(\omega) = \begin{cases} T/2, & \pi/T \leqslant |\omega| \leqslant 2\pi/T \\ 0, & \text{其他} \end{cases}$$

(1) 试求该系统的冲激响应函数；

(2) 对该频谱特性采用分段叠加后，试检验是否符合理想滤波器特性。

(3) 该系统的最高码元传输速率为多少？单位频带的码元传输速率为多少？

8. 一理想基带二进制传输系统中叠加有均值为零，方差为 σ^2 的高斯白噪声，二进制符号"1"用波形 $g_1(t)$ 表示，判决时刻的信号峰值为 A，二进制符号"0"对应波形为 0。试求该基带传输系统的误码率。

9. 设有三抽头时域均衡器，输入信号 $x(t)$ 在各抽样点上的值依次为 $x_{-2}=0.1$，$x_{-1}=0.2$，$x_0=1$，$x_{+1}=-0.3$，$x_{+2}=0.1$(其他抽样点上的值均为 0)，试用迫零调整法计算均衡器抽头增益值。

第 7 章　数字带通传输系统

教学目标：

❖ 理解数字调制的概念和目的，掌握数字信号调制解调的基本原理和一般方法；

❖ 掌握二进制数字调制信号的时域表示和频谱特性；

❖ 掌握二进制振幅键控信号的调制解调原理、时域波形和抗噪声性能分析；

❖ 掌握二进制频移键控信号的调制解调原理、时域波形和抗噪声性能分析；

❖ 掌握二进制相移键控信号的调制解调原理、时域波形和抗噪声性能分析；

❖ 掌握二进制数字调制信号采用相干解调和非相干解调的原理和特点；

❖ 理解最佳判决门限的概念、物理意义和计算方法；

❖ 理解 2ASK、2FSK、2PSK、2DPSK 系统性能的比较；

❖ 了解多进制数字调制的概念和目的；

❖ 熟悉几种多进制调制方式的原理。

对于数字通信系统来说，数字信号的传输形式有两种：一种为基带传输方式，另一种为调制传输或称为带通传输方式。前者在第 6 章中已经有了详细的分析和介绍，本章着重介绍数字带通传输系统的相关知识。

在实际的信道中，大多数信道具有带通传输特性，数字基带信号不能直接在这种带通传输特性的信道中传输，必须用数字基带信号对载波进行调制，产生各种数字已调信号，又叫数字带通信号，或者称为数字频带信号。数字调制和模拟调制的原理是相同的，都是用基带信号对载波波形的某些参量进行控制，使载波的参量随基带信号的变化而变化，从而形成带通信号。

数字调制信号的获取有两个途径，一是利用模拟调制的方法实现，二是采用数字键控的方法实现，即用载波的某些离散状态来表示数字基带信号的离散状态。键控方式中可以对载波的振幅、频率和相位进行键控，相应地可获得振幅键控（Amplitude Shift Keying，ASK）、频移键控（Frequency Shift Keying，FSK）、相移键控（Phase Shift Keying，PSK）三种基本的数字调制，如图 7-1 所示。

按照采取的状态数目不同，数字调制又可以分为二进制调制和多进制调制。在二进制调制中，信号参量只有两种可能的取值；而在多进制调制中，信号参量有不少于两种的取值。本章重点介绍二进制振幅键控、二进制频移键控和二进制相移键控三种基本的数字调制系统的原理及其抗噪声性能，简要介绍多进制数字调制系统原理。

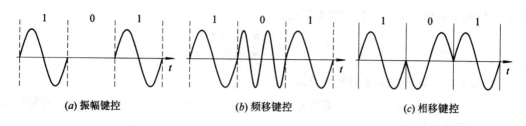

| (a) 振幅键控 | (b) 频移键控 | (c) 相移键控 |

图 7 - 1　基本数字调制方式

7.1　二进制数字调制原理

7.1.1　二进制振幅键控(2ASK)

1. 二进制振幅键控的基本原理

振幅键控是正弦载波的幅度随数字基带信号而变化的数字调制。当数字基带信号为二进制时，则为二进制振幅键控，又叫二进制通断键控(On-Off Keying，OOK)，即载波在二进制基带信号 $s(t)$ 的控制下做通一断变化。

二进制振幅键控的表达式为

$$e_{OOK}(t) = \begin{cases} A\cos\omega_c t, & \text{以概率 } P \text{ 发送 “1” 时} \\ 0, & \text{以概率 } 1-P \text{ 发送 “0” 时} \end{cases} \qquad (7-1)$$

相应的波形如图 7 - 2 所示。

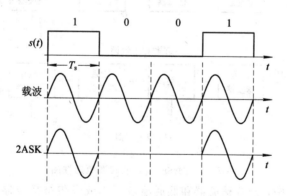

图 7 - 2　二进制振幅键控信号波形图

由第 5 章学过的模拟调制可知，模拟调幅信号是将基带信号乘以正弦载波信号得到的，如果把数字基带信号看成是模拟基带信号的特殊情况，设发送的二进制码元序列 $s(t)$ 由 0、1 序列组成，发送“1”码元的概率为 P，发送“0”码元的概率为 $1-P$，且相互独立，则 2ASK 信号的一般形式可表示为

$$e_{2ASK}(t) = s(t)\cos\omega_c t \qquad (7-2)$$

式中：$s(t) = \sum_n a_n g(t-nT_s)$

$s(t)$ 是二进制基带脉冲序列，其波形可以是矩形脉冲，也可以是其他波形。为了分析方便，通常假定 $s(t)$ 是单极性矩形脉冲序列，$g(t)$ 是持续时间为 T_s 的矩形脉冲，a_n 为第 N

个码元的电平取值，它满足下面的关系式：

$$a_n = \begin{cases} 1, & \text{概率为 } P \\ 0, & \text{概率为 } 1-P \end{cases}$$

2. 二进制振幅键控信号的产生方法

二进制振幅键控信号一般可用两种方法产生，即如图 7-3(a)所示的模拟调制法和 7-3(b)所示的键控法。

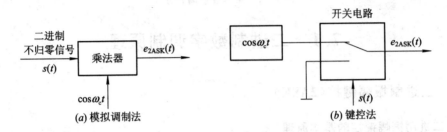

(a) 模拟调制法　　　　　　(b) 键控法

图 7-3　二进制振幅键控信号的产生方法

3. 二进制振幅键控信号的解调

二进制振幅键控信号的解调与模拟调幅信号的解调一样，也可以分为相干解调(同步检测)和非相干解调(包络检波)两种方式。相应的方框原理图如图 7-4(a)和 7-4(b)所示。

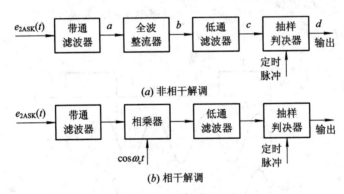

(a) 非相干解调

(b) 相干解调

图 7-4　2ASK 信号的解调原理框图

在包络检波方式中，全波整流器和低通滤波器组成了包络检波器，抽样判决器的作用是将抽样值和门限值作比较，恢复出相应的基带序列。其解调过程中各点的时间波形如图 7-5 所示。

在相干解调系统中，乘法器低通滤波器组成了相干检测器，其解调原理是将已调信号与相干载波在乘法器中相乘，然后由低通滤波器滤出所需的基带波形。读者可自行分析该方式中各点的时间波形。采用相干解调时，接收端必须提供一个与 2ASK 信号的载波同步的相干载波，否则将会造成解调后的波形失真，这必将会增加设备的复杂性。而在大信噪比时，相干解调的抗噪声性能并没有得到显著的改善，详细分析将会在 7.2 节介绍，所以实际情况中很少采用相干检测法来解调 2ASK 信号。

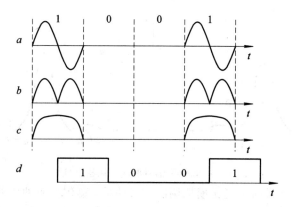

图 7-5 包络检波过程中各点的时间波形

4. 二进制振幅键控信号的功率谱密度

由于实际的 $s(t)$ 均为随机脉冲序列，所以在研究 2ASK 信号的频谱特性时，应该讨论其功率谱密度。

由式(7-2)可知，二进制振幅键控信号表示式与双边带调幅信号时域表示式类似。若二进制基带信号 $s(t)$ 的功率谱密度为 $P_s(f)$，2ASK 信号的功率谱密度为 $P_{2ASK}(f)$，则由式(7-2)可得

$$P_{2ASK}(f) = \frac{1}{4}[P_s(f+f_c) + P_s(f-f_c)] \tag{7-3}$$

前面已经假设 $s(t)$ 是单极性的随机矩形脉冲序列，利用第 6 章已学过的知识可知

$$P_s(f) = f_s P(1-P)|G(f)|^2 + f_s^2(1-P)^2|G(0)|^2 \delta(f)$$

将其代入式(7-3)可得

$$P_{2ASK}(f) = \frac{1}{4}f_s P(1-P)[|G(f+f_c)|^2 + |G(f-f_c)|^2]$$
$$+ \frac{1}{4}f_s^2(1-P)^2|G(0)|^2[\delta(f+f_c) + \delta(f+f_c)]$$

当概率 $P = 0.5$ 时，考虑到

$$G(f) = T_s \mathrm{Sa}(\pi f T_s), \quad G(0) = T_s$$

则 2ASK 信号的功率谱密度为

$$P_{2ASK}(f) = \frac{T_s}{16}\left[\left|\frac{\sin\pi(f+f_c)T_s}{\pi(f+f_c)T_s}\right|^2 + \left|\frac{\sin\pi(f-f_c)T_s}{\pi(f-f_c)T_s}\right|^2\right] + \frac{1}{16}[\delta(f+f_c) + \delta(f-f_c)]$$

$$\tag{7-4}$$

其所对应的曲线如图 7-6 所示。

从以上的分析及图 7-6 可知：

(1) 2ASK 信号的功率谱由连续谱和离散谱两部分组成；连续谱取决于 $g(t)$ 经线性调制后的双边带谱，而离散谱由载波分量确定。

(2) 与模拟的双边带调制一样，2ASK 信号的带宽是基带信号带宽的两倍。即

$$B_{2ASK} = 2f_s$$

式中：$f_s = \dfrac{1}{T_s}$。

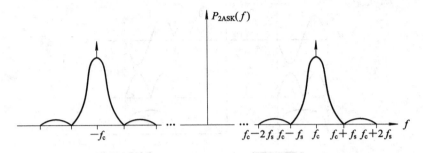

图 7-6　2ASK 信号的功率谱密度曲线

二进制振幅键控方式的出现比模拟调制方式还早，莫尔斯码的无线电传输就是使用该调制方式。由于 2ASK 系统的抗噪声性能不如其他调制方式，所以该调制方式目前在卫星通信、数字微波通信中很少被采用，但是该调制方式实现简单，它在光纤通信系统中得到了广泛的应用。

5. 二进制振幅键控信号的仿真

根据前面的介绍可知，对于振幅键控，载波幅度是随着调制信号而变化的，二进制振幅键控信号的产生方法有模拟法和键控法，如图 7-3 所示。图 7-7 和图 7-8 是用 SystemView 软件实现上述两种调制电路的仿真。

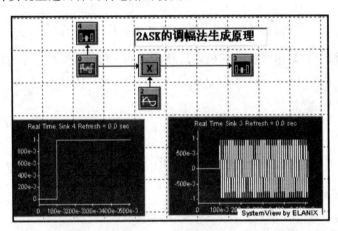

图 7-7　调幅法仿真原理图及相应波形

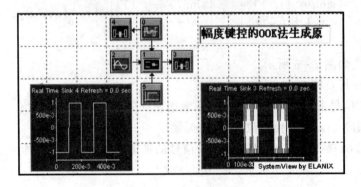

图 7-8　键控法仿真原理图及相应波形

7.1.2　二进制频移键控（2FSK）

1. 基本原理

频移键控是利用载波的频率变化来传递数字信息的。在二进制数字调制中，若正弦载波的频率随二进制基带信号在 f_1 和 f_2 两个频率点间变化，则产生的信号为二进制频移键控信号（2FSK 信号）。其表达式为

$$e_{2FSK}(t) = \begin{cases} A\cos(\omega_1 t + \varphi_n), & \text{发送“1”时} \\ A\cos(\omega_2 t + \theta_n), & \text{发送“0”时} \end{cases} \tag{7-5}$$

由式（7-5）可见二进制频移键控信号可以看成是两个不同载波的二进制振幅键控信号的叠加。若二进制基带信号的“1”符号对应于载波频率 f_1，“0”符号对应于载波频率 f_2，则二进制频移键控信号的时域表达式为

$$e_{2FSK}(t) = \Big[\sum_n a_n g(t - nT_s)\Big]\cos(\omega_1 t + \varphi_n) + \Big[\sum_n b_n g(t - nT_s)\Big]\cos(\omega_2 t + \theta_n)$$

$$\tag{7-6}$$

其中　　　　　$a_n = \begin{cases} 0, & \text{概率 } P \\ 1, & \text{概率 } 1-P \end{cases}$　　　$b_n = \begin{cases} 0, & \text{概率 } 1-P \\ 1, & \text{概率 } P \end{cases}$

在这里，b_n 是 a_n 的反码，即若 $a_n = 1$，则 $b_n = 0$；若 $a_n = 0$，则 $b_n = 1$。另外，φ_n 和 θ_n 分别代表第 n 个信号码元的初始相位。在二进制频移键控信号中，φ_n 和 θ_n 不携带信息，通常可令 φ_n 和 θ_n 为零。因此，二进制频移键控信号的时域表达式可简化为

$$e_{2FSK}(t) = \Big[\sum_n a_n g(t - nT_s)\Big]\cos\omega_1 t + \Big[\sum_n b_n g(t - nT_s)\Big]\cos\omega_2 t \tag{7-7}$$

二进制频移键控信号时间波形如图 7-9 所示。

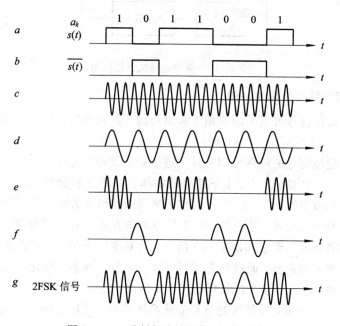

图 7-9　二进制频移键控信号的波形图

2. 产生方法

1）直接调频法

直接调频法是用数字基带信号直接控制载波振荡器的振荡频率。实现直接调频法的电路有很多，一般采用的控制方法是：当基带信号对应"1"码元时，改变振荡器谐振回路的参数，使振荡器的谐振频率提高，设为 f_1；当基带信号对应码元"0"时，改变振荡器谐振回路的参数，使振荡器的谐振频率降低，设为 f_2，从而实现了调频，这种方法产生的调频信号相位是连续的。虽然直接调频法实现方法简单，但其频率稳定度较低，同时频率转换速度不能太快。

2）频移键控法

频移键控法也称频率选择法，其原理框图如图 7 - 10 所示。它有两个独立的振荡器，在二进制基带脉冲序列的控制下通过开关电路对两个不同的频率源进行选择，使得在一个码元持续时间内输出其中的一路载波。键控法产生的 2FSK 信号频率稳定度高且没有过渡频率，除此之外它还具有很高的转换速度。

但是，频移键控在转换开关发生转换的瞬间，两个高频振荡器的输出电压通常是不相等的，于是，得到的 2FSK 信号在基带信息变换时电压会发生跳变，这种现象称为相位不连续现象，这是频移键控特有的情况。

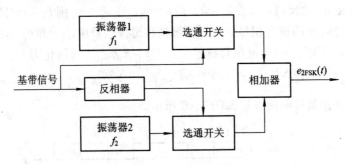

图 7 - 10　频率选择法原理框图

3. 二进制频移键控信号的解调

二进制频移键控信号可以采用非相干解调和相干解调两种方法来解调，其相应的原理图如图 7 - 11 所示。

二进制频移键控信号的解调原理是将二进制频移键控信号分解为上下两路二进制振幅键控信号，分别进行解调，通过对上下两路的抽样值进行比较最终判决出输出信号。非相干解调过程的时间波形如图 7 - 12 所示，相干解调的波形读者可自行画出。

除了上述两种方法之外，常用的 2FSK 信号解调方式还有过零检测法。过零检测法解调器的原理图和各点时间波形如图 7 - 13 所示。其基本原理是，二进制频移键控信号的过零点数随载波频率不同而异，通过检测过零点数从而得到频率的变化。

在图 7 - 13 中，输入信号经过限幅后产生矩形波，经微分、整流、波形整形，形成与频率变化相关的矩形脉冲波，经低通滤波器滤除高次谐波，便恢复出与原数字信号对应的基带数字信号。

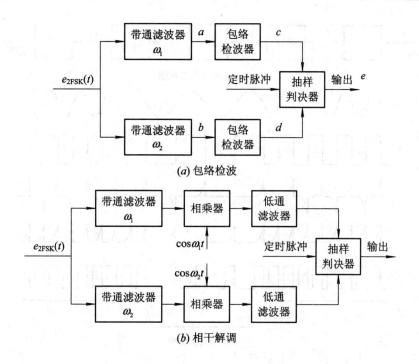

(a) 包络检波

(b) 相干解调

图 7-11 2FSK 信号的解调原理框图

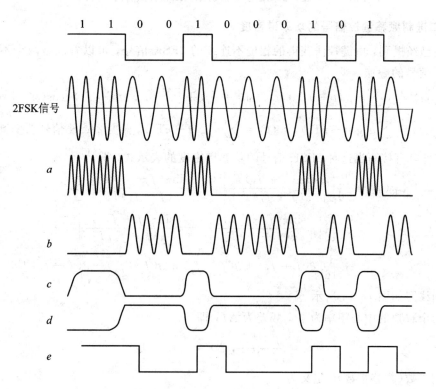

图 7-12 非相干解调过程的时间波形

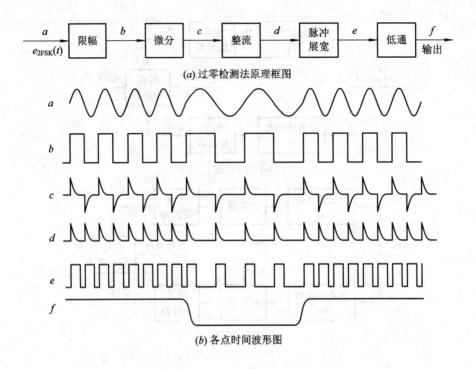

(a) 过零检测法原理框图

(b) 各点时间波形图

图 7 - 13 过零检测法解调器的原理图和各点时间波形图

4. 二进制频移键控信号的功率谱密度

前面已经提到，由键控法获得的相位不连续的 2FSK 信号，可以看成是两个不同载频的 2ASK 信号的叠加，即

$$e_{2\text{FSK}}(t) = \Big[\sum_n a_n g(t-nT_s)\Big]\cos(\omega_1 t + \varphi_n) + \Big[\sum_n \bar{a}_n g(t-nT_s)\Big]\cos(\omega_2 t + \theta_n)$$

令 $s_1(t) = \sum_n a_n g(t-nT_s)$，$s_2(t) = \sum_n \bar{a}_n g(t-nT_s)$，根据 2ASK 信号功率谱密度的表示式，可以直接写出这种 2FSK 信号的功率谱密度的表示式，即

$$P_{2\text{FSK}}(f) = \frac{T_s}{16}\Big[\Big|\frac{\sin\pi(f+f_1)T_s}{\pi(f+f_1)T_s}\Big|^2 + \Big|\frac{\sin\pi(f-f_1)T_s}{\pi(f-f_1)T_s}\Big|^2\Big]$$
$$+ \frac{T_s}{16}\Big[\Big|\frac{\sin\pi(f+f_2)T_s}{\pi(f+f_2)T_s}\Big|^2 + \Big|\frac{\sin\pi(f-f_2)T_s}{\pi(f-f_2)T_s}\Big|^2\Big]$$
$$+ \frac{1}{16}\big[\delta(f+f_1) + \delta(f-f_1) + \delta(f+f_2) + \delta(f-f_2)\big] \qquad (7-8)$$

相应的曲线图如图 7 - 14 所示。

设两个载频的中心频率为 f_c，频差为 Δf，即

$$f_c = \frac{f_1+f_2}{2}, \ \Delta f = |f_2 - f_1|$$

调制指数（频移指数）h 定义为

$$h = \frac{\Delta f}{R_s}$$

其中，R_s 为数字基带信号的速率。

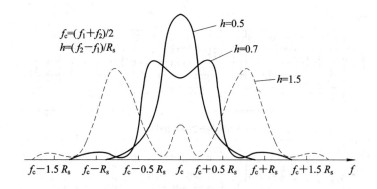

图 7-14　2FSK 信号的功率谱密度曲线图

　　显然，h 与模拟调频信号的调频指数的性质是一样的，其大小对已调波带宽有很大影响。

　　2FSK 信号与 2ASK 信号的相似之处是含有载频离散谱分量，也就是说，二者均可以采用非相干方式进行解调。由图 7-14 可以看出，当 $h<1$ 时，2FSK 信号的功率谱与 2ASK 的极为相似，呈单峰状；当 $h \gg 1$ 时，2FSK 信号功率谱呈双峰状，此时的基带信号带宽近似为 $B=|f_2-f_1|+2f_s$。

5. 二进制频移键控信号的仿真

　　由前述内容可知，2FSK 信号的获取方法有两种，一种是利用模拟调频法实现数字调频，即利用一个矩形脉冲序列对一个载波进行调频而获得；另一种方法是键控法，即利用受矩形脉冲序列控制的开关电路对两个不同的独立频率源进行选通，如图 7-10 所示。以上两种方法的 SystemView 仿真原理图如图 7-15 所示，已调波形分别如图 7-16(a)和(b)所示。

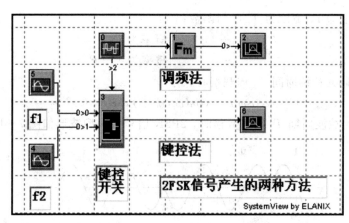

图 7-15　2FSK 信号的调制仿真原理图

　　一般来说，键控法得到的两个键控频率的相位是与二进制数据序列无关的，反映在输出波形上，仅表现出 f_1 与 f_2 的相位是不连续的；而用模拟调频法时，f_1 和 f_2 的相位是连续的。这一点从图 7-16 可以明确地观察到。

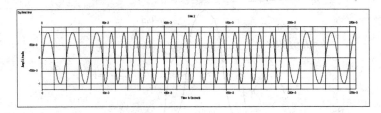

(a) 调频法 2FSK 的输出

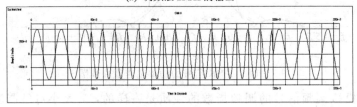

(b) 键控法 2FSK 的输出

图 7 - 16　调频法和键控法输出的 2FSK 调制波形图

7.1.3　二进制相移键控（2PSK）

1. 二进制相移键控的一般原理

绝对相移是利用载波的相位（指初相）直接表示数字信号的相移方式。二进制相移键控中，通常用相位 0 和 π 分别来表示码元"0"或"1"。2PSK 已调信号的时域表达式为

$$e_{2PSK}(t) = s(t)\cos\omega_c t \qquad\qquad (7-9)$$

这里，$s(t)$ 与 2ASK 及 2FSK 时不同，它为双极性数字基带信号，即

$$s(t) = \sum_n a_n g(t - nT_s)$$

式中：$g(t)$ 是高度为 1，宽度为 T_s 的门函数；

$$a_n = \begin{cases} +1, & \text{概率为 } P \\ -1, & \text{概率为 } 1-P \end{cases}$$

因此，在某一个码元持续时间 T_s 内观察时，有

$$e_{2PSK}(t) = \pm\cos\omega_c t = \cos(\omega_c t + \varphi_i), \quad \varphi_i = 0 \text{ 或 } \varphi_i = \pi \qquad (7-10)$$

当码元宽度 T_s 为载波周期 T_c 的整数倍时，2PSK 信号的典型波形如图 7 - 17 所示。

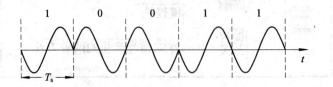

图 7 - 17　2PSK 信号的典型波形

2. 二进制相移键控的产生方法

2PSK 信号的调制方框图如图 7 - 18 所示。其中，图（a）是产生 2PSK 信号的模拟调制法框图，图（b）是产生 2PSK 信号的键控法框图。

就模拟调制法而言，与产生 2ASK 信号的方法比较，只是对 $s(t)$ 要求不同，因此 2PSK

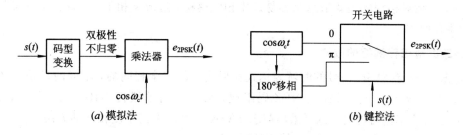

图 7-18　2PSK 信号的调制原理图

信号可以看做是双极性基带信号作用下的 DSB 调幅信号。而就键控法来说，用数字基带信号 $s(t)$ 控制开关电路，选择不同相位的载波输出，这时 $s(t)$ 为单极性 NRZ 或双极性 NRZ 脉冲序列均可。

3. 二进制相移键控的解调

2PSK 信号属于 DSB 信号，其解调不能采用包络检测的方法，只能进行相干解调，其方框图如图 7-19(a) 所示，各点波形如图 (b) 所示。对于 2PSK 信号来说，其相干解调的过程实际上是输入已调信号与本地载波信号进行极性比较的过程，故常称为极性比较法解调。

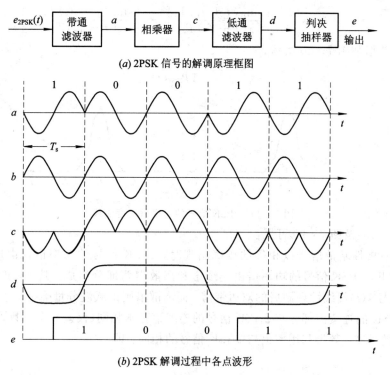

(a) 2PSK 信号的解调原理框图

(b) 2PSK 解调过程中各点波形

图 7-19　2PSK 信号的解调

由于 2PSK 信号实际上是以一个固定初相的未调载波为参考的，因此，解调时必须有与此同频同相的同步载波。如果同步载波的相位发生变化，如 0 相位变为 π 相位或 π 相位变为 0 相位，则恢复的数字信息就会发生"0"变"1"或"1"变"0"的情况，从而造成错误的恢复。这种因为本地参考载波倒相，而在接收端发生错误恢复的现象称为"倒 π"现象或"反相工作"现象。绝对移相的主要缺点是容易产生相位模糊，造成反相工作。这也是它实际应用较少的主要原因。

4. 二进制相移键控的频谱

2PSK 信号与 2ASK 信号的时域表达式在形式上是完全相同的，不同的只是两者基带信号 $s(t)$ 的构成，一个由双极性 NRZ 码组成，另一个由单极性 NRZ 码组成。因此，求 2PSK 信号的功率谱密度时，也可采用与求 2ASK 信号功率谱密度相同的方法。

2PSK 信号的功率谱密度 $P_{2PSK}(f)$ 可以写成

$$P_{2PSK}(f) = \frac{1}{4}\left[P_s(f+f_c) + P_s(f-f_c)\right] \tag{7-11}$$

式中：$P_s(f)$ 为基带数字信号 $s(t)$ 的功率谱密度。由第 6 章学过的知识可知，双极性非归零序列的功率谱密度为

$$P_s(f) = 4f_s P(1-P)\left|G(f)\right|^2 + \sum_{n=-\infty}^{\infty}\left|f_s(2P-1)G(mf_s)\right|^2\delta(f-mf_s)$$

当 $P=1/2$ 时，考虑到 $g(t)$ 是高度为 1 的 NRZ 矩形脉冲，其频谱

$$P_s(f) = T_s Sa^2(\pi f T_s) \tag{7-12}$$

将式(7-12)代入式(7-11)中，可得 2PSK 信号的功率谱密度为

$$P_{2PSK}(f) = \frac{T_s}{4}\left[\left|\frac{\sin\pi(f+f_c)T_s}{\pi(f+f_c)T_s}\right|^2 + \left|\frac{\sin\pi(f-f_c)T_s}{\pi(f-f_c)T_s}\right|^2\right] \tag{7-13}$$

它所对应的波形如图 7-20 所示。

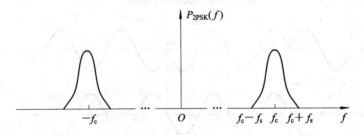

图 7-20　2PSK 信号的功率谱密度曲线

由式(7-13)及图 7-20 可见：

(1) 当双极性基带信号以相等的概率出现时，2PSK 信号的功率谱仅由连续谱组成。而一般情况下，2PSK 信号的功率谱由连续谱和离散谱两部分组成。其中，连续谱取决于数字基带信号 $s(t)$ 经线性调制后的双边带谱，而离散谱则由载波分量确定。

(2) 2PSK 的连续谱部分与 2ASK 信号的连续谱基本相同(仅差一个常数因子)。因此，2PSK 信号的带宽、频带利用率也与 2ASK 信号的相同，即

$$B_{2PSK} = B_{2ASK} = 2f_s$$

这就表明，在数字调制中，2PSK(后面将会看到 2DPSK 也同样)的频谱特性与 2ASK 十分相似。相位调制和频率调制一样，本质上是一种非线性调制，但在数字调相中，由于表征信息的相位变化只有有限的离散取值，因此，可以把相位变化归结为幅度变化。这样一来，数字调相同线性调制的数字调幅就联系起来了，为此，可以把数字调相信号当做线性调制信号来处理了。但是，不能把上述概念推广到所有调相信号中去。

5. 二进制相移键控信号的仿真

图 7 - 21(a)是 2PSK 调制的 SystemView 仿真电路图。其输入的二进制序列和输出 2PSK 信号波形分别如图(b)和(c)所示。

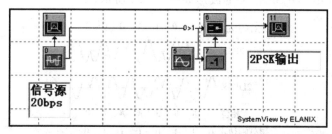

(a) 2PSK 调制的 SystemView 仿真电路图

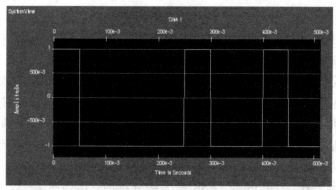

(b) 输入的二进制序列

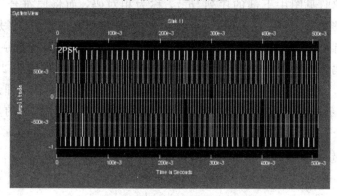

(c) 输出 2PSK 信号波形

图 7 - 21　2PSK 调制的仿真原理图及相应波形

7.1.4　二进制差分相移键控(2DPSK)

1. 一般原理与实现方法

二进制差分相移键控常简称为二相相对调相,记作 2DPSK。它不是利用载波相位的绝对数值传送数字信息,而是用前后码元的相对载波相位值传送数字信息。所谓相对载波相位是指本码元初相与前一码元初相之差。假设相对载波相位值用相位偏移 $\Delta\varphi$ 表示,并规

定数字信息序列与 $\Delta\varphi$ 之间的关系为

$$\Delta\varphi = \begin{cases} 0, & \text{数字信息“0”} \\ \pi, & \text{数字信息“1”} \end{cases} \tag{7-14}$$

则按照该规定可画出 2DPSK 信号的波形如图 7-22 所示。

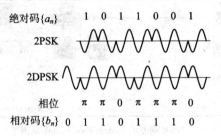

图 7-22　2DPSK 的波形图

由于初始参考相位有两种可能，因此 2DPSK 信号的波形可以有两种（另一种相位完全相反，图中未画出）。为便于比较，图中还给出了 2PSK 信号的波形。由图 7-22 可以看出：

（1）与 2PSK 的波形不同，2DPSK 波形的同一相位并不对应相同的数字信息符号，而前后码元的相对相位才能唯一确定信息符号。这说明解调 2DPSK 信号时，并不依赖于某一固定的载波相位参考值，只要前后码元的相对相位关系不破坏，则鉴别这个相位关系就可正确恢复数字信息。这就避免了 2PSK 方式中的“倒 π”现象发生。由于相对移相调制无“反相工作”问题，因此得到了广泛的应用。

（2）单从波形上看，2DPSK 与 2PSK 是无法分辨的，比如图 7-22 中，2DPSK 也可以是另一符号序列（见图中下部的序列 $\{b_n\}$，称为相对码，而将原符号序列 $\{a_n\}$ 称为绝对码）经绝对相移而形成的。这说明，一方面，只有已知相移键控方式（是绝对的还是相对的），才能正确判定原信息；另一方面，相对相移信号可以看做把数字信息序列（绝对码）变换成相对码，然后再根据相对码进行绝对相移而形成的。这就为 2DPSK 信号的调制与解调指出了一种借助绝对相移途径实现的方法。这里的相对码，即差分码，就是按相邻符号不变表示原数字信息“0”，相邻符号改变表示原数字信息“1”的规律由绝对码变换而来的。

绝对码 $\{a_n\}$ 和相对码 $\{b_n\}$ 是可以互相转换的，其转换关系为

$$b_n = a_n \oplus b_{n-1}$$
$$a_n = b_n \oplus b_{n-1}$$

这里，$\oplus$ 表示模二和。

由以上讨论可知，相对相移本质上就是对由绝对码转换而来的差分码的数字信号序列的绝对相移。那么，2DPSK 信号的表达式与 2PSK 的形式应完全相同，所不同的只是此时式中的 $s(t)$ 信号表示的是差分码数字序列。即

$$e_{2DPSK}(t) = s(t)\cos\omega_c t \tag{7-15}$$

这里

$$s(t) = \sum_n b_n g(t - nT_s)$$

2. 二进制差分相移键控信号的产生

实现相对调相的最常用方法正是基于上述讨论而建立的。首先对数字信号进行差分编码，即由绝对码表示变为相对码（差分码）表示，然后再进行 2PSK 调制（绝对调相），从而产生二进制差分相移键控信号。2DPSK 调制器如图 7 - 23 所示，模拟法如图(a)所示，也可用键控法，如图(b)所示。

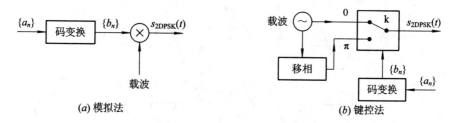

(a) 模拟法　　　　　　　　　　　　　　　(b) 键控法

图 7 - 23　2DPSK 信号的调制方法

3. 二进制差分相移键控信号的解调

2DPSK 信号的解调有两种解调方式，一种是差分相干解调，另一种是相干解调-码反变换法。后者又称为极性比较-码反变换法。

(1) 相干解调-码反变换法。此法即是 2PSK 解调加差分译码，其方框图如图 7 - 24 所示。2PSK 解调器将输入的 2DPSK 信号还原成相对码 $\{b_n\}$，再由差分译码器（码反变换器）把相对码转换成绝对码，输出 $\{a_n\}$。

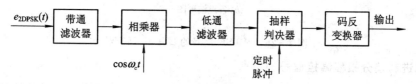

图 7 - 24　2DPSK 的相干解调器原理图

(2) 差分相干解调法。它是直接比较前后码元的相位差而构成的，故也称为相位比较法解调，其原理框图如图 7 - 25(a)所示。图 7 - 25(b)以数字序列 $\{a_n\} = [11010]$ 为例，给出了 2DPSK 信号差分相干解调系统各点的波形。

这种方法不需要码反变换器，也不需要专门的相干载波发生器，因此设备比较简单、实用。图中，T_s 延时电路的输出起着参考载波的作用，相乘器起着相位比较（鉴相）的作用。

4. 二进制差分相移键控的频谱

由前面讨论可知，无论是 2PSK 还是 2DPSK 信号，就波形本身而言，它们都可以等效成双极性基带信号作用下的调幅信号，无非是一对倒相信号的序列。因此，2DPSK 和 2PSK 信号具有相同形式的表达式，所不同的是 2PSK 表达式中的 $s(t)$ 是数字基带信号，2DPSK 表达式中的 $s(t)$ 是由数字基带信号变换而来的差分码数字信号。据此，有以下结论：

(1) 2DPSK 与 2PSK 信号有相同的功率谱。

(2) 2DPSK 与 2PSK 信号带宽相同，是基带信号带宽的两倍，即

$$B_{2DPSK} = B_{2PSK} = B_{2ASK} = 2f_s$$

(3) 2DPSK 与 2PSK 信号频带利用率也相同。

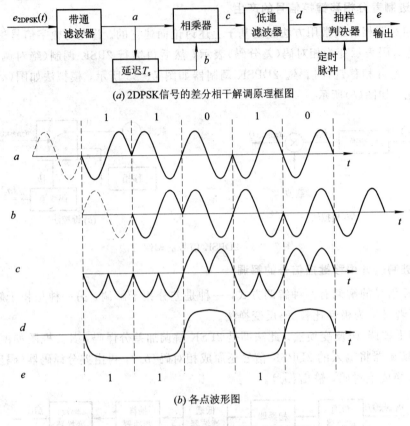

(a) 2DPSK信号的差分相干解调原理框图

(b) 各点波形图

图 7 - 25　2DPSK 信号的差分相干解调

5. 二进制差分相移键控信号的仿真

2DPSK 调制方式与 2PSK 调制方式的区别在于，2PSK 是用绝对码形式的基带序列对载波进行调制，而 2DPSK 调制是用相对码形式的基带序列对载波进行调制，所以，如果我们先对基带序列进行码型变换，将绝对码变换成相对码，然后进行 2PSK 调制，就可以获得 2DPSK 调制信号了。相应的 SystemView 仿真原理图如图 7 - 26 所示，仿真波形如图 7 - 27 所示，其中(a)为输入的绝对码序列，(b)为经过变换后的相对码序列，(c)为对应的 2DPSK 信号波形。

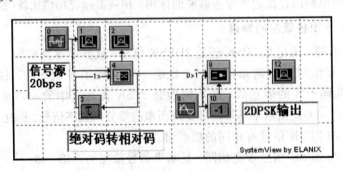

图 7 - 26　2DPSK 的 SystemView 仿真实现电路

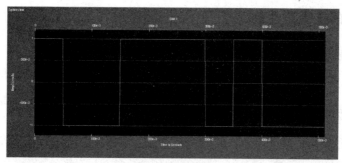

(a) 绝对码序列波形

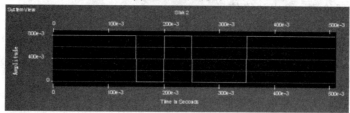

(b) 相对码序列波形

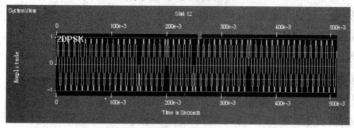

(c) 2DPSK 仿真波形

图 7 - 27 2DPSK 的 SystemView 仿真结果

7.2 二进制数字调制系统的抗噪声性能

在上一节中，我们详细讨论了二进制数字调制系统的工作原理，给出了各种数字调制信号的产生和相应的解调方法。在数字通信系统中，信号在传输过程会受到各种干扰，从而影响对信号的恢复。本节我们将对 2ASK、2FSK、2PSK、2DPSK 系统的抗噪声性能进行深入的分析。通信系统的抗噪声性能是指系统克服加性噪声影响的能力。在数字通信系统中，衡量系统抗噪声性能的重要指标是误码率，因此，分析二进制数字调制系统的抗噪声性能，也就是分析在信道等效加性高斯白噪声的干扰下系统的误码性能，得出误码率与信噪比之间的数学关系。

在二进制数字调制系统抗噪声性能分析中，假设信道特性是恒参信道，在信号的频带范围内具有理想矩形的传输特性，其传输系数为 K。噪声为等效加性高斯白噪声，其均值为零，方差为 σ_n^2。由于加性噪声被认为只对信号的接收产生影响，故分析系统的抗噪声性能只需考虑接收部分。

7.2.1 2ASK 的抗噪声性能

1. 包络检测时 2ASK 系统的误码率

对于图 7-4 所示的包络检测接收系统，其接收带通滤波器 BPF 的输出为

$$y(t) = s(t) + n_i(t) = \begin{cases} a\cos\omega_c t + n_c(t)\cos\omega_c t - n_s(t)\sin\omega_c t, & \text{发"1"} \\ n_c(t)\cos\omega_c t - n_s(t)\sin\omega_c t, & \text{发"0"} \end{cases} \quad (7-16)$$

其中，$a=KA$，$n_i(t)=n_c(t)\cos\omega_c t-n_s(t)\sin\omega_c t$ 为高斯白噪声经 BPF 限带后的窄带高斯白噪声。

经包络检波器检测，输出包络信号

$$x(t) = \begin{cases} \sqrt{[a+n_c(t)]^2+n_s^2(t)}, & \text{发"1"} \\ \sqrt{n_c^2(t)+n_s^2(t)}, & \text{发"0"} \end{cases} \quad (7-17)$$

由式（7-16）可知，发"1"时，接收带通滤波器 BPF 的输出 $y(t)$ 为正弦波加窄带高斯噪声形式；发"0"时，接收带通滤波器 BPF 的输出为纯粹窄带高斯噪声形式。于是，根据 3.6 节的分析可知：发"1"时，BPF 输出包络 $x(t)$ 的抽样值 x 的一维概率密度函数 $f_1(x)$ 服从莱斯分布；而发"0"时，BPF 输出包络 $x(t)$ 的抽样值 x 的一维概率密度函数 $f_0(x)$ 服从瑞利分布，如图 7-28 所示。

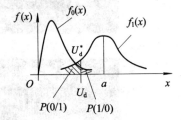

图 7-28　包络检波时误码率的几何表示

$x(t)$ 亦即抽样判决器输入信号，对其进行抽样判决后即可确定接收码元是"1"还是"0"。我们规定，倘若 $x(t)$ 的抽样值 $x>U_d$，则判为"1"码；若 $x\leqslant U_d$，则判为"0"码。显然，选择什么样的判决门限电平 U_d 与判决的正确程度（或错误程度）密切相关。选定的 U_d 不同，得到的误码率也不同。这一点可从下面的分析中清楚地看到。

这里存在两种错判的可能性：一是发送的码元为"1"时，错判为"0"，其概率记为 $P(0/1)$；二是发送的码元为"0"时，错判为"1"，其概率记为 $P(1/0)$。由图 7-28 可知：

$$P(1/0) = P(x>U_d) = \int_{U_d}^{\infty} f_0(x)\mathrm{d}x = S_0 \quad (7-18)$$

$$P(0/1) = P(x\leqslant U_d) = \int_{0}^{U_d} f_1(x)\mathrm{d}x = S_1 \quad (7-19)$$

式中：S_0、S_1 分别为图 7-28 所示的阴影面积。假设发送"1"码的概率为 $P(1)$，发送"0"码的概率为 $P(0)$，则系统的总误码率 P_e 为

$$P_e = P(1)P(0/1) + P(0)P(1/0) \quad (7-20)$$

当 $P(1)=P(0)=1/2$，即等概率时

$$P_e = \frac{1}{2}[P(1)+P(0)] = \frac{1}{2}(S_0+S_1)$$

也就是说，P_e 就是图 7-28 中两块阴影面积之和的一半。不难看出，当 $U_d=U_d^*$ 时，该阴影面积之和最小，即误码率 P_e 最低。使误码率为最小值的门限 U_d^* 称做最佳门限。采用包络检波的接收系统，通常是工作在大信噪比的情况下，可以证明，这时的最佳门限 U_d^* $=a/2$，系统的误码率近似为

$$P_e \approx \frac{1}{2} e^{-\frac{r}{4}} \tag{7-21}$$

式中：$r = a^2/(2\sigma_n^2)$ 为包检器输入信噪比。由此可见，包络解调 2ASK 系统的误码率随输入信噪比 r 的增大，近似地按指数规律下降。

必须指出，式(7-21)是在等概率、大信噪比、最佳门限下推导得出的，使用时应注意适用条件。

2. 相干解调时 2ASK 系统的误码率

2ASK 信号的相干解调接收系统如图 7-29 所示。

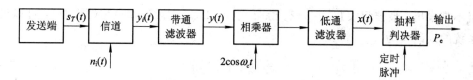

图 7-29　2ASK 信号相干解调抗噪声分析模型

图中，接收带通滤波器 BPF 的输出与包络检波时相同，即

$$y(t) = s(t) + n_i(t) = \begin{cases} a\cos\omega_c t + n_c(t)\cos\omega_c t - n_s(t)\sin\omega_c t, & \text{发"1"} \\ n_c(t)\cos\omega_c t - n_s(t)\sin\omega_c t, & \text{发"0"} \end{cases}$$

取本地载波为 $2\cos\omega_c t$，则乘法器输出经低通滤波器滤除高频分量，在抽样判决器输入端得到

$$x(t) = \begin{cases} a + n_c(t), & \text{发"1"} \\ n_c(t), & \text{发"0"} \end{cases} \tag{7-22}$$

根据 3.5 节的分析可知，$n_c(t)$ 为高斯噪声，因此，无论是发送"1"还是"0"，$x(t)$ 瞬时值 x 的一维概率密度 $f_1(x)$、$f_0(x)$ 都是方差为 σ_n^2 的正态分布函数，只是前者均值为 a，后者均值为 0，即

$$f_1(x) = \frac{1}{\sqrt{2\pi}\,\sigma_n} \exp\left[-\frac{(x-a)^2}{2\sigma_n^2}\right] \tag{7-23}$$

$$f_0(x) = \frac{1}{\sqrt{2\pi}\,\sigma_n} \exp\left[-\frac{x^2}{2\sigma_n^2}\right] \tag{7-24}$$

其曲线如图 7-30 所示。

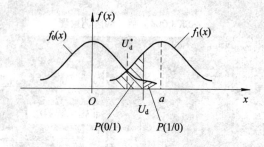

图 7-30　同步检测时误码率的几何表示

类似于包络检波时的分析，不难看出，若仍令判决门限电平为 U_d，则将"0"错判为"1"的概率 $P(1/0)$ 及将"1"错判为"0"的概率 $P(0/1)$ 分别为

$$P(1/0) = P(x > U_d) = \int_{U_d}^{\infty} f_0(x)\mathrm{d}x = S_0 \qquad (7-25)$$

$$P(0/1) = P(x \leqslant U_d) = \int_0^{U_d} f_1(x)\mathrm{d}x = S_1 \qquad (7-26)$$

式中：S_0、S_1 分别为图 7-32 所示的阴影面积。假设 $P(1)=P(0)=1/2$，则系统的总误码率 P_e 为

$$P_e = P(1)P(0/1) + P(0)P(1/0)$$

$$= \frac{1}{2}[P(1) + P(0)] = \frac{1}{2}(S_0 + S_1) \qquad (7-27)$$

且不难看出，最佳门限 $U_d^* = a/2$。综合式(7-25)、式(7-26)和(7-27)，可以证明，这时系统的误码率为

$$P_e = \frac{1}{2}\mathrm{erfc}\left(\frac{\sqrt{r}}{2}\right) \qquad (7-28)$$

式中：$r = \dfrac{a^2}{2\sigma_n^2}$ 为解调器输入信噪比。当 $r \gg 1$ 时，上式近似为

$$P_e \approx \frac{1}{\sqrt{\pi r}}\mathrm{e}^{-\frac{r}{4}} \qquad (7-29)$$

上式表明，随着输入信噪比的增加，系统的误码率将更迅速地呈指数规律下降。必须注意，式(7-28)的适用条件是等概率、最佳门限；式(7-29)的适用条件是等概率、大信噪比、最佳门限。

比较式(7-29)和式(7-21)可以看出，在相同大信噪比情况下，2ASK 信号相干解调时的误码率总是低于包络检波时的误码率，即相干解调 2ASK 系统的抗噪声性能优于非相干解调系统，但两者相差并不太大。然而，包络检波解调不需要稳定的本地相干载波，故在电路上要比相干解调简单得多。

另外，包络检波法存在门限效应，相干检测法无门限效应。所以，一般而言，对 2ASK 系统，大信噪比条件下使用包络检测，即非相干解调，而小信噪比条件下使用相干解调。

3. 2ASK 系统的抗噪声性能仿真

如前所述，2ASK 信号的解调有相干解调和非相干解调两种方式，根据其解调原理可画出相应的解调仿真原理图，如图 7-31 所示。上支路为非相干解调法，下支路为相干解调法。

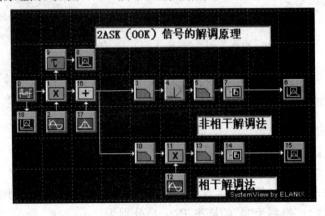

图 7-31　2ASK 信号的解调仿真原理图

这里分析一种小信噪比的情况，设定基带信号的幅值为 0.5 V，噪声的均值为 0，方差为 1，仿真结果如图 7 - 32 所示。从图 7 - 32(c)中可以看到，在小信噪比情况下，非相干解调方式恢复出来的基带序列已经失真，而相干解调恢复出来的序列是正确的，所以在小信噪比情况下只能采用相干解调方式。

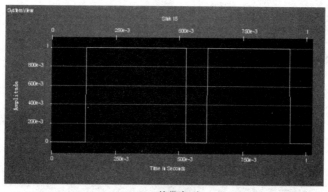

(a) 基带序列

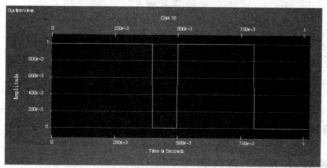

(b) 相干解调法输出的序列

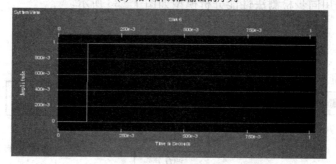

(c) 非相干法解调法输出的序列

图 7 - 32　2ASK 信号的解调仿真波形

例 7 - 1　若采用 2ASK 方式传送二进制数字信息，已知发送端发出的信号振幅为 5 V，输入接收端解调器的高斯噪声功率为 $\sigma_n^2 = 3 \times 10^{-12}$ W，要求误码率 $P_e = 10^{-4}$。试求：

(1) 非相干接收时，由发送端到解调器输入端的衰减应为多少？

(2) 相干接收时，由发送端到解调器输入端的衰减应为多少？

解：(1) 非相干接收时，2ASK 的误码率为

$$P_e \approx \frac{1}{2} e^{-\frac{r}{4}}$$

若要求误码率 $P_e = 10^{-4}$，则解调器输入端的信噪比应为

$$r = \frac{a^2}{2\sigma_n^2} = -4\ln 2P_e = 34$$

由此可知解调器输入端的信号振幅

$$a = \sqrt{r \cdot 2\sigma_n^2} = \sqrt{34 \times 2 \times 3 \times 10^{-12}} = 1.428 \times 10^{-5} \text{ V}$$

因此从发送端到解调器输入端的衰减分贝数

$$k = 20 \text{ lg } \frac{A}{a} = 20 \text{ lg } \frac{5}{1.428 \times 10^{-5}} = 110.8 \text{ dB}$$

（2）相干接收时，2ASK 信号的误码率为

$$P_e = \frac{1}{2}\text{erfc}\left(\frac{\sqrt{r}}{2}\right) = 10^{-4}$$

由此可得

$$r = \frac{a^2}{2\sigma_n^2} = 27$$

$$a = \sqrt{r \cdot 2\sigma_n^2} = \sqrt{27 \times 2 \times 3 \times 10^{-12}} = 1.273 \times 10^{-5} \text{ V}$$

因此从发送端到解调器输入端的衰减分贝数

$$k = 20 \text{ lg } \frac{A}{a} = 20 \text{ lg } \frac{5}{1.273 \times 10^{-5}} = 111.8 \text{ dB}$$

7.2.2　2FSK 的抗噪声性能

1. 同步检测时 2FSK 系统的误码率

2FSK 信号采用同步检测法性能分析模型如图 7-33 所示。

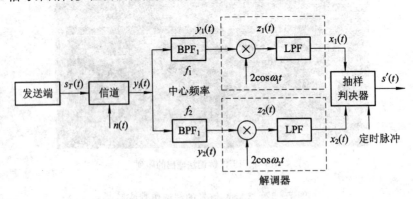

图 7-33　2FSK 信号采用同步检测法性能分析模型

假定信道噪声 $n(t)$ 为加性高斯白噪声，其均值为 0，方差为 σ_n^2；在一个码元持续时间 $(0, T_s)$ 内，发送端产生的 2FSK 信号可表示为

$$s_T(t) = s_{2FSK}(t) = \begin{cases} A \cos\omega_1 t, & \text{发"1"} \\ A \cos\omega_2 t, & \text{发"0"} \end{cases} \tag{7-30}$$

则接收机输入端合成波形为

$$y_i(t) = \begin{cases} a\cos\omega_1 t + n(t), & \text{发“1”} \\ a\cos\omega_2 t + n(t), & \text{发“0”} \end{cases} \qquad (7-31)$$

其中，为简明起见，认为发送信号经信道传输后除有固定衰耗外，未受到畸变，信号幅度变为 $AK = a$。

图 7-33 中，两个支路带通滤波器带宽相同，中心频率分别为 f_1、f_2，用以分开两路分别相应于 ω_1、ω_2 的信号。这样，接收端上、下支路两个带通滤波器 BPF_1、BPF_2 的输出波形分别为

上支路：

$$y_1(t) = \begin{cases} a\cos\omega_1 t + n_1(t), & \text{发“1”} \\ n_2(t), & \text{发“0”} \end{cases} \qquad (7-32)$$

下支路：

$$y_2(t) = \begin{cases} a\cos\omega_2 t + n_2(t), & \text{发“0”} \\ n_2(t), & \text{发“1”} \end{cases} \qquad (7-33)$$

其中，$n_1(t)$、$n_2(t)$ 皆为窄带高斯噪声，两者的统计规律相同（输入同一噪声源、BPF 带宽相同），数字特征均同于 $n(t)$，即均值为 0，方差为 σ_n^2。依据 3.5 节的分析，$n_1(t)$、$n_2(t)$ 可分别进一步表示为

$$\begin{cases} n_1(t) = n_{1c}(t)\cos\omega_1 t - n_{1s}(t)\sin\omega_1 t \\ n_2(t) = n_{2c}(t)\cos\omega_1 t - n_{2s}(t)\sin\omega_2 t \end{cases} \qquad (7-34)$$

式中：$n_{1c}(t)$、$n_{1s}(t)$ 分别为 $n_1(t)$ 的同相分量和正交分量；$n_{2c}(t)$、$n_{2s}(t)$ 分别为 $n_2(t)$ 的同相分量和正交分量。四者皆为低通型高斯噪声，统计特性分别同于 $n_1(t)$ 和 $n_2(t)$，即均值都为 0，方差都为 σ_n^2。

将式(7-34)代入式(7-32)和式(7-33)，则有

$$y_1(t) = \begin{cases} [a + n_{1c}(t)]\cos\omega_1 t - n_{1s}(t)\sin\omega_1 t, & \text{发“1”} \\ n_{1c}(t)\cos\omega_1 t - n_{1s}(t)\sin\omega_1 t, & \text{发“0”} \end{cases}$$

及

$$y_2(t) = \begin{cases} n_{2c}(t)\cos\omega_2 t - n_{2s}(t)\sin\omega_2 t, & \text{发“1”} \\ [a + n_{2c}(t)]\cos\omega_2 t - n_{2s}(t)\sin\omega_2 t, & \text{发“0”} \end{cases}$$

假设在 $(0, T_s)$ 内发送“1”符号，则上、下支路带通滤波器输出波形分别为

$$y_1(t) = [a + n_{1c}(t)]\cos\omega_1 t - n_{1s}(t)\sin\omega_1 t \qquad (7-35)$$

$$y_2(t) = n_{2c}(t)\cos\omega_2 t - n_{2s}(t)\sin\omega_2 t \qquad (7-36)$$

经与各自的相干载波相乘后，得

$$z_1(t) = 2y_1(t)\cos\omega_1 t$$
$$= [a + n_{1c}(t)] + [a + n_{1c}(t)]\cos2\omega_1 t - n_{1s}(t)\sin2\omega_1 t \qquad (7-37)$$

$$z_2(t) = 2y_2(t)\cos\omega_2 t$$
$$= n_{2c}(t) + n_{2c}(t)\cos2\omega_2 t - n_{2s}(t)\sin2\omega_2 t \qquad (7-38)$$

分别通过上、下支路低通滤波器，输出

$$x_1(t) = a + n_{1c}(t) \qquad (7-39)$$

$$x_2(t) = n_{2c}(t) \qquad (7-40)$$

因为 $n_{1c}(t)$ 和 $n_{2c}(t)$ 均为高斯型噪声，故 $x_1(t)$ 的抽样值 $x_1 = a + n_{1c}$ 是均值为 a，方差为 σ_n^2 的高斯随机变量；$x_2(t)$ 的抽样值 $x_2 = n_{2c}$ 是均值为 0，方差为 σ_n^2 的高斯随机变量。当出现 $x_1 < x_2$ 时，将造成发送"1"码而错判为"0"码，错误概率 $P(0/1)$ 为

$$P(0/1) = P(x_1 < x_2) = P(x_1 - x_2 < 0) = P(z < 0) \tag{7-41}$$

式中：$z = x_1 - x_2$。显然，z 也是高斯随机变量，且均值为 a，方差为 σ_z^2（可以证明，$\sigma_z^2 = 2\sigma_n^2$），其一维概率密度函数可表示为

$$f(z) = \frac{1}{\sqrt{2\pi}\sigma_z} \exp\left\{ -\frac{(x_1 - a)^2}{2\sigma_z^2} \right\} \tag{7-42}$$

$f(z)$ 的曲线如图 7-34 所示。$P(z < 0)$ 即为图中阴影部分的面积。于是

$$\begin{aligned} P(0/1) = P(z < 0) &= \int_{-\infty}^{0} f(z)\mathrm{d}z = \frac{1}{\sqrt{2\pi}\sigma_z} \int_{-\infty}^{0} \exp\left\{ -\frac{(z-a)^2}{2\sigma_z^2} \right\} \mathrm{d}z \\ &= \frac{1}{2\sqrt{\pi}\sigma_n} \int_{-\infty}^{0} \exp\left\{ -\frac{(x-a)^2}{4\sigma_n^2} \right\} \mathrm{d}x \\ &= \frac{1}{2}\mathrm{erfc}\sqrt{\frac{r}{2}} \end{aligned} \tag{7-43}$$

式中：$r = \dfrac{a^2}{2\sigma_n^2}$ 为图 7-33 中分路滤波器输出端信噪比。

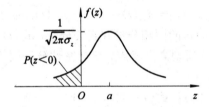

图 7-34 z 的一维概率密度曲线

同理可得，发送"0"符号而错判为"1"符号的概率 $P(1/0)$ 为

$$P(1/0) = P(x_1 > x_2) = \frac{1}{2}\mathrm{erfc}\sqrt{\frac{r}{2}}$$

于是可得 2FSK 信号采用同步检测法解调时系统的误码率为

$$P_e = \frac{1}{2}\mathrm{erfc}\sqrt{\frac{r}{2}} \tag{7-44}$$

在大信噪比条件下，即 $r \gg 1$ 时，式(7-44)可近似表示为

$$P_e \approx \frac{1}{\sqrt{2\pi r}}\mathrm{e}^{-\frac{r}{2}} \tag{7-45}$$

2. 非相干解调时 2FSK 系统的误码率

由于一路 2FSK 信号可视为两路 2ASK 信号的合成，所以，2FSK 信号也可以采用包络检波解调，其性能分析模型如图 7-35 所示。

与同步检测法解调相同，接收端上、下支路两个带通滤波器的输出波形 $y_1(t)$ 和 $y_2(t)$ 分别表示为式(7-35)和(7-36)。

若在 $(0, T_s)$ 发送"1"符号，则 $y_1(t)$ 和 $y_2(t)$ 分别为

$$y_1(t) = [a + n_{1c}(t)]\cos\omega_1 t - n_{1s}(t)\sin\omega_1 t$$

$$= \sqrt{[a + n_{1c}(t)]^2 + n_{1s}^2(t)} \cos[\omega_1 t + \varphi_1(t)]$$

$$= v_1(t)\cos[\omega_1 t + \varphi_1(t)] \qquad (7-46)$$

$$y_2(t) = n_{2c}(t)\cos\omega_2 t - n_{2s}(t)\sin\omega_2 t$$

$$= \sqrt{n_{2c}^2(t) + n_{2s}^2(t)} \cos[\omega_2 t + \varphi_2(t)]$$

$$= v_2(t)\cos[\omega_2 t + \varphi_2(t)] \qquad (7-47)$$

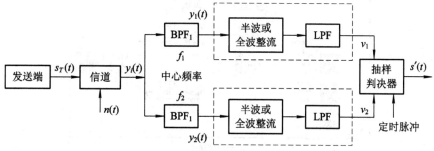

图 7-35　2FSK 信号采用包络检测法性能分析模型

由于 $y_1(t)$ 具有正弦波加窄带噪声的形式，故其包络 $v_1(t)$ 的抽样值 v_1 的一维概率密度函数呈广义瑞利分布；$y_2(t)$ 为窄带噪声，故其包络 $v_2(t)$ 的抽样值 v_2 的一维概率密度函数呈瑞利分布。显然，若 $v_1 < v_2$，则发生将"1"码判决为"0"码的错误。该错误的概率 $P(0/1)$ 就是发"1"时 $v_1 < v_2$ 的概率。经过计算[1]，得

$$P(0/1) = P(v_1 < v_2) = \frac{1}{2}e^{-\frac{r}{2}} \qquad (7-48)$$

式中：$r = \dfrac{a^2}{2\sigma_n^2}$ 为图 7-35 中分路带通滤波器输出端信噪比。

同理可得，发送"0"符号而错判为"1"符号的概率 $P(1/0)$ 为发"0"时 $v_1 > v_2$ 的概率。经过计算，得

$$P(1/0) = P(v_1 > v_2) = \frac{1}{2}e^{-\frac{r}{2}} \qquad (7-49)$$

于是可得 2FSK 信号采用包络检波法解调时系统的误码率为

$$P_e = P(1)P(0/1) + P(1)P(1/0) = \frac{1}{2}e^{-\frac{r}{2}}[P(1) + P(0)] = \frac{1}{2}e^{-\frac{r}{2}} \qquad (7-50)$$

将相干解调与包络（非相干）解调系统误码率进行比较，可以发现：

（1）当信噪比 r 一定时，相干解调的误码率小于非相干解调的误码率；当系统的误码率一定时，相干解调比非相干解调对输入信号的信噪比要求低。所以相干解调 2FSK 系统的抗噪声性能优于非相干的包络检测。但当输入信号的信噪比 r 很大时，两者的相对差别不是很明显。

（2）相干解调时，需要插入两个相干载波，电路较为复杂。包络检测无需相干载波，因而电路较为简单。一般而言，大信噪比时常用包络检测法，小信噪比时才用相干解调法，这与 2ASK 的情况相同。

3. 2FSK 系统的抗噪声性能仿真分析

2FSK 信号的常用解调方法可采用图 7-11 所示的非相干检测法和相干检测法，这里的抽样判决器是判决哪一个输入样值大，此时可以不设门限电平。图 7-36 为 2FSK 解调的 SystemView 仿真实现电路。图 7-37 为其相干解调仿真结果波形。其中第一路波形为解调后的波形，第二路为调制前的基带序列波形，第三路为调制解调前后的波形覆盖比较图。

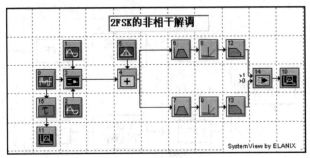

(a) 非相干解调

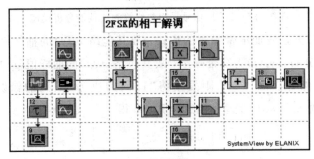

(b) 相干解调

图 7-36 2FSK 相干解调的 SystemView 仿真电路图

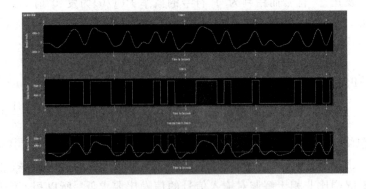

图 7-37 调制前与调制后的数据波形及其比较覆盖图

例 7-2 采用二进制频移键控方式在有效带宽为 1800 Hz 的传输信道上传送二进制数字信息。已知 2FSK 信号的两个载频 $f_1 = 1800$ Hz，$f_2 = 2500$ Hz，码元速率 $R_B = 300$ Baud，传输信道输出端信噪比 $r_c = 6$ dB。试求：

（1）2FSK 信号的带宽；

(2) 同步检测法解调时系统的误码率;

(3) 包络检波法解调时系统的误码率。

解:(1) 根据 7.1.2 节所求的 2FSK 信号带宽公式可知,该 2FSK 信号的带宽为

$$B_{2\text{FSK}} \approx |f_2 - f_1| + 2f_s = |f_2 - f_1| + 2R_B = 1300 \text{ Hz}$$

(2) 由于 $R_B = 300$ Baud,故接收系统上、下支路带通滤波器 BPF_1 和 BPF_2 的带宽为

$$B = 2R_B = 600 \text{ Hz}$$

又因为信道的有效带宽为 1800 Hz,是分路带通滤波器带宽的 3 倍,所以分路带通滤波器输出信噪比 r 比输入信噪比提高了 3 倍。又由于 $r_c = 6$ dB(即 4 倍),故带通滤波器输出信噪比应为

$$r = 4 \times 3 = 12$$

根据式(7 - 45),可得同步检测法解调时系统的误码率为

$$P_e = \frac{1}{2}\text{erfc}\sqrt{\frac{r}{2}} = \frac{1}{2}\text{erfc}\sqrt{6} = 2.66 \times 10^{-4}$$

(3) 同理,根据式(7 - 50),可得包络检波法解调时系统的误码率为

$$P_e = \frac{1}{2}e^{-\frac{r}{2}} = \frac{1}{2}e^{-6} = 1.24 \times 10^{-3}$$

7.2.3　2PSK 和 2DPSK 系统的抗噪声性能

1. 2PSK 系统抗噪声性能分析

2PSK 信号相干解调系统性能分析模型如图 7 - 38 所示。

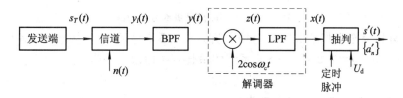

图 7 - 38　2PSK 信号相干解调系统性能分析模型

假定信道噪声为加性高斯白噪声 $n(t)$,其均值为 0,方差为 σ_n^2;发射端发送的 2PSK 信号为

$$s_T(t) = \begin{cases} A\cos\omega_c t, & \text{发"1"} \\ -A\cos\omega_c t, & \text{发"0"} \end{cases} \tag{7 - 51}$$

则经信道传输,接收端输入信号为

$$y_i(t) = \begin{cases} a\cos\omega_c t + n(t), & \text{发"1"} \\ -a\cos\omega_c t + n(t), & \text{发"0"} \end{cases} \tag{7 - 52}$$

此处,为简明起见,仍然认为发送信号经信道传输后除有固定衰耗外,未受到畸变,信号幅度由 A 衰减为 a。经带通滤波器输出

$$\begin{aligned} y(t) &= s(t) + n_i(t) \\ &= \begin{cases} a\cos\omega_c t + n_c(t)\cos\omega_c t - n_s(t)\sin\omega_c t, & \text{发"1"} \\ -a\cos\omega_c t + n_c(t)\cos\omega_c t - n_s(t)\sin\omega_c t, & \text{发"0"} \end{cases} \end{aligned} \tag{7 - 53}$$

其中，$n_i(t) = n_c(t)\cos\omega_c t - n_s(t)\sin\omega_c t$ 为高斯白噪声 $n(t)$ 经 BPF 限带后的窄带高斯白噪声。

取本地载波为 $2\cos\omega_c t$，则乘法器输出为

$$z(t) = 2y(t)\cos\omega_c t$$

将式(7-53)代入，并经低通滤波器滤除高频分量，在抽样判决器输入端得到

$$x(t) = \begin{cases} a + n_c(t), & 发"1" \\ -a + n_c(t), & 发"0" \end{cases} \tag{7-54}$$

根据 3.5 节的分析可知，$n_c(t)$ 为高斯噪声，因此，无论是发送"1"还是"0"，$x(t)$ 瞬时值 x 的一维概率密度 $f_1(x)$、$f_0(x)$ 都是方差为 σ_n^2 的正态分布函数，只是前者均值为 a，后者均值为 $-a$，即

$$f_1(x) = \frac{1}{\sqrt{2\pi}\sigma_n}\exp\left[-\frac{(x-a)^2}{2\sigma_n^2}\right], \qquad 发"1" \tag{7-55}$$

$$f_0(x) = \frac{1}{\sqrt{2\pi}\sigma_n}\exp\left(-\frac{(x+a)^2}{2\sigma_n^2}\right), \qquad 发"0" \tag{7-56}$$

其曲线如图 7-39 所示。

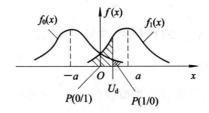

图 7-39   2PSK 信号概率分布曲线

之后的分析完全类似于 2ASK 时的分析方法。不难得到(过程从略，读者自己证明)：
当 $P(1) = P(0) = 1/2$ 时，2PSK 系统的最佳判决门限电平为

$$U_d^* = 0 \tag{7-57}$$

在最佳门限时，2PSK 系统的误码率为

$$P_e = P(0)P(1/0) + P(1)P(0/1) = P(0)\int_{-\infty}^{0} f_0(x)\mathrm{d}x + P(1)\int_{0}^{\infty} f_1(x)\mathrm{d}x$$

$$= \int_{0}^{\infty} f_1(x)\mathrm{d}x[P(0) + P(1)] = \int_{0}^{\infty} f_1(x)\mathrm{d}x$$

$$= \frac{1}{2}\mathrm{erfc}(\sqrt{r}) \tag{7-58}$$

式中：$r = a^2/(2\sigma_n^2)$ 为接收端带通滤波器输出端信噪比。

在大信噪比下，上式变为

$$P_e \approx \frac{1}{2\sqrt{\pi r}}e^{-r} \tag{7-59}$$

2. 2DPSK 系统的抗噪声性能分析

1) 相干解调-码型变换法性能分析

2DPSK 信号极性比较-码反变换法解调系统性能分析模型如图 7-40 所示。图中，码反变换器输入端的误码率 P_e 已经知道，就是前面介绍的相干解调 2PSK 系统的误码率，由

式(7-58)决定。于是，要求最终的 2DPSK 系统误码率 P'_e，只需在此基础上再考虑码反变换器引起的误码率即可。

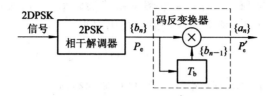

图 7-40　2DPSK 信号相干解调-码反变换法解调系统性能分析模型

为了分析码反变换器对误码的影响，我们以 $\{b_n\}=0110111001$ 为例，根据码反变换器公式 $a_n=b_n\oplus b_{n-1}$，考察码反变换器输入的相对码序列 $\{b_n\}$ 与输出的绝对码序列 $\{a_n\}$ 之间的误码关系，如图 7-41 所示。

从图 7-41 中可以看出：

(1) 若相对码信号序列中有一个码元错误，则在码反变换器输出的绝对码信号序列中将引起两个码元错误，如图 7-41(b) 所示。图中，带"×"的码元表示错码；

(2) 若相对码信号序列中有连续两个码元错误，则在码反变换器输出的绝对码信号序列中也引起两个码元错误，如图 7-41(c) 所示；

(3) 若相对码信号序列中出现一长串连续错码，则在码反变换器输出的绝对码信号序列中仍引起两个码元错误，如图 7-41(d) 所示。

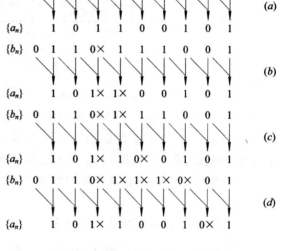

图 7-41　码反变换器对误码的影响

按此规律，若令 P_n 表示"一串 n 个码元连续错误"这一事件出现的概率($n=1$、2、3、$\cdots$)，则码反变换器输出的误码率为

$$P'_e = 2P_1 + 2P_2 + \cdots + 2P_n + \cdots \qquad (7-60)$$

显然，只要找到 P_n 与 2PSK 相干检测输出误码率 P_e 之间的关系，则 P'_e 与 P_e 之间的关系就可通过上式求得。

在一个很长的序列中，出现"一串 n 个码元连续错误"这一事件，必然是"n 个码元同时出错与在该一串错码两端都有一个码元不错"同时发生的事件。因此

$$P_n = P_e^n(1-P_e)^2, \qquad n=1, 2, \cdots$$

将上式代入式(7-60)后，可得

$$\begin{aligned} P'_e &= 2(1-P_e)^2 [P_e^1 + P_e^2 + \cdots + P_e^n + \cdots] \\ &= 2(1-P_e)^2 P_e[1 + P_e + P_e^2 + \cdots] \end{aligned} \qquad (7-61)$$

因为 P_e 总是小于 1，故下式必成立

$$1 + P_e + P_e^2 + \cdots = \frac{1}{1-P_e}$$

将上式代入式(7-61)，可得

$$P'_e = 2(1 - P_e)P_e \tag{7-62}$$

将式(7-58)表示的 2PSK 信号相干解调系统误码率 P_e 代入式(7-62)，则可得到 2DPSK 信号极性比较-码反变换方式解调时的误码率为

$$P'_e = \frac{1}{2}[1 - (\mathrm{erf}\sqrt{r})^2] \tag{7-63}$$

当相对码的误码率 $P_e \ll 1$ 时，式(7-62)可近似表示为

$$P'_e \approx 2P_e = \mathrm{erfc}(\sqrt{r}) \tag{7-64}$$

由此可见，码反变换器总是使系统误码率增加，通常认为增加 1 倍。

2) 差分相干解调时 2DPSK 系统的抗噪声性能

2DPSK 信号差分相干解调系统性能分析模型如图 7-42 所示。

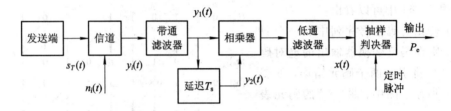

图 7-42　2DPSK 信号差分相干解调系统性能

由图 7-42 可知，对 2DPSK 差分相干检测解调系统误码率的分析，由于存在带通滤波器输出信号 $y_1(t)$ 与其延迟 T_s 的信号 $y_2(t)$ 相乘的问题，因此需要同时考虑两个相邻的码元，分析过程较为复杂。在此，我们仅给出如下结论：

差分检测时 2DPSK 系统的最佳判决电平为

$$U_d^* = 0$$

差分检测时 2DPSK 系统的误码率为

$$P_e = P(1)P(0/1) + P(0)P(1/0) = \frac{1}{2}e^{-r} \tag{7-65}$$

式中：$r = a^2/(2\sigma_n^2)$ 为接收端带通滤波器输出端信噪比。式(7-65)表明，差分检测时 2DPSK 系统的误码率随输入信噪比的增加呈指数规律下降。

例 7-3　用 2DPSK 在某微波线路上传送二进制数字信息，已知传码率为 10^6 Baud，接收机输入端的高斯白噪声的双边功率谱密度为 $n_0/2 = 10^{-10}$ W/Hz，若要求误码率 $P_e \leqslant 10^{-4}$，求：

(1) 采用相干解调-码变换法接收时，接收机输入端的最小信号功率。

(2) 采用差分法接收时，接收机输入端的最小信号功率。

解：(1) 接收端带通滤波器的带宽为

$$B = 2R_B = 2 \times 10^6 \text{ Hz}$$

其输出的噪声功率为

$$\sigma_n^2 = n_0 B = 2 \times 10^{-10} \times 2 \times 10^6 = 4 \times 10^{-4} \text{ W}$$

由于是相干解调-码变换法，应用式(7-64)

$$P_e = 1 - \mathrm{erf}\sqrt{r}$$

有
$$\mathrm{erf}\sqrt{r} = 1 - P_\mathrm{e} \geqslant 0.9999$$

查 $\mathrm{erf}(x)$ 函数表,得 $\sqrt{r} \geqslant 2.75$,所以 $r \geqslant 7.5625$。

因为
$$r = \frac{a^2}{2\sigma_n^2} \geqslant 7.5625$$

所以,接收机输入端信号功率为
$$P = \frac{a^2}{2} \geqslant r\sigma_n^2 = 7.5625 \times 4 \times 10^{-4} = 3.03 \times 10^{-3} \text{ W}$$

(2) 对于差分相干解调,因为
$$P_\mathrm{e} = \frac{1}{2}\mathrm{e}^{-r} \leqslant 10^{-4}$$

所以
$$r = \frac{a^2}{2\sigma_n^2} \geqslant 8.52$$

$$P = \frac{a^2}{2} \geqslant r\sigma_n^2 = 8.52 \times 4 \times 10^{-4} = 3.41 \times 10^{-3} \text{ W}$$

由该例可见,在同样达到 $P_\mathrm{e} \leqslant 10^{-4}$ 时,用相干解调-码变换法解调只比差分相干解调要求的输入功率低 0.51 dB 左右,但差分相干法电路要简单得多,所以 DPSK 解调大多采用差分相干接收。

7.3　二进制数字调制系统的性能比较

本节我们将以前两节对二进制数字调制系统的研究为基础,对各种二进制数字调制系统的性能进行总结、比较。内容包括系统的误码率、频带宽度及频带利用率、对信道特性变化的敏感性、设备的复杂度等。

1. 误码率

在数字通信中,误码率是衡量数字通信系统最重要的性能指标之一。表 7-1 列出了各种二进制数字调制系统的误码率公式。

表 7-1　二进制数字调制系统误码率及信号带宽

名称	2DPSK	2PSK	2FSK	2ASK
相干检测	$\mathrm{erfc}\sqrt{r}$ (相干-码反变换)	$\dfrac{1}{2}\mathrm{erfc}\sqrt{r}$	$\dfrac{1}{2}\mathrm{erfc}\sqrt{\dfrac{r}{2}}$	$\dfrac{1}{2}\mathrm{erfc}\sqrt{\dfrac{r}{4}}$
相干检测 $(r \gg 1)$	$\dfrac{1}{\sqrt{\pi r}}\mathrm{e}^{-r}$ (相干-码反变换)	$\dfrac{1}{2\sqrt{\pi r}}\mathrm{e}^{-r}$	$\dfrac{1}{\sqrt{2\pi r}}\mathrm{e}^{-r/2}$	$\dfrac{1}{\sqrt{\pi r}}\mathrm{e}^{-r/4}$
非相干检测	$\dfrac{1}{2}\mathrm{e}^{-r}$	$\times$	$\dfrac{1}{2}\mathrm{e}^{-r/2}$	$\dfrac{1}{2}\mathrm{e}^{-r/4}$
带宽	$\dfrac{2}{T_\mathrm{s}}$	$\dfrac{2}{T_\mathrm{s}}$	$\|f_2 - f_1\| + \dfrac{2}{T_\mathrm{s}}$	$\dfrac{2}{T_\mathrm{s}}$
备注	$U_\mathrm{d}^* = 0$	$U_\mathrm{d}^* = 0$		$P(1) = P(0)$ $U_\mathrm{d}^* = a/2$

应用这些公式时要注意的一般条件是：接收机输入端出现的噪声是均值为 0 的高斯白噪声；未考虑码间串扰的影响；采用瞬时抽样判决；要注意的特殊条件已在表的备注中注明。表 7-1 中所有计算误码率的公式都仅是 r 的函数。式中，$r=a^2/(2\sigma_n^2)$ 是解调器输入端的信噪比。

下面从两个方面对二进制数字调制系统的抗噪声性能进行比较：

(1) 同一调制方式不同检测方法的比较。对表 7-1 作纵向比较，可以看出，对于同一调制方式的不同检测方法，相干检测的抗噪声性能优于非相干检测。但是，信噪比 r 越大，相干与非相干误码性能的相对差别越不明显。另外，相干检测系统的设备比非相干的要复杂。

(2) 同一检测方法不同调制方式的比较。对表 7-1 作横向比较，可以看出：

① 相干检测时，在相同误码率条件下，对信噪比 r 的要求是：2PSK 比 2FSK 小 3 dB，2FSK 比 2ASK 小 3 dB；

② 非相干检测时，在相同误码率条件下，对信噪比 r 的要求是：2DPSK 比 2FSK 小 3 dB，2FSK 比 2ASK 小 3 dB。

反过来，若信噪比 r 一定，2PSK 系统的误码率低于 2FSK 系统，2FSK 系统的误码率低于 2ASK 系统。因此，从抗加性白噪声方面讲，相干 2PSK 性能最好，2FSK 次之，2ASK 最差。

2. 频带宽度

各种二进制数字调制系统的频带宽度也示于表 7-1 中，其中 T_s 为传输码元的时间宽度。从表 7-1 可以看出，2ASK 系统和 2PSK(2DPSK) 系统频带宽度相同，均为 $2/T_s$，是码元传输速率的 2 倍；2FSK 系统的频带宽度近似为 $|f_2-f_1|+2/T_s$，大于 2ASK 系统和 2PSK(2DPSK) 系统的频带宽度。因此，从频带利用率方面看，2FSK 调制系统最差。

3. 对信道特性变化的敏感性

信道特性变化的灵敏度对最佳判决门限有一定的影响。在 2FSK 系统中，是通过比较两路解调输出的大小来做出判决的，不需人为设置判决门限。在 2PSK 系统中，判决器的最佳判决门限为 0，与接收机输入信号的幅度无关。因此，判决门限不随信道特性的变化而变化，接收机总能工作在最佳判决门限状态。对于 2ASK 系统，判决器的最佳判决门限为 $a/2$(当 $P(1)=P(0)$ 时)，它与接收机输入信号的幅度 a 有关。当信道特性发生变化时，接收机输入信号的幅度将随之发生变化，从而导致最佳判决门限随之变化。这时，接收机不容易保持在最佳判决门限状态，误码率将会增大。因此，从对信道特性变化的敏感程度上看，2ASK 调制系统最差。

当信道有严重衰落时，通常采用非相干解调或差分相干解调，因为这时在接收端不易得到相干解调所需的相干参考信号。当发射机有严格的功率限制时，可考虑采用相干解调，因为在给定的传码率及误码率情况下，相干解调所要求的信噪比非相干解调小。

4. 设备的复杂程度

就设备的复杂度而言，2ASK、2PSK 及 2FSK 发端设备的复杂度相差不多，而接收端的复杂程度则和所用的调制和解调方式有关。对于同一种调制方式，相干解调时的接收设备比非相干解调的接收设备复杂；同为非相干解调时，2DPSK 的接收设备最复杂，2FSK 次之，2ASK 的设备最简单。

以上从几个方面对各种二进制数字调制系统进行了比较，可以看出，在选择调制和解调方式时，要考虑的因素是比较多的。只有对系统要求做全面的考虑，并且抓住其中最主要的因素才能做出比较正确的选择。如果抗噪声性能是主要的，则应考虑相干 2PSK 和 2DPSK，而 2ASK 最不可取；如果带宽是主要的因素，则应考虑 2PSK、2DPSK 以及 2ASK，而 2FSK 最不可取；如果设备的复杂性是一个必须考虑的重要因素，则非相干方式比相干方式更为适宜。目前，在高速数据传输中，相干 PSK 及 DPSK 使用较多，而在中、低速数据传输中，特别是在衰落信道中，相干 2FSK 使用较为普遍。

7.4　多进制数字调制原理

二进制数字调制系统是数字通信系统最基本的方式，具有较好的抗干扰能力。二进制数字调制系统的频带利用率较低，这一点使其在实际应用中受到一定的限制。在信道频带受限时，为了提高频带利用率，通常采用多进制数字调制系统。其代价是增加信号功率和实现的复杂性。信息传输速率 R_b、码元传输速率 R_B 和进制数 M 之间的关系为

$$R_B = \frac{R_b}{\mathrm{lb}M}$$

由此可知，在信息传输速率不变的情况下，通过增加进制数 M，可以降低码元传输速率，从而减小信号带宽，节约频带资源，提高系统的频带利用率。或者说，在码元传输速率不变的情况下，通过增加进制数 M，可以增大信息传输速率，从而在相同的带宽中传输更多的信息量。在实际应用中，通常取 $M=2^N$，N 为大于 1 的正整数。与二进制数字调制系统相类似，若用多进制数字基带信号去调制载波的振幅、频率或相位，则可相应地产生多进制数字振幅调制、多进制数字频率调制和多进制数字相位调制。下面分别介绍这三种多进制数字调制系统的原理。

7.4.1　多进制振幅键控（MASK）

1. MASK 信号的波形及表示式

多进制数字幅度调制（MASK）又称为多电平调制，它是二进制数字幅度调制方式的推广。M 进制幅度调制信号的载波振幅有 M 种取值，在一个码元期间 T_s 内，发送其中一种幅度的载波信号。MASK 已调信号的表示式为

$$s_{\mathrm{MASK}}(t) = s(t)\cos\omega_c t \qquad (7-66)$$

这里，$s(t)$ 为 M 进制数字基带信号

$$s(t) = \sum_{n=-\infty}^{\infty} a_x g(t-nT_s) \qquad (7-67)$$

式中：$g(t)$ 是高度为 1、宽度为 T_s 的门函数；a_n 有 M 种取值，即

$$a_n = \begin{cases} 0, & \text{出现概率为 } P_0 \\ 1, & \text{出现概率为 } P_1 \\ 2, & \text{出现概率为 } P_2 \\ \vdots & \vdots \\ M-1, & \text{出现概率为 } P_{M-1} \end{cases} \qquad (7-68)$$

且

$$P_0 + P_1 + P_2 + \cdots + P_{M-1} = 1$$

图 7-43(a)、(b)分别为四进制数字基带信号 $s(t)$ 和已调信号 $s_{\text{MASK}}(t)$ 的波形图。

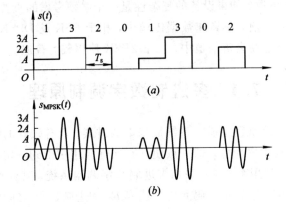

图 7-43 多进制数字幅度调制波形

不难看出，图 7-43(b)的波形可以等效为图 7-44 诸波形的叠加。

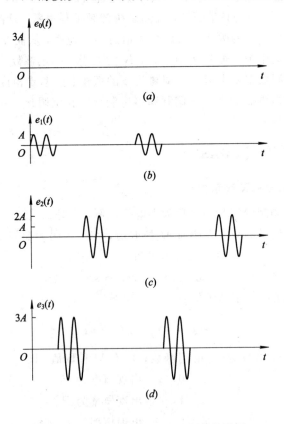

图 7-44 多进制数字幅度调制等效波形

图 7-44 中的各个波形可表示为

$$\begin{cases} e_0(t) = \sum_n c_0 g(t - nT_s)\cos\omega_c t \\ e_1(t) = \sum_n c_1 g(t - nT_s)\cos\omega_c t \\ e_2(t) = \sum_n c_2 g(t - nT_s)\cos\omega_c t \\ \qquad\qquad \vdots \\ e_{M-1}(t) = \sum_n c_{M-1} g(t - nT_s)\cos\omega_c t \end{cases} \tag{7-69}$$

式中：

$$\begin{cases} c_0 = 0, & \text{概率为 } 1 \\ c_1 = \begin{cases} 1, & \text{概率为 } P_1 \\ 0, & \text{概率为 } (1 - P_1) \end{cases} \\ c_2 = \begin{cases} 2, & \text{概率为 } P_2 \\ 0, & \text{概率为 } (1 - P_2) \end{cases} \\ \quad \vdots \\ c_{M-1} = \begin{cases} M-1, & \text{概率为 } P_{M-1} \\ 0, & \text{概率为 } (1 - P_{M-1}) \end{cases} \end{cases} \tag{7-70}$$

$e_0(t)$、$\cdots$、$e_{M-1}(t)$ 均为 2ASK 信号，但它们的幅度互不相等，时间上互不重叠。$e_0(t) = 0$ 可以不考虑。因此，$s_{\text{MASK}}(t)$ 可以看做由时间上互不重叠的 $M-1$ 个不同幅度的 2ASK 信号叠加而成，即

$$s_{\text{MASK}}(t) = \sum_{i=1}^{M-1} e_i(t) \tag{7-71}$$

2. MASK 信号的频谱、带宽及频带利用率

由式(7-71)可知，MASK 信号的功率谱是这 $M-1$ 个 2ASK 信号的功率谱之和，因而具有与 2ASK 功率谱相似的形式。显然，就 MASK 信号的带宽而言，它与其分解的任一个 2ASK 信号的带宽是相同的，可表示为

$$B_{\text{MASK}} = 2f_s \tag{7-72}$$

其中 $f_s = 1/T_s$ 是多进制码元速率。

与 2ASK 信号相比较，当两者码元速率相等（记二进制码元速率为 f_s'）时，即 $f_s = f_s'$，则两者带宽相等，即

$$B_{\text{MASK}} = B_{\text{2ASK}} = 2f_s \tag{7-73}$$

当两者的信息速率相等时，则其码元速率的关系为

$$R_B = \frac{R_B'}{\text{lb}M} \tag{7-74}$$

比较式(7-74)和式(7-73)可得

$$B_{\text{MASK}} = \frac{1}{\text{lb}M} B_{\text{2ASK}} \tag{7-75}$$

可见，当信息速率相等时，MASK 信号的带宽只是 2ASK 信号带宽的 $1/\text{lb}M$。

通常是以信息速率来考虑频带利用率 η 的，按定义有

$$\eta = \frac{f_s \, \mathrm{lb} M}{B_{\mathrm{MASK}}} = \frac{\mathrm{lb} M}{2} \tag{7-76}$$

它是 2ASK 系统的 lbM 倍。这说明 MASK 系统的频带利用率高于 2ASK 系统的频带利用率。

3. MASK 信号的调制解调方法

实现 M 电平调制的原理框图如图 7-45 所示，它与 2ASK 系统非常相似。不同的只是基带信号由二电平变为多电平。为此，发送端增加了 2-M 电平变换器，将二进制信息序列每 lbM 个分为一组，变换为 M 电平基带信号，再送入调制器。相应地，在接收端增加了 M-2 电平变换器。多进制数字幅度调制信号的解调可以采用相干解调方式，也可以采用包络检波方式，其原理与 2ASK 的完全相同。

由于采用多电平，因而要求调制器为线性调制器，即已调信号幅度应与输入基带信号幅度成正比。

图 7-45 M 进制幅度调制系统原理框图

除图 7-43 所示的双边带幅度调制外，多进制数字幅度调制还有多电平残留边带调制、多电平单边带调制等，其原理与模拟调制时完全相同。

MASK 调制中最简单的基带信号波形是矩形。为了限制信号频谱，也可以采用其他波形，例如升余弦滚降波形、部分响应波形等。

4. 多进制振幅键控方式的仿真

MASK 系统的调制和解调仿真原理图如图 7-46 所示。这是一个四电平的 MASK 系统，改变图符 0 的电平数，还可以观察任意进制的 MASK 调制特性。仿真结果如图 7-47 所示，其中第一路为解调后信号的波形，第二路为已调信号的波形，第三路为基带信号的波形。

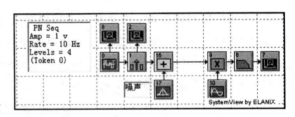

图 7-46 MASK 调制性能的 SystemView 仿真电路

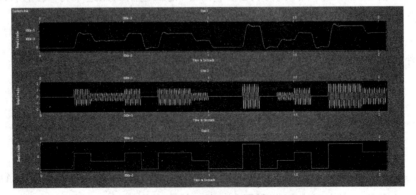

图 7-47 四电平 MASK 系统的仿真波形

7.4.2　多进制频移键控(MFSK)

1. MFSK 调制解调原理

多进制频移键控(MFSK)简称多频制,是 2FSK 方式的推广。它是用 M 个不同的载波频率代表 M 种数字信息。MFSK 系统的组成方框图如图 7-48 所示。发送端采用键控选频的方式,接收端采用非相干解调方式。

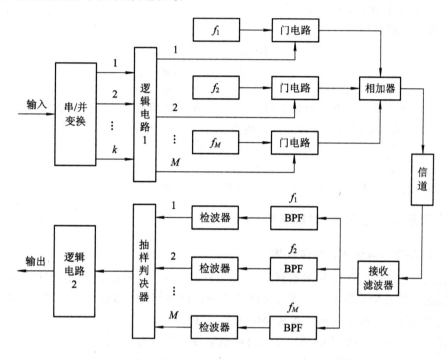

图 7-48　多进制数字频率调制系统的组成方框图

图 7-48 中,串/并变换器和逻辑电路 1 将一组组输入的二进制码(每 lbM 个码元为一组)对应地转换成有 M 种状态的一个个多进制码。这 M 个状态分别对应 M 个不同的载波频率(f_1、f_2、$\cdots$、f_M)。当某组 lbM 位二进制码到来时,逻辑电路 1 的输出一方面接通某个门电路,让相应的载频发送出去,另一方面同时关闭其余所有的门电路。于是当一组组二进制码元输入时,经相加器组合输出的便是一个 M 进制调频波形。

M 频制的解调部分由 M 个带通滤波器、包络检波器及一个抽样判决器、逻辑电路 2 组成。各带通滤波器的中心频率分别对应发送端各个载频。因而,当某一已调载频信号到来时,在任一码元持续时间内,只有与发送端频率相应的一个带通滤波器能收到信号,其他带通滤波器只有噪声通过。抽样判决器的任务是比较所有包络检波器输出的电压,并选出最大者作为输出,这个输出是一位与发端载频相应的 M 进制数。逻辑电路 2 把这个 M 进制数译成 lbM 位二进制并行码,并进一步作并/串变换以恢复二进制信息输出,从而完成数字信号的传输。

2. MFSK 信号的频谱、带宽及频带利用率

键控法产生的 MFSK 信号,可以看做由 M 个幅度相同、载频不同、时间上互不重叠的 2ASK 信号叠加的结果。设 MFSK 信号码元的宽度为 T_s,即传输速率 $f_s = 1/T_s$(Baud),

则 M 频制信号的带宽为

$$B_{\mathrm{MFSK}} = f_{\mathrm{m}} - f_1 + 2f_{\mathrm{s}} \qquad (7-77)$$

式中：f_{m} 为最高选用载频；f_1 为最低选用载频；f_{s} 为信号频率。

MFSK 信号功率谱 $P(f)$ 如图 7-49 所示。

若相邻载频之差等于 $2f_{\mathrm{s}}$，即相邻频率的功率谱主瓣刚好互不重叠，这时，MFSK 信号的带宽及频带利用率分别为

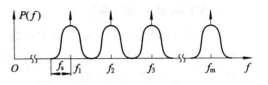

图 7-49 MFSK 信号的功率谱

$$B_{\mathrm{MFSK}} = 2Mf \qquad (7-78)$$

$$\eta_{\mathrm{MFSK}} = \frac{f_{\mathrm{s}}\,\mathrm{lb}M}{B_{\mathrm{MFSK}}} = \frac{\mathrm{lb}M}{2M} \qquad (7-79)$$

可见，MFSK 信号的带宽随频率数 M 的增大而线性增宽，频带利用率明显下降。

与 MASK 的频带利用率比较，其关系为

$$\frac{\eta_{\mathrm{MFSK}}}{\eta_{\mathrm{MASK}}} = \frac{1}{M} \qquad (7-80)$$

这说明，MFSK 的频带利用率总是低于 MASK 的频带利用率。

7.4.3 多进制相移键控(MPSK)

1. 多相制信号表达式及相位配置

多进制数字相位调制又称多相制，是二相制的推广。它是利用载波的多种不同相位状态来表征数字信息的调制方式。与二进制数字相位调制相同，多进制数字相位调制也有绝对相位调制(MPSK)和相对相位调制(MDPSK)两种。

设载波为 $\cos\omega_{\mathrm{c}}t$，则 M 进制数字相位调制信号可表示为

$$s_{\mathrm{MPSK}}(t) = \sum_n g(t - nT_{\mathrm{s}})\cos(\omega_{\mathrm{c}}t + \varphi_n)$$

$$= \cos\omega_{\mathrm{c}}t \sum_n \cos\varphi_n g(t - nT_{\mathrm{s}}) - \sin\omega_{\mathrm{c}}t \sum_n \sin\varphi_n g(t - nT_{\mathrm{s}}) \qquad (7-81)$$

式中：$g(t)$ 是高度为 1，宽度为 T_{s} 的门函数；T_{s} 为 M 进制码元的持续时间；φ_n 为第 n 个码元对应的相位，共有 M 种不同取值，即

$$\varphi_n = \begin{cases} \theta_1 & \text{概率为 } P_1 \\ \theta_2 & \text{概率为 } P_2 \\ \vdots & \vdots \\ \theta_M & \text{概率为 } P_M \end{cases} \qquad (7-82)$$

且

$$P_1 + P_2 + \cdots + P_M = 1 \qquad (7-83)$$

由于一般都是在 $(0, 2\pi)$ 范围内等间隔划分相位的(这样造成的平均差错概率将最小)，因此相邻相移的差值为

$$\Delta\theta = \frac{2\pi}{M} \qquad (7-84)$$

令

$$a_n = \cos\varphi_n, \qquad b_n = \sin\varphi_n$$

则式(7 - 81)变为

$$s_{\text{MPSK}}(t) = \cos\omega_c t \sum_n a_n g(t - nT_s) - \sin\omega_c t \sum_n b_n g(t - nT_s)$$

$$= I(t)\cos\omega_c t - Q(t)\sin\omega_c t \tag{7 - 85}$$

这里

$$I(t) = \sum_n a_n g(t - nT_s) \qquad Q(t) = \sum_n b_n g(t - nT_s) \tag{7 - 86}$$

分别为多电平信号。常把式(7 - 86)中第一项称为同相分量,第二项称为正交分量。由此可见,MPSK 信号可以看成是两个正交载波进行多电平双边带调制所得两路 MASK 信号的叠加。这样,就为 MPSK 信号的产生提供了依据,实际中,常用正交调制的方法产生 MPSK 信号。

M 进制数字相位调制信号还可以用矢量图来描述,图 7 - 50 画出了 M＝2、4、8 三种情况下的矢量图。具体的相位配置的两种形式,根据 CCITT 的建议,图(a)所示的移相方式,称为 A 方式;图(b)所示的移相方式,称为 B 方式。图中注明了各相位状态及其所代表的比特码元。以 A 方式 4PSK 为例,载波相位有 0、$\pi/2$、π 和 $3\pi/2$ 四种,分别对应信息码元 00、10、11 和 01。虚线为参考相位,对 MPSK 而言,参考相位为载波的初相;对 MDPSK 而言,参考相位为前一已调载波码元的初相。各相位值都是对参考相位而言的,正为超前,负为滞后。

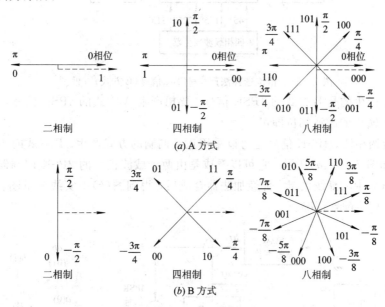

图 7 - 50　相位配置矢量图

2. MPSK 信号的频谱、带宽及频带利用率

前面已说过,MPSK 信号可以看成是载波互为正交的两路 MASK 信号的叠加,因此,MPSK 信号的频带宽度应与 MASK 的相同,即

$$B_{\text{MPSK}} = B_{\text{MASK}} = 2f_s \tag{7 - 87}$$

式中:$f_s = 1/T_s$ 是 M 进制码元速率。此时的信息速率与 MASK 相同,是 2ASK 及 2PSK 的 lbM 倍。也就是说,MPSK 系统的频带利用率是 2PSK 的 lbM 倍。

3. 4PSK 信号的产生与解调

在 M 进制数字相位调制中,四进制绝对相移键控(4PSK,又称 QPSK)和四进制差分相移键控(4DPSK,又称 QDPSK)使用最为广泛。下面着重介绍多进制数字相位调制的这两种形式。4PSK 利用载波的四种不同相位来表征数字信息。由于每一种载波相位代表两个比特信息,故每个四进制码元又被称为双比特码元,习惯上把双比特的前一位用 a 代表,后一位用 b 代表。

1) 4PSK 信号的产生

常用的多相制信号产生方法有相位选择法及直接调相法。

(1) 相位选择法。因为在一个码元持续时间 T_s 内,4PSK 信号为载波四个相位中的某一个。因此,可以用相位选择法产生 4PSK 信号,其原理如图 7-51 所示。图中,四相载波发生器产生 4PSK 信号所需的四种不同相位的载波。输入的二进制数码经串/并变换器输出双比特码元。按照输入的双比特码元的不同,逻辑选相电路输出相应相位的载波。例如,B 方式情况下,双比特码元 ab 为 11 时,输出相位为 45° 的载波;双比特码元 ab 为 01 时,输出相位为 135° 的载波等。

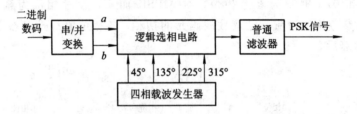

图 7-51 相位选择法产生 4PSK 信号(B 方式)方框图

图 7-51 产生的是 B 方式的 4PSK 信号。要想产生 A 方式的 4PSK 信号,只需调整四相载波发生器输出的载波相位即可。

(2) 直接调相法。4PSK 信号也可以采用正交调制的方式产生。B 方式的 4PSK 信号的原理方框图如图 7-52(a) 所示。它可以看成是由两个载波正交的 2PSK 调制器构成,分别形成图 7-52(b) 中的虚线矢量,再经加法器合成后,得到图(b)中实线矢量图。显然,这是 B 方式 4PSK 相位配置情况。

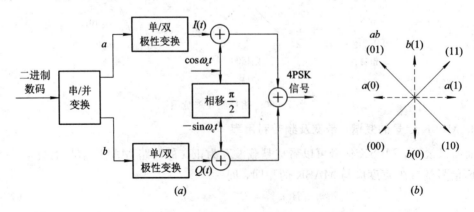

(a) (b)

图 7-52 直接调相法产生 4PSK 信号方框图

若要产生 4PSK 的 A 方式波形，只需适当改变振荡载波相位就可实现。

2）4PSK 信号的解调

由于 4PSK 信号可以看做两个载波正交的 2PSK 信号的合成，因此，对 4PSK 信号的解调可以采用与 2PSK 信号类似的解调方法进行。图 7 - 53 是 B 方式的 4PSK 信号相干解调器的组成方框图。图中两个相互正交的相干载波分别检测出两个分量 a 和 b，然后，经并/串变换器还原成二进制双比特串行数字信号，从而实现二进制信息恢复。此法也称为极性比较法。

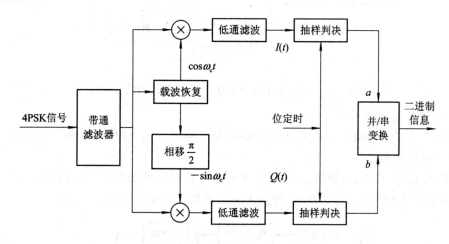

图 7 - 53　4PSK 信号的相干解调

若解调 4PSK 信号（A 方式），则只需适当改变相移网络。

在 2PSK 信号相干解调过程中会产生"倒 π"即"180°相位模糊"现象。同样，对于 4PSK 信号相干解调也会产生相位模糊问题，并且是 0°、90°、180°和 270°四个相位模糊。因此，在实际中更常用的是四相相对相移键控，即 4DPSK。

7.4.4　多进制差分相移键控（MDPSK）

1. 基本原理

MDPSK 信号和 MPSK 信号类似，只需把 MPSK 信号用的参考相位当做前一码元的相位，把相移 θ_k 当做相对于前一码元相位的相移。这里仍以四进制 DPSK 信号为例作进一步的讨论。四进制 DPSK 通常记为 QDPSK。

2. 4DPSK 信号的产生与解调

1）4DPSK 信号的产生

与 2DPSK 信号的产生相类似，在直接调相的基础上加码变换器，就可形成 4DPSK 信号。图 7 - 54 示出了 4DPSK 信号（A 方式）产生的方框图。图中的单/双极性变换的规律与 4PSK 情况相反，为 0→+1，1→−1，相移网络也与 4PSK 不同，其目的是要形成 A 方式矢量图。图中的码变换器用于将并行绝对码 a、b 转换为并行相对码 c、d，其逻辑关系比二进制时复杂得多，但可以由组合逻辑电路或由软件实现，具体方法可参阅有关参考书。

4DPSK 信号也可采用相位选择法产生，但同样应在逻辑选相电路之前加入码变换器。

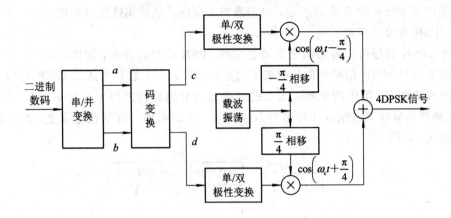

图 7-54 码变换-直接调相法产生 4DPSK 信号方框图

2）4DPSK 信号的解调

4DPSK 信号的解调可以采用相干解调-码反变换器方式（极性比较法），也可采用差分相干解调（相位比较法）。

4DPSK 信号（B 方式）相干解调-码反变换器方式原理图如图 7-55 所示。与 4PSK 信号相干解调的不同之处在于，并/串变换之前需要加入码反变换器。

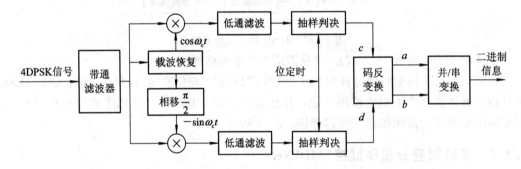

图 7-55 4DPSK 信号的相干解调-码反变换法解调

4DPSK 信号的差分相干解调方式原理图如图 7-56 所示。它也是仿照 2DPSK 差分检测法，用两个正交的相干载波，分别检测出两个分量 a 和 b，然后还原成二进制双比特串行数字信号。此法又称为相位比较法。

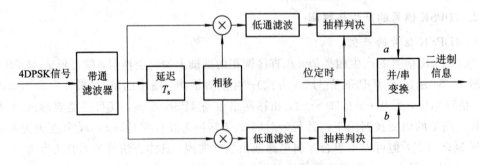

图 7-56 4DPSK 信号的差分相干解调方框图

这种解调方法与极性比较法相比，主要区别在于：它利用延迟电路将前一码元信号延迟一码元时间后，分别作为上、下支路的相干载波。另外，它不需要采用码变换器，这是因为 4DPSK 信号的信息包含在前后码元相位差中，而相位比较法解调的原理就是直接比较前后码元的相位。

若解调 4DPSK 信号(B 方式)，则需适当改变相移网络。

7.5 多进制数字调制系统的抗噪声性能

7.5.1 MASK 系统的抗噪声性能

多进制数字调制系统的性能通常低于二进制系统的抗噪声性能，其性能推导较繁琐，有兴趣的读者可参考相关书籍，在此仅给出各种多进制系统的误码率公式。

相干解调时 M 进制数字幅度调制系统总的误码率为

$$P_e = \left(\frac{M-1}{M}\right)\text{erfc}\left(\sqrt{\frac{3r}{M^2-1}}\right) \qquad (7-88)$$

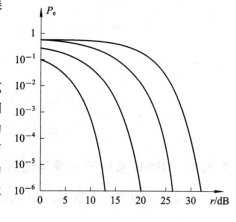

式中，$r=S/\sigma_n^2$ 为平均信噪比。值得注意的是，上式是在最佳判决电平、各电平等概率出现、双极性相干检测条件下获得的。容易看出，为了得到相同的误码率 P_e，所需的信噪比 r 随电平数 M 的增加而增大。例如，四电平系统的信噪比比二电平系统的信噪比要增大约 7 dB(5 倍)。MASK 系统的误码率曲线如图 7-57 所示。

图 7-57 MASK 系统的误码率曲线

综上所述，多进制幅度调制是一种高效的调制方式，但抗干扰能力较差，因而一般只适宜在恒参信道中使用，如有线信道。

7.5.2 MFSK 系统的抗噪声性能

MFSK 信号采用非相干解调时系统的误码率为

$$P_e \approx \left(\frac{M-1}{2}\right)e^{-\frac{r}{2}} \qquad (7-89)$$

式中：r 为平均信噪比。

MFSK 信号采用相干解调时系统的误码率为

$$P_e \approx \left(\frac{M-1}{2}\right)\text{erfc}\left(\sqrt{\frac{r}{2}}\right) \qquad (7-90)$$

可以看出，多频制误码率随 M 的增大而增加，但与多电平调制相比，其增加的速度要小得多。

多频制的主要缺点是信号频带宽，频带利用率低。因此，MFSK 多用于调制速率较低及多径延时比较严重的信道，如无线短波信道。MFSK 系统的误码率曲线如图 7-58 所示。

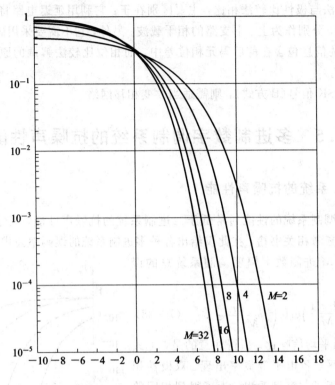

图 7-58 MFSK 系统的误码率曲线

7.5.3 MPSK 系统的抗噪声性能

4PSK 信号采用相干解调时系统的误码率为

$$P_e \approx \mathrm{erfc}\left(\sqrt{r}\ \sin\frac{\pi}{4}\right) \tag{7-91}$$

式中：r 为信噪比。MPSK 系统的误码率曲线如图 7-59 所示。

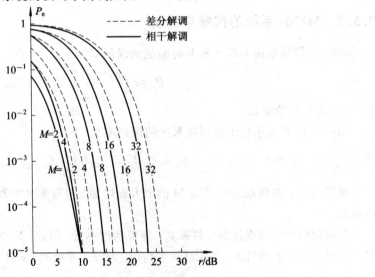

图 7-59 MPSK 系统的误码率曲线

多相制是一种频带利用率较高的高效率传输方式,再加之有较好的抗噪声性能,因而得到了广泛的应用,而 MDPSK 比 MPSK 使用更广泛一些。

7.5.4　MDPSK 系统的抗噪声性能

4DPSK 信号采用相干解调时系统的误码率为

$$P_{\mathrm{e}} \approx \mathrm{erfc}\left(\sqrt{2r}\,\sin\frac{\pi}{8}\right) \tag{7-92}$$

其误码率曲线如图 7-60 所示。

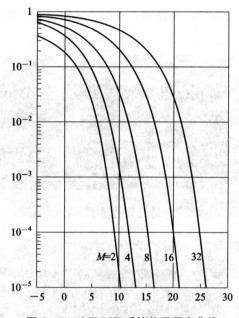

图 7-60　MDPSK 系统的误码率曲线

7.6　仿　真　实　训

1. 实训目的

通过 SystemView 仿真实验,使读者进一步掌握数字调制解调原理以及相关问题的分析。通过实训,可以培养学生的动手能力和设计能力,激发学生的学习兴趣,增强学生分析问题和解决问题的能力。

2. 实训内容

(1) 2PSK 系统的调制和解调;

(2) 2DPSK 系统的调制和解调。

3. 实训仿真

1) 2PSK 系统的仿真

根据前面的章节介绍已知,2PSK 信号的产生可以采用开关法和模拟法,其接收端采用的是相干解调。2PSK 系统的调制解调仿真原理图如图 7-61 所示。其调制部分采用的是模拟调制方法,图符 0 所示的基带序列是二进制双极性序列,其中 +1 对应"1"码元,-1 对应"0"码元,其幅值为 1 V,电平数为 2,频率为 25 Hz 的 PN 序列;图符 3 所示的正弦载波,其幅值为 1,频率为 50 Hz,相位为 0。信道噪声假定为均值为 0 的高斯噪声,如图符 6 所示。其解调端只能采用相干解调,解调部分的载波如图符 9 所示,其参数

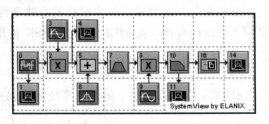

图 7 - 61　2PSK 系统的 SystemView 仿真原理图

设置与图符 3 相同;图符 7 和图符 10 分别为带通滤波器和低通滤波器;图符 16 为缓冲器。仿真结果如图 7 - 62 所示。

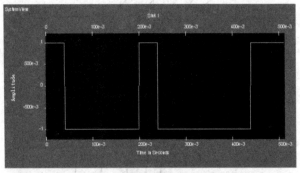

(a) 二进制双极性基带序列

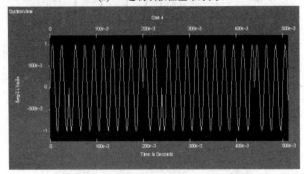

(b) 对应的 2PSK 波形

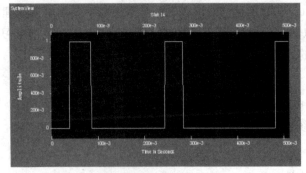

(c) 解调输出的二进制码元

图 7 - 62　2PSK 系统的仿真结果

2) 2DPSK 系统的仿真

与 2PSK 信号一样，2DPSK 信号的获取也可以采用键控法和模拟法，不同的是需要进行码型变换，即首先要将绝对码转换为相对码。其接收端的解调可以采用相干解调加码型反变换法，也可以采用相位比较法。这里，我们采用开关键控法进行调制，以相干解调加码型反变换法为例，相应的调制解调仿真原理图如图 7 – 63 所示。其调制部分采用的是开关键控法。图符 0 所示的是二进制单极性序列，高电平表示码元"1"，0电平表示码元"0"，其振幅设为 1 V，频率为 20 Hz；图符 3 所示的延时器和图符 4 所

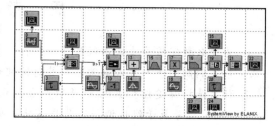

图 7 – 63 2DPSK 系统的调制解调仿真原理图

示的异或门构成了差分编码电路，将输入的绝对码转换为相对码；图符 8 为载波，其振幅为 1 V，频率为 100 Hz；图符 9 所示的选择器和图符 10 所示的非门构成了开关选择电路，输出即为 2DPSK 信号。图符 14 所示的高斯噪声为信道的加性噪声。为了便于与 2PSK 系统比较，2DPSK 系统的接收端我们也采用相干解调法。图符 16 所示为接收端所需的本地载波，其参数设置与图符 8 相同；图符 19 所示的缓冲器与图符 20 所示的延时器以及图符21 所示的异或门形成了差分译码电路，能将相对码转换为绝对码序列。2DPSK 系统的仿真结果如图 7 – 64 所示。

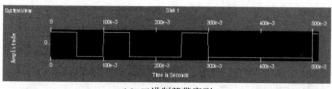

(a) 二进制基带序列

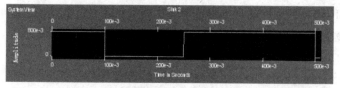

(b) 差分编码后的相对码序列

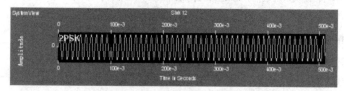

(c) 对应的 2DPSK 信号波形

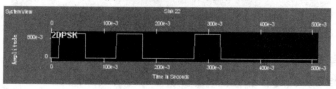

(d) 解调出的基带序列

图 7 – 64 2DPSK 系统的仿真结果

根据前面所述的仿真原理,读者可自行仿真 2DPSK 系统,采用相位比较法进行解调,并对结果进行分析。

思 考 题

1. 为什么数字信号要采用载波传输?

2. 数字调制的基本方式有哪些? 其时间波形各有什么特点?

3. 什么是振幅键控? OOK 信号的产生和解调方法有哪些?

4. 2FSK 信号属于线性调制还是非线性调制?

5. 从波形上看,能否区分 2PSK 和 2DPSK 方式? 为什么?

6. 对于 2PSK 系统来说,若发送端和接收端同频不同相,有何危害?

7. 2ASK、2FSK、2PSK、2DPSK 在波形、频带利用率以及抗噪声性能方面有何区别?

8. 二进制数字调制系统的误码率与哪些因素有关?

9. 简述多进制数字调制的特点。

练 习 题

1. 设二进制信息码元为 011011110,试分别画出 2ASK、2FSK、2PSK、2DPSK 信号的波形。

2. 已知某 2ASK 系统的码元传输速率为 1000 Baud,载波信号为 $c(t) = A\cos(4\pi \times 10^6 t)$。

(1) 设所传送的数字信息为 011001,试画出相应的 2ASK 信号波形示意图;

(2) 求 2ASK 信号的带宽。

3. 设某 2FSK 调制系统的码元传输速率为 1000 Baud,已调信号的载频分别为 1000 Hz 和 2000 Hz,若发送数字信息为 100011。

(1) 试画出相应的 2FSK 信号的时间波形;

(2) 试讨论这时的 2FSK 信号应选择怎样的解调器解调;

4. 设某 2PSK 传输系统的码元速率为 1200 Baud,载波频率为 2400 Hz,发送数字信息为 0101110。

(1) 试画出相应的 2PSK 信号的波形示意图;

(2) 若采用相干解调方式进行解调,试画出各点的时间波形;

(3) 若发送"0"和"1"的概率分别为 0.6 和 0.4,试求出该 2PSK 信号的功率谱密度表达式。

5. 设二进制信息为 10011011,采用 2FSK 系统传输。码元速率为 2000 Baud,已调信号的载频分别为 4000 Hz(对应"1"码)和 2000 Hz(对应"0"码)。

(1) 若采用包络检波方式进行解调,试画出各点的时间波形;

(2) 若采用相干方式进行解调,试画出各点的时间波形;

(3) 求 2FSK 信号的第一零点带宽。

6. 2ASK 包络检测接收机输入端的平均信噪比 $r = 7$ dB,输入端高斯白噪声的双边功

率谱密度为 2×10^{-14} W/Hz。码元传输速率为 50 Baud，设"1"、"0"等概率出现。试计算：

(1) 最佳判决门限；

(2) 系统误码率；

(3) 若其他条件不变，试求相干解调时的误码率。

7. 设在某 2DPSK 系统中，载波频率为 2400 Hz，码元速率为 1200 Baud，已知绝对码序列为 1100010111。

(1) 试画出 2DPSK 波形图（相位偏移可自行假设），写出相对码；

(2) 若采用差分相干解调法接收该信号，试画出解调各点的波形图。

8. 若采用 OOK 方式传送二进制数字信息，已知码元传输速率 $R_B = 2 \times 10^6$ Baud，接收端解调器输入信号的振幅 $a = 40$ μV，信道加性噪声为高斯白噪声，其单边带功率谱密度为 $n_0 = 6 \times 10^{-18}$ W/Hz。试求：

(1) 非相干接收时系统的误码率。

(2) 相干接收时系统的误码率。

9. 若某 2FSK 系统的码元传输速率为 $R_B = 2 \times 10^6$ Baud，数字信息为 1 时的频率 f_1 为 10 MHz，数字信息为 0 时的频率 f_2 为 10.4 MHz。输入接收端解调器的信号峰值振幅 $a = 40$ μV，信道加性噪声为高斯白噪声，其单边带功率谱密度为 $n_0 = 6 \times 10^{-18}$ W/Hz。试求：

(1) 2FSK 信号的第一零点带宽；

(2) 非相干接收时系统的误码率；

(3) 相干接收时系统的误码率。

10. 在二进制相移键控系统中，已知解调器输入端的信噪比 $r = 10$ dB，试分别求出相干解调 2PSK、极性比较法解调和差分相干解调 2DPSK 信号时系统的误码率。

11. 已知码元传输速率 $R_B = 10^3$ Baud，接收机输入噪声的双边功率谱密度为 $n_0/2 = 10^{-10}$ W/Hz，要求误码率 $P_e = 10^{-5}$。试分别计算相干 2ASK、非相干 2FSK、差分相干 2DPSK 以及 2PSK 等系统所要求的输入信号功率。

12. 已知数字基带序列对应的符号分别为 $-A + 3A - 3A - A + A + A - 3A$。

(1) 试简要画出 4ASK 的时域波形；

(2) 试粗略画出 4FSK 的时域波形。

13. 在四进制数字相位调制系统中，已知解调器输入端信噪比 $r = 20$ dB，试求 QPSK 和 QDPSK 方式下系统的误码率。

第 8 章　新型数字带通调制技术

教学目标：

❖ 理解 QAM 调制和解调的原理；

❖ 理解 MSK 调制和解调的原理；

❖ 了解 GMSK 调制和解调的原理；

❖ 了解 OFDM 系统的特点和产生的原理。

上一章讨论了基本的二进制和多进制数字频带传输系统。为了提高数字频带传输系统的性能，在原始数字调制的基础上，提出了新的调制方式。这些调制方式各有不同的特点，本章主要介绍几种具有代表性的调制方式，并给出 SystemView 仿真模型。

8.1　正交振幅调制及仿真

在现代通信中，提高频谱利用率一直是人们关注的焦点之一。从多进制 ASK 或 PSK 系统的分析可以看出，在系统带宽一定的条件下，多进制调制系统的频带利用率高。但这是通过牺牲功率利用率换取的。因为随着 M 值的增加，在信号空间中各信号点间的最小距离减小，相应的信号判决区域也随之减小。因此，当信号受到噪声和干扰的损害时，接收信号错误概率随之增大。为了克服上述问题，提出了正交幅度调制（Quadrature Amplitude Modulation，QAM）。

1. QAM 的调制和解调

所谓正交幅度调制，是用两个独立的基带波形对两个相互正交的同频载波进行调幅的双边带调制，然后将已调信号加在一起进行传输或发射。它是一种振幅和相位联合键控，其表达式为

$$s(t) = \sum_k s_k(t) = \sum_k A_k g(t - nT_s)\cos(\omega_0 t + \theta_k) \tag{8-1}$$

式中：k 为表示进制的整数；$s_k(t)$ 为联合键控信号的一个码元；A_k、θ_k 为多个离散值。

将式(8-1)展开整理，得

$$s(t) = \sum_k A_k g(t - nT_s)\cos\theta_k \cos\omega_0 t - \sum_k A_k g(t - nT_s)\sin\theta_k \sin\omega_0 t \tag{8-2}$$

令 $X_k = A_k \cos\theta_k$，$Y_k = -A_k \sin\theta_k$

则

$$s(t) = \underbrace{\sum_k X_k g(t - nT_s)\cos\omega_0 t}_{m_I(t)} + \underbrace{\sum_k Y_k g(t - nT_s)\sin\omega_0 t}_{m_Q(t)} \qquad (8-3)$$

由式(8-3)可以看出，QAM 信号可以看成是两个正交的振幅键控信号之和，$m_I(t)$ 为同相信号，$m_Q(t)$ 为正交信号。由于在其矢量图平面上分布如星座，故 QAM 调制又称星座调制。其调制和解调原理框图分别如图 8-1 和 8-2 所示。为了抑制已调信号的带外辐射，该 M 电平的基带信号还要经过预调制低通滤波器。

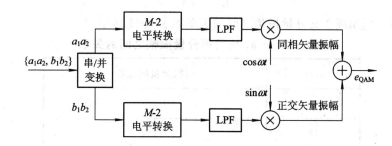

图 8-1　QAM 调制原理框图

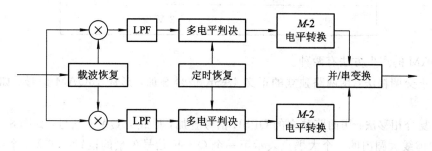

图 8-2　QAM 解调原理框图

在式(8-1)中，当 A_k 取 $\pm A$，θ_k 取 $\pm \pi/4$ 时，此时的 QAM 信号就是上一章讲的 QPSK 信号，它是一种最简单的 QAM 信号，如图 8-3 所示。目前研究较多的是 16QAM（十六进制的 QAM 信号），其星座图如图 8-3 所示。类似地，还有 64QAM、256QAM。

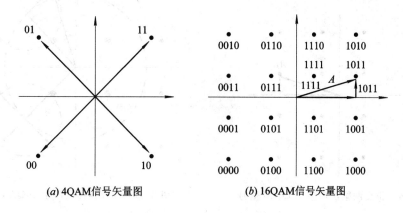

(a) 4QAM信号矢量图　　　　(b) 16QAM信号矢量图

图 8-3　QAM 信号矢量图

下面以 16QAM 为例说明整个过程，其表达式为

$$s_k(t) = A_k \cos(\omega_0 t + \theta_k) \qquad k = 1, 2, \cdots, 16 \tag{8-4}$$

用 4 个二进制符号 $\{a_1 a_2 b_1 b_2\}$ 就可以表示出 16 个数,其星座图的编码规则为

(1) 任意相邻两点的编码的码距(不同位的个数)为 1;

(2) 横坐标相同的点其 $a_1 a_2$ 编码必相同,纵坐标相同的点其 $b_1 b_2$ 编码必相同。

利用上述规律进行相量分解,任意一个矢量都可以分解成振幅为 1 V 或 3 V 同相分量和正交分量之和,如图 8-4 所示,且进制 M 与振幅个数 L 之间的关系为

$$L = \sqrt{M} \tag{8-5}$$

$a_1 a_2$(或 $b_1 b_2$)与同相或正交分量振幅之间的关系如表 8-1 所示。

表 8-1　$a_1 a_2$ 与同相分量振幅之间的关系

$a_1 a_2$	同相分量的振幅
10	+3 V
11	+1 V
01	−1 V
00	−3 V

16QAM 的产生方法有两种。

(1) 正交调幅法:用两路独立的正交 4ASK 信号叠加,形成 16QAM 信号,如图 8-4 所示。

(2) 复合相移法:用两路独立的 QPSK 信号叠加,形成 16QAM 信号,如图 8-5 所示。

图中虚线大圆内的 4 个大黑点表示第一个 QPSK 信号矢量的位置。在这 4 个位置上可以叠加第二个 QPSK 矢量,后者的位置用虚线小圆上的 4 个小黑点表示。

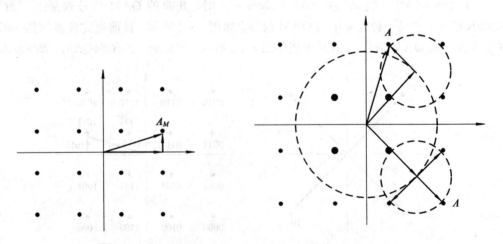

图 8-4　正交调幅法产生 16QAM 信号　　　　图 8-5　复合相移法产生 16QAM 信号

为了比较 16QAM 信号和 16PSK 信号的性能,我们将把它们的星座图画在一起。在最大振幅相等的情况下,16QAM 和 16PSK 的星座图如图 8-6 所示。

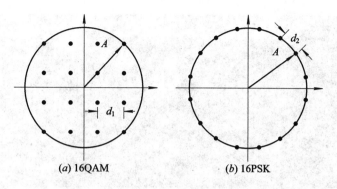

图 8 - 6　16QAM 和 16PSK 的星座图

设最大振幅为 A，则 16QAM 最小码距 d_1 和 16PSK 中的相邻码距 d_2 分别为

$$\begin{cases} d_1 = \dfrac{\sqrt{2}A}{3} = 0.471A \\ d_2 = A\cos\dfrac{\pi}{8} \approx \dfrac{\pi}{8}A = 0.393A \end{cases} \tag{8-6}$$

此距离代表噪声容限的大小，由上式可知，在振幅（最大功率）相等的情况下，16QAM 的噪声容限高于 16PSK。

2. QAM 的仿真

根据上面的原理，其 SystemView 仿真模型如图 8 - 7 所示

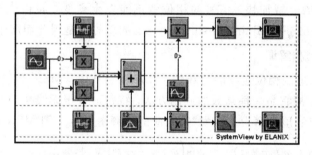

图 8 - 7　16QAM 的 SystemView 调制解调图

其输出结果如图 8 - 8 和图 8 - 9 所示

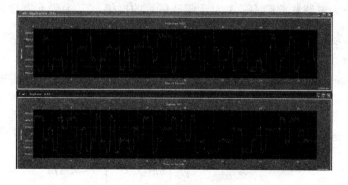

图 8 - 8　16QAM 相干解调输出信号

图 8 - 9 16QAM 的星座图

8.2 最小频移键控和高斯最小频移键控及仿真

8.2.1 最小频移键控

由前面的 QPSK 信号调制知识可以得到，当相位跳变所引起的角频率(相位对时间的变化率)大时，会造成信号功率谱的扩散，增大了旁瓣分量，会对邻近频道信号产生干扰。为了使旁瓣的功率谱衰减加快，信号的相位就不能发生突变，即相位与时间之间是连续的，最小频移键控(MSK，Minimum-shift keying)的思想就是因此而产生的。

1. MSK 的调制和解调

MSK 是一种二进制相位连续的特殊的 2FSK 调制技术。MSK 的包络恒定、误比特率低、频谱利用率高，故它是一种高效的调制方法，特别适合于无线移动通信系统。

假定发"1"对应的角频率为 ω_1，发"0"对应的角频率为 ω_2，则 MSK 信号可以表示为

$$S_{MSK}(t) = \cos[\omega_c t + \phi(t)] = \cos\left(\omega_c t + \frac{\pi a_k}{2T_s}t + \phi_k\right), \quad kT_s \leqslant t \leqslant (k+1)T_s$$

$$(8-7)$$

式中：$\omega_c = \dfrac{\omega_1 + \omega_2}{2}$ 为未调载波频率；A 为已调波信号的振幅；T_s 为码元宽度；$\phi(t) = \dfrac{\pi a_k t}{2T_s} + \phi_k$ 为附加相位；ϕ_k 为第 k 个时刻的起始相位；a_k 取值为 ± 1，为第 k 个输入码元。

1）调制指数

下面我们分析一下 f_1、f_2 与 f_c、f_s 的关系。为了得到这个关系，需要对总的相角求导，即

$$\frac{\mathrm{d}\left(\omega_c t + \dfrac{\pi a_k}{2T_s}t + \phi_k\right)}{\mathrm{d}t} = \omega_c + \frac{\pi a_k}{2T_s} = \begin{cases} 2\pi\left[f_c + \dfrac{f_s}{4}\right] = 2\pi f_1 & a_k = +1 \\ 2\pi\left[f_c - \dfrac{f_s}{4}\right] = 2\pi f_2 & a_k = -1 \end{cases} \quad (8-8)$$

所以

$$\begin{cases} f_1 = f_c + \dfrac{f_s}{4} \\ f_2 = f_c - \dfrac{f_s}{4} \end{cases} \tag{8-9}$$

最小频差

$$\Delta f = |f_1 - f_2| = \frac{f_s}{2} \tag{8-10}$$

调制指数

$$m = \frac{\Delta f}{f_s} = \frac{1}{2} \tag{8-11}$$

2）MSK 是一种频差最小的正交调制方式

由前面的知识可知，2FSK 调制中两信号的相关系数为

$$\rho = \frac{\sin 2\pi(f_2 - f_1)T_s}{2\pi(f_2 - f_1)T_s} + \frac{\sin 4\pi f_c T_s}{4\pi f_c T_s} \tag{8-12}$$

当调制指数为 0.5 时

$$f_1 - f_2 = \pm 0.5 f_s \tag{8-13}$$

此时

$$\sin[2\pi(f_2 - f_1)T_s] = \sin[\pm\pi] = 0$$
$$\sin 4\pi f_c T_s = \sin 4\pi f_c T_s = \sin[k\pi] = 0, \quad |k| > 1$$

即

$$\rho = 0$$
$$4\pi f_c T_s = k\pi$$

可得

$$f_c = \frac{k}{4T_s} = \frac{k}{4} f_s \tag{8-14}$$

就是说，载波频率取四分之一码元速率的整数倍。由此可知，当调制指数为 0.5 时，是最小满足正交条件的，所以 MSK 是一种频差最小的正交调制方式。

3）相位常数和附加相位

为了使 MSK 信号的相位连续，需要保证第 k 个码元的起始相位是第 $k-1$ 个码元的末相位，即

$$\phi_k = \phi_{k-1} + \frac{k\pi}{2}(a_{k-1} - a_k) = \begin{cases} \phi_{k-1} \\ \phi_{k-1} \pm k\pi \end{cases} \tag{8-15}$$

上式表明，两相邻码元之间的相位是相关联的。若用相干解调，一般令初相位为 $\phi_1 = 0$，则

$$\phi_k = 0 \text{ 或 } \pm\pi(\text{模 } 2\pi) \tag{8-16}$$

由前面的分析可知，附加相位 $\phi(t)$ 是斜率为 $\dfrac{\pi a_k}{2T_s}$，截距为 ϕ_k 的直线方程。由于 a_k 随机选 +1 或 -1，所以直线是以 T_s 为分段的线性函数。在一个码元周期内，当 $a_k = +1$ 时，线性增加 $\pi/2$；当 $a_k = -1$ 时，线性减少 $\pi/2$。

当输入信号为 -1，$+1$，$+1$，$+1$，-1，$+1$，-1 时，信号的初相位和附加相位的变化轨迹如图 8-10 所示。

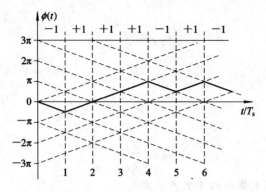

图 8-10　信号的初相位和附加相位的变化轨迹

4) MSK 信号的调制和解调

调制采用正交调制，解调采用抗干扰能力强的相干解调，此时 $\phi_k = 0$ 或 $\pm\pi$（模 2π），即 $\cos\phi_k = \pm1$，$\sin\phi_k = 0$。对式(8-7)进行展开得

$$S_{MSK}(t) = \cos[\omega_c t + \phi(t)] = \cos(\omega_c t)\cos[\phi(t)] - \sin(\omega_c t)\sin[\phi(t)] \quad (8-17)$$

式中：

$$\cos[\phi(t)] = \cos\left(\frac{\pi a_k}{2T_s}t + \phi_k\right) = \cos\left(\frac{\pi a_k}{2T_s}t\right)\cos\phi_k$$

$$= \cos\left(\frac{\pi}{2T_s}t\right)\cos\phi_k$$

$$= b_I\cos\left(\frac{\pi}{2T_s}t\right) - \sin[\phi(t)]$$

$$= -\sin\left(\frac{\pi a_k}{2T_s}t + \phi_k\right) = -\sin\left(\frac{\pi a_k}{2T_s}t\right)\cos\phi_k$$

$$= -a_k\sin\left(\frac{\pi}{2T_s}t\right)\cos\phi_k$$

$$= b_Q\sin\left(\frac{\pi}{2T_s}t\right)$$

其中

$$\cos\phi_k = b_I, \quad -a_k\cos\phi_k = b_Q \quad (8-18)$$

b_I 是同相分量基带信号，b_Q 是正交分量基带信号，它们由原始的信息经过差分编码形式得到。

令 $I(t) = \dfrac{b_I\cos\pi t}{2T_s}$，$Q(t) = \dfrac{b_Q\sin\pi t}{2T_s}$，则式(8-17)可变为

$$S_{MSK}(t) = I(t)\cos(\omega_c t) + Q(t)\sin(\omega_c t) \quad (8-19)$$

当模 2π 时，$\phi_k = 0$ 或 $\pm\pi$，由式(8-18)得

$$a_k = -b_I \cdot b_Q = b_I \oplus b_Q \quad (8-20)$$

其中，$\oplus$ 为模 2 加，当 b_I、b_Q 相同时 $a_k = -1$，反之 $a_k = 1$。

由式(8 - 19)构成的 MSK 的正交调制原理框图如图 8 - 11 所示。

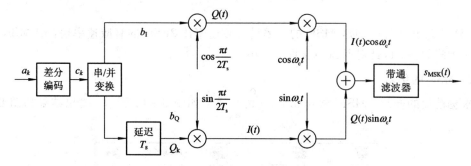

图 8 - 11　MSK 的正交调制原理框图

采用相干解调的 MSK 原理框图如图 8 - 12 所示。

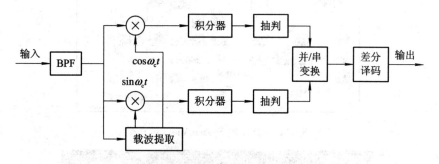

图 8 - 12　相干解调的 MSK 原理框图

5) MSK 信号的功率谱

由前面的功率谱知识可知,MSK 信号的归一化双边功率谱密度为

$$P_s(f) = \frac{16T_s}{\pi^2}\left[\frac{\cos 2\pi(f - f_c)T_s}{1 - 16(f - f_c)^2 T_s^2}\right]^2 \tag{8 - 21}$$

其图像如图 8 - 13 所示。

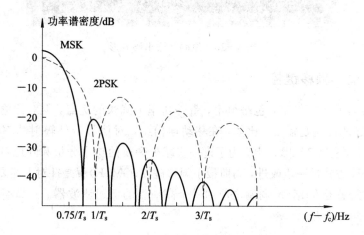

图 8 - 13　MSK 信号的归一化双边功率谱密度

由图可以看出:

(1) MSK 信号的功率谱比 2PSK 更加集中,其第一个零点出现在 $0.75/T_s$ 处,2PSK

的第一个零点出现在 $1/T_s$ 处。这说明 MSK 信号功率谱的主瓣所占的频带宽度比 2PSK 信号的窄。

（2）当 $(f-f_c) \rightarrow \infty$ 时，MSK 的功率谱衰减速率比 2PSK 的衰减速率快，即 MSK 的带外功率下降的快，因此对邻道的干扰也较小。

2. MSK 的仿真

根据前面的介绍，MSK SystemView 仿真模型如图 8-14 所示，输出结果如图 8-15 所示。

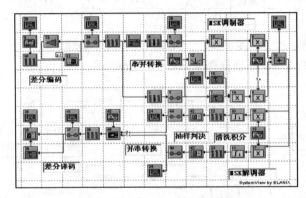

图 8-14　MSK 的 SystemView 仿真模型

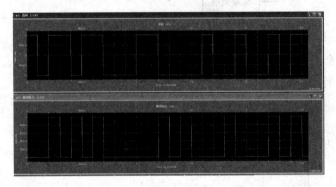

图 8-15　原码和输出码波形

8.2.2　高斯最小频移键控

MSK 信号具有带宽较窄，包络恒定，带外功率下降快的优点，但对传输速率高的数字调制系统来讲还不能满足需要。比如，在移动通信中，对信号带外辐射功率的限制十分严格，一般要求必须衰减 70 dB 以上。为了进一步减少旁瓣的功率分量和降低对邻近信道的干扰，需要对 MSK 方式进一步改进，高斯最小频移键控（GMSK）就是针对上述要求提出来的。

GMSK 调制就是在 MSK 调制之前加一个高斯型的低通滤波器。此高斯型的低通滤波器的频率特性表达式为

$$H(f) = \exp(-\alpha^2 f^2) \tag{8-22}$$

其中 α 是与高斯滤波器的 3 dB 带宽 B 有关的参数，它们之间的关系为

$$\alpha \cdot B = \sqrt{\frac{1}{2}\ln 2} \approx 0.5887 \tag{8-23}$$

对式(8-22)作傅里叶反变换，得其单位冲激响应为

$$h(t) = \frac{\sqrt{\pi}}{\alpha} \exp\left[\left(-\frac{\pi}{\alpha} t\right)^2\right] \tag{8-24}$$

此外，对高斯低通滤波器还要求：带宽窄且带外截止陡峭；为满足相干检测的需要，滤波器输出脉冲的面积恒定；为防止调频时产生多余的瞬时频偏，滤波器的单位冲激响应应具有较小的过脉冲。

1. GMSK 的调制

GMSK 的调制原理框图如图 8-16 所示。

GMSK 的解调可以采用正交相干解调，或者差分解调（非相干解调），但不足的是误比特率比

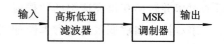

图 8-16 GMSK 的调制原理框图

MSK 的高，所以 GMSK 的频谱改善要以误比特率的下降作代价。GMSK 的功率谱密度用计算机仿真法得到，结果示意图如图 8-17 所示。

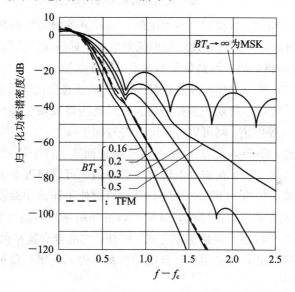

图 8-17 GMSK 的功率谱密度

由图可知，当 $BT_s = 0.3$ 时，旁瓣对邻道的干扰满足蜂窝移动通信的要求。

2. GMSK 的仿真

根据上面的介绍，其 SystemView 仿真模型如图 8-18 所示。

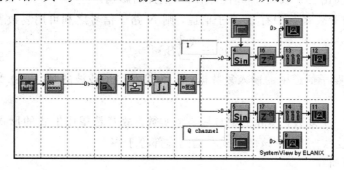

图 8-18 GMSK 的 SystemView 仿真模型

8.3 正交频分复用及仿真

正交频分复用(OFDM)属于多载波调制方式。多载波调制的基本思想如下：在发送端将高速率的数据流经串/并变换成若干个低速率的数据流，再分别用独立的载波调制这些低速数据流，然后经相加组成发送信号，接收端采用相干解调后，得到低速率的数据，最后通过串并转换获得高速率的数据流。

多载波调制解调系统的方框图如图 8-19 所示。

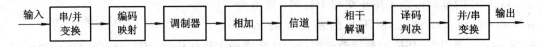

图 8-19　多载波调制解调系统的方框图

与单载波调制系统相比，多载波调制系统的抗多径衰落能力和抗频率选择性衰落能力强，频谱利用率高，但对定时偏差和载波频率偏差敏感，对前端放大器的要求更苛刻。

OFDM 是多载波调制中的一种高效调制技术，其特点如下：

(1) 抗多径传播和衰落能力强。由于 OFDM 系统把信息分散到许多个载波上，降低了各子载波的信号速率，使符号周期比多径迟延长，因而能够减弱多径传播的影响。若再采用时域均衡和保护间隔等措施，则可以有效降低符号间干扰。

(2) 频谱利用率高。OFDM 信号由 N 个信号叠加而成，每个信号频谱为 Sa() 函数并且与相邻信号频谱有 1/2 重叠，从理论上讲其频谱利用率可以接近奈圭斯特极限。

(3) 适合高速率数据传输。OFDM 中的自适应机制使不同的子载波可以根据信道的实际情况采用不同的调制方式。信道特性好时采用频谱利用率高的高效率调制方式，而衰落很大的子信道则采用抗干扰能力强的调制方式。因此，它适合高速率的数据传输。

(4) 抗干扰能力强。OFDM 采用循环前缀和在相邻码元间增加保护间隔来提高抗码间干扰的能力。

(5) 对定时和频率的偏移敏感。

1. OFDM 的基本原理

为了提高频谱利用率，OFDM 中各子载波频谱有 1/2 重叠，但满足相互正交。接收端通过相关解调分离出各子载波，同时消除码间干扰的影响。

设在一个 OFDM 系统中有 N 个子信道，则 N 路子信号之和可用复数表示为

$$s(t) = \sum_{k=0}^{N-1} B_k \mathrm{e}^{\mathrm{j}(2\pi f_k + \phi_k)} \qquad (8-25)$$

式中：B_k 为第 k 路子信道中的输入复数据；f_k 为第 k 路子载波的频率；ϕ_k 为第 k 路子载波的相位。

上式右端是一个复数，实际上 $s(t)$ 是一个实数。故若希望用上式的形式表示一个实函数，式中的输入复数据 B_k 应该使上式右端的虚部等于零。

1) 最小载频间隔

为了使 N 路子信号在接收端能够完全分离，需要它们满足正交的条件，由此可以推

出，子载波频率 f_k 和子载波频率间隔分别满足

$$f_k = \frac{k}{2T_s} \tag{8-26}$$

$$\Delta f = f_k - f_i = \frac{n}{T_s} \tag{8-27}$$

式中：T_s 为码元持续时间；n、k 均为整数。

故要求的最小子载频间隔为

$$\Delta f_{\min} = \frac{1}{T_s} \tag{8-28}$$

2）OFDM 的频谱利用率

OFDM 信号由 N 个信号叠加而成，每个信号频谱为 $1/T_s$ 函数并且与相邻信号频谱有 $1/2$ 重叠，从理论上讲，其频谱利用率可以接近奈奎斯特极限。OFDM 信号及其子载波信号的频谱密度结构如图 8-20 所示。

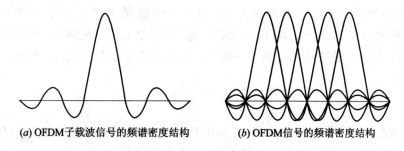

(a) OFDM子载波信号的频谱密度结构　　　　(b) OFDM信号的频谱密度结构

图 8-20　OFDM 信号及其子载波信号的频谱密度结构

设信号采样频率为 $1/T_s$，则每个子载波信号的采样速率为 $1/(NT_s)$，即载波间距为 $1/(NT_s)$，若忽略信号两侧的旁瓣，则频谱宽度为

$$B_{\text{OFDM}} = (N-1)\frac{1}{NT_s} + \frac{2}{NT_s} = \frac{N+1}{NT_s} \tag{8-29}$$

OFDM 的符号速率为

$$R_{\text{B}} = N\frac{1}{NT_s} = \frac{1}{T_s} \tag{8-30}$$

比特率为

$$R_{\text{b}} = \frac{1}{T_s}\text{lb}M \tag{8-31}$$

因此，OFDM 的频谱利用率为

$$\eta_{\text{B/OFDM}} = \frac{R_{\text{b}}}{B_{\text{OFDM}}} = \frac{N}{N+1}\text{lb}M \tag{8-32}$$

2. OFDM 的调制和解调

对 OFDM 信号进行间隔为 T 的采样，并令 $\varphi_k = 0$，则式（8-25）变为

$$S_{\text{OFDM}}(t) = \sum_{k=0}^{N-1} B_k \text{e}^{\text{j}2\pi f_k nT} \tag{8-33}$$

与离散傅里叶反变换（IDFT）类似，所以 OFDM 信号可以通过 IDFT 变换得到，其产生与

解调原理如图 8-21 所示。

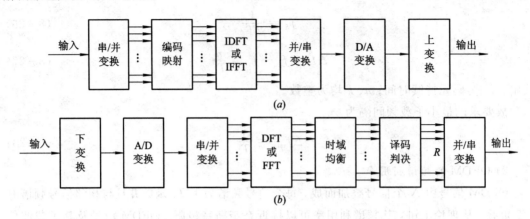

图 8-21　OFDM 信号调制与解调原理图

　　图中，在发送端，输入信息速率为 R_b 的二进制数据序列先进行串/并变换。根据 OFDM 符号间隔 T_s，将其分成 $R_b T_s$ 个比特一组。然后把它们分配到 N 个子信道，经过编码后映射为 N 个复数子符号 X_k，其中子信道 k 对应的子符号 X_k 代表 b_k 个比特，且

$$T_s R_b = \sum_{K=0}^{N-1} b_k \qquad (8-34)$$

　　在 $X_k = X_{2N-k}^*，0 \leqslant k \leqslant 2N-k$，约束条件下 $2N$ 点快速离散傅里叶反变换(IFFT)将频域内的 N 个复数子符号 X_k 变换成时域中的 $2N$ 个实数样值 $x_k(k=0,1,\cdots,2N-1)$，加上循环前缀 $x_k = x_{2N+k}(k=-1,\cdots,-J)$ 之后，形成以 $2N+J$ 为周期拓展的实数样值 OFDM 发送符号。x_k 经过并/串变换之后，通过时钟速率为 $f_s = (2N+J)/T_s$ 的 D/A 转换器输出基带信号，最后经过上变频输出 OFDM 信号。

　　在接收端，处理过程与发送端相反。输入的 OFDM 信号首先经过下变频变换到基带，A/D 转换、串/并变换后的信号去除循环前缀，再进行 $2N$ 点快速离散傅里叶变换(FFT) 得到一帧数据。为了校正信道失真，对数据进行时域均衡。最后经过译码判决和并/串变换，恢复出原始送的二进制数据序列。

　　在利用上述的方法进行调制和解调时，为了使信号在 IFFT、FFT 前后功率保持不变，DFT 和 IDFT 间的约束条件如下：

$$X(k) = \frac{1}{\sqrt{N}} \sum_{n=0}^{N-1} x(n) \exp\left(-j \frac{2\pi n}{N} k\right), \qquad 0 \leqslant k \leqslant N-1 \qquad (8-35)$$

$$X(n) = \frac{1}{\sqrt{N}} \sum_{k=0}^{N-1} x(k) \exp\left(-j \frac{2\pi k}{N} n\right), \qquad 0 \leqslant n \leqslant N-1 \qquad (8-36)$$

3. OFDM 的仿真

　　根据上面的介绍，OFDM 的 SystemView 仿真模型及仿真结果(输出波形)如图 8-22 所示。

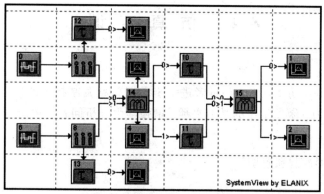

(a) OFDM 的 SystemView 仿真模型

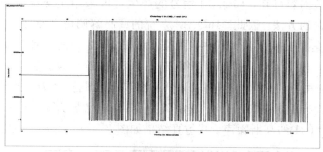

(b) t_1 输出波形

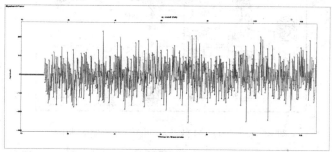

(c) t_4 输出波形

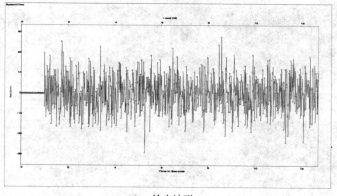

(d) t_3 输出波形

图 8 - 22　OFDM 的 SystemView 仿真模型及仿真结果(输出波形)

8.4 仿真实训

1. 实训目的

通过 SystemView 仿真实验,使读者进一步掌握新型调制技术的原理。通过实训可以培养学生的设计能力,激发学生的学习兴趣,增强学生分析问题和解决问题的能力。

2. 实训内容

16QAM 系统的调制和解调。

3. 实训仿真

根据前面的章节内容可知,16QAM 信号的产生可以采用正交调制和复合相移法,其接收端采取相干解调的方法。因此,16QAM 系统的调制解调仿真原理图如图 8 - 23 所示。其调制部分采用的是正交调制法。其中,图符 0 和图符 12 为同相和正交载波,其频率为 10 Hz,幅度为 1 V,相位为 0;图符 1、图符 2、图符 8、图符 9 为加法器;图符 5、图符 6 为接收器;图符 7 为加法器;图符 3、图符 4 为低通滤波器;图符 12 为二进制双极性序列,其中 +1 对应"1"码元,-1 对应"0"码元,其幅值为 1 V,电平数为 4,频率为 2 Hz;图符 13 为均值为 0,方差为 0.1 的高斯噪声。其仿真结果如图 8 - 24、图 8 - 25 所示。

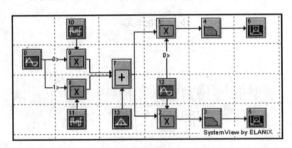

图 8 - 23 16QAM 的 SystemView 调制解调图

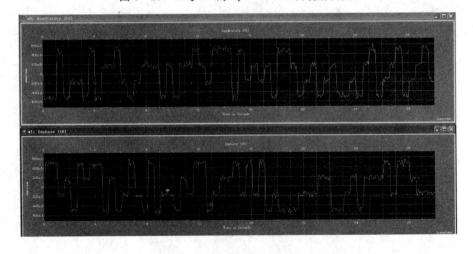

图 8 - 24 16QAM 相干解调输出信号

图 8 - 25　16QAM 的星座图

思 考 题

1. 什么是 QAM? QAM 具有哪些特点?

2. 什么是最小频移键控? MSK 信号具有哪些特点?

3. 何谓 GMSK 调制? 它与 MSK 调制有何不同? GMSK 信号有何特点?

4. 什么是 OFDM? OFDM 信号有何特点?

练 习 题

1. 设有一 MSK 信号发送的数字序列为 11010, 其码元速率为 4 Baud, 载波速率为 6 Hz, 试画出此 MSK 信号。

2. 设有一 MSK 信号, 其码元速率为 500 Baud, 分别用频率 f_1 和 f_0 表示码元"1"和"0"。若 $f_1 = 1125$ Hz, 试求 f_0, 并画出表示码元"100"的波形。

3. 试画出 QAM 的调制原理框图。

第 9 章　模拟信号的数字传输

教学目标：

❖ 了解带通信号的抽样定理；

❖ 掌握低通信号的抽样定理；

❖ 理解模拟脉冲调制中的 PAM 调制的原理；

❖ 理解"量化"的概念；

❖ 掌握"均匀量化"和"非均匀量化"的区别；

❖ 掌握脉冲编码调制的基本原理；

❖ 理解编码原理；

❖ 掌握自然二进制码和折叠二进制码；

❖ 理解差分脉冲编码和增量调制的原理；

❖ 掌握时分复用的方法。

9.1　引　言

通信系统可以分为模拟通信系统和数字通信系统两大类。数字通信系统因为具有诸多优点，现已成为当今通信发展的主要方向。但现今的通信业务中，有许多信源信号是模拟量，如果想利用数字通信系统进行传输，就必须将模拟信号先进行数字化，然后再用数字通信系统传输。模拟信号数字化的方法大致可划分为波形编码和参量编码两类。波形编码是直接把时域波形变换为数字代码序列，比特率通常在 16～64 kb/s 范围内，接收端重建信号的质量好。参量编码是利用信号处理技术，提取模拟信号的特征参量，再变换成数字代码，其比特率在 16 kb/s 以下，但接收端重建(恢复)信号的质量不够好。这里只介绍波形编码，即信号波形的模/数变换方法。

目前使用最普遍的波形编码方法有脉冲编码调制(PCM)和增量调制(ΔM)。采用脉冲编码调制的模拟信号的数字传输系统如图 9 - 1 所示，首先对模拟信息源发出的模拟信号进行抽样，使其成为一系列离散的抽样值，然后将这些抽样值进行量化并编码，变换成数字信号，这时信号便可用数字通信方式传输。在接收端，则将接收到的数字信号进行译码和低通滤波，恢复原模拟信号。这种数字化过程包括三个步骤：抽样、量化和编码。

本章在介绍抽样定理和信号量化的基础上，重点讨论模拟信号数字化的两种方式，即脉冲编码调制和增量调制的原理、性能及仿真，并简要介绍它们的改进型：差分脉冲编码调制（DPCM）原理、性能及仿真。

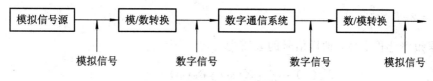

图 9 - 1　模拟信号的数字传输过程

9.2　模拟信号的抽样

在模拟信号数字化过程中，模拟信号首先被抽样。抽样是把时间上连续的模拟信号变成一系列时间上离散的抽样值的过程。能否由此样值序列重建原信号，是抽样定理要回答的问题。对一个频带有限的时间连续的模拟信号抽样，只有当抽样速率达到一定数值时，才能根据它的抽样值重建原信号。也就是说，若要传输模拟信号，不一定要传输模拟信号本身，只需传输按抽样定理得到的抽样值即可。因此，抽样定理是模拟信号数字化的主要理论依据。

根据被抽样信号是带通信号还是低通信号，抽样定理也分为带通信号的抽样定理和低通信号的抽样定理；根据用来抽样的脉冲序列是等间隔的还是非等间隔的，又分为均匀抽样定理和非均匀抽样定理；根据抽样的脉冲序列是冲激序列还是非冲激序列，又可分为理想抽样和实际抽样。

通常情况下，抽样是按照等时间间隔进行，把时间和幅度都连续的模拟信号变为离散信号，实现模拟信号在时间和空间上的离散化，得到离散的模拟信号。抽样过程必须严格遵循抽样定理才能在接收端准确地恢复出原始信号。下面我们分别介绍低通信号的抽样定理和带通信号的抽样定理。

1. 低通信号的抽样定理

对于频带限制在 $(0, f_m)$ 内的时间连续信号 $x(t)$，如果以 $T_s \leqslant 1/(2f_m)$ 的时间间隔对其进行等间隔抽样，则 $x(t)$ 将由所得到的抽样值完全确定。即在信号最高频率分量的每个周期内起码应抽样两次，或者是抽样速率 f_s（每秒内的抽样点数）应不小于 $2f_m$。这种抽样方式是等间隔的，所以也叫均匀抽样定理。若 $T_s > 1/(2f_m)$，则会发生混叠失真。

下面我们在频域证明这个定理。

如图 9 - 2 所示，$x(t)$ 为低通信号，抽样脉冲序列是一个周期为 T_s 的冲激函数 $\delta_T(t)$，抽样信号 $x_s(t)$ 可以看做 $x(t)$ 和 $\delta_T(t)$ 相乘的结果，即

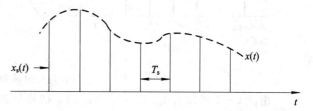

$$x_s(t) = x(t)\delta_T(t) \qquad (9-1)$$

其中，$\delta_T(t)$ 可表示为

图 9 - 2　抽样信号的形成

$$\delta_T(t) = \sum_{n=-\infty}^{\infty} \delta(t - nT_s) \qquad (9-2)$$

周期性冲激函数的频谱 $\delta_T(\omega)$ 可以写成

$$\delta_T(\omega) = \frac{2\pi}{T_s} \sum_{n=-\infty}^{\infty} \delta(\omega - n\omega_s) \qquad (9-3)$$

其中，$\omega_s = 2\pi f_s = \dfrac{2\pi}{T_s}$。

根据频率卷积定理，抽样信号的频谱为

$$X_s(\omega) = \frac{1}{2\pi} \big[X(\omega) * \delta_T(\omega) \big]$$

$$= \frac{1}{T_s} \sum_{n=-\infty}^{\infty} \big[X(\omega) * \delta_T(\omega - n\omega_s) \big]$$

$$= \frac{1}{T_s} \sum_{n=-\infty}^{\infty} X(\omega - n\omega_s) \qquad (9-4)$$

其中，$X(\omega)$ 是低通信号 $x(t)$ 的频谱。

图 9-3 给出了抽样过程时域信号及其频谱的对照图（$\omega_s \geqslant 2\omega_m$），由图（$f$）可以看出，抽样后的信号频谱 $X_s(\omega)$ 是由无限多个间隔为 ω_s 的 $X(\omega)$ 相叠加形成的，即抽样后的信号 $x_s(t)$ 包含了信号 $x(t)$ 的全部信息。

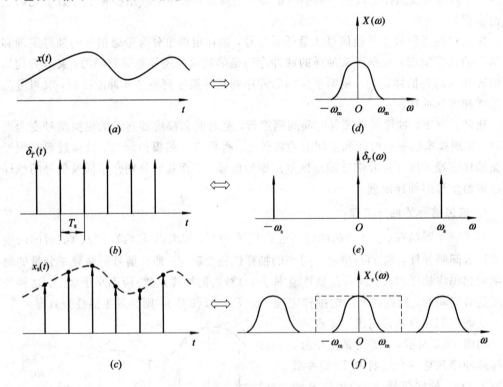

图 9-3　抽样过程时域和频谱对照图

由图 9-3 可以看出，当 $\omega_s \geqslant 2\omega_m$ 时，抽样后的频谱中，相邻的 $X(\omega)$ 之间没有重叠，$n=0$ 时的频谱是信号频谱 $X(\omega)$ 本身。在接收端用一个低通滤波器，可以从 $X_s(\omega)$ 中取出 $X(\omega)$，无失真地恢复出原信号。低通滤波器的特性如图（f）中虚线所示。

若 $\omega_s < 2\omega_m$，即抽样间隔 $T_s > 1/(2f_m)$，则抽样后的信号频谱在相邻的频谱间会发生混叠现象，如图 9-4 所示。

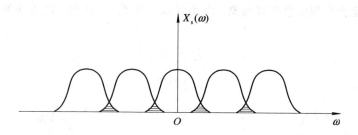

图 9-4　抽样频谱的混叠现象

因此必须满足 $T_s \leqslant 1/(2f_m)$，$x(t)$ 才能由 $x_s(t)$ 完全确定，这就证明了抽样定理。显然，$T_s = 1/(2f_m)$ 是最大允许抽样间隔，称为奈奎斯特间隔，相应的最低抽样速率 $f_s = 2f_m$ 称为奈奎斯特速率。

2. 带通信号的抽样定理

前面讨论和证明了频带限制在 $(0, f_m)$ 的低通型信号的均匀抽样定理。实际中遇到的许多信号是带通型信号。如果采用低通信号抽样定理的抽样速率 $f_s \geqslant 2f_m$，对频率限制在 f_l 与 f_m 之间的带通型信号抽样，是可以满足频谱不混叠要求的，如图 9-5 所示。但此时会有一大段频谱空隙得不到利用，降低了信道的利用率。为了提高信道利用率，同时又使抽样后的信号频谱不混叠，我们需要借助带通信号的抽样定理来选出适当的抽样速率 f_s。

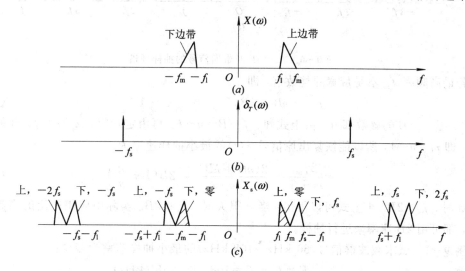

图 9-5　带通信号的抽样频谱

带通均匀抽样定理　一个带通信号 $x(t)$，其频率限制在 f_l 与 f_m 之间，则其带宽为 $B = f_m - f_l$，当最低抽样速率 $f_{s,\min} = 2f_m/(m+1)$ 时，m 等于 f_l/B 的整数部分，带通信号 $x(t)$ 可完全由其抽样值确定。

若最高频率 f_m 为带宽 B 的整数倍，即 $f_m = nB$，此时 $n = m+1$，则最低抽样速率 $f_{s,\min} = 2f_m/(m+1) = 2B$。图 9-6 $f_m = 5B$ 时带通信号的抽样频谱如图 9-6 所示。

由图可知，抽样后信号的频谱 $X_s(\omega)$ 既没有混叠也没有留空隙，而且包含 $x(t)$ 的频谱 $X(\omega)$ 图中虚线所包含的部分。这样，采用带通滤波器就能无失真恢复原信号，而此时抽样速率（$2B$）远低于低通抽样定理的要求 $f_s = 10B$。很明显，如果抽样速率再继续减小，即

$f_s < 2B$，则必定会出现混叠失真现象。由此可知，当 $f_m = nB$ 时，能重建原信号 $x(t)$ 的最小抽样频率为

$$f_s = 2B \qquad\qquad (9-5)$$

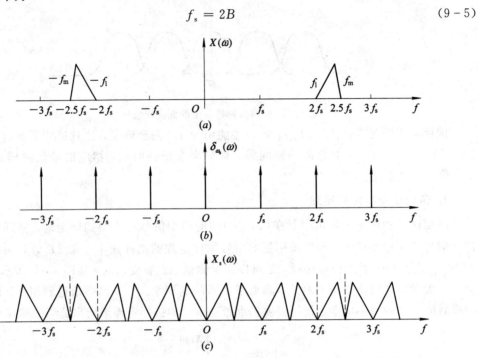

图 9-6　$f_m = 5B$ 时带通信号的抽样频谱

若最高频率 f_m 不是带宽的整数倍，即

$$f_m = nB + kB, \qquad 0 < k < 1 \qquad\qquad (9-6)$$

其中，n 是 f_m/B 的整数部分。由上式知，$f_m/B = n+k$，再由定理得，m 等于 f_1/B 的整数部分，即 $m = n-1$，所以能恢复出原信号 $x(t)$ 的最小抽样速率为

$$f_s = \frac{2f_m}{m+1} = \frac{2(nB+kB)}{n} = 2B\left(1 + \frac{k}{n}\right) \qquad\qquad (9-7)$$

此时，$f_s > 2B$。由上式可以得出：当 n 很大时，$f_s \approx 2B$。实际中应用广泛的高频窄带信号，都可用 $2B$ 速率来进行抽样。

例 9-1　试求载波群信号（60 kHz～108 kHz）的最小抽样速率为多少？

解：
$$B = f_m - f_1 = 108 - 60 = 48 \ (\text{kHz})$$

$$\frac{f_m}{B} = \frac{108}{48} = 2.25$$

得 $n=2$，$k=0.25$。

所以，最小抽样速率为

$$f_s = 2B\left(1 + \frac{k}{n}\right) = 108 \ (\text{kHz})$$

在满足抽样定理的前提下，为了提高传输效率，应尽量降低抽样速率，使抽样频谱在频率轴上排得密些，只要不发生混叠现象，留够保护带即可。抽样定理不仅为模拟信号的数字化奠定了理论基础，它还是时分多路复用及信号分析、处理的主要理论依据，这将在

后面有关章节中介绍。

3. 抽样定理的仿真

关于低通信号采样与恢复的知识在前面已经介绍过了。其对应的 SystemView 仿真原理图如图 9-7 所示。图中被采样的模拟信号源为正弦波，其幅度为 1 V，频率为 100 Hz；抽样脉冲为脉宽为 1 μs 的窄脉宽矩形脉冲。这里用乘法器代替抽样器。仿真结果如图 9-8 所示。

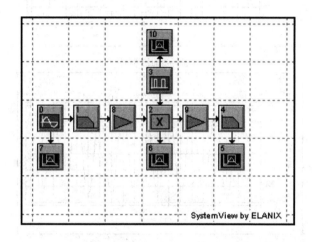

图 9-7　信号抽样与恢复的 SystemView 仿真原理图

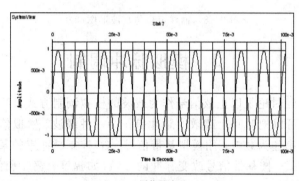

(a) 原信号波形

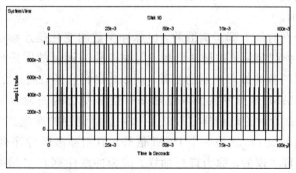

(b) 抽样脉冲波形

图 9-8　抽样定理仿真波形图(1)

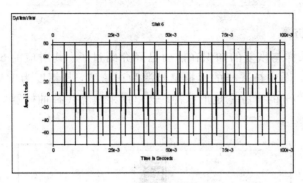

(c) 抽样后的信号波形

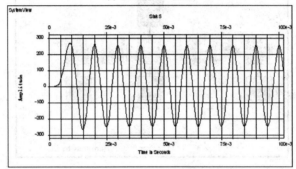

(d) 恢复出的信号波形

图 9 - 8 抽样定理仿真波形图(2)

9.3 模拟脉冲调制

前面第 5 章中已经讨论了以正弦信号作为载波的模拟调制方式,但正弦信号只是载波形式的一种,我们还可以把时间上离散的脉冲串作为一种载波。模拟信号的脉冲调制就是以时间上离散的脉冲串作为载波,用模拟基带信号 $x(t)$ 控制脉冲串的某参数,使其按 $x(t)$ 的规律变化的调制方式。按基带信号改变脉冲的参数(如幅度、宽度和位置)不同,脉冲调制可分为脉冲振幅调制(PAM)、脉冲宽度调制(PDM)和脉冲位置调制(PPM),其已调信号波形如图 9 - 9 所示。

这三种已调信号在时间上都是离散的,但脉冲参数的变化是连续的,所以都属于模拟信号,因此称上述三种调制为模拟脉冲调制。因模拟脉冲调制的用途比较有限,而脉冲振幅调制是后面要介绍的脉冲编码调制的基础,所以,我们这里只简单介绍脉冲振幅调制。

脉冲振幅调制(PAM)是脉冲载波幅度随基带信号变化的一种调制方式。若脉冲载波是冲激脉冲序列,则前面讨论的抽样定理就是脉冲振幅调制的原理。也就是说,按抽样定理进行抽样得到的信号 $x_s(t)$ 就是一个 PAM 信号。但用冲激脉冲序列进行抽样是一种理想抽样的情况,是不可实现的,称为理想抽样。因为冲激序列在实际中是不可获得的,即使能获得,由于抽样后信号的频谱为无穷大,在有限带宽的信道中也无法传递。因此,在实际中通常采用脉冲宽度相对于抽样周期很窄的窄脉冲序列近似代替冲激脉冲序列,实现脉冲振幅调制,又称为实际抽样。

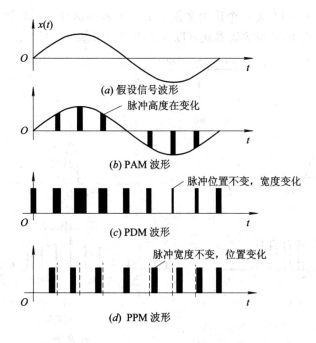

图 9 - 9　PAM、PDM 及 PPM 信号波形

　　一般地，用窄脉冲序列进行实际抽样的脉冲振幅调制方式分两种：自然抽样的脉冲调幅和平顶抽样的脉冲调幅。

1. 自然抽样

　　自然抽样又称曲顶抽样，指抽样后的脉冲幅度（顶部）随被抽样信号 $x(t)$ 变化，即保持 $x(t)$ 的变化规律。自然抽样是由 $x(t)$ 和脉冲序列直接相乘来完成的，如图 9 - 10(a) 所示。

　　设模拟基带信号 $x(t)$ 的波形及频谱如图 9 - 10(b) 所示，脉冲载波用 $s(t)$ 表示，它是幅度为 A，宽度为 τ，周期为 T_s 的矩形窄带脉冲序列，其中 T_s 是按抽样定理确定的，取 $T_s = 1/(2f_m)$。$s(t)$ 的波形及频谱如图 9 - 10(c) 所示，则自然抽样 PAM 信号 $x_s(t)$（波形见图 9 - 10(d)）为 $x(t)$ 与 $s(t)$ 的乘积，即

$$x_s(t) = x(t)s(t) \qquad (9-8)$$

　　由频域卷积定理得

$$X_s(\omega) = \frac{1}{2\pi}[X(\omega) * S(\omega)] \qquad (9-9)$$

式中：$X_s(\omega)$ 是抽样信号 $x_s(t)$ 的频谱；$X(\omega)$ 是基带信号 $x(t)$ 的频谱；$S(\omega)$ 是脉冲信号 $s(t)$ 的频谱，其表达式为

$$S(\omega) = \frac{2\pi A\tau}{T_s} \sum_{n=-\infty}^{\infty} \mathrm{Sa}(n\tau\omega_m)\delta(\omega - 2n\omega_m) \qquad (9-10)$$

　　将式(9 - 10)代入式(9 - 9)可以得到

$$X_s(\omega) = \frac{A\tau}{T_s} \sum_{n=-\infty}^{\infty} \mathrm{Sa}(n\tau\omega_m)X(\omega - 2n\omega_m) \qquad (9-11)$$

　　如图 9 - 10(e) 所示，自然抽样 PAM 信号的频谱与理想抽样（采用冲激序列抽样）的频谱非常相似，也是由无限多个间隔为 $\omega_s = 2\omega_m$ 的基带信号频谱 $X(\omega)$ 之和组成。$n = 0$ 的成

分与基带信号频谱 $X(\omega)$ 只差一个比例常数 τ/T_s。若脉冲信号 $s(t)$ 的频率 $f_s \geqslant 2f_m$，则采用一个截止频率为 f_m 的低通滤波器就可以分离出原模拟基带信号 $x(t)$。

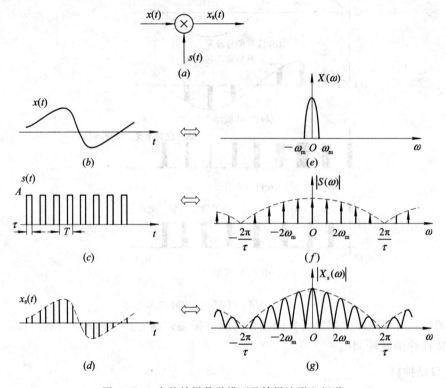

图 9-10　自然抽样数学模型及抽样波形和频谱

2. 平顶抽样

平顶抽样又叫瞬时抽样，它与自然抽样的不同之处在于，它抽样后信号中的脉冲均具有相同的形状——顶部平坦的矩形脉冲，矩形脉冲的幅度为瞬时抽样值。常用"抽样—保持电路"产生 PAM 信号，模拟信号 $x(t)$ 与非常窄的周期脉冲（近似为 $\delta_T(t)$）相乘，得到 $x_s(t)$，然后通过一个保持电路，将抽样电压保持一定时间，输出脉冲波形保持平顶，其数学模型如图 9-11(a) 所示，其中脉冲形成电路的作用就是把冲激脉冲变为矩形脉冲。

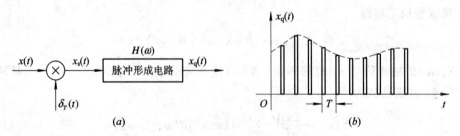

图 9-11　平顶抽样数学模型及抽样信号

设基带信号为 $x(t)$，矩形脉冲形成电路的冲激响应为 $h(t)$，$x(t)$ 经过理想抽样后得到的信号 $x_s(t)$ 可表示为

$$x_s(t) = \sum_{n=-\infty}^{\infty} x(nT_s)\delta(t - nT_s) \tag{9-12}$$

由上式可以看出，$x_s(t)$ 是由一系列被 $x(nT_s)$ 加权的冲激序列组成，$x(nT_s)$ 是第 n 个抽样值的幅度。经过矩形脉冲形成电路，每输入一个冲激信号，在输出端就产生一个幅度为 $x(nT_s)$ 的矩形脉冲 $h(t)$。在 $x_s(t)$ 作用下，输出一系列被 $x(nT_s)$ 加权的矩形脉冲序列，这就是平顶抽样 PAM 信号 $x_q(t)$（其波形如图 9 - 11(b) 所示），其表达式为

$$x_q(t) = \sum_{n=-\infty}^{\infty} x(nT_s)\delta(t - nT_s) \tag{9-13}$$

在频域内，输出平顶抽样信号的频谱 $X_q(\omega)$ 为

$$X_q(\omega) = X_s(\omega)H(\omega) = \frac{1}{T_s}H(\omega)\sum_{n=-\infty}^{\infty} X(\omega - n\omega_m) \tag{9-14}$$

式中：$X_s(\omega)$ 是抽样信号 $x_s(t)$ 的频谱；$X(\omega)$ 是基带信号 $x(t)$ 的频谱；$H(\omega)$ 是矩形脉冲信号 $h(t)$ 的频谱。

由上式看出，平顶抽样的 PAM 信号频谱 $X_q(\omega)$ 是由 $H(\omega)$ 加权后的周期性重复的 $X(\omega)$ 所组成。若直接用低通滤波器恢复原始信号，必然存在失真现象，原因是加权系数 $H(\omega)$ 也是 ω 的函数。因此，在低通滤波器之前先加一个传输函数为 $1/H(\omega)$ 的修正滤波器，才能无失真地恢复原基带信号 $x(t)$。

9.4　抽样信号的量化

模拟信号的数字化过程包括"抽样、量化、编码"三个步骤。抽样把一个时间连续的模拟信号变成时间离散的模拟信号，接下来就是把抽样得到的时间离散、幅值连续的信号变成预先规定的有限个离散值，即量化，量化是模拟信号数字化过程的一个重要环节。量化就是用一组有限的实数集合作为输出，每个数代表最接近它的抽样值，把取值连续的抽样信号变成取值离散的信号。假设实数集合有 N 个数，就叫 N 级量化。下面我们讨论模拟抽样信号的量化。

9.4.1　量化原理

设模拟信号的抽样值为 $x(kT)$，其中，k 为整数，T 是抽样周期。因为抽样后的信号仍是取值连续的模拟信号，所以它可以有无数个可能的连续取值。为了利用数字传输系统来传输信号，我们如果仅用 N 位二进制码组来表示该样值的大小，那么 N 位二进制码组只能代表 $M = 2^N$ 个不同的抽样值，而不是无穷多个可能的取值。这就需要把取值无限的抽样值划分成有限的 M 个区间，如果每个区间用一个电平表示，那么一共有 M 个离散电平，称它们为量化电平。用 M 个量化电平表示连续抽样值的方法就叫量化。

先介绍一个量化过程的例子。量化的过程可以通过图 9 - 12 所示的例子加以说明。图中，$x(t)$ 表示模拟信号，抽样速率为 $f_s = 1/T_s$，$x_s(t)$ 表示抽样信号，$x_q(t)$ 表示量化信号，$x(kT_s)$ 表示第 k 个抽样值，$x_q(kT_s)$ 表示第 k 个抽样值的量化值，$q_1 \sim q_7$ 表示预先规定好的 7 个量化输出电平，$m_1 \sim m_6$ 表示量化区间的端点，共分了 5 个量化区间。那么，量化就是将抽样值 $x(kT_s)$ 转换为 7 个规定电平 $q_1 \sim q_7$ 之一：

$$x_q(kT_s) = q_i, \qquad m_{j-1} \leqslant x(kT_s) < m_j \tag{9-15}$$

式中：$i = 1, 2, \cdots, 7$；$j = 1, 2, \cdots, 5$。按照上式的变换，模拟抽样信号就变换成了离散量

化信号。

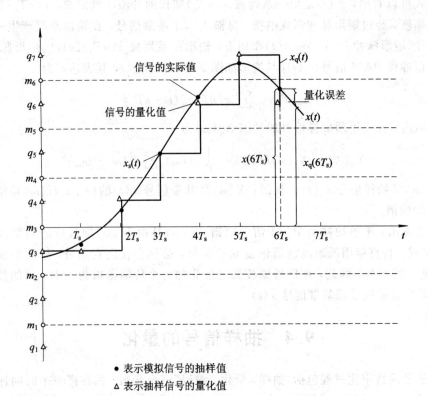

● 表示模拟信号的抽样值
△ 表示抽样信号的量化值

图 9 - 12 量化的过程

由图 9 - 12 或式(9 - 15)可以看出,量化后的信号 $x_q(t)$ 是对原来信号 $x(t)$ 的近似,当抽样速率一定,量化级数目(量化电平数)增加并且量化电平选择适当时,可以提高 $x_q(t)$ 与 $x(t)$ 的近似程度。图 9 - 12 中所示,$x(6T_s)$ 与 $x_q(6T_s)$ 是不等的,我们把 $x_q(kT_s)$ 与 $x(kT_s)$ 之间的误差称为量化误差,也称为量化噪声。此量化过程一般认为是在量化器中完成的,量化器的输入信号是 $x(kT_s)$,输出信号是 $x_q(kT_s)$。

如图 9 - 12 所示,量化区间是等间隔划分的,这种量化称为均匀量化。若量化区间不均匀划分,则称为非均匀量化。下面将分别加以讨论。

9.4.2 均匀量化

在均匀量化中,每个量化区间的量化电平均取在各区间的中点,如图 9 - 12 所示的例子。其量化间隔 Δ 取决于模拟抽样信号的取值范围和量化电平数。假设输入信号的最小值和最大值分别为 a 和 b,量化电平数为 M,则均匀量化的量化间隔为

$$\Delta = \frac{b-a}{M} \tag{9-16}$$

则量化区间的端点 m_i 和量化输出电平 q_i 可分别表示为

$$m_i = a + i\Delta, \qquad i = 0, 1, \cdots, M \tag{9-17}$$

$$q_i = \frac{m_i - m_{i-1}}{2}, \qquad i = 1, 2, \cdots, M \tag{9-18}$$

量化器的性能由输入量化器的信号功率与量化噪声功率之比来衡量(简称信号量噪

比）。对于给定的信号最大幅度，量化电平数越多，量化噪声越小，信号量噪比越高。因为取样值随时间随机变化，所以量化误差也随时间变化，故我们对均匀量化的平均信号量噪比进行分析。

设均匀量化时的量化噪声功率平均值为 N_q，模拟信号的抽样值为 x_k（即 $x(kT_s)$），信号抽样值 x_k 的概率密度 $f(x_k)$，则有

$$N_q = E\left[(x_k - x_q)^2\right] = \int_a^b (x_k - x_q)^2 f(x_k) \mathrm{d}x_k$$

$$= \sum_{i=1}^{M} \int_{m_{i-1}}^{m_i} (x_k - q_i)^2 f(x_k) \mathrm{d}x_k \tag{9-19}$$

式中：x_q（即 $x_q(kT_s)$）表示抽样值 x_k 的量化值；M 表示量化电平数；q_i 表示规定的量化电平值。

信号 x_k 的平均功率可以表示为

$$S = E[x_k^2] = \int_a^b x_k^2 f(x_k) \mathrm{d}x_k \tag{9-20}$$

若给出信号特性和量化特性，即可求出信号量噪比 S/N_q。

例 9-2　设一均匀量化器的量化电平数为 M，输入信号的概率密度函数在区间 $[-a, a]$ 内均匀分布，求此量化器的平均信号量噪比。

解：由题意知，$f(x_k) = \dfrac{1}{2a}$，根据式（9-19）得平均量化噪声功率为

$$N_q = \sum_{i=1}^{M} \int_{m_{i-1}}^{m_i} (x_k - q_i)^2 f(x_k) \mathrm{d}x_k$$

$$= \sum_{i=1}^{M} \int_{m_{i-1}}^{m_i} (x_k - q_i)^2 \frac{1}{2a} \mathrm{d}x_k$$

$$= \sum_{i=1}^{M} \int_{-a+(i-1)\Delta}^{-a+i\Delta} \left(x_k + a - i\Delta + \frac{\Delta}{2}\right)^2 \frac{1}{2a} \mathrm{d}x_k$$

$$= \frac{1}{2a} \sum_{i=1}^{M} \left(\frac{\Delta^3}{12}\right) = \frac{M\Delta^3}{24a} = \frac{\Delta^2}{12}$$

信号功率为

$$S = \int_{-a}^{a} x_k^2 f(x_k) \mathrm{d}x_k = \int_{-a}^{a} x_k^2 \frac{1}{2a} \mathrm{d}x_k = \frac{M^2\Delta^2}{12}$$

故此量化器的平均信号量噪比为

$$\frac{S}{N_q} = M^2 \qquad 或 \left(\frac{S}{N_q}\right)_{\mathrm{dB}} = 20 \lg M \quad (\mathrm{dB})$$

由上式可知，信号量噪比随量化电平数 M 的增加而提高，量噪比越高，信号的逼真度越好。通常量化电平数根据信号量噪比的要求确定。

均匀量化器广泛应用于线性 A/D 变换接口，例如在计算机的 A/D 变换中。另外，在遥测遥控系统、仪表、图像信号的数字化接口中，也都使用均匀量化器。但在语音信号数字化通信（或叫数字电话通信）中，均匀量化则有一个明显的不足即量化平均信号量噪比随信号电平的减小而下降。产生这一现象的原因是均匀量化的量化间隔 Δ 为固定值，量化电平分布均匀，因而无论信号大小如何，量化噪声功率固定不变，这样，小信号时的量化信

号量噪比就难以达到给定的要求。均匀量化时输入信号的动态范围将受到较大限制。为此，实际中往往采用非均匀量化。

9.4.3 非均匀量化

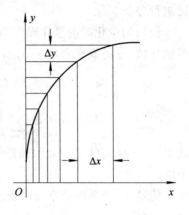

图 9-13 压缩特性

非均匀量化是一种在整个动态范围内量化间隔不相等的量化。根据信号的不同区间来确定量化间隔，对信号取值小的区间，量化间隔 Δ 也小，反之，量化间隔就大。如图 9-13 所示，纵坐标 y 是均匀刻度的，横坐标 x 是非均匀刻度的。输入信号 x 越小，量化间隔 Δ 也就越小，即小信号的量化误差也小。Δ 随 x 的增加而线性增加。因此，量化噪声功率的均方根值基本上与信号抽样值成比例，改善了小信号时量化信噪比。也就是说，非均匀量化根据抽样值信号的概率密度函数来分布量化电平，以改善量化性能。

实现非均匀量化的方法之一是把输入量化器的信号 x 先进行压缩处理（在压缩器中完成），再把压缩的信号 y 进行均匀量化。压缩就是用一个非线性变换电路把输入信号 x 变换成输出信号 y，即

$$y = f(x) \tag{9-21}$$

式中：f 为非线性变换函数。

通过压缩处理，将微弱信号放大，强信号压缩。压缩器的输入和输出信号一般是电压信号。在接收端，通过反处理恢复 x，即

$$x = f^{-1}(y) \tag{9-22}$$

式中：f^{-1} 为 f 的逆变换。

通常进行压缩处理时，大多采用对数式压缩，即 $y = \ln x$。但当 $x = 0$ 时，y 无意义，需要对其进行修正。广泛采用的两种对数压缩特性是 μ 压缩律和 A 压缩律。美国、韩国等少数国家和地区采用 μ 压缩律，我国、欧洲各国及国际间互联时均采用 A 压缩律。下面分别讨论这两种压缩律的原理。

1. μ 压缩律

μ 压缩律是指以 μ 为参量，符合下式的对数压缩规律：

$$y = \frac{\ln(1+\mu x)}{\ln(1+\mu)}, \qquad 0 \leqslant x \leqslant 1 \tag{9-23}$$

式中：x、y 分别是归一化（指信号电压与信号最大电压之比，故归一化的最大值为 1）压缩器的输入、输出信号；μ 是压缩参数，表示压缩程度。当量化级划分较多时，每一量化级中的压缩特性曲线均可看成直线，即

$$\frac{\Delta y}{\Delta x} = \frac{dy}{dx} = y' \tag{9-24}$$

式中：y' 是 y 的一阶导数。将式（9-23）等号两边对 x 求导数，得到 μ 律压缩特性的斜率为

$$y' = \frac{\mu}{(1+\mu x)\ln(1+\mu)} \tag{9-25}$$

当 $\mu > 1$ 时，$\dfrac{\Delta y}{\Delta x}$ 的比值大小反映非均匀量化(有压缩)和均匀量化(无压缩)的信噪比的改善程度，用 Q 表示信噪比的改善量，则定义

$$[Q]_{dB} = 20\lg\left(\frac{\Delta y}{\Delta x}\right) = 20\lg\left(\frac{\mathrm{d}y}{\mathrm{d}x}\right) \tag{9-26}$$

对于小信号，即 $x \ll 1$ 或 $1 + \mu x \approx 1$，此时小信号的斜率为

$$y' \approx \frac{\mu}{\ln(1+\mu)} \tag{9-27}$$

由上式可知，对于小信号，μ 越大，则压缩特性的斜率就越大，对小信号的放大程度也越高。提高了小信号的信噪比，扩大了信号的动态范围。

对大信号而言，即 $1 + \mu x \approx \mu x$，此时大信号的斜率为

$$y' \approx \frac{\mu}{x \cdot \ln(1+\mu)} \tag{9-28}$$

由上式可以看出，压缩特性曲线的斜率随 x 和 μ 的增加而下降，故对大信号的压缩程度也随 x 和 μ 的增加而降低。

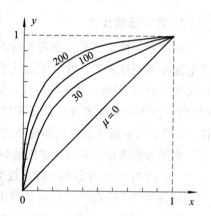

根据以上分析还可以得到量化误差：

$$\frac{\Delta x}{2} = \frac{1}{y'} \cdot \frac{\Delta y}{2} = \frac{\Delta y}{2} \frac{(1+\mu x)\ln(1+\mu)}{\mu} \tag{9-29}$$

不同的 μ 值压缩特性如图 9-14 所示。由图可见：当 $\mu = 0$ 时，压缩特性是一条通过原点的直线，此时没有压缩效果，小信号性能得不到改善；μ 值越大压缩效果越明显，一般当 $\mu = 100$ 时，压缩效果比较理想，在国际标准中取 $\mu = 225$；μ 律压缩特性曲线是以原点奇对称的，图中只画出了正向部分。

图 9-14　μ 值不同时 μ 律压缩特性

2. A 压缩律

A 压缩律是指以 A 为参量，符合下式的对数压缩规律：

$$y = \begin{cases} \dfrac{Ax}{1+\ln A}, & 0 \leqslant x \leqslant \dfrac{1}{A} \\[3mm] \dfrac{1+\ln(Ax)}{1+\ln A}, & \dfrac{1}{A} \leqslant x \leqslant 1 \end{cases} \tag{9-30}$$

式中：x 表示压缩器归一化输入电压信号；y 表示压缩器归一化输出电压信号；A 表示压缩程度的常量。由上式可以看出：当 $0 < x \leqslant 1/A$ 时，即在小信号区，y 和 x 成正比，是一条直线方程；当 $1/A \leqslant x \leqslant 1$ 时，即在大信号区，y 和 x 是对数关系。A 律压缩特性如图 9-15 所示。

不同的 A 值压缩特性如图 9-16 所示。由图可见：A=1 时无压缩，A 值越大压缩效果越明显。国际标准中，A 的取值为 87.6。A 律压缩特性曲线是以原点奇对称的，图中只画出了正向部分。

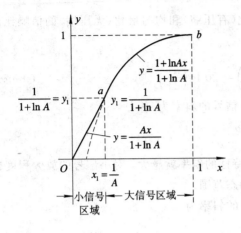

图 9-15　A 律压缩特性

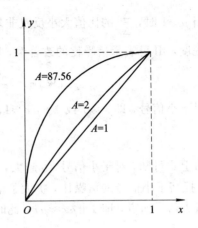

图 9-16　A 值不同时 A 律压缩特性

3. 数字压缩技术

A 律和 μ 律虽然是可物理实现的，但是在电路上它们是相当复杂的，目前广泛应用数字电路来实现压缩率。数字压缩技术就是通过大量的数字电路形成若干折线段，并用这些折线来近似 A 律或 μ 律压缩特性，从而达到压缩目的的方法。实际中，往往采用近似于 A 律的 13 折线法来描述 A 律的压缩特性，采用近似于 μ 律的 15 折线法来描述 μ 律的压缩特性。这样，基本保持连续压缩曲线的优点，电路上又易于实现。

在国际标准中，有两种常用的数字压缩技术：

(1) 13 折线 A 律压缩：特性近似 $A=87.6$ 的 A 律压缩特性，主要用于中、英、法、德等欧洲各国的 PCM(30/32)路基群中。

(2) 15 折线 μ 律压缩：特性近似 $\mu=255$ 的 μ 律压缩特性，主要用于美国、加拿大和日本等国的 PCM-24 路基群中。

下面我们主要介绍 A 律的 13 折线法，对 μ 律 15 折线作简要介绍。

1) 13 折线 A 律压缩

我们知道，任何一条曲线都可以用无数折线逼近。A 律 13 折线就是用 13 段折线逼近 $A=87.6$ 的 A 律压缩特性曲线。横坐标 x 和纵坐标 y 轴用两种不同的方法都划分为 8 段，将相应的坐标点 (x, y) 相连就得到一条折线。对 x 轴在 0～1(归一化)范围内不均匀分成 8 段，分段的规律是每次以二分之一对分，第一次在 0～1 之间的 1/2 处对分，即线段 1/2～1 为第八段；第二次在 0～1/2 之间的 1/4 处对分，即线段 1/4～1/2 为第七段；第三次在 0～1/4 之间的 1/8 处对分，即线段 1/8～1/4 为第六段；其余类推，直到线段 0～1/128 为第一段。对 y 轴在 0～1(归一化)范围内采用等分法，均匀分成 8 段，每段间隔均为 1/8。然后把 x、y 各对应段的交点连接起来构成 8 段直线，得到如图 9-17 所示的折线压缩特性。因为第 1、2 段斜率相同(均为 16)，因此可视为一条直线段，故实际上只有 7 段斜率不同的折线。

因为很多实际信号为交流信号，输入电压信号 x 有正负极性。图 9-17 只是压缩特性的一半，我们需要找出 x 取负值的另一半。我们知道，A 律压缩特性曲线是以原点奇对称的，因此，可以在第三象限作出对原点奇对称的另一半曲线，如图 9-18 所示。这样，第一象限的第 1、2 段和第三象限的第 1、2 段的斜率都是 16，这四段折线构成一条直线，另外还有 12 段折线，所以，正负两个象限中完整的压缩曲线一共有 13 段折线，因此称为 13 折线压缩特性。

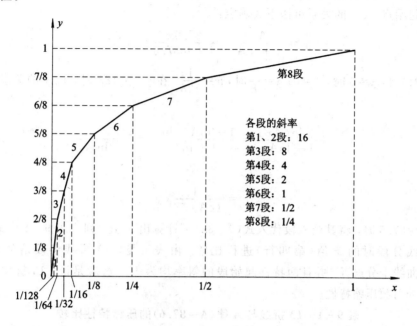

图 9-17　正向 13 折线 A 律压缩特性

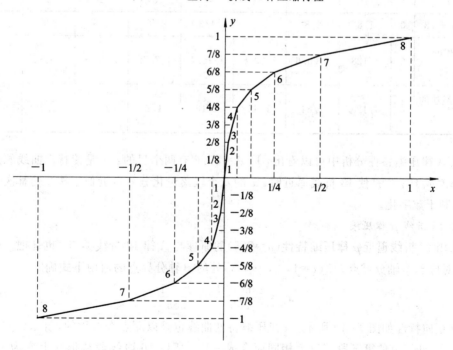

图 9-18　完整的 13 折线特性

下面考察 13 折线与 A 律（$A=87.6$）压缩特性的近似程度。在 A 律对数特性的小信号区分界点 $x_0=1/A=1/87.6$，相应的 y 值根据式（9-30）表示的直线方程可得

$$y_0 = \frac{Ax}{1+\ln A} = \frac{87.6}{1+\ln 87.6}x_0 \approx 0.183$$

由于 13 折线中 y 是均匀划分的，y 的取值在第 1、2 段起始点（0、1/8）都小于 0.183，故这两段起始点 x、y 的关系可由下式确定：

$$y = \frac{Ax}{1+\ln A} = \frac{87.6x}{1+\ln 87.6} \approx 16x \qquad (9-31)$$

由式（9 - 31）得：$y=0$ 时，$x=0$；$y=\frac{1}{8}$ 时，$x=\frac{1}{128}$。在 $y>0.183$ 时，x、y 的关系可由下式确定：

$$y = \frac{1+\ln(Ax)}{1+\ln A} = \frac{1+\ln A+\ln x}{1+\ln A} = 1+\frac{\ln x}{\ln(eA)}$$

解得

$$x = \frac{1}{(eA)^{(y-1)}} \qquad (9-32)$$

当 $A=87.6$ 时，将其余六段代入式（9 - 32）可计算出 x 值，列入表 9 - 1 中的第三行，并与按折线分段时的 x 值（第四行）进行比较。由表可见，13 折线各段落的分界点与 $A=87.6$ 曲线十分逼近，并且两特性起始段的斜率均为 16，这就是说，13 折线非常逼近 $A=87.6$ 的对数压缩特性。

表 9 - 1 13 折线与 A 律（A=87.6）的压缩特性比较

i	8	7	6	5	4	3	2	1	0
$y=1-i/8$	0	1/8	2/8	3/8	4/8	5/8	6/8	7/8	1
A 律的 x 值	0	1/128	1/60.6	1/30.6	1/15.4	1/7.79	1/3.93	1/1.98	1
13 折线法的 $x=1/2^i$	0	1/128	1/64	1/32	1/16	1/8	1/4	1/2	1

从 A 律压缩特性分析中可以看出，取 $A=87.6$ 有两个目的：一是使特性曲线原点附近的斜率凑成 16；二是使 13 折线逼近时，x 的八个段落量化分界点近似于按 2 的幂次递减分割，有利于数字化。

2）15 折线 μ 律压缩

采用 15 折线逼近 μ 律压缩特性（$\mu=255$）的原理与 A 律 13 折线类似，也是把 y 轴均分 8 段，对应于 y 轴分界点 $i/8$（$i=1, 2, \cdots, 8$）处的 x 轴分界点的值由下式确定

$$x = \frac{256^y-1}{255} = \frac{2^i-1}{255} \qquad (9-33)$$

其正向特性如图 9 - 19 所示。μ 律压缩特性曲线也是以原点奇对称的，正、负方向各有 8 段线段，正、负的第 1 段因斜率相同而合成一段，所以 16 段线段从形式上变为 15 段折线，故称其 μ 律 15 折线。

μ 律 15 折线第 1 段的斜率比 A 律 13 折线第 1 段的斜率大 1 倍。因此，小信号的量化信噪比也将比 A 律大一倍多。不过，对于大信号来说，μ 律要比 A 律差。

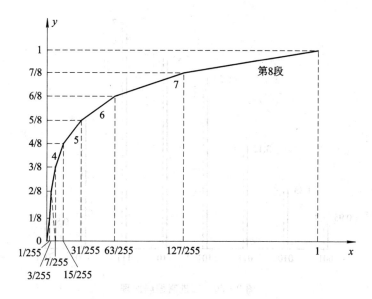

图 9 - 19 正向 15 折线 μ 律压缩特性

9.5 脉冲编码调制

量化后的信号是取值离散的数字信号，还需要对这个数字信号进行编码。编码就是把量化后的信号变换成代码。常用的编码是用二进制符号"0"和"1"表示离散的数字信号。通常把从模拟信号抽样、量化，直到变换成为二进制符号的基本过程，称为脉冲编码调制（Pulse Code Modulation，PCM），简称脉码调制。

9.5.1 脉冲编码调制的基本原理

脉冲编码调制是将模拟信号转换成二进制信号的常用方法，即用一组二进制数字来代替连续信号的抽样值，从而实现数字通信。由于这种通信方式的抗干扰能力强，它在计算机、光纤通信、数字微波通信、卫星通信、广播电视等很多领域中均获得了极为广泛的应用。

下面通过一个简单的例子介绍二进制编码的原理。如图 9 - 20 中，模拟信号的抽样值为 0.95、1.83、3.12、5.23、5.89、6.80、3.93 和 0.83。若把抽样值按照"四舍五入"的原则量化为整数值，则抽样值量化后变为 1、2、3、5、6、7、4 和 1。再按照二进制数进行编码，量化值就变成二进制代码：001、010、011、101、110、111、100 和 001。

PCM 信号的形成是模拟信号经过"抽样、量化、编码"三个步骤实现的。PCM 系统的原理方框图如图 9 - 21 所示。先由冲激脉冲对模拟信号进行抽样，得到时间离散、幅值连续的抽样信号，为使电路有时间进行量化，抽样值通常需要保持电路对其作短暂保存。量化器把模拟抽样信号变成离散的量化值，然后进入编码器进行二进制编码，形成 PCM 信号。PCM 信号就是一组代替信号抽样值量化后的二进制代码。PCM 信号经过信道传输到接收端先后进入译码器（与编码器过程相反）、低通滤波器恢复原模拟信号。其中，量化器和编码器组合称为模/数转换器（A/D 转换器），译码器和低通滤波器组合称为数/模转换器（D/A 转换器）。下面介绍二进制码编码器的工作原理。

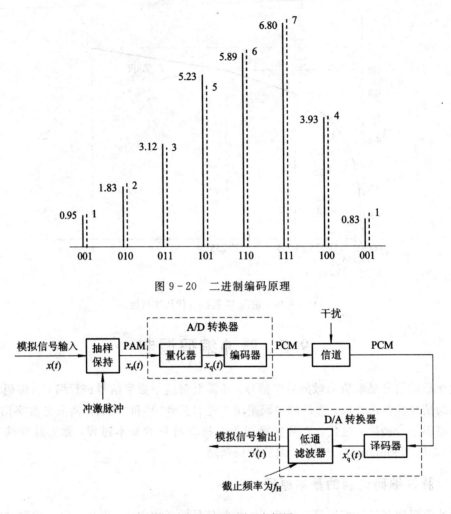

图 9 - 20 二进制编码原理

图 9 - 21 PCM 原理方框图

在实际电路中，编码电路有不同的实现方案，如逐次比较（反馈）型、折叠级联型、混合型等。最常用的一种是逐次比较法编码器，其基本原理方框图如图 9 - 22 所示。图中，I_s 表示由保持电路短时间保持的输入信号抽样脉冲电流；I_w 表示权值电流，它是在电路中预先产生的，它的个数取决于编码的位数；$c_i(i=1,2,3)$ 表示输入信号模拟抽样脉冲编成的二进制代码。

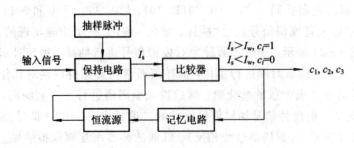

图 9 - 22 逐次比较法编码原理方框图

上图为 3 位编码器，即将输入模拟抽样脉冲编成 3 位二进制 $c_1 c_2 c_3$。它们可以表示

$0 \sim 7$ 共 8 个十进制数,如表 9 - 2 所示。如果按照"四舍五入"的原则,则可以对 -0.5 和 7. 5 之间的输入信号抽样脉冲值进行正确编码。I_s 和 3 个不同的 I_w 逐次比较,每比较一次,得出 1 位二进制码,最后得到 3 位二进制码,即 $c_1 c_2 c_3$。第一次比较用于判断 c_1 值,此时 $I_w = 3.5$,即当 $I_s > 3.5$ 时,$c_1 = 1$;当 $I_s < 3.5$ 时,$c_1 = 0$。得出 c_1 值后,c_1 除了输出外,还要放入记忆电路暂存,用于后面比较的需要。第二次比较用于判断 c_2 值,若 $c_1 = 1$,则 $I_w = 5.5$;若 $c_1 = 0$,则 $I_w = 1.5$。然后进行第二次比较,当 $I_s > I_w$ 时,$c_2 = 1$;当 $I_s < I_w$ 时,$c_2 = 0$。得出 c_2 值后,c_2 除了输出外,还要放入记忆电路暂存,用于第三次比较的需要。第三次比较用于判断 c_3 值,但需要根据 $c_1 c_2$ 的值决定 I_w 的值。若 $c_1 c_2 = 00$,则 $I_w = 0.5$;若 $c_1 c_2 = 01$,则 $I_w = 2.5$;若 $c_1 c_2 = 10$,则 $I_w = 4.5$;若 $c_1 c_2 = 11$,则 $I_w = 6.5$。然后进行第三次比较,当 $I_s > I_w$ 时,$c_3 = 1$;当 $I_s < I_w$ 时,$c_3 = 0$。

表 9 - 2　三位二进制码的编码表

量化值	c_1	c_2	c_3
0	0	0	0
1	0	0	1
2	0	1	0
3	0	1	1
4	1	0	0
5	1	0	1
6	1	1	0
7	1	1	1

9.5.2　自然二进制码和折叠二进制码

因为二进制码具有抗干扰能力强、易产生等优点,所以,PCM 中一般采用二进制码。对于 M 个量化电平,可以用 N 位二进制码来表示,其中每一个量化电平对应的编码称为该量化电平对应的码字(或码组)。代码的编码规律称为码型。在 PCM 中,常用的二进制码型有三种:自然二进制码、折叠二进制码和格雷二进制码(反射二进制码)。这里我们主要介绍自然二进制码和折叠二进制码。

自然二进制码就是一般的十进制正整数的二进制表示,按照二进制数的自然规律排列。这种编码简单、易记。把自然二进制码从低位到高位依次给以 2 倍的加权,就可变换为十进制数。如设一自然二进制码为 $a_{n-1} a_{n-2} a_1 a_0$,则对应的十进制数可表示为

$$D = a_0 2^0 + a_1 2^1 + \cdots + a_{n-2} 2^{n-2} + a_{n-1} 2^{n-1}$$

D 即是其对应的十进制数(表示量化电平值),这种"可加性"可简化译码器的结构。

对于电话信号(通常为交流信号)来说,还常用折叠二进制码。以 4 位二进制码为例,两种编码列于表 9 - 3 中。折叠二进制码是一种符号幅度码。左边第一位表示信号的极性,信号为正用"1"表示,信号为负用"0"表示;第二位至最后一位表示信号的幅度。如表 9 - 3 所示,16 个双极性量化值分为两部分,$0 \sim 7$ 个量化值对应于负极性电压,$8 \sim 15$ 个量化值对应于正极性电压,1000($+0$)与 0000(-0)之间存在一个量化级差。由于正、负绝对值

相同时，折叠码的上半部分与下半部分相对零电平对称折叠，故称折叠码。其幅度码从小到大按自然二进制码规则编码。对于二进制折叠码而言，除了其最高位符号（表示极性）相反外，其他位上下两部分呈现映像关系（也称折叠关系）。也就是说，在用最高位表示极性后，双极性电压可以采用单极性编码方法处理，使编码电路和编码过程得以大大简化。

表 9 - 3　四位自然二进制码和折叠二进制码的比较

样值脉冲极性	自然二进制码 8 4 2 1	折叠二进制码	量化级序号
正极性部分	1111	1111	15
	1110	1110	14
	1101	1101	13
	1100	1100	12
	1011	1011	11
	1010	1010	10
	1001	1001	9
	1000	1000	8
负极性部分	0111	0000	7
	0110	0001	6
	0101	0010	5
	0100	0011	4
	0011	0100	3
	0010	0101	2
	0001	0110	1
	0000	0111	0

与自然二进制码相比，折叠二进制码的一个优点是，对于语音这样的双极性信号，只要绝对值相同，则可以采用单极性编码的方法，使编码过程大大简化；另一个优点是，在传输过程中出现误码，对小信号影响较小。例如，一个大信号的码组"1111"误为码组"0111"，从表 9 - 3 可知，自然二进制码由 15 错到 7，误差为 8 个量化级，对于折叠二进制码，由 15 错到 0，误差为 15 个量化级。故折叠二进制码对大信号误码时影响很大。但如果小信号发生误码，例如，一个码组由"1000"误为"0000"，这时，对于自然二进制码由 8 错到 0，误差还是 8 个量化级，而对于折叠二进制码，由 8 错到 7，误差却只有 1 个量化级。这表明，折叠二进制码对小信号有利。对于语音信号来说，小电压出现的概率比较大，所以用折叠二进制码可以减小话音信号的平均量化噪声。因此，在 PCM 通信编码中，折叠二进制码比自然二进制码优越，它是 A 律 13 折线 PCM30/32 路基群设备中所采用的码型。

不管是哪种码型，码组中符号的位数和量化值数目有关，即量化间隔越多，量化值数目就越多，则码组中符号的位数也随之增多。在信号变化范围一定时，用的码位数越多，量化分层越细，量化误差就越小，通信质量当然就更好。但码位数越多，设备越复杂，同时还会使总的传码率增加，传输带宽加大。对于话音信号来讲，一般采用 3～4 位非线性编码即可，为了能够保证满意的通信质量，通常采用 8 位的 PCM 编码。下面介绍在我国采用的 A 律 13 折线法编码的码位排列方法。

在 13 折线编码中，采用 8 位折叠二进制码，对应有 $M = 2^8 = 256$ 个量化级，即正、负极性量化电压各有 128 个量化级。按折叠二进制码的码型，这 8 位码的安排如下：

$$\text{极性码} \quad \text{段落码} \quad \text{段内码}$$
$$c_1 \qquad c_2\, c_3\, c_4 \qquad c_5\, c_6\, c_7\, c_8$$

其中，第一位 c_1 表示量化值的极性正负。后 7 位分为段落码和段内码两部分，用于表示量化值的绝对值，即 $c_2 c_3 c_4 c_5 c_6 c_7 c_8$ 表示量化值的大小。第 2 至 4 位（$c_2 c_3 c_4$）是段落码，共 3 位，可表示 8 种不同的状态，用来表示 8 个斜率的段落，如图 9-23 所示；其他 4 位（$c_5 \sim c_8$）为段内码，表示每一段落内 16 个均匀划分的量化电平。段落码与段内码合在一起构成的 7 位码总共能表示 128（即 2^7）种量化值。表 9-4 和表 9-5 中给出了段落码和段内码的编码规则。

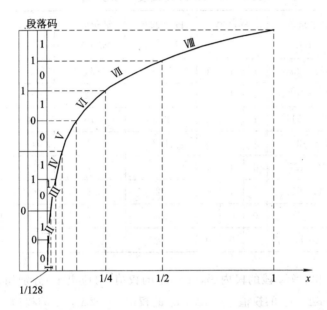

图 9-23　段落码与各段落的关系

表 9-4　段落码

段落序号	段落码 $c_2 c_3 c_4$
1	000
2	001
3	010
4	011
5	100
6	101
7	110
8	111

表 9-5　段内码

量化间隔	段内码 $c_5 c_6 c_7 c_8$	量化间隔	段内码 $c_5 c_6 c_7 c_8$
0	0000	8	1000
1	0001	9	1001
2	0010	10	1010
3	0011	11	1011
4	0100	12	1100
5	0101	13	1101
6	0110	14	1110
7	0111	15	1111

在 13 折线编码方法中，虽然各段内的 16 个量化级是均匀的，但因段落长度不等，所以不同段落间的量化级是非均匀的。小信号时，段落短，量化间隔小；反之，量化间隔大。13 折线中的第一、二段最短，只是归一化值的 1/128，再将它等分成 16 小段，则每一小段的长度为 $1/128 \times 1/16 = 1/2048$，这是最小的量化间隔（记为 Δ），它仅为输入信号归一化值的 1/2048。如果采用均匀量化，则需要用 11 位码组（$2048 = 2^{11}$）。现采用非均匀量化，只需 7 位码组即可，实现了对信号的压缩。第八段最长，它是归一化值的 1/2，将它等分成 16 小段后，每一小段的长度为 1/32，是最小量化间隔的 64 倍。表 9 - 6 列出了 13 折线每一量化段的起始电平 I_i、量化间隔 Δ_i 和各位幅度码的权值（对应电平）。

表 9 - 6   13 折线幅度码及其电平

量化段序号 $i = 1 \sim 8$	电平范围 (Δ)	段落码			段落起始电平 I_i	量化间隔 $\Delta_i(\Delta)$	段内码对应权值 (Δ)			
		c_2	c_3	c_4			c_5	c_6	c_7	c_8
8	1024～2048	1	1	1	1024	64	512	256	128	64
7	512～1023	1	1	0	512	32	256	128	64	32
6	256～511	1	0	1	256	16	128	64	32	16
5	128～255	1	0	0	128	8	64	32	16	8
4	64～127	0	1	1	64	4	32	16	8	4
3	32～63	0	1	0	32	2	16	8	4	2
2	16～31	0	0	1	16	1	8	4	2	1
1	0～15	0	0	0	0	1	8	4	2	1

由上表可以看出，第 i 段的段内码 $c_5 c_6 c_7 c_8$ 的权值（对应电平）分别如下：
c_5 的权值——$8\Delta_i$；c_6 的权值——$4\Delta_i$；c_7 的权值——$2\Delta_i$；c_8 的权值——Δ_i。

通常把具有非均匀量化特性的编码称为非线性编码，具有均匀量化特性的编码称为线性编码。在保证小信号时的量化间隔相同的条件下，7 位非线性编码与 11 位线性编码等效。由于非线性编码的码位数减少，因此，所需数字传输系统带宽减小。

非线性编码方式是把压缩、量化和编码合为一体的方法。目前，在电话网中通常采用这类非均匀量化的 PCM 体制，其已得到广泛使用。

9.5.3　电话信号的编/译码器

典型电话信号的抽样频率是 8000 Hz，在采用非线性编码时，典型的数字电话传输比特率为 64 kb/s。这个速率已被 ITU 指定的建议采用。下面介绍电话信号的编/译码器原理。

图 9 - 24 给出了电话信号编码的 13 折线折叠码的量化编码器原理图，此编码器是 8 位编码 $c_1 \sim c_8$。其中 c_1 为极性码，其他 7 位表示抽样的绝对值。图 9 - 24 中的比较器、抽样保持、恒流源和记忆电路都与图 9 - 22 中的对应部分相同。图 9 - 24 中的极性判决电路用来确定信号的极性。输入的 PAM 信号是双极性信号，其样值为正时，在位脉冲到来时刻输出"1"码；样值为负时，输出"0"码。整流器将该信号经过全波整流变为单极性信号，并给出极性码 c_1。本地译码电路中的 7/11 逻辑变换电路就是一个数字压缩器。由于按 A 律

13 折线只编 7 位码组，加之记忆电路的码组也只有 7 位，而线性解码电路(恒流源)需要 11 个基本的权值电流支路，就要求有 11 个控制脉冲对其控制。因此，需通过 7/11 逻辑变换电路将 7 位非线性码组转换成 11 位线性码组，其实质就是完成非线性和线性之间的变换。

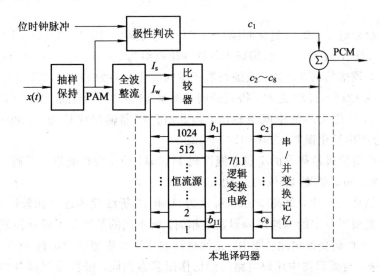

图 9-24　用于电话信号编码的逐次比较法非均匀编码器原理图

原理上，模拟信号数字化的过程是抽样、量化以后进行编码，但实际上量化是在编码过程中完成的。也就是说，编码器本身包含了量化和编码两个功能。下面我们通过一个例子具体说明编码过程。

例 9-3　设输入信号抽样值归一化动态范围在 $0\sim1$ 时，将其划分为 2048 个量化单位，即 $1/2048$ 为 1 个量化单位。当输入抽样值为 -1260 个量化单位时，试用逐次比较型编码器按 A 律 13 折线编成 8 位码 $c_1c_2c_3c_4c_5c_6c_7c_8$。

解：编码过程如下：

(1) 确定极性码 c_1。由于输入信号抽样值 -1260 为负极性，故极性码 $c_1=0$。

(2) 确定段落码 $c_2c_3c_4$。由表 9-6 可知，c_2 值取决于信号抽样值是否大于 128，此时权值电流 $I_w=128$。现在输入抽样值的绝对值为 1260，所以 $c_2=1$。确定 $c_2=1$ 后，c_3 值取决于信号抽样值是否大于 512，此时权值电流 $I_w=512$。现在输入抽样值的绝对值为 1260，所以 $c_3=1$。在确定 $c_2c_3=11$ 后，c_4 值取决于信号抽样值是否大于 1024，得 $c_4=1$。故求得段落码 $c_2c_3c_4=111$，并确定抽样值在第 8 段内。

(3) 确定段内码 $c_5c_6c_7c_8$。段内码是按量化间隔均匀编码的，每一段落被均匀地划分为 16 个量化间隔。因为每个段落的长度不同，所以不同段落的量化间隔不同。因此，在确定段内码之前必须先确定在哪一段落内。对于第 8 段落，其段落起始电平为 1024，16 个量化间隔均为 $\Delta_8=64\Delta$，所以确定 c_5 的权值电流应选为

$$I_w=段落起始电平+8\times(量化间隔)=1024+8\times64=1536\Delta$$

现在 $1260<1536$，故 $c_5=0$，由此可知该抽样值在第 8 段的前 8 级(即在 $0\sim7$ 量化间隔内)。同理，确定 c_6 的权值电流为

$$I_w=段落起始电平+4\times(量化间隔)=1024+4\times64=1280\Delta$$

又 $1260<1280$，故 $c_6=0$，由此可知该抽样值在第 8 段的前 4 级(即在 $0\sim3$ 量化间隔

内）。同理，确定 c_7 的权值电流为

$$I_w = 段落起始电平 + 2 \times (量化间隔) = 1024 + 2 \times 64 = 1152\Delta$$

因 $1260 > 1152$，故 $c_7 = 1$，由此可知该抽样值在第 8 段的第 3、4 级。确定 c_8 的权值电流为

$$I_w = 段落起始电平 + 2 \times (量化间隔) + 1 \times (量化间隔) = 1024 + 2 \times 64 + 1 \times 64 = 1216\Delta$$

因 $1260 > 1216$，故 $c_8 = 1$。故编码得到的 8 位码组为 $c_1 c_2 c_3 c_4 c_5 c_6 c_7 c_8 = 01110011$，表示的量化值在第 8 段落的第 3 级内。由编码器产生的量化误差为 $1260 - 1216 = 44\Delta$。只要抽样值的绝对值在 $1216 \sim 1280$ 之间，得到的码组都是 1110011。但在接收端译码时，一般将此码组转换成此量化间隔的中间值输出，即此时译码器输出应该为 $(1280 + 1216)/2 = 1248\Delta$，这样会产生量化误差 $1260 - 1248 = 12\Delta$。

如果上例中对除极性码外的 7 位非线性码 1110011 使用线性码进行编码，则因 $1248 = 2^{10} + 2^7 + 2^6 + 2^5$，所以需要 11 位码组 10011100000。

在接收端的译码器中，如图 9 - 25 所示为 A 律 13 折线编码逐次比较法译码原理图，它与逐次比较法编码器中的本地译码器基本相同，所不同的是增加了极性控制部分和带有寄存读出的 7/11 位码变换电路。图中，记忆电路的作用是将加进的串行 PCM 码变为并行码，并记忆下来，与编码器中译码电路的记忆作用基本相同；极性控制部分的作用是根据收到的极性码 c_1 是"1"还是"0"来控制译码后 PAM 信号的极性，恢复原信号极性；7/11 变换电路的作用是将 7 位非线性码转变为 11 位线性码；寄存读出电路是将输入的串行码在存储器中寄存起来，待全部接收后再一起读出，送入解码网络；11 位线性译码电路主要由恒流源和电阻网络组成，与编码器中的译码网络类似，在寄存读出电路的控制下，输出相应的 PAM 信号。

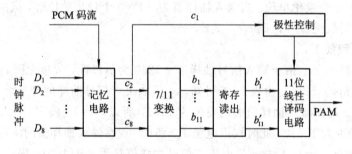

图 9 - 25 A 律 13 折线译码器原理图

9.5.4 PCM 系统中噪声的影响

分析 PCM 的系统性能涉及到两种噪声：量化噪声和信道加性噪声。因为它们产生的机理不同，所以认为它们是互相独立的。我们先讨论它们单独存在时的系统性能，然后再分析它们共同存在时的系统性能。

考虑两种噪声时，图 9 - 21 所示的 PCM 系统接收端低通滤波器的输出为

$$x'(t) = x(t) + n_q(t) + n_e(t) \tag{9 - 34}$$

式中：$x(t)$ 为输出端所需信号成分（即输入信号）；$n_q(t)$ 为由量化噪声引起的输出噪声，其功率用 N_q 表示；$n_e(t)$ 为由信道加性噪声引起的输出噪声，其功率用 N_e 表示。通常我们用

信噪比来衡量 PCM 系统抗噪声性能,定义系统输出端的总信噪比为

$$\frac{S_\text{o}}{N_\text{o}} = \frac{E[x^2(t)]}{E[n_\text{q}^2(t) + n_\text{e}^2(t)]} \tag{9-35}$$

假设输入信号 $x(t)$ 在区间 $[-a, a]$ 上服从均匀分布,对输入信号采用均匀量化,量化级数为 M,量化二进制位数为 N(即 $M = 2^N$),如果不考虑信道噪声的影响,根据例 9-2 可知,由量化噪声引起的输出量化信噪比为

$$\frac{S_\text{o}}{N_\text{q}} = \frac{E[x^2(t)]}{E[n_\text{q}^2(t)]} = M^2 = 2^{2N} \tag{9-36}$$

由上式可以看出,PCM 系统输出端的量化信噪比与每一个编码组的位数 N 有关,并随 N 值的增加呈指数关系增加。

如果 PCM 用 N 位二进制代码表示一个抽样值,即一个抽样周期 T_s 内要编 N 位码,则每个码元宽度为 T_s/N,码位越多,码元宽度越小,占用带宽越大。故传输 PCM 信号所需要的带宽要比模拟基带信号 $x(t)$ 的带宽大得多。

设 $x(t)$ 为低通信号,最高频率为 f_m,按照抽样定理的抽样速率 $f_\text{s} \geqslant 2f_\text{m}$,如果量化电平数为 M,二进制编码位数为 N,则采用二进制代码的码元速率为

$$f_\text{b} = f_\text{s} \cdot \text{lb}M = f_\text{s}N \tag{9-37}$$

抽样速率的最小值 $f_\text{s} = 2f_\text{m}$,则码元传输速率为 $f_\text{b} = 2f_\text{m}N$,在无码间串扰和采用理想低通传输特性的情况下,所需最小传输带宽为

$$B = \frac{f_\text{b}}{2} = \frac{Nf_\text{s}}{2} = Nf_\text{m} \tag{9-38}$$

因此,在不考虑信道噪声影响的情况下,由量化噪声引起的输出量化信噪比还可以表示为

$$\frac{S_\text{o}}{N_\text{q}} = 2^{2B/f_\text{m}} \tag{9-39}$$

由上式可以看出,当低通信号最高频率 f_m 给定时,PCM 系统输出端的量化噪声比与系统带宽 B 呈指数关系。

下面讨论信道加性噪声的影响。信道噪声对 PCM 系统性能的影响表现在接收端的判决误码上,从而造成信噪比下降。比如在二进制编码中,将"1"误判为"0",或将"0"误判为"1"。由于 PCM 信号中每一个码组代表着一定的量化抽样值,如果出现误码,被恢复的量化抽样值就与发送端原抽样值不同,从而引起误差。

在假设加性噪声为高斯白噪声的情况下,每一码组中出现的误码可以认为是彼此独立的。通常只考虑仅有 1 位误码的码组错误,因为同一码组出现多于 1 位误码的概率很低,可以忽略。例如,假设每位码元产生的误码率相同,均为 $P_\text{e} = 10^{-4}$,则对于一个 8 位长的码组,有 1 位出现误码的码组错误概率为 $P_1 = 8P_\text{e} = 1/1250$,表示平均每发送 1250 个码组就有一个码组发生错误;有 2 位出现误码的码组错误概率为 $P_2 = C_8^2 P_\text{e}^2 = 2.8 \times 10^{-7}$。由此可以看出,$P_2 \ll P_1$,因此只要考虑 1 位误码引起的码组错误就可以了。但是,由于码组中各位码的权值是不同的,故误码发生在不同的码位上时产生的误差不同。比如对于 N 位长、量化间隔为 Δ 的自然二进制码,自最低位到最高位的加权值分别为 2^0,2^1,2^2,2^{i-1},$\cdots$,2^{N-1},则发生在第 i 位上的误码所造成的误差为 $\pm(2^{i-1}\Delta)$,所产生的噪声功率为 $(2^{i-1}\Delta)^2$,所以发生误码的位置越高,造成的误差就越大。

假设信号 $x(t)$ 在区间 $[-a, a]$ 均匀分布，每位码元产生的误码率为 P_e，那么一个码组中如有一位误码产生的平均功率为

$$N_e = E[n_e^2(t)] = P_e \sum_{i=1}^{N} (2^{i-1}\Delta)^2 = P_e \cdot \Delta^2 \cdot \frac{2^{2N-1}}{3} \approx P_e \cdot \Delta^2 \cdot \frac{2^{2N}}{3} \qquad (9-40)$$

由例 9-2 可知，输出信号功率为

$$S_o = \frac{M^2 \Delta^2}{12} = \frac{\Delta^2}{12} \cdot 2^{2N} \qquad (9-41)$$

因此，当只考虑信道加性噪声时，PCM 系统的输出信噪比为

$$\frac{S_o}{N_e} = \frac{1}{4P_e} \qquad (9-42)$$

由以上分析可以得到，在同时考虑量化噪声和信道加性噪声时，PCM 系统输出端的总信噪功率比为

$$\frac{S_o}{N_o} = \frac{E[x^2(t)]}{E[n_q^2(t) + n_e^2(t)]} = \frac{2^{2N}}{1 + 4P_e 2^{2N}} \qquad (9-43)$$

式 (9-43) 是在自然码、均匀量化以及输入信号为均匀分布的前提下得到的。由上式可知，在大信噪比条件下，即 $4P_e 2^{2N} \gg 1$ 时，可以忽略误码带来的影响，这时只考虑量化噪声的影响就可以了，此时 $S_o/N_o \approx 2^{2N}$；在小信噪比的条件下，即 $4P_e 2^{2N} \ll 1$ 时，误码噪声起主要作用，总信噪比与 P_e 成反比，此时 $S_o/N_o \approx 1/(4P_e)$。

9.6 差分脉冲编码调制

9.6.1 预测编码简介

在实际通信系统中，64 kb/s 的 A 律或 μ 律的对数压扩 PCM 编码在大容量的光纤通信系统和数字微波系统中得到了广泛的应用。但 PCM 信号占用频带要比模拟通信系统中的一路标准电话带宽（3.1 kHz）宽很多倍，这样，对于大容量的长途传输系统，尤其是卫星通信，采用 PCM 的经济性能很难与模拟通信相比。以较低的速率获得高质量编码，一直是语音编码追求的目标。通常，人们把话路速率低于 64 kb/s 的语音编码方法，称为语音压缩编码技术。为了降低数字电话信号的比特率，改进方法之一就是采用预测编码方法。而预测编码方法有很多种，其中得到广泛应用的一种基本的预测方法是差分脉冲编码调制（DPCM），简称差分脉码调制。下面简单介绍预测编码的基本原理和 DPCM 的编码方法。

在预测编码中，先根据前几个抽样值计算出一个预测值，再取当前抽样值和预测值之差，将此差值编码并传输。此差值称为预测误差。由于抽样值及其预测值之间有较强的相关性，即抽样值和其预测值非常接近，所以，可以少用编码比特来对预测误差编码，从而降低其比特率。此预测误差的变化范围较小，它包含的冗余度（数据的重复度）也小。这就是说，利用减小冗余度的办法，降低了编码比特率。

在 PCM 中，每个波形样值都独立编码，与其他样值无关，因此样值的整个幅值编码需要较多位数，比特率较高，造成数字化的信号带宽大大增加。然而，大多数以奈奎斯特或更高速率抽样的信源信号在相邻抽样间表现出很强的相关性，有很大的冗余度。利用信源的相关性，对相邻样值的差值而不是样值本身进行编码，就是差分脉冲编码调制 DPCM。

由于相邻样值的差值比样值本身小，可以用较少的比特数表示差值。这样，用差值编码可以在量化台阶不变（即量化噪声不变）的情况下，使编码位数显著减少，信号带宽大大压缩。差值的 PCM 编码称为差分 PCM(DPCM)。

如果利用前面的几个抽样值的线性组合来预测当前的抽样值，则称为线性预测。而DPCM 仅用前面的 1 个抽样值预测当前的抽样值。如图 9-26 给出了线性预测编码原理方框图。

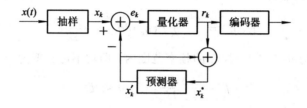

图 9-26 线性预测编码器原理方框图

在图 9-26 中，输入原始模拟信号 $x(t)$，在 kT_s 时刻抽样，形成信号 $x_k = x(kT_s)$，x_k 与预测器输出信号 x_k' 相减，形成预测误差 e_k，经量化后变为 r_k，并一路送到编码器编码输出，另一路与原预测值 x_k' 相加，形成新的预测值 x_k^*，此时的 x_k^* 是带有量化误差的抽样信号 x_k。预测器输出 x_k' 与预测器输入 x_k^* 的关系为

$$x_k' = \sum_{i=1}^{p} a_i x_{k-i}^* \tag{9-44}$$

式中：p 为预测阶数；a_i 为预测系数。x_k' 为前面 p 个带有量化误差信号的抽样信号值的加权之和。

图 9-27 给出了译码器原理方框图。由图9-26 和图 9-27 可以看出，编码器中预测器输入端和相加器的连接电缆和译码器中的完全一样。若无传输误码，编码器的输出就是译码器的输入，此时 $r_k = r_k'$，译码器的输出信号 x_k^* 和编码器中相加器输出信号 x_k^* 相同，也就是带有量化误差的信号抽样值 x_k。

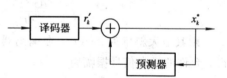

图 9-27 译码器原理方框图

9.6.2 差分脉冲编码调制原理及性能

在 DPCM 中，只将前 1 个抽样值当做预测值，再取当前抽样值和预测值之差进行编码并传输。这相当于式(9-44)中的 $p=1$，$a_1=1$，所以 $x_k' = x_{k-1}^*$。因此，DPCM 的编码、译码器原理图只需将图 9-26、图 9-27 中的预测器简化为一个延迟电路即可，延迟时间为抽样间隔 T_s。

下面我们分析 DPCM 系统的量化误差（即量化噪声）。DPCM 系统的量化误差 q_k 定义为编码器输入模拟信号的抽样值 x_k 与量化后带量化误差的抽样值 x_k^* 的差值，即

$$q_k = x_k - x_k' = e_k - r_k \tag{9-45}$$

假设预测误差 e_k 的范围是 $(-\sigma, +\sigma)$，量化器的量化电平数为 M，量化间隔为 Δv，则有

$$\Delta v = \frac{2\sigma}{M-1} \tag{9-46}$$

量化误差不会超过量化间隔的一半，假设量化误差 q_k 在 $\left(-\dfrac{\Delta v}{2}, \dfrac{\Delta v}{2}\right)$ 内服从均匀分布，DPCM 编码器输出码元速率为 Nf_s，f_s 为抽样频率，N 为每个抽样值编码的码元数，则 q_k 的概率密度 $f(q_k)$ 可以表示为

$$f(q_k) = \frac{1}{\Delta v} \tag{9-47}$$

所以 q_k 的平均功率为

$$E(q_k^2) = \int_{-\frac{\Delta v}{2}}^{\frac{\Delta v}{2}} q_k^2 f(q_k)\,\mathrm{d}q_k = \frac{(\Delta v)^2}{12} \tag{9-48}$$

假设此功率平均分布在 $0 \sim Nf_s$ 的频率范围内，即功率谱密度为

$$P_q(f) = \frac{(\Delta v)^2}{12Nf_s}, \qquad 0 < f < f_s \tag{9-49}$$

若量化噪声通过截止频率为 f_m 的低通滤波器后的功率为

$$N_q = P_q(f)f_m = \frac{(\Delta v)^2}{12N}\left(\frac{f_m}{f_s}\right) \tag{9-50}$$

当预测误差 e_k 的范围是 $(-\sigma, +\sigma)$ 时，在相邻的两抽样点之间，信号抽样值的增减不能超出此范围。若超出此范围，编码器会出现过载，将超过允许的误差范围。如果抽样点间隔为 $T_s = 1/f_s$，则会将信号的斜率限制在 σ/T_s 以内。

如果输入信号是振幅为 A，频率为 f_k 的正弦波，即

$$x(t) = A\sin(2\pi f_k t) \tag{9-51}$$

此正弦波信号的斜率为

$$\frac{\mathrm{d}x(t)}{\mathrm{d}t} = 2\pi A f_k \cos(2\pi f_k t) \tag{9-52}$$

则其最大斜率为 $2\pi A f_k$，在编码器不发生过载的条件下，信号的最大斜率为 σ/T_s，所以，允许的最大信号振幅为

$$A_{max} = \frac{\sigma f_s}{2\pi f_k} \tag{9-53}$$

此时信号功率为

$$S = \frac{(M-1)^2 (\Delta v)^2 f_s^2}{32\pi^2 f_k^2} \tag{9-54}$$

因此，信号量噪比为

$$\frac{S}{N_q} = \frac{3N(M-1)^2}{8\pi^2} \cdot \frac{f_s^3}{f_k^2 f_m} \tag{9-55}$$

由上式可以看出，信号量噪比随编码位数 N 和抽样频率 f_s 的增大而增大。

9.7　增量调制

9.7.1　增量调制原理

增量调制简称 ΔM 或 DM，它是继 PCM 后出现的又一种模拟信号数字传输的方法，

叮以看成是 DPCM 的一个重要的最简单的特例。当 DPCM 系统中量化器的量化电平数为 2，预测器是一个延迟为 T_s 的延迟器时，就构成了增量调制系统。其目的在于简化语音编码方法。

　　ΔM 与 PCM 虽然都是用二进制代码表示模拟信号的编码方式。但是 PCM 代码表示样值本身的大小，所需码位数较多，导致编译码设备复杂；而在 ΔM 中，它只用一位编码表示相邻样值的相对大小，从而反映出抽样时刻波形的变化趋势，与样值本身的大小无关，它所产生的二进制代码表示模拟信号前后两个抽样值的差别（增加还是减少）而不是代表抽样值本身的大小，因此把它称为增量调制。ΔM 与 PCM 编码方式相比具有编译码设备简单，低比特率时的量化信噪比高，抗误码特性好等优点。在军事和工业部门的专用通信网和卫星通信中得到了广泛应用，近年来在高速超大规模集成电路中用作 A/D 转换器。下面讨论增量调制的原理。

　　图 9 - 28 给出了增量调制编码器的原理方框图，预测误差 $e_k = x_k - x'_k$ 被量化成两个电平 $+\sigma$ 和 $-\sigma$。σ 值称为量化台阶，量化器输出信号 r_k 只取 $+\sigma$ 或 $-\sigma$。若 r_k 用二进制符号表示，可以用 "1" 表示 "$+\sigma$"，用 "0" 表示 "$-\sigma$"。译码器由延迟相加电路组成，它和编码器中的延迟相加电路相同，图 9 - 29 给出了译码器原理方框图。所以当无传输误码时，$x_k^{*'} = x_k^*$。

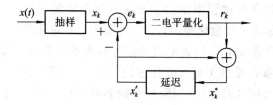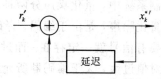

图 9 - 28　增量调制编码器的原理方框图　　　图 9 - 29　增量调制译码器原理方框图

　　在实际应用中，常用一个积分器来代替延迟相加电路，并将抽样器放到相加器后面，与量化器合并为抽样判决器，如图 9 - 30 所示。编码器输入为 $x(t)$，和预测信号 $x'(t)$ 值相减，得到预测误差 $e(t)$。$e(t)$ 被周期为 T_s 的抽样冲激序列 $\delta_T(t)$ 抽样。若抽样值为负，则判决输出电压 $+\sigma$，可用 "1" 表示；若抽样值为正值，则判决输出电压 $-\sigma$，可用 "0" 表示。如此得到可供输出的二进制信号。

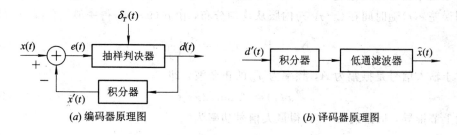

(a) 编码器原理图　　　　　　　　　(b) 译码器原理图

图 9 - 30　增量调制编、译码器原理图

　　在译码过程中，积分器只要每收到一个 "1" 码元就使其输出升高 σ，每收到一个 "0" 码元就使其输出降低 σ，这就可以恢复出如图 9 - 31 中的阶梯形电压。这个阶梯形电压通过低通滤波器平滑后，就得到十分接近编码器原输入的模拟信号。

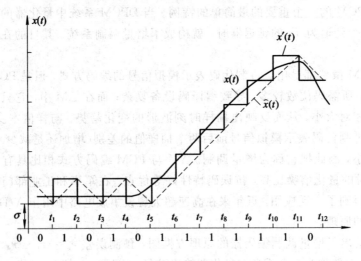

图 9-31　增量调制波形图

9.7.2　增量调制系统中的量化噪声

　　增量调制和 PCM 相似，在模拟信号的数字化过程中也会带来误差而形成量化噪声。在增量调制系统中，量化噪声分两种，一种称为一般量化噪声，另一种称为过载量化噪声。所谓一般量化噪声，是由于编码、译码时用阶梯波形近似表示模拟信号波形而产生的。这种噪声只要有信号就一定存在。而过载量化噪声是由于信号变化过快引起的。当输入信号斜率的绝对值过大，大于编码器所允许的最大信号斜率（也叫阶梯台阶斜率）时，就会发生过载量化噪声。

　　当量化台阶为 σ，抽样点间隔为 $T_s = 1/f_s$ 时，阶梯台阶的斜率为 σ/T_s（或 σf_s）。因此，为了避免发生过载量化噪声，σf_s 的值应足够大，使信号的斜率不会超过这个值。因为 σ 值太大，会增大一般量化噪声，所以，用增大 f_s 的方法增大 σf_s 的值。故在实际应用中，增量调制中的抽样频率 f_s 比 PCM 和 DPCM 的抽样频率值大得多。

　　如果系统不会发生过载量化噪声，则我们仅考虑一般量化噪声。因为增量调制系统是 DPCM 系统中量化器的量化电平数为 2 的特例，即 $M = 2$，$N = 1$。由前面的分析可知，量化预测误差 $e(t)$ 随时间在 $(-\sigma, \sigma)$ 内服从均匀分布，由式（9-50）得一般量化噪声功率为

$$N_q = P_q(f) f_m = \frac{\sigma^2}{3}\left(\frac{f_m}{f_s}\right) \tag{9-56}$$

对于输入信号是振幅为 A，频率为 f_k 的正弦波，即

$$x(t) = A \sin(2\pi f_k t) \tag{9-57}$$

由上节推导，根据式（9-54）得最大信号功率为

$$S_{\max} = \frac{\sigma^2 f_s^2}{8\pi^2 f_k^2} \tag{9-58}$$

由式（9-56）和式（9-58）可以得出最大信号量化噪声比为

$$\frac{S_{\max}}{N_q} = \frac{3}{8\pi^2} \cdot \frac{f_s^3}{f_k^2 f_m} \tag{9-59}$$

由上式可以得出，最大信号量化噪声比和抽样频率 f_s 的三次方成正比，和信号频率

f_k 的平方成反比。因此提高抽样频率能大大提高信号量化噪声比。

9.8　时分复用和复接

9.8.1　基本概念

为了提高信道利用率，扩大通信信道的容量，常需对信道进行复用，即在同一个信道上传输多路信号。前面我们介绍了频分复用(FDM)——将各路信号放在不同频带范围传输，即将用于传输信道的总带宽划分成若干个子频带(或称子信道)，每一个子信道传输1路信号。复用的方法有多种，本章将简单介绍另一种复用方法——时分复用(TDM)。时分复用是采用同一物理连接的不同时段来传输不同的信号，从而达到多路传输的目的。时分复用以时间作为信号分割的参量，使各路信号在时间轴上互不重叠。时分复用系统的示意图如图 9-32 所示。在发送端，转换开关依次对输入信号抽样，开关旋转一周得到 n 路信号抽样值，然后将这些抽样值合为一帧。因此，对每一路信号进行非连续地发送，在开关的一个旋转周期内，每路信号都被抽样一次，每路信号所占用的时间间隔称为时隙。在一个周期 T_s 内有 n 个脉冲构成一帧，长度为 T_s，每路信号占用的时隙长度为 T_s/n。各路数据在一帧的排列，称帧结构。n 路为时间上错开的样值信号，当 T_s 满足抽样定理时，在接收端即可恢复，但收、发端开关必须有严格的同步，这样不至于将 n 路信号混淆。例如语音信号的抽样频率为 $f_s=8$ kHz，则旋转开关应旋转 8000 周/秒，一帧时间为 125μs。每个时隙可以是一个抽样值，如 PAM，也可以是已量化编码的 PCM 或 ΔM、DPCM 信号。

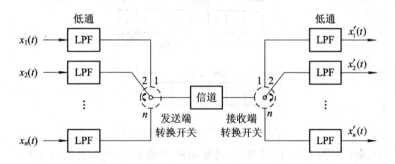

图 9-32　时分复用原理图

在实际电路中，往往用抽样脉冲取代旋转开关。各路抽样脉冲的频率必须相同，相位也需要有确定的关系，使各路抽样脉冲保持等间隔的距离。因此，通常由同一时钟提供各路抽样脉冲。

在通信网中，往往采用多次复用技术，即由若干链路的多路时分复用信号再次复用，构成高次复用信号，也就是由低次群合并成高次群。而对于低次群，可能是来自不同地点的多路时分复用信号，它们的时钟频率和相位之间存在误差。所以需要将低次群的时钟信号进行统一调整后再合成高次群。将低次群合并为高次群的过程称为复接，而将高次群分解为低次群的过程称为分接。因此，在复接中，关键的技术问题是使多路时分复用信号的时钟统一，即实现同步问题。

对于时分复用多路电话通信系统，ITU 制定了准同步数字体系(PDH)和同步数字体系（SDH）的建议，下面将对其进行简单介绍。

9.8.2 准同步数字系统

准同步数字系统，是在数字通信网的每个节点上都分别设置高精度的时钟，这些时钟的信号都具有统一的标准速率。尽管每个时钟的精度都很高，但总还是有一些微小的差别。为了保证通信的质量，要求这些时钟的差别不能超过规定的范围。因此，这种同步方式严格来说不是真正的同步，所以叫做"准同步"。在以往的电信网中，多使用 PDH 设备。国际上主要有两大系列的准同步数字体系，都经 ITU—T 推荐，即 PCM24 路系列（或称 T 体系）和 PCM30/32 路系列（或称 E 体系）。E 体系被中国大陆、欧洲和国际间连接采用，而 T 体系被北美、日本和其他少数国家和地区所采用，即 A 律压扩特性采用 PCM30/32 路系列，μ 律压扩特性采用 PCM24 路系列。我们这里主要介绍 E 体系。

PCM30/32 路系列的基础信号是 64 kb/s 的 PCM 信号，30 路 PCM 电话信号合为一次群。每路 PCM 信号的抽样频率为 8 kHz，即抽样周期为 125 μs，即为一帧的时间。将一帧的时间分为 32 个时隙（TS），每个时隙容纳 8 b。即每个时隙传输一个 8 b 的码组，传输 1 b 需要大约 488.3 ns 的时间。如图 9-33 所示，在 32 个时隙中，有 30 个时隙（TS1～TS15 和 TS17～TS31 时隙）传输 30 路话音信号，其他两个时隙（TS0 和 TS16）用于传输信令和同步码。

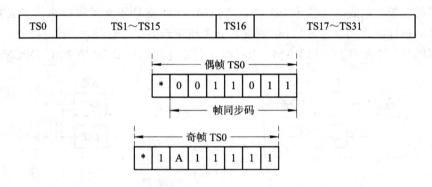

图 9-33 PCM 一次群的帧结构

在图 9-33 中，时隙 TS0 的功能在偶数帧和奇数帧时不同。帧同步码不是每次都发送，而是每两帧发送一次，规定在偶数帧的时隙发送 TS0。帧同步码含 7 b，为"0011011"，占时隙 TS0 的后 7 位，第 1 位的"＊"供国际通信用，如果不是国际链路，可以供国内通信用。奇数帧的 TS0 用作告警等其他用途，第 1 位的"＊"和偶数帧的相同；第 2 位的"1"区别于偶数帧中的"0"，说明其不是帧同步码；第 3 位的"A"用于远端告警，当 A＝0 时为正常状态，当 A＝1 时为告警状态；第 4～8 位用作维护、性能检测等其他用途，如果没有其他用途，在跨国链路上全为"1"。

时隙 TS16 是信令时隙，用于传送话路信令。如果不用传输信令，则可以像其他 30 路一样用于传输话音信号。信令指电话网中传输的各种控制和业务信息。电话网中传输信令有两种：一种是共路信令，另一种是随路信令。共路信令是将各路信令通过一个独立的信令网络集中传输，而随路信令则是将各路信令放在传输各路信息的信道中和各路信息一起传输。

PCM30/32 路系列以 30 路 PCM 电话信号的复用设备为基本层，每路 PCM 信号的比特率为 64 kb/s，再加上两路同步码和信令码，所以总输出比特率为 64 kb/s×32＝2.048 Mb/s，此输出称为一次群信号。4 个一次群信号进行二次复用得到二次群信号，比特率为 8.448 Mb/s。按同样的方法再次复用，得到比特率为 34.368 Mb/s 的三次群和比特率为 139.264 Mb/s 的四次群信号（包含 1920 个话路信号）。虽然相邻层次群之间路数成 4 倍关系，但是由于需要额外开销，所以输出比特率都比相应的 1 路输入比特率的 4 倍要高一些。这种额外开销占总比特率的百分比较小，但当总比特率增高时，此额外开销还是较大的。所以，当比特率很高时，就不采用这种准同步数字体系了，而改用同步数字体系。

9.8.3　同步数字系统

随着数字通信的迅速发展，点到点的直接传输越来越少，而大部分数字传输都要经过转接，因而 PDH 系列便不能适应现代电信业务开发及现代化电信网管理的需要。SDH 就是为了适应这种新的需要而出现的传输体系。最早提出 SDH 概念的是美国贝尔通信研究所，称为光同步网络（SONET）。它是高速、大容量光纤传输技术和高度灵活、又便于管理控制的智能网技术的有机结合。最初的目的是在光路上实现标准化，便于不同厂家的产品能在光路上互通，从而提高网络的灵活性。1988 年，国际电报电话咨询委员会（CCITT）接受了 SONET 的概念，重新命名为"同步数字系列（SDH）"。

SDH 有全世界统一的网络节点接口（NNI），并且整个网络中各设备的时钟都来自同一个极其精确的时间标准，从而简化了信号的互通以及信号的传输、复用、交叉连接等过程。SDH 有一套标准化的信息结构等级，称为同步传递模块（STM），一个 STM 主要由信息有效负荷和段开销（SOH）组成块状帧结构，其重复周期为 125 μs。按照模块的大小和传输速率不同，目前 SDH 规定了 4 级标准，如表 9－7 所示。STM 的基本模块是 STM－1，STM－1 包含一个管理单元群（AUG）和段开销（SOH）。STM－64 就包含 64 个 SUG 和相应的 SOH。目前，4 个等级的容量相邻之间为 4 倍关系，速率也是 4 倍关系，级间没有额外开销。

表 9－7　SDH 的等级划分

等级	比特率/(Mb·s⁻¹)
STM－1	155.52
STM－4	622.08
STM－16	2 488.32
STM－64	9 953.28

SDH 复用的基本原则是将多个低等级信号适配进高等级通道，并将一个或多个高等级通道的信号适配进线路复用层。SDH 的结构如图 9－34 所示。在复用过程中的复用单元有：容器 C、虚容器 VC、支路单元 TU、支路单元群 TUG、管理单元 AU 和管理单元群 AUG。它们是不同信息结构，容器为后接的虚容器组成与网络同步的信息有效负荷，一个虚容器对应一种容器。虚容器由信息有效负荷和路径开销信息组成帧，每帧长 125 μs 或 500 μs。支路单元为低阶路径层和高阶路径层进行适配，由低阶信息有效负荷和支路单元

指针(指明有效负荷帧起点相对于高阶虚容器帧起点的偏移量)组成。支路单元群可以混合不同容量的支路单元以增强传送网络的灵活性。管理单元为高阶路径层和复用段层之间提供适配,由高阶虚容器的信息有效负荷和管理单元指针(指明有效负荷帧起点相对于复用段帧起点的偏移量)组成。一个或多个管理单元称为一个管理单元群,在一个 STM 有效负荷中占据固定的规定位置。

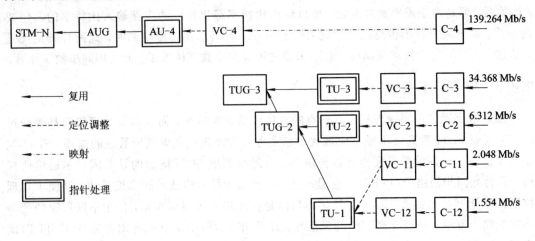

图 9-34　SDH 体系结构图

各种速率等级的数据流先进入相应的接口容器 C-n(n=1~ 4)。图 9-32 中的 C-11和 C-12 表示两种不同体系(E 体系和 T 体系)的容器 C-1。由标准容器出来的统一数据流加上通道开销构成相应的虚容器,由虚容器出来的数据流按图 9-32 规定的路线进入管理单元或支路单元。

SDH 由一些基本网络单元组成,在光纤、微波、卫星等多种介质中进行同步信息传输、复接和交叉连接,具有一系列的优越性,具体表现在:

(1) 使北美、日本、中国(或欧洲)三个地区的 PDH 数字传输系统在 STM-1 等级上获得了统一,真正实现了数字传输体制方面的全球统一标准。

(2) 采用同步复用方式和灵活的复用映射结构,净负荷与网络是同步的,避免了对全部高速信号进行逐级分解复接的做法,简化了上、下业务作业。

(3) SDH 帧结构中安排了丰富的开销比特(约占信号的 5%),因而使得网络运行、管理、维护等能力大大加强。

(4) 将标准的光接口综合进各种不同的网络单元,减少了将传输和复用分开的需要,从而简化了硬件。在通路上可以实现横向兼容,使不同厂家的产品在此通路上可以互通,节约了相互转换的成本,缓解了布线拥挤。

(5) SDH 与现有的 PDH 网络完全兼容,即可兼容 PDH 的各种速率,同时还能方便地容纳各种新业务信号。

(6) SDH 信号结构的设计考虑了网络传输和交换的最佳性。

上述特点中最核心的有三条,即同步复用、标准光接口和强大的网络管理能力。当然SDH 也有不足之处,主要体现在如下几个方面:

(1) 频带利用率不如传统的 PDH 系统高(可从复用结构中看出);

（2）采用指针调整技术会使时钟产生较大的抖动，造成传输损伤；

（3）大规模使用软件控制和将业务量集中在少数几个高速链路和交叉节点上，这些关键部位出现问题可能导致网络的重大故障，甚至造成全网瘫痪；

（4）SDH 与 PDH 互连时（在从 PDH 到 SDH 的过渡时期，会形成多个 SDH"同步岛"经 PDH 互连的局面），由于指针调整产生的相位跃变，使经过多次 SDH/PDH 变换的信号在低频抖动和漂移上比纯粹的 PDH 或 SDH 信号更严重。

由于 SDH 具有上述显著优点，它将成为实现信息高速公路的基础技术之一。但是在与信息高速公路相连接的支路和叉路上，PDH 设备仍将有用武之地。

9.9　仿真实训

前面已经介绍过增量调制的基本原理。本节主要介绍增量调制的 SystemView 仿真分析。增量调制的 SystemView 仿真原理图如图 9 - 35 所示。图中的话音信号源采用了一个高斯噪声源经过 3 Hz 低通滤波器后的输出来模拟，在接收端直接使用积分器解调输出。如果希望输出波形平滑，则可以在积分器和输出放大器之间加入一个低通滤波器，以滤除信号中的高频成分。仿真结果如图 9 - 36 所示。

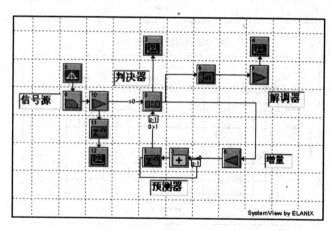

图 9 - 35　增量调制的 SystemView 仿真原理图

根据前面章节的理论分析可知，增量调制的量化信噪比与抽样频率呈三次方关系，即抽样频率每提高一倍，则量化信噪比提高 9 dB。通常，增量调制的抽样频率至少 16 kHz 以上才能使量化信噪比达到 15 dB 以上。32 kHz 时，量化信噪比约为 26 dB，可以满足一般的通信质量要求。如果信道可用的信噪比为 15 dB，则信号的动态范围仅有 11 dB，而高质量通信要求 35～50 dB 的动态范围，故只有将抽样频率提高到 100 kHz 以上，信号的动态范围才能满足高质量通信的要求。这些理论分析的结果读者可以通过改变仿真实验图中的信号抽样频率观察到。

除此以外，改变增量调制动态范围的方法还有很多，其基本原理是采用自适应方法使量化台阶的大小随输入信号统计特性的变化而跟踪变化，这里不再作详细的介绍，有兴趣的读者可查阅相关的资料自行学习。

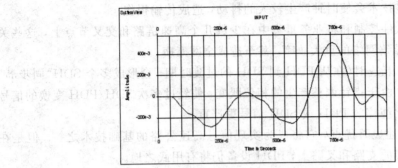

(a) 模拟话音信号输入波形

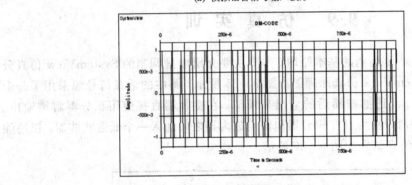

(b) 增量调制输出波形

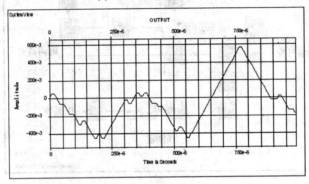

(c) 增量解调输出波形

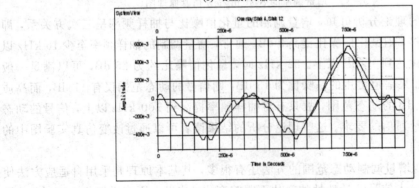

(d) 输入输出波形比较图

图 9 - 36　增量调制的仿真波形图

◦●◦◦●◦●◦●◦●◦●◦● **思　考　题** ◦●◦◦●◦◦●◦●◦●◦●◦●◦

1. 什么叫抽样？什么叫量化？什么叫编码？

2. 为什么要进行量化？量化误差的计算方法是什么？

3. 简述抽样定理。

4. 什么是 PAM？

5. 简述均匀量化和非均匀量化的优缺点。

6. 什么是 A 律 13 折线法？

7. 简述 ΔM 的基本原理。

8. ΔM 是为解决什么矛盾而产生的？

9. 试比较 PCM 和 ΔM 的工作原理、系统组成、应用以及主要优缺点。

10. 画出逐次比较法编码器的工作原理方框图，并叙述其工作原理。

11. 什么是时分复用？它与频分复用有何区别？

12. PDH 与 SDH 各有什么优缺点？

◦●◦◦●◦◦●◦●◦●◦●◦● **练　习　题** ◦●◦◦●◦●◦●◦●◦●◦●◦

1. 已知信号 $x(t) = 20\cos(20\pi t)\cos(200\pi t)$，以每秒 250 次的频率抽样。

(1) 试求出抽样信号的频谱；

(2) 若由理想低通滤波器从抽样信号中恢复 $x(t)$，试确定滤波器的截止频率；

(3) 对 $x(t)$ 进行抽样的奈奎斯特抽样速率是多少？

(4) 若把 $x(t)$ 看做带通信号，试确定最小抽样速率。

2. 已知信号 $x(t) = 2\cos(\pi t) + \cos(2\pi t)$，对其进行理想抽样。

(1) 为了在接收端能不失真地从已抽样信号 $x_s(t)$ 中恢复 $x(t)$，试问抽样间隔应作何选择？

(2) 若抽样间隔为 0.25 s，试画出已抽样信号的频谱图。

3. 已知低通信号 $x(t)$ 的频谱 $X(f)$ 为

$$X(f) = \begin{cases} 1 - \dfrac{|f|}{400}, & |f| < 400 \text{ Hz} \\ 0, & \text{其他} \end{cases}$$

(1) 假设以 600 Hz 的速率对 $x(t)$ 进行理想抽样，试画出已抽样信号的频谱图；

(2) 若用 800 Hz 的速率对 $x(t)$ 进行理想抽样，试画出此时已抽样信号的频谱图。

4. 已知信号 $x(t)$ 的频谱 $X(\omega)$ 如题图 9-1(a) 所示。将其通过传输函数为 $H(\omega)$ (其特性如题图 9-1(b) 所示) 的滤波器后再进行理想抽样。

(1) 试画出信号 $x(t)$ 经过滤波器后信号 $x'(t)$ 的频谱图；

(2) 抽样速率应为多少？

(3) 若抽样速率 $f_s = 3f_1$，试画出抽样信号 $x_s(t)$ 的频谱图。

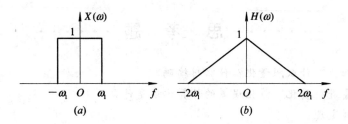

题图 9-1

5. 某信号波形如题图 9-2 所示，用 $n=3$ 的 PCM 传输，假设抽样频率为 8 kHz，并从 $t=0$ 时刻开始抽样。试求：

(1) 各抽样时刻的位置；

(2) 各抽样时刻的抽样值；

(3) 各抽样值的量化值；

(4) 若分别用自然二进制码和折叠二进制码进行编码，写出各量化值的代码。

(注：采用四舍五入的量化法。)

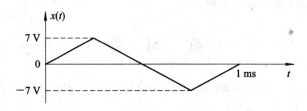

题图 9-2

6. 设信号 $x(t)=10+A\cos(\omega t)$，其中 $A \leqslant 20$ V。若此信号被均匀量化为 40 个电平，试求所需二进制码组的位数 N 及其量化间隔。

7. 已知模拟信号抽样值的概率密度 $f(x)$ 如题图 9-3 所示。若按四电平进行均匀量化，试计算量化噪声功率、信号功率及量化噪声功率比。

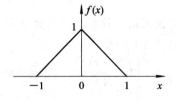

题图 9-3

8. 某 13 折线 A 律 PCM 编码器的设计输入范围是 $(-5, 5)$ V，将此动态范围划分为 4096 个量化单位。若抽样脉冲幅度为 $+1.2$ V，试求：

(1) 编码器的输出 8 位码组；

(2) 解码器输出的量化电平值，并计算量化误差。

9. 采用 13 折线 A 律编码，设最小量化间隔为 1 个量化单位，已知抽样脉冲值为 -600 个量化单位。

(1) 试求此编码器的输出码组，并计算出此时的量化误差；

(2) 写出对应于该 7 位码(不包含极性码)的均匀量化 11 位码。

10. 采用 13 折线 A 律编译码电路,设接收端收到的码组为"11010101",最小量化间隔为 1 个量化单位,并知段内码改用折叠二进制码。

(1) 试求译码器输出为多少量化单位;

(2) 写出对应于该 7 位码(不包含极性码)的均匀量化 11 位码。

11. 采用 13 折线 A 律编码,设最小量化间隔为 1 个量化单位,已知抽样脉冲值为 +90 个量化单位。

(1) 试求此编码器的输出码组,并计算出此时的量化误差;

(2) 写出对应于该 7 位码(不包含极性码)的均匀量化 11 位码。

12. 北美采用 PCM24 路复用系统,每路的抽样频率 $f_s = 8000$ Hz,每个抽样值用 8 b 表示。每帧共有 24 个时隙,并加 1 b 作为帧同步信号。求每路时隙带宽与总群路的比特率。

第 10 章　数字信号的最佳接收

教学目标：

❖ 了解数字通信系统的统计模型和最佳接收准则；

❖ 熟悉确知信号、随机相位信号和起伏信号的模型结构和接收机性能；

❖ 掌握匹配滤波器的基本原理。

＊＊＊

通信系统中信道特性不理想及信道噪声的存在，直接影响接收系统的性能，而一个通信系统的质量优劣在很大程度上取决于接收系统的性能。

如何从噪声中最好地提取有用信号，且在某个准则下构成最佳接收机，使接收性能达到最佳，这就是最佳接收理论。

10.1　数字信号的统计特性

统计判决理论是研究数字通信系统的理论基础，数字通信系统的传输质量直接关系到数字信号的最佳接收，错误判决概率是度量数字通信系统传输质量好坏的有效准则，本节将对数字信号的统计特性作简要的表述。

在实际的通信系统中，接收端收到的是有噪声干扰的发送信号。信号在信道中传输时，由于噪声的存在，使得在接收端收到的发送信号中包含有错误的码元，收到的信号电压具有随机性。为了研究信号错误码元发生的概率，需要研究接收到的信号电压的统计特性。

下面以二进制数字通信系统为例，描述接收信号电压的统计特性。

设通信系统最高传输频率为 f_H，接收噪声电压用其抽样值表示。抽样速率不小于 $2f_H$，若在一个码元时间内得到的 k 个抽样值分别为 n_1，n_2，n_3，…，n_k，且这 k 个抽样值都是符合正态分布的，则其一维概率密度可以写为

$$f(n_i) = \frac{1}{\sqrt{2\pi}\sigma_n} \exp\left(-\frac{n_i^2}{2\sigma_n^2}\right) \tag{10-1}$$

式中：σ_n 是噪声的标准偏差；σ_n^2 是噪声的方差。

设接收电压 $n(t)$ 的 k 个抽样值的 k 维联合概率密度函数为

$$f_k(n_1, n_2, \cdots, n_k) \tag{10-2}$$

由前面学过的知识可知，高斯噪声通过带限系统后仍为高斯分布，由此通过的带限高斯白噪声若按奈奎斯特速率进行抽样，所得的抽样值之间应该相互独立，所以可以得到下式：

$$f_k(n_1, n_2, \cdots, n_k) = f(n_1)f(n_2)\cdots f(n_k) = \frac{1}{(\sqrt{2\pi}\sigma_n)^k}\exp\left(-\frac{1}{2\sigma_n^2}\sum_{i=1}^{k}n_i^2\right)$$

$$(10-3)$$

注意：在一个码元时间 T 内接收的噪声平均功率为

$$\frac{1}{k}\sum_{i=1}^{k}n_i^2 = \frac{1}{2f_H T}\sum_{i=1}^{k}n_i^2 \quad 或 \quad \frac{1}{T}\int_0^T n^2(t)\mathrm{d}t = \frac{1}{2f_H T}\sum_{i=1}^{k}n_i^2$$

根据帕斯瓦尔定理，不难发现将一个码元时间内的噪声功率代入式(10-3)可得

$$f(n) = \frac{1}{(\sqrt{2\pi}\sigma_n)^k}\exp\left[-\frac{1}{n_0}\int_0^T n^2(t)\mathrm{d}t\right]$$

$$(10-4)$$

式中：$\sigma_n^2 = n_0 f_H$；$f(n) = f_k(n_1, n_2, \cdots, n_k) = f(n_1)f(n_2)\cdots f(n_k)$，$f(n)$ 不是时间函数，$f(n)$ 仅取决于该码元期间内噪声的能量 $\int_0^T n^2(t)\mathrm{d}t$；$n$ 是一个 k 维矢量，可以看做 k 维空间中的一个点。

设接收电压 $y(t)$ 为信号电压 $u(t)$ 和噪声电压 $n(t)$ 之和，即

$$y(t) = u(t) + n(t)$$

$$(10-5)$$

观察式(10-5)可得，在信号电压 $u(t)$ 一定时，接收电压 $y(t)$ 的随机性完全由噪声电压 $n(t)$ 决定。由前面的分析可知，$n(t)$ 服从高斯分布，所以 $y(t)$ 也服从高斯分布，它的方差为 σ_n^2，均值为 $u(t)$。

在实际的二进制数字通信系统中，若当发送端发送"0"码元时信号的波形为 $u_0(t)$，则接收电压 $y(t)$ 的 k 维概率密度函数为

$$f_0(x) = \frac{1}{(\sqrt{2\pi}\sigma_n)^k}\exp\left\{-\frac{1}{n_0}\int_0^T [y(t) - u_0(t)]^2\mathrm{d}t\right\}$$

$$(10-6)$$

同理，当发送端发送"1"码元时信号的波形为 $u_1(t)$，接收电压 $y(t)$ 的 k 维概率密度函数为

$$f_1(x) = \frac{1}{(\sqrt{2\pi}\sigma_n)^k}\exp\left\{-\frac{1}{n_0}\int_0^T [y(t) - u_1(t)]^2\mathrm{d}t\right\}$$

$$(10-7)$$

10.2　数字信号最佳接收的误码率及仿真

所谓数字信号的最佳接收，是指在接收端收到的信号错误的概率最小。也就是说，在接收信号码元时，要求由系统特性所引起的信号失真和噪声干扰最小。

在这里单独提出"数字"信号的"最佳接收"，是由数字信号本身具有的特点决定的。即数字信号(以二进制为例)无论对信号如何变形，只要最终能恢复出正确的"1"和"0"就达到了通信的目的。所以只要不会引起误码，对信号进行一系列的处理是可行的，本节将针对二进制通信系统中如何使噪声所引起的错误概率变为最小作扼要的表述。

假设发送信号为 $s_0(t) = 0$，$s_1(t) = 1$，信道的叠加噪声是均值为 0、方差为 σ^2 的高斯白噪声，则接收信号 $y(t)$ 有两种可能：

$$y(t) = s_0(t) + n(t) = n(t) \tag{10-8}$$

$$y(t) = s_1(t) + n(t) = 1 + n(t) \tag{10-9}$$

式(10-8)代表接收"0"信号,式(10-9)代表接收"1"信号。

按照 10.1 节的分析,接收端收到的每个码元电压可以用一个 k 维的矢量 r 表示,接收端需要对每一个接收到的信号作判决。由于矢量 r 可以看做 k 维空间的一个点,所以由此组成的空间称为判决空间。

判决空间就是根据接收到的 $y(t)$,判断发送端发送的信号(以二进制为例)是 $s_1(t)$ 还是 $s_0(t)$,即对应两种假设 H_1 和 H_0:

$$\begin{cases} H_1: y(t) = s_1(t) + n(t) \\ H_0: y(t) = s_0(t) + n(t) \end{cases} \tag{10-10}$$

其中,H_1 为接收端收到"1",H_0 为接收端收到"0"。这样就将判决空间划分为两个区域 D_0 和 D_1。若输入信号 $y(t)$ 落在 D_0,即接收信号落在区域 D_0 内则判断 H_0 为真,反之,判断 H_1 为真。如图 10-1 所示。

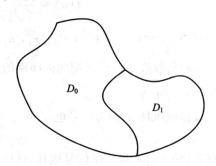

图 10-1 二元判决空间图

这样会出现 4 种判决结果:

(1) 实际是假设 H_0 为真,而判决是假设 H_0 为真;

(2) 实际是假设 H_1 为真,而判决是假设 H_1 为真;

(3) 实际是假设 H_0 为真,而判决是假设 H_1 为真;

(4) 实际是假设 H_1 为真,而判决是假设 H_0 为真。

显然,前两种是正确的,而后两种是错误的。那么正确判断的概率为 $P(D_0 \mid H_0)$ 和 $P(D_1 \mid H_1)$,以上四种概率的计算公式为:

(1)
$$P(D_1 \mid H_0) = \int_{D_1} f(y \mid H_0) \mathrm{d}y \tag{10-11}$$

(2)
$$P(D_0 \mid H_1) = \int_{D_0} f(y \mid H_1) \mathrm{d}y \tag{10-12}$$

(3)
$$P(D_0 \mid H_0) = \int_{D_0} f(y \mid H_0) \mathrm{d}y \tag{10-13}$$

(4)
$$P(D_1 \mid H_1) = \int_{D_1} f(y \mid H_1) \mathrm{d}y \tag{10-14}$$

注意:信号在传输后得到各种信号的概率称为转移概率(包括得到它自身)。转移概率可以表示传输正确或者传输错误的概率,对于传输错误的情况,每种误码值均对应一个概率。称为错误转移概率。

由以上分析可以得出,二进制通信系统的总误码率 P_e 为

$$P_e = P(H_0)P(D_1 \mid H_0) + P(H_1)P(D_0 \mid H_1) \tag{10-15}$$

式中:$P(H_0)$、$P(H_1)$ 均为先验概率。

由于 $P(D_0 \mid H_1) = 1 - P(D_1 \mid H_1)$,故可以得到

$$P_e = P(H_0)P(D_1 \mid H_0) + P(H_1)\left[1 - P(D_1 \mid H_1)\right]$$

$$= P(H_0)\int_{D_1} f(y \mid H_0)dy + P(H_1) - P(H_1)\int_{D_1} f(y \mid H_1)dy$$

$$= P(H_1) + \int_{D_1}\left[P(H_0)f(y \mid H_0) - P(H_1)f(y \mid H_1)\right]dy \qquad (10-16)$$

为了使总误码率最小，式(10-16)中积分部分应为负，即

$$P(H_0)f(y \mid H_0) < P(H_1)f(y \mid H_1) \qquad (10-17)$$

这样判断假设 H_1 为真。

同理，若

$$P(H_0)f(y \mid H_0) > P(H_1)f(y \mid H_1) \qquad (10-18)$$

这样判断假设 H_0 为真。也可以将式(10-17)和式(10-18)分别改写为式(10-19)和(10-20)：

$$\frac{f(y \mid H_1)}{f(y \mid H_0)} > \frac{P(H_0)}{P(H_1)} \qquad (10-19)$$

$$\frac{f(y \mid H_1)}{f(y \mid H_0)} < \frac{P(H_0)}{P(H_1)} \qquad (10-20)$$

在等概率发送时，有 $P(H_1) = P(H_0)$，则式(10-19)和(10-20)变为

$$\frac{f(y \mid H_1)}{f(y \mid H_0)} > 1 \qquad (10-21)$$

$$\frac{f(y \mid H_1)}{f(y \mid H_0)} < 1 \qquad (10-22)$$

式(10-21)和式(10-22)又称为最大似然准则。

以上是对二进制通信系统的分析，如果扩展到 M 进制则最大似然准则变为

若

$$f(y \mid H_i) > f(y \mid H_j) \quad (i, j = 1, 2, 3, \cdots, m; i \neq j) \qquad (10-23)$$

则假设 H_i 为真。

下面用 SystemView 软件仿真数字信号最佳接收的误码率。

以 MSK 信号为例来进行仿真，通过上述分析不难发现，数据在进行传输时必然会发生失真。其原因有很多种，主要是噪声和各种干扰的存在，这样就会使通信系统的性能下降，研究数字信号的最佳接收，实际上是研究最佳接收通信系统的可靠性。

设系统在传送时发生差错的总码元数为 α，系统发送的总码元数为 β，则误码率的公式为

$$P_e = \frac{\alpha}{\beta} \qquad (10-24)$$

通过对系统信号输入端信号和经过信道和接收机后的解调信号分析，得出系统的误码率。结合本节所述及本书第 8 章讲解的 MSK 知识，可以知道 MSK 信号的最佳接收原理图如图 10-2 所示。

用 SystemView 仿真这一原理框图，仿真图如图 10-3 和图 10-4 所示。

下面给出在噪声均方值为 1 V 时系统的输入及输出波形，如图 10-5 所示。

用 SystemView 软件设计一个精确计算误码率的电路图，如图 10-6 所示。

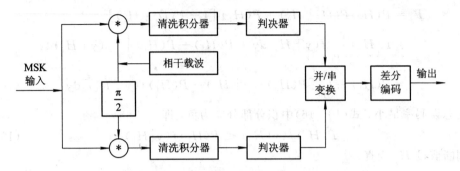

图 10 - 2 MSK 信号最佳接收机原理框图（解调器原理图）

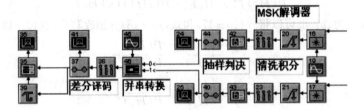

图 10 - 3 SystemView 仿真 MSK 信号最佳接收图

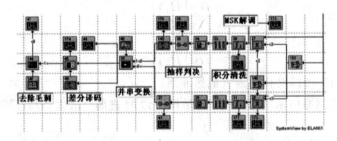

图 10 - 4 SystemView 仿真 MSK 信号相干解调的总仿真电路图

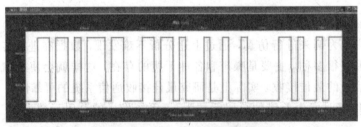

(a) 噪声均方值为 1 V 时的输入波形图

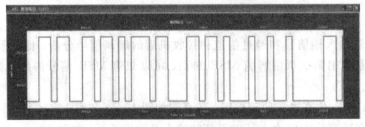

(b) 噪声均方值为 1 V 时的输出波形图

图 10 - 5 系统的输入及输出波形

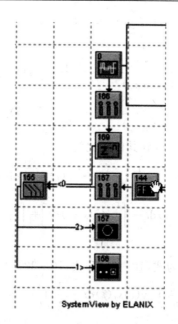

图 10 - 6　SystemView 仿真数字通信系统误码率计算电路图

计算原理如下：

(1) 通过对输入和输出波形的采样，获得需要的信号源。

(2) 通过比较器统计输出码元，输入码元的个数。

(3) 利用(2)的结果与总码元个数做除法运算。

通过仿真分析可以给出不同信噪比条件下，最佳接收系统误码率的变化关系，即随着输入信噪比的减小，最佳接收系统的误码率也随之减小。这里设定系统的信噪比随着每次循环的结束而降低为上一次循环的一半，仿真给出的参数如下：采样率为 768 kHz，采样点数为 131072，循环次数为 11，噪声起始的均方值为 1 V。

10.3　确知数字信号的最佳接收机

在第 2 章中引入了确知信号的概念，确知信号是指其波形和全部参量都已知的信号。对于正弦信号而言，如果相位、振幅、频率以及到达时间都是已知的，那么该正弦信号就是一个确知信号。

本节以二进制数字通信系统为例来研究数字通信系统的最佳接收。

图 10 - 7　确知信号的最佳接收图

发送端的发送信号 $s_0(t)$、$s_1(t)$ 分别代表 0 码和 1 码，接收端收到的信号 $y(t)$ 是式(10 - 8)和式(10 - 9)的混合信号。需要说明的是，其中的 $n(t)$ 是均值为 0，功率谱密度为 $n_0/2$ 的高斯白噪声，如图 10 - 7 所示。

假设一最佳接收系统对接收信号 $y(t)$ 进行处理，以便在式(10 - 25)和式(10 - 26)所示的两个假设中作出选择：

$$H_0: y(t) = s_0(t) + n(t) \tag{10 - 25}$$

$$H_1: y(t) = s_1(t) + n(t) \tag{10-26}$$

接收信号的概率密度为

$$f(y \mid H_0) = \frac{1}{(\sqrt{2\pi}\sigma_n)^k} \exp\left\{-\frac{1}{n_0}\int_0^T [y(t) - s_0(t)]^2 \mathrm{d}t\right\} \tag{10-27}$$

$$f(y \mid H_1) = \frac{1}{(\sqrt{2\pi}\sigma_n)^k} \exp\left\{-\frac{1}{n_0}\int_0^T [y(t) - s_1(t)]^2 \mathrm{d}t\right\} \tag{10-28}$$

由式(10-27)和式(10-28)可以得到其似然比为

$$l(y) = \frac{f(y \mid H_0)}{f(y \mid H_1)} = \exp\left\{-\frac{1}{n_0}\int_0^T [y(t) - s_0(t)]^2 \, \mathrm{d}t + \int_0^T [y(t) - s_0(t)]^2 \mathrm{d}t \frac{1}{n_0}\right\}$$

$$= \exp\left\{\frac{2}{n_0}\left[\int_0^T y(t)s_1(t)\mathrm{d}t - \int_0^T y(t)s_0(t)\mathrm{d}t\right] + \int_0^T [s_0^2(t) - s_1^2(t)]\mathrm{d}t \frac{1}{n_0}\right\}$$
$$\tag{10-29}$$

由式(10-29)可得出判决规则为式(10-31)和式(10-32)。

$$\frac{2}{n_0}\int_0^T y(t)s_1(t)\mathrm{d}t - \frac{2}{n_0}\int_0^T y(t)s_0(t)\mathrm{d}t + \frac{1}{n_0}\int_0^T [s_0^2(t) - s_1^2(t)]\mathrm{d}t > \ln l_0 \tag{10-30}$$

$$\int_0^T y(t)s_1(t)\mathrm{d}t - \int_0^T y(t)s_0(t)\mathrm{d}t > \frac{n_0}{2}\ln l_0 + \frac{1}{2}\int_0^T [s_1^2(t) - s_0^2(t)]\mathrm{d}t \tag{10-31}$$

如果式(10-31)成立,则判断 H_1 为真。

$$\frac{2}{n_0}\int_0^T y(t)s_1(t)\mathrm{d}t - \frac{2}{n_0}\int_0^T y(t)s_0(t)\mathrm{d}t + \frac{1}{n_0}\int_0^T [s_0^2(t) - s_1^2(t)]\mathrm{d}t < \ln l_0 \tag{10-32}$$

$$\int_0^T y(t)s_1(t)\mathrm{d}t - \int_0^T y(t)s_0(t)\mathrm{d}t < \frac{n_0}{2}\ln l_0 + \frac{1}{2}\int_0^T [s_1^2(t) - s_0^2(t)]\mathrm{d}t \tag{10-33}$$

如果式(10-33)成立,则判断 H_0 为真。

设 $n_0/2 \ln l_0 + 1/2 \int_0^T [s_1^2(t) - s_0^2(t)]\,\mathrm{d}t = n_0/2 \ln l_0 + 1/2(E_1 - E_0) = \alpha$,则由式(10-31)式(10-33)所示的判决规则变为式(10-34)和式(10-35):

$$\int_0^T y(t)s_1(t)\mathrm{d}t - \int_0^T y(t)s_0(t)\mathrm{d}t > \alpha \tag{10-34}$$

$$\int_0^T y(t)s_1(t)\mathrm{d}t - \int_0^T y(t)s_0(t)\mathrm{d}t < \alpha \tag{10-35}$$

式(10-34)和式(10-35)即为确知信号的最佳接收数学模型。

相应地,二进制确知信号接收机的一般结构如图10-8所示。

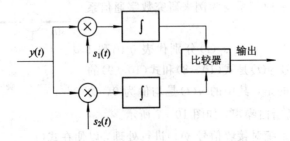

图10-8 二进制确知信号的最佳接收图

注意：信号能量为 $E = \int_{-\frac{T}{2}}^{\frac{T}{2}} s^2(t)\,\mathrm{d}t$。

由上述讨论不难推出 M 进制通信系统的最佳接收机结构，如图 10-9 所示。

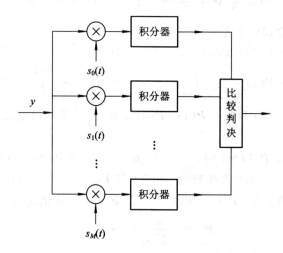

图 10-9　M 进制通信系统的最佳接收机结构

10.4　确知数字信号最佳接收的误码率及仿真

最佳接收机是按最佳判决规则设计的，具有最小的错误概率，因而表征了最佳接收机的极限性能。

结合上述 10.2 节和 10.3 节的内容，从总误码率入手来讨论确知信号的最佳接收。

以二进制通信系统为例，二进制通信系统的总误码率为式 (10-15)：

$$P_e = P(H_0)P(D_1 \mid H_0) + P(H_1)P(D_0 \mid H_1)$$

设二进制通信系统发送"0"和"1"，则系统的总误码率为

$$P_e = P(1)P(0/1) + P(0)P(1/0) \tag{10-36}$$

在最佳接收机中，满足下式的判决发送码元为 $s_0(t)$：

$$n_0 \ln \frac{1}{P(1)} + \int_0^T \left[y(t) - s_1(t) \right]^2 \mathrm{d}t > n_0 \ln \frac{1}{P(0)} + \int_0^T \left[y(t) - s_0(t) \right]^2 \mathrm{d}t \tag{10-37}$$

即当发送码元为 $s_1(t)$ 时，若上式成立，则将发生错误判决。

将 $y(t) = s_1(t) + n(t)$ 代入式 (10-37)，得到在发送码元"1"的条件下收到"0"的概率，即错误转移概率 $P(0/1)$。式 (10-37) 并不要求两个码元能量相等。

易证，这个概率可等效为下面的表达式：

$$P(0/1) = P(\xi < a) = \frac{1}{\sqrt{2\pi}\,\sigma_\xi} \int_{-\infty}^a \mathrm{e}^{-\frac{x^2}{2\sigma_\xi^2}} \mathrm{d}x \tag{10-38}$$

$$a = \frac{n_0}{2} \ln \frac{P(0)}{P(1)} - \frac{1}{2} \int_0^T \left[s_1(t) - s_0(t) \right]^2 \mathrm{d}t \tag{10-39}$$

$$\sigma_\xi^2 = D(\xi) = \frac{n_0}{2} \int_0^T \left[s_1(t) - s_0(t) \right]^2 \mathrm{d}t \tag{10-40}$$

同理，发送 $s_0(t)$ 时，判决为收到 $s_1(t)$ 的条件错误概率为

$$P(1/0) = P(\xi < b) = \frac{1}{\sqrt{2\pi}\sigma_\xi} \int_{-\infty}^{b} \mathrm{e}^{-\frac{x^2}{2\sigma_\xi^2}} \mathrm{d}x \tag{10-41}$$

$$b = \frac{n_0}{2} \ln \frac{P(1)}{P(0)} - \frac{1}{2} \int_0^T [s_0(t) - s_1(t)]^2 \mathrm{d}t \tag{10-42}$$

则二进制通信系统的总误码率为

$$P_e = P(1)P(0/1) + P(0)P(1/0)$$

$$= P(1) \frac{1}{\sqrt{2\pi}\sigma_\xi} \int_{-\infty}^{a} \mathrm{e}^{-\frac{x^2}{2\sigma_\xi^2}} \mathrm{d}x + P(0) \frac{1}{\sqrt{2\pi}\sigma_\xi} \int_{-\infty}^{b} \mathrm{e}^{-\frac{x^2}{2\sigma_\xi^2}} \mathrm{d}x$$

通过上面的推导，上式只剩下 $P(1)$、$P(0)$ 需要讨论。下面讨论先验概率对系统的总误码率的影响。

(1) 当 $P(0)=0$ 及 $P(1)=1$ 时，$a=-\infty$ 及 $b=\infty$，则 $P_e=0$。这时发送码元只有一种可能性，即是确定的"1"，不会发生错判。同理，若 $P(0)=1$ 及 $P(1)=0$，则仍然有 $P_e=0$。

(2) 当先验概率相等时，$P(0)=P(1)=1/2$，$a=b$，上式化简为

$$P_e = \frac{1}{\sqrt{2\pi}\sigma_\xi} \int_{-\infty}^{c} \mathrm{e}^{-\frac{x^2}{2\sigma_\xi^2}} \mathrm{d}x \tag{10-43}$$

$$c = -\frac{1}{2} \int_0^T [s_0(t) - s_1(t)]^2 \mathrm{d}t \tag{10-44}$$

式(10-43)表明，在先验概率相等时，对于给定的噪声功率 σ_ξ^2，误码率仅和两种码元波形之差 $[s_0(t)-s_1(t)]$ 的能量有关，而与波形本身无关。差别越大，c 值越小，误码率 P_e 也越小(两码元能量不相等)。

(3) 当先验概率不等时，通过计算可知，先验概率不相等时的误码率将略小于先验概率相等时的误码率。

对先验概率相等时误码率的具体表达式进行计算，可以更好地理解二进制确知信号最佳接收机极限性能对实践的指导。

定义码元相关系数 ρ 为

$$\rho = \frac{\int_0^T s_0(t)s_1(t)\mathrm{d}t}{\sqrt{\left(\int_0^T s_0^2(t)\mathrm{d}t\right)\left(\int_0^T s_1^2(t)\mathrm{d}t\right)}} = \frac{\int_0^T s_0(t)s_1(t)\mathrm{d}t}{\sqrt{E_0 E_1}} \tag{10-45}$$

$$E_0 = \int_0^T s_0^2(t)\mathrm{d}t$$

$$E_1 = \int_0^T s_1^2(t)\mathrm{d}t$$

当 $s_0(t)=s_1(t)$ 时，$\rho=1$，为最大值；当 $s_0(t)=-s_1(t)$(两个码元信号极性相反，大小相同，如双极性信号)时，$\rho=-1$，为最小值。所以 ρ 的取值范围为 $-1 \leqslant \rho \leqslant 1$。

当两码元的能量相等，即 $E_0=E_1$(双极性矩形脉冲是一个特例，但实际情况并不一定是双极性矩形脉冲，也不要求 $s_0(t)=s_1(t)$)时，令这个能量为 E_b，则有

$$\rho = \frac{\int_0^T s_0(t)s_1(t)\mathrm{d}t}{E_b} \tag{10-46}$$

于是有

$$c = -\frac{1}{2} \int_0^T [s_0(t) - s_1(t)]^2 \, dt$$

$$= -\frac{1}{2} \int_0^T [s_0^2(t) + s_1^2(t)] \, dt + \int_0^T s_1(t) s_0 \, dt$$

$$= -E_b(1 - \rho)$$

将其代入式(10-43)，得系统的总误码率为

$$P_e = \frac{1}{\sqrt{2\pi}\sigma_\xi} \int_{-\infty}^c e^{-\frac{x^2}{2\sigma_\xi^2}} \, dx = \frac{1}{\sqrt{2\pi}\sigma_\xi} \int_{-\infty}^{-E_b(1-\rho)} e^{-\frac{x^2}{2\sigma_\xi^2}} \, dx \tag{10-47}$$

计算得到误码率的最终表示式为

$$P_e = \frac{1}{2} \left[1 - \text{erf}\left(\sqrt{\frac{E_b(1-\rho)}{2n_0}} \right) \right] = \frac{1}{2} \text{erfc}\left[\sqrt{\frac{E_b(1-\rho)}{2n_0}} \right] \tag{10-48}$$

注意：n_0 为噪声功率谱密度，E_b 为码元能量，这时要求先验概率相同。

P_e 公式给出了理论上确知信号二进制等能量数字信号误码率的最佳(最小可能)值。

实际通信系统中得到的误码率只可能比曲线中的数值差，绝对不可能超过它。

误码率仅和 E_b/n_0 以及相关系数 ρ 有关，与信号波形及噪声功率无直接关系。相关系数越小，误码率也越小；码元能量越大，误码率也越小；噪声功率越小，误码率也越小，码元能量 E_b 与噪声功率谱密度 n_0 之比，相当于信号与噪声功率之比 S/N。因此，若系统带宽 B 等于 $1/T_s$，数字传输率 $R = 1/T_s$，则

$$\frac{E_b}{n_0} = \frac{ST}{n_0} = \frac{S}{n_0(1/T)} = \frac{S}{n_0 B} = \frac{S}{N} = \frac{A^2}{n_0 R} \tag{10-49}$$

采用能消除码间串扰的奈奎斯特速率传输基带信号时，所需的最小带宽为 $1/(2T)$ Hz。对于已调信号，若采用的是 2PSK 或 2ASK 信号；其占用带宽应当是基带信号带宽的两倍，即为 $2 \times 1/(2T) = 1/T$ (Hz)。所以，$n_0(1/T)$ 可视为噪声功率。

实际问题中，接收机带通滤波器的带宽大于所需要的最小带宽，因此信噪比 γ 小于 E_n/n_0，误码率大于最佳结果。工程上，可把 E_b/n_0 当做信号与噪声的功率比看待。

相关系数 ρ 对于误码率的影响很大。当两种码元的波形相同，相关系数最大，即 $\rho = 1$ 时，误码率最大。这时的误码率 $P_e = 1/2$。这时两种码元波形没有区别，接收端是在没有根据地随意选择。

当两种码元的波形相反，相关系数最小，即 $\rho = -1$ 时，误码率最小，且最小误码率为

$$P_e = \frac{1}{2} \left[1 - \text{erf}\left(\sqrt{\frac{E_b}{n_0}} \right) \right] = \frac{1}{2} \text{erfc}\left[\sqrt{\frac{E_b}{n_0}} \right] \tag{10-50}$$

注意：2PSK 信号的相关系数就等于 -1。

当两种码元正交，即相关系数 $\rho = 0$ 时，误码率等于

$$P_e = \frac{1}{2} \left[1 - \text{erf}\left(\sqrt{\frac{E_b}{2n_0}} \right) \right] = \frac{1}{2} \text{erfc}\left[\sqrt{\frac{E_b}{2n_0}} \right] \tag{10-51}$$

注意：2FSK 信号的相关系数就等于或近似等于零。

若两种码元中有一种能量等于零，例如 2ASK 信号，则

$$c = -\frac{1}{2} \int_0^T [s_0(t)]^2 \, dt$$

$$P_e = \frac{1}{2}\left[1 - \mathrm{erf}\left(\sqrt{\frac{E_b}{4n_0}}\right)\right] = \frac{1}{2}\,\mathrm{erfc}\left[\sqrt{\frac{E_b}{4n_0}}\right] \tag{10-52}$$

总结：(1) 二进制确知信号的最佳形式为使 $\rho = -1$ 的形式。

(2) 如果 ρ 越接近于 1，信号的接收性能就越差，甚至无法通信。

(3) 从信噪比性能方面来看，2ASK 信号比 2FSK 信号差 3 dB，而 2FSK 信号又比 2PSK 信号差 3 dB。

通过上面知识的讲解可以看出，信噪比关乎信号的有效接收，所以可以从比特误码率的角度来分析确知信号的最佳接收。通过用 SystemView 软件来仿真这一过程。

如图 10-10 所示的是一个简单的通信系统，将其信道模拟成一个高斯噪声信道，输入信号（图符 0）经过高斯噪声信道（图符 1、图符 2、图符 3）后输出信号，进行判决。当出现带有噪声的接收信号大于判决信号时，输出判为 1。而在这样的条件下原始参照信号若为 0 就会出现误码。

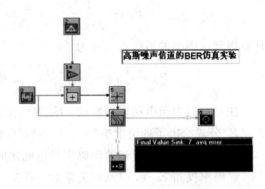

图 10-10 高斯信道条件下比特误码率仿真实验图

通过前面章节的讨论可知，信噪比可以用 E_b/n_0 来表示，也可以用 $A^2/(N_0R)$ 来表示，其中 $R = 1/T$ 即信号的数据率。将噪声大小设为 0 dB 即 $E_b/n_0 = 1$ 或者 $A^2/(N_0R) = 1$，$N_0 = A^2/R$。如图 10-11 所示。在噪声源后加入一个增益图符（图符 3）来控制信噪比的大小（其中每一个测试循环完成后都需要设置全局变量的大小）。比特误码率计数器图符的属性参数设置如图 10-12 所示，其中"No. trials"为对比试验比特数，此值的选取是有要求的（一般需将 No. trials 的值设置得很大）。

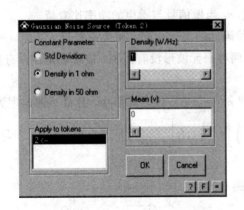

图 10-11 高斯噪声参数属性设置图

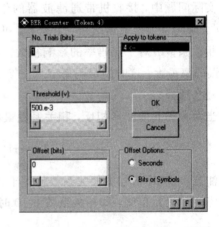

图 10-12 比特误码率参数设置图

当把比特误码率计数器图符的输出连接到接收计算器图符时，必须要做出选择，如图 10-13 所示。

图 10-10 中图符 6 是一个停止接收计算器，功能是控制本循环的仿真。其设置图如图 10-14 所示。在图 10-10 中的图符 7 是终值接收计算器，它与比特误码率计数器的累计

均值输出端连接，用以计算 E_b/n_0 归一化后的比特误码率并作曲线图。实际得到的比特误码率与信噪比的关系曲线图如图 10 - 15 所示。

图 10 - 13 比特误码率图符选择图

图 10 - 14 停止接收计算器属性设置图

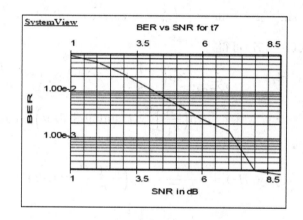

图 10 - 15 比特误码率与信噪比的关系图

10.5 随相数字信号的最佳接收

经过信道传输后，码元相位带有随机性的信号称为随机相位信号，简称随相信号。

在通信系统中，接收信号的相位不仅取决于发送信号的初相，而且也取决于信道上的延时，所以一般无法确定。设发送端发送的二进制信号为

$$\begin{cases} s_0(t) = 0 \\ s_1(t) = A\,\sin(\omega t + \theta) \end{cases} \quad (0 \leqslant t \leqslant T) \tag{10-53}$$

式中：A 为振幅；ω 为角频率；T 为到达时间，是已知的；θ 为随机相位，服从均匀分布，其概率分布函数为

$$f(\theta) = \begin{cases} \dfrac{1}{2\pi}, & 0 \leqslant \theta \leqslant 2\pi \\ 0, & \text{其他} \end{cases} \tag{10-54}$$

则接收端收到的信号 $y(t)$ 对应两个假设：

$$\begin{cases} H_0: y(t) = s_0(t) + n(t) = n(t) \\ H_1: y(t) = s_1(t) + n(t) = A\sin(\omega t + \theta) + n(t) \end{cases} \tag{10-55}$$

式中：$n(t)$ 是在信道上叠加的均值为 0，功率谱密度为 $n_0/2$ 的高斯白噪声。对于高斯白噪声中随参信号的似然函数，由 10.2 节和 10.3 节的知识可得

$$f(y \mid H_1, \theta) = \frac{1}{(\sqrt{2\pi}\sigma)^k} \exp\left(-\frac{1}{n_0}\int_0^T [y(t) - s_1(t)]^2 \mathrm{d}t\right)$$

$$= \frac{1}{(\sqrt{2\pi}\sigma)^k} \exp\left(-\frac{1}{n_0}\int_0^T [y(t) - A\sin(\omega t + \theta)]^2 \mathrm{d}t\right) \tag{10-56}$$

$$f(y \mid H_1) = \int_{\{\theta\}} f(y \mid H_1, \theta) f(\theta) \mathrm{d}\theta = \frac{1}{(\sqrt{2\pi}\sigma)^k} \int_0^{2\pi} e^{-\frac{1}{n_0}\int_0^T [y^2(t) - 2Ay(t)\sin(\omega t + \theta)]\mathrm{d}t} \frac{1}{2\pi}\mathrm{d}\theta$$

$$= \frac{1}{(\sqrt{2\pi}\sigma)^k} e^{-\frac{1}{n_0}\int_0^T y^2(t)\mathrm{d}t} \int_0^{2\pi} e^{-\frac{A^2}{n_0}\int_0^T \sin^2(\omega t + \theta)\mathrm{d}t + \frac{2A}{n_0}\int_0^T y(t)\sin(\omega t + \theta)\mathrm{d}t} \frac{1}{2\pi}\mathrm{d}\theta \tag{10-57}$$

一般取 $T = k\pi/\omega$，则有

$$\int_0^T \sin^2(\omega t + \theta)\mathrm{d}t = \int_0^T \left(\frac{1}{2} - \frac{1}{2}\cos 2(\omega t + \theta)\right)\mathrm{d}t = \frac{T}{2} \tag{10-58}$$

将式(10-58)代入式(10-57)可得

$$f(y \mid H_1) = \frac{1}{(\sqrt{2\pi}\sigma)^k} \exp\left(-\frac{1}{n_0}\int_0^T y^2(t)\mathrm{d}t\right) \exp\left(-\frac{A^2 T}{2n_0}\right)$$

$$\times \int_0^{2\pi} \exp\left(\frac{2A}{n_0}\int_0^T y(t)\sin(\omega t + \theta)\mathrm{d}t\right) \frac{1}{2\pi}\mathrm{d}\theta$$

与上式对应：

$$f(y \mid H_0) = \frac{1}{(\sqrt{2\pi}\sigma)^k} \exp\left(-\frac{1}{n_0}\int_0^T y^2(t)\mathrm{d}t\right)$$

则得到的似然比为

$$\begin{cases} l(y) = \dfrac{f(y \mid H_1)}{f(y \mid H_0)} = \dfrac{\int_{\{\theta\}} f(y \mid H_1, \theta) f(\theta)\mathrm{d}\theta}{f(y \mid H_0)} \\ l(y) = \exp\left(-\dfrac{A^2 T}{2n_0}\right) \times \dfrac{1}{2\pi}\displaystyle\int_0^{2\pi} \exp\left(\dfrac{2A}{n_0}\int_0^T y(t)\sin(\omega t + \theta)\mathrm{d}t\right)\mathrm{d}\theta \end{cases} \tag{10-59}$$

由 $\sin(\omega t + \theta) = \sin\omega t\,\cos\theta + \cos\omega t\,\sin\theta$ 可知：

$$\int_0^T y(t)\sin(\omega t + \theta)\mathrm{d}t = \cos\theta \int_0^T y(t)\sin\omega t\,\mathrm{d}t + \sin\theta \int_0^T y(t)\cos\omega t\,\mathrm{d}t \tag{10-60}$$

令 $y_A = \displaystyle\int_0^T y(t)\sin\omega t\,\mathrm{d}t = M\cos\gamma$，$y_B = \displaystyle\int_0^T y(t)\cos\omega t\,\mathrm{d}t = M\sin\gamma$，则得

$$\int_0^T y(t)\sin(\omega t + \theta) = y_A\cos\theta + y_B\sin\theta$$

$$= M\cos\gamma\,\cos\theta + M\sin\gamma\,\sin\theta$$

$$= M\cos(\theta - \gamma) \tag{10-61}$$

上式中：

$$M = \sqrt{y_A^2 + y_B^2}$$

$$\cos\gamma = \frac{y_A}{\sqrt{y_A^2 + y_B^2}} = \frac{y_A}{M}$$

$$\sin\gamma = \frac{y_B}{\sqrt{y_A^2 + y_B^2}} = \frac{y_B}{M}$$

代入式(10-59)似然比公式，得

$$l(y) = \exp\left(-\frac{A^2 T}{2n_0}\right)\frac{1}{2\pi}\int_0^{2\pi}\exp\left(\frac{2AM}{n_0}\cos(\theta - \gamma)\right)\mathrm{d}\theta$$

$$= \exp\left(-\frac{A^2 T}{2n_0}\right)I_0\left(\frac{2AM}{n_0}\right) \tag{10-62}$$

式中：$I_0\left(\dfrac{2AM}{n_0}\right) = \dfrac{1}{2\pi}\displaystyle\int_0^{2\pi}\exp\left(\dfrac{2AM}{n_0}\cos(\theta-\gamma)\right)\mathrm{d}\theta$ 称为零阶修正贝塞尔函数。

这样，判决规则就变为下面两条：

(1) 当 $\ln I_0\left(\dfrac{2AM}{n_0}\right) > \dfrac{A^2 T}{2n_0} + \ln l_0 = \dfrac{A^2 T}{2n_0}$ 时，判断 H_1 为真；

(2) 当 $\ln I_0\left(\dfrac{2AM}{n_0}\right) < \dfrac{A^2 T}{2n_0} + \ln l_0 = \dfrac{A^2 T}{2n_0}$ 时，判断 H_0 为真。

由上式可见，要组成最佳接收机，就需要计算 $\ln I_0(2AM/n_0)$，该式很复杂，同时，$I_0(2AM/n_0)$ 与 $2AM/n_0$ 均为单调变化，所以上述的判决规则可以改写为：

(1) 当 $M > \beta$ 时，判断 H_1 为真；

(2) 当 $M < \beta$ 时，判断 H_0 为真；

其中，M 称为检验统计量，β 为判决门限。

随相信号的误码率，通过与 10.4 节类似的分析方法，可以计算出其对应的误码率，计算结果如下：

$$P_e = \frac{1}{2}\exp\left(-\frac{E_b}{2n_0}\right) \tag{10-63}$$

上述最佳接收机及其误码率也就是 2FSK 确知信号的非相干接收机和误码率。

因为随相信号的相位是随机变化的，所以在接收端不可能采用相干接收方法。

10.6　起伏数字信号的最佳接收及仿真

包络随机起伏，相位也随机变换的信号称为起伏信号。

设发送端发送的二进制信号为

$$\begin{cases}s_0(t) = 0 \\ s_1(t) = A\sin(\omega t + \theta)\end{cases} \qquad 0 \leqslant t \leqslant T \tag{10-64}$$

其中，信号的振幅和相位都是随机参量，假设它们在一次观测中为常数，在各次观测中随机取值，其中角频率 ω 已知，A 和 θ 相互独立，振幅服从瑞利分布，相位服从均匀分布。即

$$f(\theta) = \begin{cases}\dfrac{1}{2\pi}, & 0 \leqslant \theta \leqslant 2\pi \\[2mm] 0, & \text{其他}\end{cases}$$

$$f(A) = \begin{cases} \dfrac{A}{A_0^2}\exp\left(-\dfrac{A^2}{2A_0^2}\right), & A \geqslant 0 \\ 0, & \text{其他} \end{cases}$$

则接收端收到的信号 $y(t)$ 对应两个假设：

$$\begin{cases} H_0: y(t) = s_0(t) + n(t) = n(t) \\ H_1: y(t) = s_1(t) + n(t) = A\sin(\omega t + \theta) + n(t) \end{cases} \tag{10-65}$$

式中：$n(t)$ 是在信道上叠加的均值为 0，功率谱密度为 $n_0/2$ 的高斯白噪声。结合 10.5 节推导过程，可以得到其似然比为

$$\frac{f(y\mid H_1)}{f(y\mid H_0)} = \frac{\displaystyle\int_{\{A\}}\int_{\{\theta\}} f(y\mid H_1,\,A,\,\theta)f(A)f(\theta)\mathrm{d}A\mathrm{d}\theta}{f(y\mid H_0)} \tag{10-66}$$

根据已知的振幅和相位的先验分布函数求得似然比为

(1) 当 $M > \left(\dfrac{n_0(n_0 + TA^2)}{2A^2}\ln\left(\dfrac{l_0(n_0 + TA_0^2)}{n_0}\right)\right)^{\frac{1}{2}} = \beta$ 时，判决 H_1 为真；

(2) 当 $M < \left(\dfrac{n_0(n_0 + TA^2)}{2A^2}\ln\left(\dfrac{l_0(n_0 + TA_0^2)}{n_0}\right)\right)^{\frac{1}{2}} = \beta$ 时，判决 H_0 为真。

　　可见，起伏信号在接收端的表现同随相信号一样，它们的不同之处是门限值不同。但是，通过计算，二者的最佳误码率是不同的，起伏信号的误码率为

$$P_e = \frac{1}{2 + (\bar{E}/n_0)} \tag{10-67}$$

式中：$\bar{E}$ 为接收码元的统计平均能量。

　　通过对 2FSK 信号的分析，结合信道对信号衰落的影响，发现衰落对信号的影响是很大的。因此，在随参信道中传输信号时，提供抗衰落的措施是非常必要的。

　　下面以信号通过自定义多径衰落信道为例来说明起伏信号的接收问题。

　　在工程应用中，起伏信号的最佳接收问题，与信道的变化有很大的关系。也就是说，对于不同的信道而言，起伏信号的最佳接收问题实际上变成了对信道特性研究的问题。通过前面的学习可以看出，信道的变化往往比假设的情况复杂很多，比如山区和城市、海洋和陆地、同一地区四季的变化等等都会对应于不同延时参数、最大衰减和信号传输的路径数量。这样就需要有一整套对应的信道模型来"对号入座"地配合以进行研究。

　　SystemView 提供了基本通信库，允许用户根据实际情况来实际选用何种信道模型。图 10-16 和图 10-17 所示的便是基本通信库中的自定义多径信道的模型实验原理图。

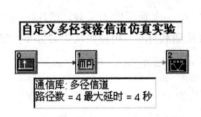

图 10-16　自定义多径衰落信道仿真实验

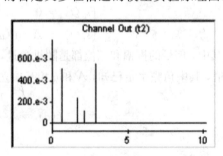

图 10-17　自定义信道的冲激响应图

10.7　实际接收机和最佳接收机的性能比较

二进制信号实际接收机性能在本书第 7 章中已经讨论了，结合本章说所讨论的最佳接收机性能，对两者在不同接收方式下的误码率进行比较，如表 10 - 1 所示。

表 10 - 1　实际接收机和最佳接收机性能比较

接收方式	实际接收机误码率 P_e	最佳接收机误码率 P_e
相干 PSK	$\frac{1}{2}\mathrm{erfc}(\sqrt{r})$	$\frac{1}{2}\mathrm{erfc}\left(\sqrt{\dfrac{E_b}{n_0}}\right)$
相干 FSK	$\frac{1}{2}\mathrm{erfc}\left(\sqrt{\dfrac{r}{2}}\right)$	$\frac{1}{2}\mathrm{erfc}\left(\sqrt{\dfrac{E_b}{2n_0}}\right)$
相干 ASK	$\frac{1}{2}\mathrm{erfc}\left(\sqrt{\dfrac{r}{4}}\right)$	$\frac{1}{2}\mathrm{erfc}\left(\sqrt{\dfrac{E_b}{4n_0}}\right)$
非相干 ASK	$\frac{1}{2}\mathrm{e}^{-\frac{r}{2}}$	$\frac{1}{2}\mathrm{e}^{-\frac{E_b}{2n_0}}$

表中 r 为信号噪声功率比，实际数字调制系统的误码公式与最佳接收机的分析结果在形式上是一样的，即实际接收系统的 $r(r=S/N)$ 与最佳接收系统的 E_b/n_0 相对应。公式虽然形式相同，但这并不意味接收性能也相同。事实上，实际数字调制系统的性能总是比最佳接收系统的性能差。这是因为，当系统的带宽恰好满足奈奎斯特准则时，E_b/n_0 就等于信号与噪声功率比，但奈奎斯特带宽是理论上的极限（最小值），实际接收机的带宽达不到这一极限（带宽大于极限值），这使得信噪比 r 小于 E_b/n_0，从而误码率大于理论极限。

10.8　数字信号的匹配滤波接收法

在数字通信系统中，滤波器是其中重要部件之一，滤波器特性的选择直接影响数字信号的恢复。在数字信号接收中，滤波器的作用有两个方面，第一是使滤波器输出的有用信号成分尽可能强；第二是抑制信号带外噪声，使滤波器输出噪声成分尽可能小，以减小噪声对信号判决的影响。通常对最佳线性滤波器的设计有两种准则：

（1）使滤波器输出的信号波形与发送信号波形之间的均方误差最小，由此而导出的最佳线性滤波器称为维纳滤波器；

（2）使滤波器输出信噪比在某一特定时刻达到最大，由此而导出的最佳线性滤波器称为匹配滤波器。

在数字通信中，匹配滤波器具有更广泛的应用。理论分析和实践都表明，如果滤波器的输出端能够获得最大信噪比，则接收端就能最佳地判断信号的出现，从而提高系统的检测性能。

在输出信噪比最大准则下设计一个线性滤波器具有实际意义。针对输入信号的每一个码元，本节将讨论如何获得线性滤波器的频率响应 $H(\omega)$，使输出获得最大的信噪比。

设接收滤波器的传输函数为 $H(\omega)$，冲激响应为 $h(t)$，滤波器输入码元 $s(t)$ 的持续时间为 T_s，信号和噪声之和 $y(t)$ 为

$$y(t) = s(t) + n(t), \qquad 0 \leqslant t \leqslant T_s \tag{10-68}$$

式中：$s(t)$ 为码元信号；$n(t)$ 为高斯白噪声。

信号码元 $s(t)$ 的频谱密度函数为 $S(\omega)$，噪声 $n(t)$ 的双边功率谱密度为 $n_0/2$，n_0 为噪声单边功率谱密度。

如图 10-18 所示，滤波器的频率响应 $H(f)$ 是线性的，根据线性电路叠加定理，当滤波器输入电压 $y(t)$ 中包括信号和噪声两部分时，滤波器的输出电压中也包含相应的输出信号 $s_0(t)$ 和输出噪声 $n_0(t)$ 两部分，可分别计算，即

$$y_1(t) = s_0(t) + n_0(t) \tag{10-69}$$

$$s_0(t) = \int_{-\infty}^{\infty} H(f)S(f) e^{j2\pi ft} df = \int_{-\infty}^{\infty} S_0(f) e^{j2\pi ft} df \tag{10-70}$$

式中：$S_0(f) = H(f)S(f)$，因此输出信号功率就是 $|s_0^2(t)|$。

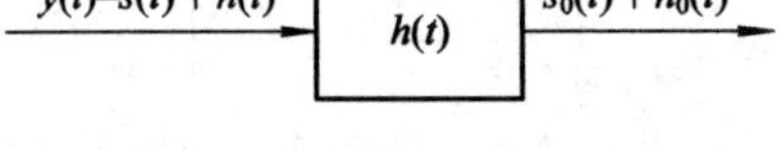

图 10-18　混合信号经过系统

下面求在最大信噪比准则下最佳线性滤波器的传输特性 $H(f)$。

由本书第 3 章的知识可知，输出过程的功率谱密度是输入过程功率谱密度乘以系统频率响应模的平方，即

$$P_Y(f) = H^*(f)H(f)P_R(f) = |H(f)|^2 P_R(f) \tag{10-71}$$

式中：$P_Y(f)$ 为输出功率谱密度；$P_R(f)$ 为输出功率谱密度，$P_R(f) = n_0/2$。

由式（10-71）可知，输出噪声功率 N_0（平均噪声功率）为

$$N_0 = \int_{-\infty}^{\infty} |H(f)|^2 \frac{n_0}{2} df = \frac{n_0}{2} \int_{-\infty}^{\infty} |H(f)|^2 df \tag{10-72}$$

则在给定时刻，输出信号瞬时功率与噪声平均功率之比为

$$\frac{|s_0(t)|^2}{N_0} = \frac{\left| \int_{-\infty}^{\infty} H(f)S(f) e^{j2\pi ft} df \right|^2}{\dfrac{n_0}{2} \int_{-\infty}^{\infty} |H(f)|^2 df} \tag{10-73}$$

要求线性滤波器在抽样的给定时刻有最大的信号瞬时功率与噪声平均功率比值。需要计算的是在这种最大输出信噪比准则下的最佳线性滤波器的传输特性 $H(f)$。

那么为使式（10-73）最大，引入施瓦茨不等式

$$\left| \int_{-\infty}^{\infty} f_1(x)f_2(x) dx \right|^2 \leqslant \int_{-\infty}^{\infty} |f_1(x)|^2 dx \int_{-\infty}^{\infty} |f_2(x)|^2 dx \tag{10-74}$$

上式中等号成立的条件为

$$f_1(x) = kf_2^*(x) \tag{10-75}$$

令 $f_1(x) = H(f)$，$f_2(x) = S(f) e^{j2\pi ft}$，则式（10-73）变为

$$\frac{\left|\int_{-\infty}^{\infty} H(f)S(f)\mathrm{e}^{\mathrm{j}2\pi ft}\,\mathrm{d}f\right|^{2}}{\dfrac{n_{0}}{2}\int_{-\infty}^{\infty}|H(f)|^{2}\mathrm{d}f} \leqslant \frac{\int_{-\infty}^{\infty}|H(f)|^{2}\mathrm{d}f\int_{-\infty}^{\infty}|S(f)|^{2}\mathrm{d}f}{\dfrac{n_{0}}{2}\int_{-\infty}^{\infty}|H(f)|^{2}\mathrm{d}f} = \frac{\int_{-\infty}^{\infty}|S(f)|^{2}\mathrm{d}f}{\dfrac{n_{0}}{2}} = \frac{2E}{n_{0}}$$

上式成立的条件为

$$H(f) = kS^{*}(f)\mathrm{e}^{-\mathrm{j}2\pi ft} \tag{10-76}$$

这时就得到了最大的信噪比 $2E/n_{0}$。

通过上述分析可知，式(10-76)即为匹配滤波器最佳接收所要求的频率响应。

匹配滤波器的传输特性还可用冲激响应 $h(t)$ 来表示，即

$$h(t) = \int_{-\infty}^{\infty} H(f)\mathrm{e}^{\mathrm{j}2\pi ft}\,\mathrm{d}f = ks(t_{0}-t) \tag{10-77}$$

即匹配滤波器的冲激响应是信号 $s(t)$ 的镜像信号 $s(-t)$ 在时间上的平移。

由 10.4 节知识可知，二进制确知信号使用的匹配滤波器构成的接收电路方框图如图 10-19 所示。

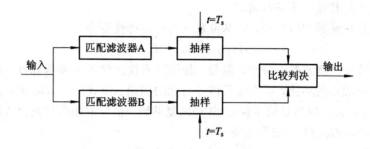

图 10-19　二进制确知信号匹配滤波器电路图

由图 10-19 可知，两个匹配滤波器 $H_{1}(f)$ 和 $H_{2}(f)$，分别匹配于两种信号码元 $s_{1}(t)$ 和 $s_{2}(t)$ 所对应的频谱 $S_{1}(f)$ 和 $S_{2}(f)$。在抽样时刻，对抽样值进行比较判决。哪个匹配滤波器的输出抽样值更大，就判决哪个为输出。若此二进制信号的先验概率相等，则此方框图能给出最小的总误码率。

上面的讨论中未涉及信号波形。也就是说，最大输出信噪比和信号波形无关，只取决于信号能量 E 与噪声功率谱密度 n_{0} 之比，所以这种匹配滤波法对于任何一种数字信号波形都适用，不论是基带数字信号还是已调数字信号。

10.9　最佳基带传输系统

通过研究发现，数字基带传输系统可以看做一个由发送滤波器、信道和接收滤波器组成的模型。如图 10-20 所示。

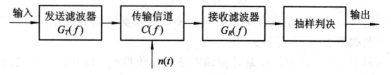

图 10-20　数字基带传输系统框图

设它们的传输函数分别为 $G_T(f)$、$C(f)$ 和 $G_R(f)$。这 3 个滤波器集中用一个基带总传输函数 $H(f)$ 表示，即

$$H(f) = G_T(f)C(f)G_R(f) \tag{10-78}$$

提示：

(1) 为消除码间串扰，要求 $H(f)$ 必须满足奈奎斯特第一准则，本节在讨论中忽略了噪声的影响，而只考虑码间串扰。

(2) 设计的 $H(f)$ 在满足消除码间串扰的条件之后，$G_T(f)$、$C(f)$ 和 $G_R(f)$ 设计的出发点是使系统在加性白色高斯噪声条件下误码率最小。

将消除了码间串扰并且噪声最小的基带传输系统称为最佳基带传输系统。

通过实践可知，由于信道的传输特性 $C(f)$ 往往不可预知，还可能是时变的，所以，在系统设计时，有两种分析方法：

(1) 假设信道具有理想特性，即假设 $C(f)=1$。

(2) 考虑信道的非理想特性。

本节仅从理想特性入手进行研究。

假设信道传输函数 $C(f)=1$，则基带系统的传输特性变为

$$H(f) = G_T(f)G_R(f) \tag{10-79}$$

$G_T(f)$ 虽然表示发送滤波器的特性，但是，若传输系统的输入为冲激脉冲，则 $G_T(f)$ 还兼有决定发送信号波形的功能，即它就是信号码元的频谱。由式(10-76)所示的匹配滤波器频率特性可知，$G_R(f)$ 应当是信号频谱 $S(f)$ 的复共轭。信号的频谱就是发送滤波器的传输函数 $G_T(f)$，所以 $G_R(f)$ 为(已假定 $k=1$)

$$G_R(f) = G_T^*(f)e^{-j2\pi f t_0} \tag{10-80}$$

结合式(10-79)，整理后可得

$$G_T^*(f) = \frac{H^*(f)}{G_R^*(f)} \tag{10-81}$$

把式(10-81)代入式(10-80)可得

$$G_R(f)G_R^*(f) = H^*(f)e^{-j2\pi f t_0} \tag{10-82}$$

$$|G_R(f)|^2 = H^*(f)e^{-j2\pi f t_0} \tag{10-83}$$

上式左边是实数(因为是实际系统)，右边也应为实数，故

$$|G_R(f)|^2 = |H(f)|^2 \tag{10-84}$$

$$|G_R(f)| = \sqrt{|H(f)|} \tag{10-85}$$

假定 $H(f)$ 是实数，则式(10-85)可变为

$$G_R(f) = \sqrt{H(f)} \tag{10-86}$$

将式(10-86)代入式(10-79)可得

$$G_T(f) = \sqrt{H(f)} \tag{10-87}$$

式(10-86)和式(10-87)就是最佳基带传输系统对于收发滤波器传输函数的要求。最佳基带传输系统框图如图10-21所示。

下面从误码率入手，研究最佳基带传输系统的接收性能。设基带信号码元为 M 进制的多电平信号。一个码元可以取下列 M 种电平之一：

$$\pm d, \pm 3d, \cdots \pm (M-1)d \tag{10-88}$$

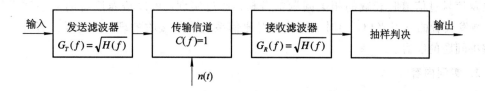

图 10-21 最佳基带传输系统框图

式中：d 为相邻电平间隔的一半。取 $M=4$，则 4 电平位置图如图 10-22 所示。

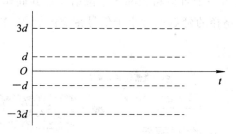

图 10-22 4 电平位置图

在系统的抽样判决时刻，若噪声值不超过 d，就不会发生错误判决。当噪声值大于最高电平值或小于最低电平值时，也不会发生错误判决。（对于最外侧的两个电平，只在一个方向可能会出错）。所以，这种情况的出现占所有可能的 $1/M$。所以，错误概率为

$$P_e = \left(1 - \frac{1}{M}\right)P(|\xi| > d) \qquad (10-89)$$

式中：ξ 是噪声的抽样值；$P(|\xi| > d)$ 是噪声抽样值大于 d 的概率。

可以得到抽样噪声值超过 d 的概率为

$$P(|\xi| > d) = 2 \int_d^\infty \frac{1}{\sqrt{2\pi}\sigma} \exp\left(-\frac{\xi^2}{2\sigma^2}\right) d\xi = \frac{2}{\sqrt{\pi}} \int_{\frac{d}{\sqrt{2}\sigma}}^\infty \exp(-z^2) dz = \text{erfc}\left(\frac{d}{\sqrt{2}\sigma}\right)$$

代入误码率公式，有

$$P_e = \left(1 - \frac{1}{M}\right)\text{erfc}\left(\frac{d}{\sqrt{2}\sigma}\right) \qquad (10-90)$$

再将上式中的 P_e 和 d/σ 的关系变换成 P_e 和 E/n_0 的关系：

$$P_e = \left(1 - \frac{1}{M}\right)\text{erfc}\left(\frac{d}{\sqrt{2}\sigma}\right) = \left(1 - \frac{1}{M}\right)\text{erfc}\left[\left(\frac{3}{M^2-1} \cdot \frac{E}{n_0}\right)^{\frac{1}{2}}\right] \qquad (10-91)$$

当 $M=2$ 时，式（10-91）可变为

$$P_e = \frac{1}{2}\text{erfc}\left(\sqrt{\frac{E}{n_0}}\right) \qquad (10-92)$$

式（10-92）是在理想信道中，消除码间串扰条件下，二进制双极性基带信号传输的最佳误码率。

10.10 仿 真 实 训

1. 实训目的

通过 SystemView 仿真实验，使读者进一步掌握在信道作用下数字通信系统的最佳接

收以及信号过信道时衰减的相关问题的分析。通过实训，可以培养读者的动手和设计能力，激发读者的学习兴趣，同时加深读者对通信系统最佳接收的理解，增强读者分析问题和解决问题的能力。

2. 实训内容

在多径衰落信道条件下，信号的比特误码率仿真。

3. 实训仿真

多径衰落信道通常是由一个直射路径和多个散射路径共同作用的信号幅度和相位均出现变化的信道。通常假设路径的延迟远远小于信号带宽的倒数。图10-23所示为多径衰落信道的仿真原理图。

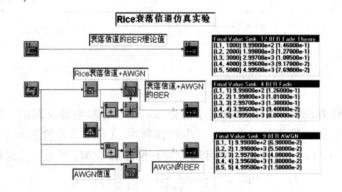

图10-23　多径衰落信道的仿真原理图

图中所示的是两路信道，一路是加了多径衰落的高斯噪声（AWGN），另一路是只有高斯噪声（AWGN）。作为比较，对两种信道条件下的比特误码率进行测试，（高斯噪声条件下的比特误码率原理见10.4节仿真）二者的仿真比较图如图10-24所示。

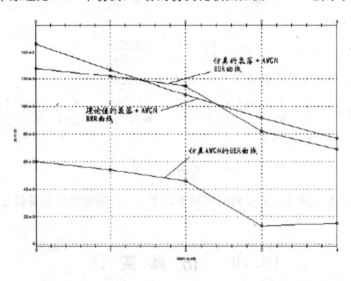

图10-24　仿真多径衰落信道的比特误码率曲线与理论值的数据比较

图10-25为用多径衰落信道模型图符搭建起来的一个实际的电路图。

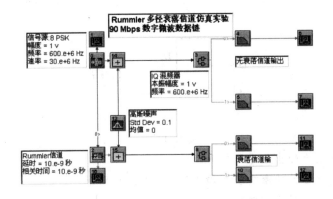

图 10-25　多径衰落信道仿真图符电路图

思　考　题

1. 什么是数字信号的最佳接收?

2. 什么是二进制信号的最佳接收的判决准则?

3. 试述确知信号、随相信号和起伏信号的特点。

4. 试写出二进制数字信号最佳接收的总误码率表达式。

5. 试述数字信号传输系统的误码率和信号波形的关系。

6. 什么是匹配滤波器?

7. 试述在理想信道条件下,最佳基带传输系统的发送滤波器和接收滤波器特性之间的关系。

练　习　题

1. 什么是似然比准则? 什么是最大似然比准则?

2. 二进制双极性信号的最佳接收判决门限值应该是什么?

3. 试构成先验等概的二进制确知 ASK 信号的最佳接收机系统。若非零信号的码元能量为 E_b,试求该系统的抗高斯白噪声的性能。

4. 设二进制 FSK 信号为

$$s_1(t) = A \sin\omega_1 t, \quad 0 \leqslant t \leqslant T_s$$
$$s_2(t) = A \sin\omega_2 t, \quad 0 \leqslant t \leqslant T_s$$

且 $\omega_1 = 4\pi/T_s$,$\omega_2 = 2\omega_1$,$s_1(t)$ 和 $s_2(t)$ 等可能出现。

(1) 构成相关检测器的最佳接收机结构。

(2) 画出各点可能的工作波形。

(3) 若接收机输入高斯噪声功率谱密度为 $n_0/2(\mathrm{W/Hz})$,试求系统的误码率。

5. 分别画出二进制确知信号和先验等概率时的最佳接收机框图。

6. 在功率谱密度为 $n_0/2$ 的高斯白噪声下,设计一个如题图 10-1 所示的 $f(t)$ 的匹配滤波器。

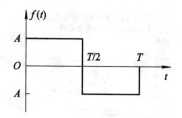

题图 10 - 1

（1）如何确定最大输出信噪比的时刻？

（2）求匹配滤波器的冲激响应和输出波形，并绘出图形。

（3）求最大输出信噪比的值。

7. 在功率密度为 $n_0/2$ 的高斯白噪声下，已知匹配滤波器的冲激响应波形为 $h(t)$，如题图 10 - 2 所示。

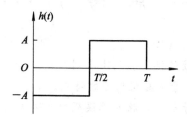

题图 10 - 2

求：（1）输入波形和输出波形。

（2）最大信噪比。

8. 请写出实际接收机与最佳接收机的性能比较。

练习题答案

第1章

1. 1 b   2. 1.75；1.75 kb   3. 108.64 b   4. 1.75 kb/s   5. 10 000 Baud
70 000 b/s   6. 1.04×10^{-4}

第2章

1. (1) $x_1(t)$是周期信号，其周期为8π；(2) $x_2(t)$不是周期信号

2. $C_n = \dfrac{A}{j2\pi n}(1 - e^{-\frac{j2\pi n}{T}})$

3. $\tau \mathrm{Sa}(\pi\omega\tau)$

4. 证明略。

5. $\tau^2 |\mathrm{Sa}(\pi\omega\tau)|^2$

6. (1) $R(\tau) = \dfrac{A^2}{2}\cos\tau$；(2) $R(0) = \dfrac{A^2}{2}$

第3章

1. 解：
$$E[\xi(1)] = \frac{1}{2} \times 2\cos(2\pi + 0) + \frac{1}{2} \times 2\cos\left(2\pi + \frac{\pi}{2}\right) = 1$$
$$R_\xi(0,1) = E[\xi(0)\xi(1)]$$
$$= \frac{1}{2} \times 2\cos(0) \times 2\cos(2\pi + 0) + \frac{1}{2} \times 2\cos\left(\frac{\pi}{2}\right) \times 2\cos\left(2\pi + \frac{\pi}{2}\right)$$
$$= 2$$

2. 解：
$$R_z(\tau) = E[Z(t)Z(t+\tau)] = E[X(t)Y(t)X(t+\tau)Y(t+\tau)]$$
因为$X(t)$和$Y(t)$是统计独立的平稳随机过程，所以
$$R_z(\tau) = E[X(t)X(t+\tau)]E[Y(t)Y(t+\tau)] = R_x(\tau)R_y(\tau)$$

3. 解：
(1)由功率谱密度是自相关函数的傅里叶变换，可得
$$P_n(\omega) = \frac{a}{2} \cdot \frac{2a}{\omega^2 + a^2} = \frac{a^2}{\omega^2 + a^2}$$
而平均功率$S = R_n(0) = \dfrac{a}{2}$。

（2）图略。

4. 解：由图可见，功率谱密度可以表示为

$$P_n(\omega) = \frac{n_0}{2} G_{2\pi B}(\omega + \omega_c) + \frac{n_0}{2} G_{2\pi B}(\omega - \omega_c)$$

根据傅里叶变换：$g_\tau(t) \Leftrightarrow \tau \mathrm{Sa}\left(\frac{\omega\tau}{2}\right)$，利用傅里叶变换的对称性，可得

$$B\,\mathrm{Sa}(\pi B t) \Leftrightarrow G_{2\pi B}(\omega)$$

再利用傅里叶变换的频移特性，可得

$$\begin{cases} B\,\mathrm{Sa}(\pi B t)\,\mathrm{e}^{-\mathrm{j}\omega_c t} \Leftrightarrow G_{2\pi B}(\omega + \omega_c) \\ B\,\mathrm{Sa}(\pi B t)\,\mathrm{e}^{\mathrm{j}\omega_c t} \Leftrightarrow G_{2\pi B}(\omega - \omega_c) \end{cases}$$

由此可得

$$B\,\mathrm{Sa}(\pi B t)(\mathrm{e}^{-\mathrm{j}\omega_c t} + \mathrm{e}^{\mathrm{j}\omega_c t}) \Leftrightarrow G_{2\pi B}(\omega + \omega_c) + G_{2\pi B}(\omega - \omega_c)$$

根据自相关函数与功率谱密度之间的关系，即 $R_n(\tau) \Leftrightarrow P_n(\omega)$，可得

$$R_n(\tau) = \frac{n_0}{2} B\,\mathrm{Sa}(\pi B \tau)(\mathrm{e}^{-\mathrm{j}\omega_c \tau} + \mathrm{e}^{\mathrm{j}\omega_c \tau}) = n_0 B\,\mathrm{Sa}(\pi B \tau)\cos\omega_c \tau$$

5. 解：由图可知系统传输函数为

$$H(\omega) = \frac{\dfrac{1}{\mathrm{j}\omega C}}{R + \dfrac{1}{\mathrm{j}\omega C}} = \frac{1}{1 + \mathrm{j}\omega C R}$$

根据平稳随机过程通过线性系统的特性，可得

$$P_o(\omega) = |H(\omega)|^2 P_i(\omega) = \frac{1}{1 + (\omega C R)^2} \cdot \frac{n_0}{2} = \frac{n_0}{2(1 + \omega^2 C^2 R^2)}$$

根据傅里叶变换

$$\mathrm{e}^{-a|\tau|} \Leftrightarrow \frac{2a}{\omega^2 + a^2}$$

令 $a = \dfrac{1}{CR}$，则

$$\mathrm{e}^{-\frac{|\tau|}{CR}} \Leftrightarrow \frac{\dfrac{2}{CR}}{\omega^2 + \dfrac{1}{C^2 R^2}} = \frac{2CR}{1 + \omega^2 C^2 R^2}$$

$$\frac{n_0}{4CR} \mathrm{e}^{-\frac{|\tau|}{CR}} \Leftrightarrow \frac{n_0}{2(1 + \omega^2 C^2 R^2)}$$

因此，可得

$$R_o(\tau) = \frac{n_0}{4CR} \mathrm{e}^{-\frac{|\tau|}{CR}}$$

6. 解：由题 5 可知

$$R_o(\tau) = \frac{n_0}{4CR} \mathrm{e}^{-\frac{|\tau|}{CR}}$$

输出过程的方差 $\sigma^2 = R_o(0) - R_o(\infty) = \dfrac{n_0}{4CR}$。

均值 $E[n_o(t)] = E[n_i(t)] \cdot H(0) = 0$。

而且输出过程是高斯过程，因此，其一维概率密度函数为

$$f(x) = \frac{1}{\sqrt{2\pi}\sigma} \exp\left(-\frac{x^2}{2\sigma^2}\right)$$

7. 解：由题图 3-3 可知，输出过程 $\xi_o(t) = \xi(t) + \xi(t-T)$

系统冲激响应 $h(t) = \delta(t) + \delta(t-T)$

系统传输函数 $H(\omega) = 1 + e^{-j\omega T}$

输出过程的功率谱密度为

$$\begin{aligned} P_o(\omega) &= |H(\omega)|^2 P_\xi(\omega) = |1 + e^{-j\omega T}|^2 P_\xi(\omega) \\ &= 2(1 + \cos\omega T) P_\xi(\omega) \end{aligned}$$

根据

$$P_o(\omega) = 2(1 + \cos\omega T) P_\xi(\omega) = 2P_\xi(\omega) + e^{j\omega T} P_\xi(\omega) + e^{-j\omega T} P_\xi(\omega)$$

可得输出过程的自相关函数

$$R_o(\tau) = 2R_\xi(\tau) + R_\xi(\tau - T) + R_\xi(\tau + T)$$

第 4 章

1. $R_B = 5$ kBaud

2. SNR $= 30$ dB

3. $B = 34.6$ MHz

4. 略

5. 传信率 $R_b = C = 24$（Kb/s）

   差错率 $P_e = 0$

6. 潜力 $R_b / C = \dfrac{1}{10}$

7. $S = \dfrac{3}{2} n_0 R_{max}$

8. $H(\omega) = \dfrac{j\omega RC}{1 + j\omega RC}$，该信号通过该信道后会产生幅度畸变和相位畸变。

9. $(66.7 \sim 111)$ Hz

10. 1.95×10^7（b/s）

11. 输出信号的时域表达式为

$$s_0(t) = s(t) * h(t) = s(t) * K_0 \delta(t - t_d) = K_0 s(t - t_d)$$

该幅频和相频特性满足无失真传输的条件，信号在传输过程中不会产生失真。

12. 当 $f = (n + 1/2)$ kHz 时，传输衰耗最大；选用 $f = n$ kHz，对传输最有利。

第 5 章

1. 解：AM、DSB 及 SSB 上、下边带信号的时域表达式分别为

$$s_{AM}(t) = [A_0 + \cos 2000\pi t] 2\cos 10000\pi t$$
$$= 2A_0 \cos 10000\pi t + \cos 12000\pi t + \cos 8000\pi t \qquad A_0 \geqslant 1$$
$$s_{DSB}(t) = 2\cos 2000\pi t \cos 10000\pi t$$
$$= \cos 12000\pi t + \cos 8000\pi t$$
$$s_{SSB\pm}(t) = \frac{1}{2}\cos 2000\pi t \cdot 2\cos 10000\pi t - \frac{1}{2}\sin 2000\pi t \cdot 2\sin 10000\pi t$$
$$= \cos 2000\pi t \cos 10000\pi t - \sin 2000\pi t \sin 10000\pi t$$
$$= \cos 12000\pi t$$
$$s_{SSB\mp}(t) = \frac{1}{2}\cos 2000\pi t \cdot 2\cos 10000\pi t + \frac{1}{2}\sin 2000\pi t \cdot 2\sin 10000\pi t$$
$$= \cos 2000\pi t \cos 10000\pi t + \sin 2000\pi t \sin 10000\pi t$$
$$= \cos 8000\pi t$$

根据傅里叶变换，可得它们的频谱表达式分别为

$$S_{AM}(\omega) = 2A_0\pi[\delta(\omega + 10000\pi) + \delta(\omega - 10000\pi)]$$
$$+ \pi[\delta(\omega + 12000\pi) + \delta(\omega - 12000\pi)]$$
$$+ \pi[\delta(\omega + 8000\pi) + \delta(\omega - 8000\pi)]$$
$$S_{DSB}(\omega) = \pi[\delta(\omega + 12000\pi) + \delta(\omega - 12000\pi)]$$
$$+ \pi[\delta(\omega + 8000\pi) + \delta(\omega - 8000\pi)]$$
$$S_{SSB\pm}(\omega) = \pi[\delta(\omega + 12000\pi) + \delta(\omega - 12000\pi)]$$
$$S_{SSB\mp}(\omega) = \pi[\delta(\omega + 8000\pi) + \delta(\omega - 8000\pi)]$$

由频谱表达式可以画出频谱图，图略。

2. 解：上、下边带信号时域表达式分别为

$$s_{SSB\pm}(t) = \frac{1}{2}(\cos\omega_1 t + \cos 2\omega_1 t)A\cos 5\omega_1 t - \frac{1}{2}(\sin\omega_1 t + \sin 2\omega_1 t)A\sin 5\omega_1 t$$
$$= \frac{A}{2}(\cos\omega_1 t \cos 5\omega_1 t + \cos 2\omega_1 t\cos 5\omega_1 t) - \frac{A}{2}(\sin\omega_1 t\sin 5\omega_1 t + \sin 2\omega_1 t\sin 5\omega_1 t)$$
$$= \frac{A}{2}(\cos\omega_1 t \cos 5\omega_1 t - \sin\omega_1 t \sin 5\omega_1 t) + \frac{A}{2}(\cos 2\omega_1 t \cos 5\omega_1 t - \sin 2\omega_1 t \sin 5\omega_1 t)$$
$$= \frac{A}{2}\cos 6\omega_1 t + \frac{A}{2}\cos 7\omega_1 t$$
$$s_{SSB\mp}(t) = \frac{1}{2}(\cos\omega_1 t + \cos 2\omega_1 t)A\cos 5\omega_1 t + \frac{1}{2}(\sin\omega_1 t + \sin 2\omega_1 t)A\sin 5\omega_1 t$$
$$= \frac{A}{2}(\cos\omega_1 t \cos 5\omega_1 t + \cos 2\omega_1 t \cos 5\omega_1 t) + \frac{A}{2}(\sin\omega_1 t \sin 5\omega_1 t + \sin 2\omega_1 t \sin 5\omega_1 t)$$
$$= \frac{A}{2}(\cos\omega_1 t \cos 5\omega_1 t + \sin\omega_1 t \sin 5\omega_1 t) + \frac{A}{2}(\cos 2\omega_1 t \cos 5\omega_1 t + \sin 2\omega_1 t \sin 5\omega_1 t)$$
$$= \frac{A}{2}\cos 4\omega_1 t + \frac{A}{2}\cos 3\omega_1 t$$

根据傅里叶变换，可得它们的频谱表达式分别为

$$S_{SSB\pm}(\omega) = \frac{A\pi}{2}[\delta(\omega + 6\omega_1) + \delta(\omega - 6\omega_1)] + \frac{A\pi}{2}[\delta(\omega + 7\omega_1) + \delta(\omega - 7\omega_1)]$$

$$S_{\text{SSB下}}(\omega) = \frac{A\pi}{2}\left[\delta(\omega+3\omega_1)+\delta(\omega-3\omega_1)\right]+\frac{A\pi}{2}\left[\delta(\omega+4\omega_1)+\delta(\omega-4\omega_1)\right]$$

由频谱表达式可画出频谱图,图略。

3. 解:

(1) 由 $f_c = 100 \text{ kHz}$,$f_m = 5 \text{ kHz}$,可得带通滤波器的传输特性为

$$H(f) = \begin{cases} K_0(常数), & 100 \text{ kHz} \leqslant |f| \leqslant 105 \text{ kHz} \\ 0, & |f| > 105 \text{ kHz} \text{ 或 } |f| < 100 \text{ kHz} \end{cases}$$

(2) 输入信号功率 $S_i = 10 \text{ kW}$,输入噪声功率为

$$N_i = n_0 B_{\text{SSB}} = n_0 f_m = 2 \times 0.5 \times 10^{-3} \text{ W/Hz} \times 5 \text{ kHz} = 5 \text{ W}$$

因此,输入信噪比为 $\dfrac{S_i}{N_i} = \dfrac{10 \text{ kW}}{5 \text{ W}} = 2000$。

(3) SSB 调制的信噪比增益为 1,因此可得,输出信噪比为 $S_o/N_o = 2000$。

4. 解:

$$S_{\text{iDSB}} = S_{\text{iSSB}} = 1 \text{ mW}$$
$$N_{\text{iDSB}} = n_0 B_{\text{DSB}} = 2n_0 f_m = 2 \times 2 \times 10^{-3} \text{ μW/Hz} \times 3 \text{ kHz} = 12 \text{ μW}$$
$$N_{\text{iSSB}} = n_0 B_{\text{SSB}} = n_0 f_m = 2 \times 10^{-3} \text{ μW/Hz} \times 3 \text{ kHz} = 6 \text{ μW}$$

因此,可得:

$$\frac{\left(\dfrac{S_i}{N_i}\right)_{\text{DSB}}}{\left(\dfrac{S_i}{N_i}\right)_{\text{SSB}}} = \frac{S_{\text{iDSB}}}{N_{\text{iDSB}}} \times \frac{N_{\text{iSSB}}}{S_{\text{iSSB}}} = \frac{N_{\text{iSSB}}}{N_{\text{iDSB}}} = \frac{6 \text{ μW}}{12 \text{ μW}} = \frac{1}{2}$$

$$\frac{\left(\dfrac{S_o}{N_o}\right)_{\text{DSB}}}{\left(\dfrac{S_o}{N_o}\right)_{\text{SSB}}} = \frac{\left(\dfrac{S_i}{N_i}\right)_{\text{DSB}} \cdot G_{\text{DSB}}}{\left(\dfrac{S_i}{N_i}\right)_{\text{SSB}} \cdot G_{\text{SSB}}} = \frac{1}{2} \times 2 = 1$$

5. 解:

$$10 \lg \frac{S_o}{N_o} = 20 \text{ dB} \Rightarrow \frac{S_o}{N_o} = 100$$

$$N_i = 4N_o = 4 \times 10^{-9} \text{ W}$$

(1)
$$G_{\text{DSB}} = \frac{\left(\dfrac{S_o}{N_o}\right)_{\text{DSB}}}{\left(\dfrac{S_i}{N_i}\right)_{\text{DSB}}} = 2 \Rightarrow \left(\frac{S_i}{N_i}\right)_{\text{DSB}} = 50$$

$$S_{\text{iDSB}} = 50N_{\text{iDSB}} = 50 \times 4 \times 10^{-9} \text{ W} = 2 \times 10^{-7} \text{ W}$$

考虑到传输损耗,则发射机输出功率 S_{DSB} 与解调器输入信号功率 S_{iDSB} 之间满足:

$$10 \lg \frac{S_{\text{DSB}}}{S_{\text{iDSB}}} = 100 \text{ dB} \Rightarrow \frac{S_{\text{DSB}}}{S_{\text{iDSB}}} = 10^{10}$$

因此

$$S_{\text{DSB}} = 10^{10} S_{\text{iDSB}} = 2 \times 10^{-7} \text{ W} \times 10^{10} = 2 \text{ kW}$$

(2)
$$G_{\text{SSB}} = \frac{\left(\dfrac{S_o}{N_o}\right)_{\text{SSB}}}{\left(\dfrac{S_i}{N_i}\right)_{\text{SSB}}} = 1 \Rightarrow \left(\frac{S_i}{N_i}\right)_{\text{SSB}} = 100$$

$$S_{iSSB}=100N_{iSSB}=100\times4\times10^{-9}\ \text{W}=4\times10^{-7}\ \text{W}$$

考虑到传输损耗，则

$$10\ \lg\frac{S_{SSB}}{S_{iSSB}}=100\ \text{dB}\Rightarrow\frac{S_{SSB}}{S_{iSSB}}=10^{10}$$

因此 $S_{SSB}=10^{10}S_{iSSB}=4\times10^{-7}\ \text{W}\times10^{10}=4\ \text{kW}$

6. 解：

$$10\ \lg\frac{S_o}{N_o}=40\ \text{dB}\Rightarrow\frac{S_o}{N_o}=10^4$$

（1）AM 调制时

$$B_{AM}=2f_m=2\times8\ \text{MHz}=16\ \text{MHz}$$

$$G_{AM}=\frac{\left(\dfrac{S_o}{N_o}\right)_{AM}}{\left(\dfrac{S_i}{N_i}\right)_{AM}}=\frac{2}{3}\Rightarrow\left(\frac{S_i}{N_i}\right)_{AM}=1.5\times10^4$$

$$N_{iAM}=n_0B_{AM}=2n_0f_m=2\times2\times2.5\times10^{-15}\ \text{W/Hz}\times8\ \text{MHz}=8\times10^{-8}\ \text{W}$$
$$S_{iAM}=1.5\times10^4N_{iAM}=1.5\times10^4\times8\times10^{-8}\ \text{W}=1.2\times10^{-3}\ \text{W}$$

考虑到传输损耗

$$10\ \lg\frac{S_{AM}}{S_{iAM}}=60\ \text{dB}\Rightarrow\frac{S_{AM}}{S_{iAM}}=10^6$$

$$S_{AM}=10^6S_{iAM}=1.2\ \text{kW}$$

（2）FM 调制时

$$B_{FM}=2(m_f+1)f_m=2\times6\times8\ \text{MHz}=96\ \text{MHz}$$

$$G_{FM}=\frac{\left(\dfrac{S_o}{N_o}\right)_{FM}}{\left(\dfrac{S_i}{N_i}\right)_{FM}}=3m_f^2(m_f+1)=450\Rightarrow\left(\frac{S_i}{N_i}\right)_{FM}=\frac{10^4}{450}=\frac{200}{9}$$

$$N_{iFM}=n_0B_{FM}=2\times2.5\times10^{-15}\ \text{W/Hz}\times96\ \text{MHz}=4.8\times10^{-7}\ \text{W}$$

$$S_{iFM}=\frac{200}{9}N_{iFM}=\frac{200}{9}\times4.8\times10^{-7}\ \text{W}=\frac{3.2}{3}\times10^{-5}\ \text{W}$$

考虑到传输损耗

$$10\ \lg\frac{S_{FM}}{S_{iFM}}=60\ \text{dB}\Rightarrow\frac{S_{FM}}{S_{iFM}}=10^6$$

$$S_{FM}=10^6S_{iFM}=\frac{3.2}{3}\times10^{-5}\ \text{W}\times10^6=10.7\ \text{W}$$

第 6 章

1. 略

2. 略

3. 高度为 1 的 NRZ 矩形脉冲：$P_s(f)=T_s\text{Sa}^2(\pi fT_s)$

高度为 1 的半占空 RZ 矩形脉冲：$P_s(f)=\dfrac{T_s}{4}\text{Sa}^2\left(\dfrac{\pi}{2}fT_s\right)$

4. (1) 不能　(2) 不能　(3) 能　(4) 不能

5. (1) 1600 Baud　(2) 83.3 ms

$$RB = 2BN = 2 \times 600 = 1600 \text{ Baud}$$

$$\tau = \frac{1}{R_B} = \frac{1}{1200} = 83.3 \times 10^{-3} = 83.3 \text{ ms}$$

6. (1) 最高无码间串扰的码元传输速率为 B Baud，单位频带的码元传输速率为 1 Baud/Hz

(2) $\dfrac{T}{2}\left(1+\cos\dfrac{\omega T}{2}\right)\Big/ T\text{Sa}\left(\dfrac{\omega T}{2}\right)$

(3) $\alpha = 0.25$ 时，$B = \dfrac{1+0.25}{2} \times 2048 \times 10^3 = 1.28$ MHz

$\alpha = 0.5$ 时，$B = \dfrac{1+0.5}{2} \times 2048 \times 10^3 = 1.536$ MHz

7. (1) $h(t) = \dfrac{1}{2}\text{Sa}\left(\dfrac{\pi t}{2T}\right)\cos\left(\dfrac{3\pi t}{2T}\right)$

(2) 符合

(3) $R_{\max} = \dfrac{1}{T}$，$\rho = \dfrac{R_{\max}}{B} = \dfrac{\dfrac{1}{T}}{\dfrac{\pi}{T}/(2\pi)} = 2$ Baud/Hz

8. $P_e = \dfrac{1}{2}\text{erfc}\left(\dfrac{A}{\sqrt{2}\sigma}\right)$

9. $c_{-1} = -0.24$，$c_0 = 1.15$，$c_1 = 0.14$

第 7 章

1. 图略

2. (1) 图略；(2) 2000 Hz

3. (1) 图略；

(2) 由于两种 2FSK 载频的频差较小，2FSK 信号的频谱重叠部分较多，因此采用非相干解调时上下两个支路的串扰较大，使得解调性能降低。另一方面，2FSK 信号的两路波形构成一对正交信号，采用相干解调时上下支路没有串扰，因此采用相干解调方式更合适。

$$P_{2\text{FSK}}(f) = \frac{T_s}{16}\left[\left|\frac{\sin\pi(f+f_1)T_s}{\pi(f+f_1)T_s}\right|^2 + \left|\frac{\sin\pi(f-f_1)T_s}{\pi(f-f_1)T_s}\right|^2\right]$$
$$+ \frac{T_s}{16}\left[\left|\frac{\sin\pi(f+f_2)T_s}{\pi(f+f_2)T_s}\right|^2 + \left|\frac{\sin\pi(f-f_2)T_s}{\pi(f-f_2)T_s}\right|^2\right]$$
$$+ \frac{1}{16}\left[\delta(f+f_1) + \delta(f-f_1) + \delta(f+f_2) + \delta(f-f_2)\right]$$

4. (1) 略；(2) 略

(3) $P_{2\text{DPSK}}(f) = 2 \times 10^{-4} \times \left\{\text{Sa}^2\left[\dfrac{\pi}{1200}(f+2400)\right] + \text{Sa}^2\left[\dfrac{\pi}{1200}(f-2400)\right]\right\}$
$$+ 10^{-2}\left[\delta(f+2400) + \delta(f-2400)\right]$$

5. (1) 略　　(2) 略　　(3) $|f_2-f_1|+2f_s=2000+2\times2000=6000(\text{Hz})$

6. (1) 4.47 μV　(2) 5.4×10^{-2}　(3) 2.7×10^{-2}

7. (1) 假设参考相位为 0，$\Delta\varphi=\pi\rightarrow1$，$\Delta\varphi=0\rightarrow0$，对应的相对码为 100001101，图略
   (2) 图略

8. (1) 非相干接收时系统的误码率为 1.24×10^{-4}
   (2) 相干接收时系统的误码率为 2.42×10^{-5}

9. (1) 2FSK 信号的第一零点带宽为 4.44 MHz
   (2) 非相干接收时系统的误码率为 3×10^{-8}
   (3) 相干接收时系统的误码率为 4×10^{-9}

10. (1) 相干解调时系统的误码率为 4×10^{-6}
    (2) 极性比较法解调时，系统的误码率为 8×10^{-6}
    (3) 差分相干解调时，系统的误码率为 2.27×10^{-5}

11. 相干 2ASK 系统：1.44×10^{-5} W　　　非相干 2FSK 系统：8.64×10^{-6} W
    差分相干 2DPSK 系统：4.32×10^{-6} W　相干 2PSK 系统：3.6×10^{-6} W

12. (1) 略　　(2) 略

13. QPSK：8.1×10^{-6}　　QDPSK：6.66×10^{-4}

第 8 章

1. MSK 信号波形如题图 8-1 所示。

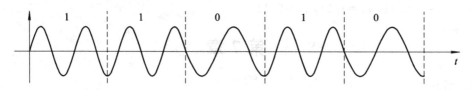

题图 8-1

2. "0"对应的频率为 $f_0=875$ Hz。码元"100"对应的波形如题图 8-2 所示。

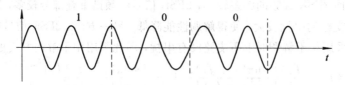

题图 8-2

3. 略

第 9 章

1. (1) $F_s(\omega)=250\sum\limits_{n=-\infty}^{\infty}F(\omega-500\pi n)$　　　(2) 大于等于 220 πrad/s

(3) 220 Hz   (4) 44 Hz

2. (1) 抽样间隔应小于等于 0.5 s;

(2) 抽样间隔为 0.25 s 时,已抽样信号的频谱图如题图 9-4 所示。

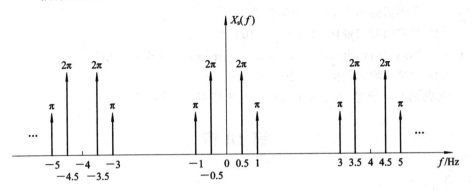

题 9-4 图

3. 略。

4. (1) 信号 $x'(t)$ 的频谱图如题图 9-5 所示。

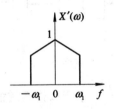

题图 9-5

(2) 抽样速率应大于等于 ω_1/π。

(3) 抽样速率 $f_s = 3f_1$ 时,已抽样信号 $x_s(t)$ 的频谱图如题图 9-6 所示。

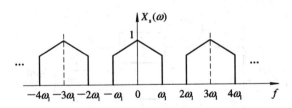

题图 9-6

5. (1) 0、1/8 ms、1/4 ms、3/8 ms、1/2 ms、5/8 ms、3/4 ms、7/8 ms、1 ms。

(2) 0、3.5 V、7 V、3.5 V、0、−3.5 V、−7 V、−3.5 V、0。

(3) 1 V、3 V、7 V、3 V、1 V、−3 V、−7 V、−3 V、1 V。

(4) 自然二进制代码:100、101、111、101、100、010、000、010、100;

折叠二进制代码:100、101、111、101、100、001、011、001、100。

6. 所需二进制码组位数是 6;量化间隔为 1 V。

7. 量化噪声功率为 1/48;信号功率为 3/16;量化噪声功率比为 9(或 9.54 dB)。

8. (1) 输出码组:11011110;

(2) 量化电平是 976 个量化单位,即 1.1914 V;量化误差为 7.04 个量化电平,即

0.0086 V。

9. (1) 编码器的输出码组：01100010；量化误差为 8 个量化单位；

(2) 对应的均匀量化 11 位码：01001100000。

10. (1) 译码器输出为 +296 个量化单位；

(2) 对应的均匀量化 11 位码：00100101000。

11. (1) 编码器的输出码组：10110110；量化误差为 2 个量化单位；

(2) 对应的均匀量化 11 位码：00001011100。

12. 每路的时隙带宽：5.2 μs；总群路的比特率为 1.544 Mb/s。

第 10 章

1. 略

2. 略

3. ASK 信号的最佳接收机系统如题图 10 - 3 所示。

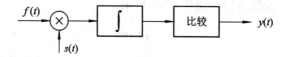

题图 10 - 3

根据最佳接收机性能，有 $A = \sqrt{\dfrac{E_b}{2n_0}}$。所以该系统的误码率为

$$P_e = \frac{1}{2} \operatorname{erfc} \frac{A}{\sqrt{2}} = \frac{1}{2} \operatorname{erfc} \sqrt{\frac{E_b}{4n_0}}$$

4. 解：(1) 最佳接收机结构如题图 10 - 4 所示。

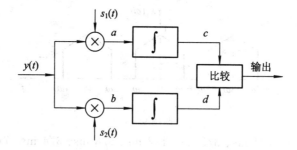

题图 10 - 4

(2) 各点波形如题图 10 - 5 所示。

(3) 由题意知信号是等能量，即

$$E_1 = E_2 = E_3 = \frac{A^2 T_s}{2}$$

该系统的误码率为

$$P_e = \frac{1}{2} \operatorname{erfc} \sqrt{\frac{E_b}{2n_0}} = \frac{1}{2} \operatorname{erfc} \sqrt{\frac{A_0^2 T_s}{2n_0}}$$

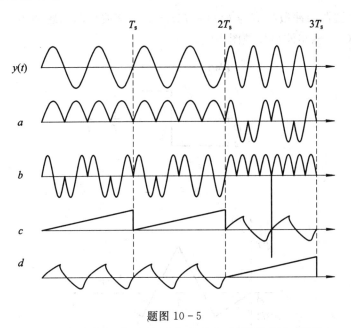

题图 10-5

5. 二进制确知信号和先验等概率时的最佳接收机框图分别如题图 10-6 和题图 10-7 所示。

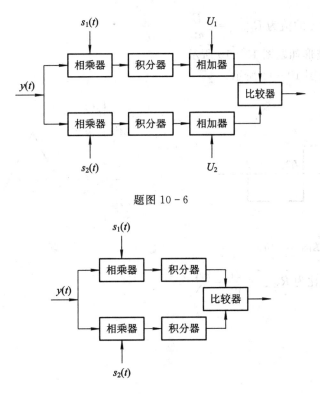

题图 10-6

题 10-7

6. 解：（1）最大输出信噪比出现时刻应在信号结束之后，即

$$t_0 \geqslant T$$

（2）匹配滤波器的冲激响应为 $h(t)=f(t_0-t)$，其波形图如题图 $10-8$ 所示；输出 $y(t)=h(t)*f(t)$，输出波形如题图 $10-9$ 所示。

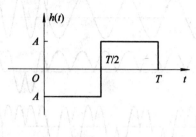

题图 $10-8$

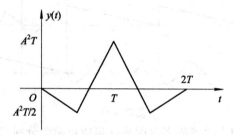

题图 $10-9$

（3）最大信噪比的值为 $R_{0,\max}=2\dfrac{E}{n_0}=2\dfrac{A^2T}{N_0}$

7. 解：输入波形如题图 $10-10$ 所示。

输出波形如题图 $10-11$ 所示。

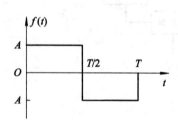

题图 $10-10$

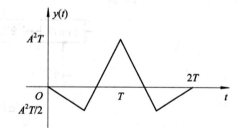

题图 $10-11$

（2）最大信噪比为 $R_{0,\max}=\dfrac{2E}{n_0}=\dfrac{2A^2T}{N_0}$

8. 略

参 考 文 献

[1]　樊昌信，曹丽娜. 通信原理. 6 版. 北京：国防工业出版社，2006.

[2]　张辉，等. 现代通信原理与技术. 西安：西安电子科技大学出版社，2002.

[3]　曹志刚，等. 现代通信原理. 北京：清华大学出版社，1992.

[4]　王秉均，等. 现代通信系统原理. 天津：天津大学出版社，1991.

[5]　Thomas M Cover，Joy A Thomas. Elements of Information Theory. Tsing University Press，2003.

[6]　傅祖芸. 信息论——基础理论与应用. 北京：电子工业出版社，2001.

[7]　隋晓红，钟晓玲. 通信原理. 北京：北京大学出版社，2007.

[8]　沈振元. 通信系统原理. 西安：西安电子科技大学出版社，1993.

[9]　John G Proakis. Digital Communication. 北京：电子工业出版社，2003.

[10]　郭梯云，等. 移动通信. 西安：西安电子科技大学出版社，2000.

[11]　孙龙杰，等. 移动通信与终端设备. 北京：电子工业出版社，2003.

[12]　刘永健. 信号与线性系统(修订本). 北京：人民邮电出版社，2002.

[13]　乐光新，等. 数据通信原理. 北京：人民邮电出版社，1988.

[14]　张贤达，保铮. 通信信号处理. 北京：国防工业出版社，2000.

[15]　王文博，等. 宽带无线通信 OFDM 技术. 北京：人民邮电出版社，2003.

[16]　Rodger E Ziemer，William H Tranter. 通信原理——系统、调制与噪声. 袁东风，江铭炎，译. 北京：高等教育出版社.